JN441333

환경정의 개론

저자 소개

반영운: 연세대학교 건축공학과를 졸업하고 같은 대학원에서 도시계획으로 석사학위를 받았다. 이후 미국 펜실베니아대학교(Univ. of Pennsylvania)에서 도시및지역계획학과(환경계획 및 정책)에서 '미국 Superfund 부지 정화 우선순위 결정 시 나타나는 환경부정의'를 주제로 박사 학위를 받았다. 이후 미국 루이지애나 주립대학교 환경학과 조교수를 역임했다. 현재 충북대학교 도시공학과 교수로 재직 중이다. 한국 귀국 후 (사) 환경정의와 함께 활동하면서, 〈환경정의연구소〉 소장을 역임하였다. 〈환경정의 연구소〉와 함께 '환경정의 니가 뭔지 알고시퍼' 책을 공동 집필하였으며. '환경정의 실현 정책연구', '환경정의 종합계획 마련 연구' 등의 공동 연구를 토대로 한국의 '환경정책기본법 2장 2절'에 환경정의 개념이 신설되도록 노력하였다.

김홍철: 충북대학교 도시공학과에서 뒤늦게 박사 학위를 받고, 현재 충북대 도시안전연구소 연구원으로 있다. 환경단체인 (사)환경정의에서 현장 대응 및 정책 제안 활동을 해왔으며, 도시 난개발, 토지 이용과정에서 나타나는 환경 불평등에 관심이 많다. 특히 김포 거물대리 지역의 환경피해 대응 활동을 지역단체, 주민대책위와 함께 오랫동안 활동하면서 환경피해 대책 및 계획관리 지역 난개발 제도를 개선하는데 역할을 해왔다. 지금은 해양정의, 경관정의, 정의로운 전환 등의 이슈로 관심의 영역을 넓히고 있으며, 정의적 관점에서 현장과 정책을 연결하는 활동을 지속하고 있다.

이상윤: 환경정책학 박사(미시간대학교)이고 연구 관심분야는 환경영향평가, 환경정의, 도시 및 환경계획/정책, 지속가능한 발전분야 이다. 한국환경연구원의 환경영향평가 사회·경제환경 및 주민의견 수렴의 검토위원을 역임하였고, 2014년부터 2015년까지 UNFCCC 기후변화 협상에 감축부문 정부대표단으로 참여하였다. 현재 환경영향평가 주민역할 제고, 협의권 지방이양 관련 운영성과 평가방안 등 환경영향평가 제도개선 관련 연구와 우리나라 환경영향평가 제도를 다른 나라에 소개하는 국제협력 업무를 수행하고 있다.

손철희: 도시공학박사(충북대학교)이고 연구 관심분야는 탄소중립도시, 기후적응, 환경정의, 도시방재 분야 이다. 도시개발로 인한 홍수, 폭염 등의 영향을 환경정의 관점에서 연구하였고, 도시개발계획 단계에서 환경계획을 통합하는 방안에 대한 연구를 수행하였다. 현재 한국환경연구원에서 제5차 국가환경종합계획(2026-2040) 수정계획 및 기후회복력 정책 의사결정지원시스템 개발 등 환경정책 수립 관련 연구에 참여하고 있다.

환경정의 개론

초판1쇄 인쇄 | 2026년 2월 28일
초판1쇄 발행 | 2026년 2월 28일

저 자 | 반영운, 김홍철, 이상윤, 손철희
발행처 | 충북대학교 출판부
발행인 | 박유식

주 소 | 28644 충북 청주시 서원구 충대로1
전 화 | 043-261-2952, 3014
팩 스 | 043-274-1256
이메일 | presscbu@chungbuk.ac.kr
등 록 | 제1983-2001-7호
인쇄처 | 다운기획인쇄

ISBN 978-89-7295-582-5 93530
값 23,000원

* 이 저서는 2025학년도 충북대학교 국립대학 육성사업에 의하여 지원 발간되었음.

환경정의 개론

반영운, 김홍철, 이상윤, 손철희

목차

Contents

서문

Preface

인류가 직면한 기후위기와 생태계 파괴는 단순히 기술적 결함이나 일시적인 정책의 실패를 넘어, 근대 문명을 지탱해 온 윤리적 가치 체계와 사회 구조에 대한 근본적인 성찰을 요구하고 있습니다. 이러한 문명사적 전환기 속에서 본 저서는 "환경적 혜택과 부담의 사회적 분배가 공정한가?"라는 실천적 질문을 던지며, 인간과 자연의 관계를 재설정하고자 하는 네 명의 연구자가 각자의 전문성을 결합하여 집필한 결과물입니다. 환경정의는 이제 지역사회의 풀뿌리 운동 담론을 넘어, 정부가 정책을 설계할 때 반드시 고려해야 하는 핵심 기준이자 우리 사회의 다양한 사회-생태적 갈등을 분석하는 가장 유효한 틀로 자리 잡게 되었습니다.

본 개론서는 환경정의의 개념적 진화부터 최신 글로벌 정책의 격변, 그리고 한국적 특수성을 반영한 실천 과제들을 입체적으로 조명하고 있습니다. 과거의 환경운동이 인간과 분리된 '자연 보선'에 집중했다면, 환경정의는 환경을 '사람들이 살고, 일하고, 쉬는 모든 공간'으로 재정의하며, 사회적·인종적 부정의의 구조를 파헤칩니다. 네 명의 집필진은 환경윤리, 사회운동, 정책 제도, 그리고 미래 확장 담론이라는 네 가지 기둥을 세우고, 독자들이 환경 부정의의 구조를 목격하는 데 그치지 않고, 이를 변화시키는 주체로서 연대할 수 있도록 학술적이고 정책적인 이정표를 제시하고자 노력했습니다.

특히 본서는 한국 사회가 겪어온 환경 부정의의 상흔을 기록하는 데 주력했습니다. 김포 거물대리와 인천 사월마을의 난개발, 밀양 송전탑 갈등, 그리고 도시 개발 과정에서 발생한 환경 부정의 사례 등은 한국의 경제 우선주의가 소외된 지역과 계층에 어떤 환경적 부담을 전가해 왔는지 여실히 보여줍니다. 아울러, 2017년 OECD의 환경정의 심층 평가와 제5차 국가환경종합계획의 전략을 상세히 다룸으로써, 정책적 지속성을 위해 필요한 법적·제도적 보완점이 무엇인지 구체적인 대안을 제시했습니다.

나아가, 우리는 담론의 지평을 에너지·기후·식량 정의와 인간을 넘어선 생태정의, 그리고 공동체의 붕괴를 막는 '정의로운 전환'으로 넓혀가며 논의를 진행했습니다. 최근 미국의 제도적 격변 사례에서 목격되듯이, 행정적 편의에 의존한 정책은 언제든 와해될 수 있습니다. 따라서, 우리는 데이터의 투명성과 법적 내구성을 확보하는 것이 실질적인 정의를 가능하게 하는 최후의 보루임을 강조하고자 합니다.

환경정의는 고정된 목적지가 아니라, 끊임없이 불평등을 발견하고 목소리 없는 존재들의 권리를 대변하며 공정성을 확보해 나가는 역동적인 실천이라고 할 수 있습니다. 이 책이 환경학도들에게는 이론적 토대가, 정책 입안자들에게는 실무적 가이드가, 그리고 현장의 시민들에게는 연대의 무기가 되기를 기대합니다. 우리가 추구하는 환경 정의는 공간적으로는 지구 전체를, 시간적으로는 먼 미래 세대를, 존재론적으로는 모든 생명체를 아우르는 보편적 책임의 언어가 되어야 합니다. 정의로운 사회를 향한 이 담대한 여정에 본 저서가 든든한 동반자가 될 것임을 확신합니다.

이 책이 나올 수 있도록 애써 주신 충북대학교 출판부 윤소담 선생님께 감사드립니다. 그리고 귀한 원고를 작성해주신 이상윤 박사님, 손철희 박사님, 김홍철 박사님께 깊은 감사의 말씀을 드립니다.

2026년 2월 9일
충북대 개신골에서
반영운

핵심
내용
요약

환경정의 담론의 시대적 전환

인류가 직면한 기후 위기와 생태계 파괴는 단순한 기술적 결함이나 일시적인 정책의 실패를 넘어, 근대 문명을 지탱해 온 윤리적 가치 체계와 사회 구조에 대한 근본적인 도전을 의미한다. 이러한 문명사적 전환기 속에서 본 저서는 환경적 혜택과 부담의 사회적 분배가 공정한가라는 실천적 질문을 던지며, 인간과 자연의 관계를 재설정하고자 하는 네 명의 연구자가 각자의 전문성을 결합하여 집필한 결과물이다. 환경정의(Environmental Justice)는 이제 지역사회의 풀뿌리 운동 담론을 넘어 정부가 정책을 설계할 때 반드시 고려해야 하는 핵심 기준이자, 우리 사회의 다양한 사회-생태적 갈등을 분석하는 가장 유효한 틀로 자리 잡았다.

초기 미국의 고전적인 환경운동은 '환경'을 사람이 없는 자연, 즉 인간과 분리된 영역으로 보는 경향이 강했으며, 숲이나 산과 같은 장소를 보호하는 데 집중했으나 그 과정에서 인간 사회와의 연결 고리는 상대적으로 약했다. 반면 환경정의 운동은 환경을 단순히 '자연'으로 보지 않고 '사람들이 살고, 일하고, 노는 공간'으로 재정의하며 사회적·인종적 불의의 문제와 밀접하게 결합했다. 이는 환경 오염의 피해가 사회적 약자나 특정 인종 거주 지역에 불균형적으로 집중되는 '환경 부정의'의 구조를 파헤치고, 이를 교정하기 위한 분배적, 절차적, 교정적 정의의 통합적 접근을 요구한다.

본 개론서는 환경정의의 개념적 진화부터 최신 글로벌 정책의 격변, 그리고 한국적 특수성을 반영한 실천 과제들을 방대한 데이터와 사례를 통해 입체적으로 조명한다. 네 명의 집필진은 환경윤리, 사회운동, 정책 제도, 그리고 미래 확장 담론이라는 네 가지 기둥을 세우고, 독자들이 환경 부정의의 구조를 인지하는 데 그치지 않고 이를 변화시키는 주체로서 자신의 길을 개척하고 또 함께 연대할 수 있는 지침서를 내놓는다.

환경정의의 역사적 기원과 사회운동의 진화

• 환경 개념의 패러다임 변화: 자연 보전에서 생활환경으로

20세기 초 미국을 중심으로 발생한 초기 환경보전운동(Conservation Movement)은 루즈벨트 대통령과 기포드 핀초트가 주도한 산림 관리와 자연 자원의 효율적 이용에 초점을 맞추었다. 이 시기 환경에 대한 우려는 주로 중상층의 전유물이었으며, 이는 생존과 직결된 욕구가 해결된 이후에야 환경 보전에 관심을 갖게 된다는 욕구단계이론으로 설명되곤 했다. 그러나 1962년 레이첼 칼슨의 『침묵의 봄(Silent Spring)』이 발매되면서 화학물질이 생태계와 인간 건강에 미치는 파괴적 영향에 대한 인식이 확산되었고, 이는 1960-70년대 반독소운동(Anti-toxic Movement)으로 이어지며 환경 정책의 범위를 '생활환경'까지 확장하는 결정적 계기가 되었다. 또한 1969년 이안 매카그(Ian McHarg)의 『생태적 계획 및 설계(Design with Nature)』가 출판되면서 개발 분야의 무분별한 확장을 통한 생태계 파괴에 대한 경종이 울리게 되었다. 따라서 미국 사회는 이러한 사회적 목소리를 반영하여 미국의 환경 정책분야의 기본 지침인 환경정책기본법(National Environmental Policy Act, NEPA)을 제정하게 된다.

환경정의는 이러한 인식을 바탕으로 환경을 공공재로 규정하되, 환경 부담의 불공평한 배분이 실존한다는 전제에서 출발한다. NEPA에 의해 설립된 미국 환경청(EPA)은 1994년 클린턴 정부의 행정명령 12898이 발효됨에 따라 환경정의 전담 부서인 '환경정의국(Office of Environmmental Justice)'를 신설하여 자연 및 생활환경의 변화가 구성원들의 관계인 '사회환경'에 미치는 영향을 진단하기 시작했다. 이러한 환경 영역의 확장은 2015년 유엔의 지속가능발전 목표(SDGs)로 수렴되었으며, 경제적 영향과 사회적 영향을 충분히 고려하여 개발로 인한 부정적 효과를 최소화하는 새로운 정책 프레임워크인 '지탱가능성(Sustainability)'으로 재탄생했다.

• 환경정의 운동의 태동: 워런 카운티와 인종적 불의

환경정의 운동은 시민권 운동(Civil Rights Movement), 노동 운동, 원주민 운동, 그리고 반독성 운동의 연장선 위에 있다. 특히 1982년 노스캐롤라이나주 워런 카운티(Warren County)에서 발생한 유독성 PCB 매립 반대 시위는 인종적 불의와 소수 집단의 환경 조건 간의 연결고리를 대중적으로 부각시킨 사건이었다. 비록 시위자들은 매립장 건설을 막지 못했으나, 이 사건을 통해 '환경정의'라는 개념이 본격적으로 탄생했으며, 이후 미국 의회 회계감사국(GAO)과 그리스도 연합교회(UCC)의 연구를 통해 유해 시설이 빈곤층 및 유색인종 지역에 집중되어 있음이 통계적으로 입증되었다.

1991년 워싱턴 D.C.에서 열린 '제1차 유색인종 환경 리더십 정상회의'는 환경정의 운동의 헌법이라 불리는 '환경정의 원칙'을 채택하며 운동의 방향성을 설정했다. 이 정상회의는 환경을 사람들이 살고, 일하는 장소로 정의함으로써 과거의 다양한 사회 운동들을 환경정의라는 하나의 틀 안에서 연결할 수 있는 기반을 마련했다(<표 1> 참조).

<표 1> 미국 환경정의 관련 주요 이슈 및 그 의미

시기	주요 이슈	의미 및 성과
1962년	레이첼 카슨,『침묵의 봄(Silent Spring)』 발간	화학물질 위험 인식 확산 및 생활환경 규제 강화의 시발점
1969년	이안 맥카그,『생태적 계획 및 설계(Design with Nature)』	무분별한 개발로 인한 생태계 파괴 문제를 지적, 생태적 계획 및 설계 방법론 제시
1982년	워런 카운티 시위	환경 인종차별 문제 부각 및 환경정의 개념 정립
1987년	UCC 보고서 발간	유해 폐기물 시설의 인종적 불균형 입지 통계적 입증
1991년	유색인종 리더십 정상회의	'환경정의 원칙' 채택 및 다민족 연대 구축
1994년	행정명령 12898호	연방 기관의 환경정의 고려 의무화 (클린턴 행정부)
2021년	Justice40 이니셔티브	연방 투자 혜택의 40%를 취약 지역에 할당 (바이든 행정부)

환경정의의 윤리학적 토대와 철학적 융합

• 고전 정의론과 환경윤리의 교차

환경정의는 서구 정의론의 핵심 사상들과 상호작용하며 이론적 깊이를 더해왔다. 제러미 벤담의 공리주의는 '최대 다수의 최대 행복'을 도덕적 원리로 삼아 현대 환경 정책의 핵심 도구인 비용편익 분석의 토대가 되었다. 벤담은 도덕적 고려의 기준을 '고통을 느낄 수 있는 능력(Sensience)'으로 설정함으로써 인간 중심주의를 넘어 동물 해방론의 단초를 제공했으나, 전체 유용성 극대화를 위해 소수의 희생을 정당화할 위험이 있어 환경정의와는 긴장 관계를 형성한다. 존 로크와 로버트 노직의 자유지상주의는 사유재산권을 강조한다. 로크는 타인을 위해 '충분하고 좋은 것(enough and as good)'이 남겨져 있을 때만 자원의 사적 점유가 정당하다는 '로크의 단서'를 제시했는데, 이는 자원 고갈 시대에 무분별한 개발을 규제하는 논거가 된다. 노직의 교정적 정의는 환경 오염 가해자에게 엄격한 책임을 묻는 '오염자 부담 원칙'의 철학적 배경이 된다.

• 사회정의론과 마르크스주의적 분석

존 롤즈의 사회정의론은 환경정의 운동에 가장 풍부한 자양분을 제공했다. 롤즈는 '무지의 베일' 뒤에서 합의하는 '차등 원칙'을 통해 환경적 위험이 사회적 약자에게 전가되지 않아야 함을 논증했다. 또한 그의 '정의로운 저축 원칙'은 현세대가 미래 세대를 위해 생태적 자산을 보존해야 한다는 세대 간 정의의 핵심 도구가 된다. 반면 생태 마르크스주의(Eco-Marxism)는 환경 문제를 자본주의 생산 양식의 구조적 모순으로 파악한다. '대사 균열(Metabolic Rift)' 개념은 자본주의적 생산이 인간과 자연 사이의 유기적 물질대사 과정을 단절시켜 생태계 붕괴를 초래함을 비판하며, 환경 문제 해결을 위해 체제 변혁을 요구한다. 제임스 오코너가 명명한 '제2의 모순'은 자본이 자신의 존립 기반인 환경을 파괴함으로써 스스로 위기를 초래하는 과정을 설명한다.

• 피터 웬쯔의 동심원 이론과 다원주의

피터 웬쯔는 일원론적 윤리의 한계를 지적하며 '동심원 이론(Concentric Circle Theory)'을 제안했다. 그는 인간을 중심으로 가족, 지역 공동체, 전 인류, 감응적 동물, 생태계 전체로 확장되는 동심원적 구조를 설정하고, 근접성에 따라 도덕적 의무의 강도가 달라진다고 보았다. 웬쯔는 유해 시설 배치 문제에 대해 '오염 점수(Pollution Points)' 제도를 제안했는데, 모든 지역 사회가 동일한 오염 점수를 할당받게 함으로써 사회적 영향력이 큰 부유층도 오염 총량을 줄이는 데 동참하게 하는 실천적 방안을 제시했다(<표 2> 참조).

주요 환경 분야의 부정의 특성과 한국의 사례

• 토지이용과 난개발이 낳은 환경 불평등

한국의 환경 부정의는 정부의 입지 규제 완화와 경제 우선주의가 결합된 결과로 나타난다. 김포시 대곶면 거물대리는 주거지역과 농경지에 250여 개의 공장이 하·폐수처리 시설 없이 난립하면서 주민들이 호흡기 질환과 피부병 등 심각한 건강 피해를 입은 난개발의 전형이다.

인천 사월마을 역시 수도권 매립지 인근에 160여 개의 공장이 밀집하면서 주민 71%가 주거 부적합 판정을 받고, 암 발병 및 우울증 호소율이 전국 평균을 크게 상회하는 등 복합적 환경 위해가 집중된 실태를 보여준다.

<표 2> 환경윤리 이론과 그에 대한 환경정의적 의미

이론적 배경	핵심 가치	환경정의적 함의 및 실천 원칙
공리주의	유용성, 감응력	비용편익 분석 / 전체 행복을 위한 소수 희생의 위험성
자유지상주의	소유권, 로크의 단서	오염자 부담 원칙 및 교정적 정의 실현

이론적 배경	핵심 가치	환경정의적 함의 및 실천 원칙
사회정의론	공정성, 세대 간 공평	차등 원칙(약자 보호) 및 정의로운 저축 원칙
마르크스주의	대사 균열 회복	계급 불평등 해소 및 자본주의 체제 변혁
동심원 이론	생태적 근접성	오염 점수제 및 도덕적 의무의 차등적 통합

그린벨트 해제와 보금자리주택 사업은 공간적, 계층적 부정의를 야기한다. 서민 주거 안정이라는 명분에도 불구하고 개발 이익은 최초 분양자에게 사유화되는 반면, 도시 내 녹지 감소로 인한 환경 피해는 모든 시민, 특히 미래 세대에게 전가된다.

• 산업단지 개발과 인적 재난의 구조적 불의

울산 온산공단의 '온산병' 사건은 대한민국 최초의 대규모 환경 피해 사례로, 환경 위해가 사회적 취약 계층에게 집중되고 정보가 통제된 환경 부정의의 전형을 보여준다. 또한 구미 불산 누출 사고는 재난 대응 과정에서의 계층별 차별을 드러냈다. 사고 발생 후 정확한 농도 확인 없이 주민들을 조기 귀가시켜 2차 피해를 유발했으며, 노동자들의 작업 중지권이 경제적 이익 앞에 무력화되었음이 확인되었다. 에너지 인프라 구축 과정에서의 갈등도 심각하다. 밀양 송전탑 건설은 수도권의 전력 수요를 위해 지방의 환경권과 절차적 민주주의를 희생시킨 공간적 부정의의 상징이다. 서울의 전기 자급률은 매우 낮으나 경남 지역은 과잉 생산되는 구조적 불균형 속에서, 송전 시설로 인한 부담은 지역 주민들에게만 일방적으로 전가되었다.

• 도시환경개발과 젠트리피케이션

청계천 복원 사업은 도심 환경 개선이라는 공익적 목적을 내세웠으나, 계획 단계에서 상인들의 의견을 배제하고 영업권을 침해하는 절차적 부정의를 노출했다. 특히 복원 이후 발생한 젠트리피케이션은 환경 개선의 혜택이 자산가들에게 집중되고 원주민들은 쫓겨나는 '환경적 배제' 현상을 야기했다. 경의선숲길 공원 역시 성공적인 도시 재생 사례로 평가받음에도 불구하고, 연남동 구간에서는 상업화로 인한 소음과 임대료 상승으로 지역 공동체가 해체되는 역설적 상황이 발생하고 있다(<표 3> 참조).

<표 3> 한국의 대표적 환경부정의 사례 및 그 특성

사례 유형	구체적 사례	주요 환경부정의 특성
난개발	김포 거물대리, 인천 사월마을	입지 규제 완화에 따른 건강권 침해 및 복합 오염 집중
산업공해	울산 온산공단(온산병)	정보 통제 및 취약 계층의 환경적 희생 강요
에너지 인프라	밀양 송전탑, 하동화력발전소	수혜지와 피해지의 공간적 괴리 및 절차적 참여 배제
지역자원 개발	새만금 간척, 동강댐 계획	생태계 파괴와 주민 생존권 침해, 미래 세대 자산 훼손
도시개발	청계천 복원, 연남동 사례	환경 개선에 따른 젠트리피케이션 및 원주민 소외

환경정의론의 확장: 새로운 정의의 지평

• 에너지정의와 기후정의의 부상

기후 위기 시대의 환경정의는 에너지와 기후의 영역으로 확장된다. 에너지 정의(Energy Justice)는 에너지 생산과 소비의 전 과정에서 발생하는 불평등을 다루며, 특히 저소득층의 에너지 빈곤 문제와 재생에너지 시설 입지를 둘러싼 갈등에 주목한다. 기후정의(Climate Justice)는 기후 변화에 대한 책임이 적은 가난한 국가나 미래 세대가 가장 큰 피해를 입는 '이중 불평등'을 시정하고자 한다. 청소년 기후소송과 같은 기후 헌법소원은 국가의 불충분한 탄소 감축 목표가 미래 세대의 기본권을 침해한다는 인식에서 비롯된 법적 저항이다.

• 식량정의와 해양정의

식량 정의(Food Justice)는 건강하고 영양가 있는 저렴한 음식에 대한 접근성을 기본적인 인권으로 규정한다. 도시의 '식량 사막(Food Deserts)' 현상은 인종과 계급에 따른 건강 불평등을 심화시키며, 식량정의 운동은 식품 시스템 내의 인종 차별과 착취 구조를 해체하려 노력한다. 해양정의(Blue Justice)는 해양 쓰레기 투기와 불법 어업으로 인한 '해양 희생 구역'의 폭력을 종식시키고 소규모 어민들의 생존권을 보호하기 위한 해양 민주주의의 발전을 지향한다.

• 생태정의와 자연의 권리

생태정의(Ecological Justice)는 정의의 범위를 인간을 넘어 비인간 생명체와 생태계 전체로 확장한다. 이는 자연을 인간의 도구로 보는 관점에서 벗어나 '자연의 평등한 권리'를 주장하는 탈인간중심주의적 전환이다. 에콰도르와 볼리비아의 헌법적 자연 권리 명시, 뉴질랜드 황가누이 강의 법적 인격 부여 등은 생태정의가 법적 실천으로 옮겨진 사례들이다. 한국에서도 제주 남방큰돌고래를 '생태법인'으로 지정하여 법적 주체성을 부여하려는 시도는 한국 법제의 생태적 진화를 보여주는 중요한 흐름이다.

• 정의로운 전환(Just Transition)

정의로운 전환은 저탄소 경제로 이행하는 과정에서 노동자와 지역사회가 소외되지 않도록 보장하는 변혁적 과정이다. 1970년대 '노동자를 위한 슈퍼펀드' 운동에서 기원한 이 개념은 기후 대응 조치가 초래할 수 있는 사회경제적 충격을 최소화하고, 새로운 녹색 일자리를 창출하며 사회적 안전망을 강화하는 것을 목표로 한다. 호주 얄론 석탄발전소 폐쇄 사례처럼 충분한 준비 기간과 투명한 거버넌스가 결합될 때 정의로운 전환은 실현 가능하다.

글로벌 정책 동향과 2025년 미국의 제도적 격변

• 유럽연합(EU)의 환경정의 시스템: 입법적 지속성

EU는 유럽 그린딜(EGD)을 통해 환경정의를 정책의 핵심 축으로 구축했다. '정의로운 전환 메커니즘(JTM)'과 '사회 기후 기금(SCF)'을 통해 에너지 빈곤과 지역적 불평등을 해소하기 위한 대규모 재정 지원 체계를 마련했다. 특히 오르후스 협약(Aarhus Convention)을 법제화하여 정보 접근권, 공공 참여권, 사법 접근권을 제도적으로 보장함으로써 시민 사회가 환경 정책의 감시자 역할을 수행하게 했다. 로마(Roma) 공동체가 겪는 환경 인종차별을 공식적으로 인정하고 필수 서비스 접근성을 강화하는 등 인정적 정의 측면에서도 진전을 이루었다.

• 미국의 환경정의 격변: 행정명령의 취약성과 2025년의 퇴보

미국은 1994년 EO 12898호 이후 바이든 행정부의 EO 14096호와 Justice40 이니셔티브에 이르기까지 환경정의를 국가 임무로 격상시켰다. 그러나 이러한 진전은 법률이 아닌 행정명령에 의존했기 때문에 정권 교체에 따른 극심한 변동성을 노출했다. 2025년 초 출범한 트럼프 행정부는 클린턴과 바이든 시대의 환경정의 관련 행정명령들을 대거 철회하고 관련 사무소를 폐쇄했다. 특히 주목할 점은 '에피스테믹 클로저(Epistemic Closure)' 전략이라 불리는 데이터 말살이다. 2025년 2월, 연방 EPA 웹사이트에서 환경정의 스크리닝 도구인 'EJScreen'이 전격 삭제되면서 정책 집행의 객관적 근거가 파괴되었다. 이는 미국의 환경정의 거버넌스가 행정적 재량에 따라 얼마나 쉽게 와해될 수 있는지를 보여주는 사례로, 한국의 정책 수립 과정에 있어 '법적 내구성' 확보가 얼마나 필수적인지를 시사한다(<표 4> 참조).

<표4> 미국과 유럽의 환경정의 정책 현황 비교

비교 항목	미국 (United States)	유럽연합 (European Union)
주요 정책 목표	역사적 소외 공동체의 형평성 (Equity)	사회적 권리와 정의로운 전환(Rights)
법적 근거	대통령 행정명령 중심 (가변적)	조약, 지침, 규정 중심 (안정적)
핵심 실행 도구	EJScreen, Justice40 (인센티브 중심)	JTM, 사회 기후 기금 (규제 및 기금 병행)
참여 메커니즘	NEPA 공청회 및 사법적 소송	오르후스 협약 기반의 3대 권리 보장
최근 동향	2025년 행정명령 폐지 및 데이터 삭제 사태	그린래시(Greenlash) 극복 및 웰빙 경제 추구

한국의 환경정의 실현을 위한 정책 과제와 전망

• 2017년 OECD 권고와 정책의 진전

한국은 2017년 OECD 환경성과평가(EPR)에서 회원국 중 최초로 '환경정의' 심층 평가를 받았으며, 15개 항목의 정책 권고를 수령했다. 이는 한국의 환경 관리 역량이 국제적 기준에 도달했음을 의미하는 동시에, 성장 지상주의 속에 은폐된 환경 불평등을 해결해야 한다는 시대적 과제를 확인한 것이었다. 이후 수립된 『제5차 국가환경종합계획(2020-2040)』은 '모두를 포용하는 환경정의 실현'을 5번째 핵심 전략으로 명시하며, 수용체 관점의 환경 개선과 알 권리 강화를 목표로 설정했다.

• 입법적 기반 강화와 한국형 스크리닝 도구

진정한 환경정의 실현을 위해서는 「환경정책기본법」에 환경정의의 정의를 명확히 하고 국가와 지자체의 책무를 강화하는 법 개정이 시급하다. 특히 미국의 사례를 거울삼아, 행정부

교체와 무관하게 지속성을 유지할 수 있는 포괄적인 연방 법률 형태의 환경정의법 제정이 필요하다. 또한, 환경 오염과 사회적 취약성이 중첩되는 지역을 전국적으로 일관성 있게 식별하기 위한 한국형 환경정의 스크리닝 도구(K-EJScreen)를 정교화하고, 이를 환경영향평가와 도시계획 과정에 의무적으로 연계해야 한다.

네 명의 저자가 제안하는 연대의 언어

네 명의 저자가 본 서를 통해 강조하고자 하는 결론은 명확하다. 환경정의는 단순한 기술적 보완이나 금전적 보상의 문제가 아니라, 사회 구성원 모두가 건강한 환경을 누릴 권리를 평등하게 인정받는 '사회적 정의'의 실현 과정이라는 점이다. 본 저서는 지난 수십 년간 한국 사회가 겪어온 환경 부정의의 상흔을 기록하고, 이를 치유하기 위한 윤리적, 법적, 정책적 대안들을 집대성했다.

환경정의는 고정된 목적지가 아니라, 끊임없이 불평등을 발견하고 목소리 없는 존재들의 권리를 대변하며 공정성을 확보해 나가는 역동적인 실천이다. 이 책이 환경학도들에게는 이론적 토대가, 정책 입안자들에게는 실무적 가이드가, 그리고 현장의 시민들에게는 연대의 무기가 되기를 기대한다. 우리가 추구하는 환경정의는 공간적으로는 지구 전체를, 시간적으로는 먼 미래 세대를, 존재론적으로는 모든 생명체를 아우르는 보편적 책임의 언어가 되어야 한다. 이 담대한 여정에 네 명의 저자가 마련한 이 작은 책이 든든한 동반자가 되기를 희망한다.

1부

환경정의의 개념과 부정의 구조

1장

환경정의의 등장 배경

2장

환경정의론 개념

I부

환경정의의 개념과 부정의 구조

제1장

환경정의의 등장 배경

1. 환경개념의 진화

일반적으로 환경이라고 하면 자연환경을 중심으로 하는 자연 보전적 접근 방식이 주류를 이루어 왔다. 미국은 20세기 초에 발생한 환경보전운동(Conservation Movement)에 대응하기 위해 루즈벨트 대통령과 기포드 핀초트(Gifford Pinchot)가 미국 산림청(US Forest Service)을 신설하였다. 해당 기관은 미국 내 환경적으로 보전 가치가 높은 지역에 대한 관리를 위해 신설되었고, 미국 내 154개와 20개의 연방 산림지역 및 초지대를 관리하고 있다. 따라서 초기 환경 문제의 핵심은 인간이 자연을 활용하지만, 인간 활동으로 인한 훼손을 최소화하는 것에 초점이 맞추어졌다고 보여 진다. 달리 말하면 이전에는 인간의 무분별한 자연 이용으로 인해 자연자원의 훼손이 심각하였고, 자연 자원의 훼손에 대응하기 위해 환경정책의 주요 목적은 자연자원 활용과 보전의 균형으로 설정하였던 것이다.

해당 시기에 환경운동에 참가하거나 환경에 관심을 표명한 사람들은 중상층이 주류를 이루었다. 이러한 사회 현상은 욕구단계이론(Hierarchy of needs theory)으로 설명되었다. 욕구단계이론은 사람의 욕구에 위계가 존재하고 생존과 직결된 욕구가 해결되기 이전에 다른 욕구에 대한 열망은 존재할 수 없다고 가정하였다. 해당 이론에 근거해 일부 학자들은 환경 보전 및 환경에 대한 우려는 위계상 상위에 있는 욕구이기 때문에 하위 욕구가 해결되기 전에는 해당 욕구에 대한 관심이 생길 수 없다고 주장하였다. 따라서 욕구단계이론의 신봉자들은 환경보전 및 환경에 대한 우려는 하위 욕구가 해결된 중상층에서 나타나는 것은 당연한 현상이라고 받아들였다.[01]

1960년대에 레이첼 칼슨(Rachel Carlson)의 침묵의 봄(Salient Spring)이 발매되고 나서 화학물질이 생태계에 미치는 영향에 대한 인식이 확산되기 시작하였다. 화학물질에 대한 경각심은 1960-70년에 벌어진 반독소 운동(Anti-toxic Movement)으로 확산되었고, 이러한 사회운동은 전세계 환경정책을 바꾸게 되는 계기가 되었다. 달리 말하면 기존의 자연환경 보전적 측면에서 환경정책이 추진되었다면 침묵의 봄 이후 환경의 범위가 생활환경까지 확산되면서 생활환경 규제를 강화하는 환경정책이 수행되었다. 환경영역의 확장은 화학물질로 대변되는 오염물질이 인간의 건강에 미치는 영향에 대한 우려를 바탕으로 대두되었고, 환경변화가 인간에 미치는 영향이라는 관점에서 환경을 순환적인 구조로 이해하였다고 보여 진다. 1960년대 이후 환경정책은 주로 대기, 수질, 토양, 지하수 오염에 대한 대응을 통해 위생·공중보건의 증진을 주요 목표로 삼게 되는 계기가 되었다.

생활환경을 증진시키기 위한 환경정책 수립은 사회 환경이라는 새로운 영역으로 환경이 확장되는 결과를 낳았다. 환경정의는 환경이 공공재로써 공평하게 분배되어야 하지만 환경부담에 대한 불공평한 부담이 있다고 전제하고, 이러한 불평등을 해소할 수 있는 방안의 마련을 최우선 목적으로 삼고 있다. 환경정의에서 환경을 자연 환경, 생활 환경, 사회 환경으로 구분하고, 사회 환경은 사람들이 거주하고, 근무하고, 유희하면서 사람의 관계를 형성하는 환경으로 규정하고 있다. 예를 들면 사회 환경은 지역사회 구성원들의 관계를 의미하는 것이고, 환경 변화로 인한 구성들의 관계 변화를 사회 환경에 미치는 영향이라고 규정할 수 있다. 미국 환경청은 환경정의 관련 전담부서를 신설하고, 해당 부서의 핵심 업무는 자연 및 생활환경

01 Inglehart, Ronald. 1990. *Cultural Shift in Advance Society*. Princeton, NJ: Princeton University Press.

의 변화가 사회 환경에 미치는 영향을 진단하고 영향을 저감할 수 있는 방안 마련이다.

환경 영역이 확장됨에 있어서 환경정책을 선도할 새로운 프레임이 필요하게 되었고, 이것은 지속가능성(Sustainability)이라는 개념으로 재탄생하게 되었다. 지속가능성은 사회발전을 추구할 때 환경적 영향, 경제적 영향, 사회적 영향을 충분히 고려하여 개발로 인한 부정적인 영향을 최소화하는 것을 주요 목표로 설정하고 있다. 지속가능성의 환경은 전통적인 자연환경에 초점을 맞추고 있고, 경제적 영향은 생활환경에 대한 영향에 초점이 맞추어져 있고, 사회적 영향은 사회 환경에 대한 영향에 초점이 맞추어져 있다고 할 것이다. 2015년 유엔에서 17개의 지속가능 발전 목표를 발표하였고, 발전 목표를 국가정책에 포함시킬 수 있는 구체적인 방법에 대한 로드맵도 발표하였다[02]. 따라서 개발도상국과 환경협력에서 지속가능성 확보는 핵심적인 내용이 되어야 할 것이다.

개발도상국 협력에서 환경보다 지속가능성이 중요한 이유는 다음과 같다. 개발도상국의 환경문제는 급속한 도시화로 인한 자연환경에 미치는 영향도 있지만, 대부분 생활환경의 악화로 인해 개발도상국 주민들이 겪게 되는 생활환경의 피해가 더욱 심각한 환경문제라고 인식하는 경향이 있다.[03] 따라서 선진국에서 환경정의라고 인식하는 문제가 개발도상국에서는 환경문제로 인식되는 경향이 있다.[04] 따라서 개발도상국과 환경협력을 위해서는 지속가능성 입장에서 접근하여야 하고, 사업으로 인한 환경적, 경제적, 사회적 영향을 종합적으로 검토할 수 방안이 필요하다고 보여 진다. OECD, 월드뱅크, 유엔 등 국제기구와 함께 개발도상국에 사업을 추진하는 경우 환경영향평가 및 사회영향평가를 수행하여야 하고, 사회영향평가는 성 영향과 이주민 영향은 반듯이 평가하도록 하고 있다.[05] 따라서 개발도상국과 환경협력을 추진하는 경우 자연환경 보전이라는 협소한 환경 영역을 강조하기 보다는 확장된 환경 개념인 지속가능성을 바탕으로 협력을 구상하는 것이 효과적인 방안이다.

---

02 Roadmap for Localizing the SDGs: Implementation and Monitoring at Subnational Level. [https://www.uclg.org/sites/default/files/roadmap_for_localizing_the_sdgs_0.pdf] 접속일: 2020년 6월 10일

03 Gardner, Sarah S. 1995. "Major Themes in the Study of Grassroots Environmentalism in Developing Countries." *Journal of Third World Study* 12(2): 200-244.

04 Broad, Robin. 1994. "The Poor and the Environment: Friends or Foe?" *World Development* 22(6): 811-822.

05 World Bank. 1998. *Participation and Social Assessment: Tools and Techniques*. The International Bank for Reconstruction and Development

2. 환경정의 운동(Environmental Justice Movement)

일부 학자들은 환경정의 운동(Environmental Justice Movement)이 워런 카운티 시위(Warren County protest) 이후 주목받기 시작했다고 주장하지만,[06] 이 운동의 기반을 마련한 사건들은 그 이전에도 많이 존재했다. 즉, 환경정의 운동은 과거의 여러 사회운동, 예컨대 시민권 운동(Civil Rights Movement), 노동 운동(Labor Movement), 원주민 운동(Native American Movement), 그리고 반독성 운동(Anti-toxic Movement)의 연장 선상에 있는 운동이라 할 수 있다.[07]

시민권 운동은 역사적 인종 차별로 인해 소수자들이 겪는 사회적 불평등을 부각시키며 환경정의 운동에 기여했고, 노동 운동은 특히 소수계 근로자들을 위한 작업장 내 위험 요소를 파악함으로써 환경정의 운동에 영향을 미쳤다. 원주민들은 기업들이 자신들의 보호구역에서 자원을 채취하면서 열악한 환경 조건을 감내해야 했으며, 이에 반발하는 이들의 시위는 환경정의 운동의 일부가 되었고, 반독성 운동은 유독 물질이 건강에 미치는 악영향에 대한 인식을 높임으로써 환경정의 운동에 기여했다.

환경정의 운동이 다양한 사회운동의 토대에서 발전하였음에도 불구하고, 초기에는 전통적인 환경운동이 환경정의 운동에 미친 영향은 제한적이었다는 점은 특이하다. 하지만 환경정의가 본격적인 사회운동으로 승화되어 제도에 편입된 후 그린피스(Greenpeace)와 시에라 클럽(Sierra Club)과 같은 주류 환경 단체들이 환경정의 문제에 관심을 가지며 이를 자신들의 의제에 포함시켰다.[08]

---

06 Bullard, Robert D. 2000. Dumping in Dixie: Race, Class, and Environmental Quality. 3rd ed. Boulder, CO: Westview Press.

07 Cole, Luke W., and Sheila R. Foster. 2001. From the Ground up: Environmental Racism and the Rise of the Environmental Justice Movement. New York, NY: New York University Press.

08 Bullard, Robert D. 2000. Dumping in Dixie: Race, Class, and Environmental Quality. 3rd ed. Boulder, CO: Westview Press.
Cole, Luke W., and Sheila R. Foster. 2001. From the Ground up: Environmental Racism and the Rise of the Environmental Justice Movement. New York, NY: New York University Press.
Mohai, Paul. 2003. Dispelling Old Myths: African American Concern for the Environment. Environment 45 (5):11-26.
Taylor, Dorceta E. 1992. Can the Environmental Movement Attract and Maintain the Support of Minorities? In Race and the Incidence of Environmental Hazards : a Time for Discourse, edited by B. Bryant and P. Mohai. Boulder, CO: Westview Press.
———. 1993. Environmentalism and Political Inclusion. In Confronting Environmental Racism: Voices

1) 환경정의 운동 출현 배경

1990년대 초, 환경정의 운동을 자극한 두 가지 중요한 사건이 있다. 첫 번째 사건은 1990년에 미시간 대학교에서 개최된 학회였고, 다른 하나는 1991년에 워싱턴 D.C.에서 열린 제1차 유색인종 환경 리더십 정상회의(First National People of Color Environmental Leadership Summit)이다.

1987년 United Church of Christ(UCC)가 아프리카계 미국인 지역사회에 환경적으로 위험한 시설이 불균형적으로 위치하고 있다는 연구 결과를 발표한 이후, 학자들과 활동가들이 1990년 미시간 대학교에 모여 소수자 대중에 대한 환경적 불의 문제에 대한 지식을 공유했다.[09] 이 학회 결과로 Bryant와 Mohai는 "Race and the Incidence of Environmental Hazards"라는 책을 편집했는데,[10] 이 책에는 학회 참가자들이 작성한 환경적 불의에 관한 논문들이 포함되었다. 학회 이후, '미시간 그룹(Michigan Group)'으로 알려진 일부 학자들과 활동가들은 미국 환경청(US Environmental Protection Agency)의 수장 William Reilly를 만났다. 이 회의 후, 환경청은 환경형평성 워킹그룹과 환경형평성 사무소(Office of Environmental Equity)를 설립했으며, 이 사무소는 이후 1993년 새로운 EPA 관리자였던 Carols Browner에 의해 환경정의 사무소(Office of Environmental Justice)로 개명되었다.[11]

1991년 워싱턴 D.C.에서 열린 제1차 유색인종 환경 리더십 정상회의는 UCC 정의 위원회(Commission for Racial Justice)의 주도 아래 50개 주와 미국령에서 650명이 넘는 대표들이 참여한 대규모 행사였다.[12] Bullard는 이 정상회의가 "환경 인종차별에 맞서 싸우기 위한 전략에 대해

---

from the Grassroots, edited by R. D. Bullard. Boston, MA: South End Press.
———. 2000. The Rise of the Environmental Justice Paradigm: Injustice Framing and the Social Construction of Environmental Discourses. American Behavioral Science 43 (4):508-580.

09 Cole, Luke W., and Sheila R. Foster. 2001. From the Ground up: Environmental Racism and the Rise of the Environmental Justice Movement. New York, NY: New York University Press.
Mohai, Paul. 2003. Dispelling Old Myths: African American Concern for the Environment. Environment 45 (5):11-26.

10 Bryant, Bunyan, and Paul Mohai (ed.). 1992. Race and the Incidence of Environmental Hazards : a Time for Discourse. Boulder, CO: Westview Press.

11 Bryant, Bunyan, and Paul Mohai (ed.). 1992. Race and the Incidence of Environmental Hazards : a Time for Discourse. Boulder, CO: Westview Press.
Cole, Luke W., and Sheila R. Foster. 2001. From the Ground up: Environmental Racism and the Rise of the Environmental Justice Movement. New York, NY: New York University Press.

12 Bryant, Bunyan, and Paul Mohai (ed.). 1992. Race and the Incidence of Environmental Hazards : a Time for Discourse. Boulder, CO: Westview Press.
Bullard, Robert D. 2000. Dumping in Dixie: Race, Class, and Environmental Quality. 3rd ed. Boulder,

지역 및 국가적 지지를 결집시키고 다민족 운동의 방향성을 설정했다"고 평가 한다.[13] Moore는 이 정상회의가 환경정의 운동의 범위를 정의하며 과거와 현재의 투쟁에 뿌리를 두고 있다고 주장한다. 그는 "이 운동은 사람들이 살고, 일하고, 놀며, 매일 직면하는 사회적·인종적 불의 문제와 밀접하게 연결된 환경을 정의 한다"고 언급하였다.[14]

특히, 이 정상 회의는 '환경'을 사람들이 살고, 일하고, 노는 공간으로 정의하며 이를 광범위한 개념으로 재구성하였다.[15] 앞서 언급한 확장된 '환경'의 틀은 '환경정의 원칙(Principles of Environmental Justice)'과 '행동 촉구(Call to Action)'의 초안 작성과 비준을 통해 다양한 과거 운동들을 환경정의 운동에 연결할 수 있는 기반을 마련했다.[16] 예를 들어, 작업장과 관련된 환경 문제는 노동운동과 연결될 수 있으며, 사람들이 사는 곳과 관련된 환경 문제는 주거 분리와 경제적 격차 문제를 걱정하는 사회 정의 운동가들에게 호소할 수 있었다.

결론적으로, 1970년대와 1980년대에 빈곤층과 소수자들이 환경 조건을 개선하기 위해 여러 투쟁을 벌였지만, 이 두 가지 사건은 환경정의 운동의 출현에 중요한 역할을 했다.

시민권 운동을 통해, 연방 재정 지원을 받는 모든 프로그램이나 활동에서 인종, 피부색, 또는 출신 국가를 기반으로 한 차별을 금지하는 연방법 민권법 제6조(Title VI)가 1964년에 제정되었다.[17] 이후, EPA는 자체적으로 민권법 제6조에 따른 규정을 채택하여 지역 주민들이 공해를

CO: Westview Press.
Miller, Vernice D. 1993. Building on Our Past, Planning for Our Future: Communities of Color and the Quest for Environmental Justice. In Toxic Struggles: The Theory and Practices of Environmental Justice, edited by R. Hofrichter. Philadelphia, PA: New Society Publishers.

13 Bullard, Robert D. 2000. Dumping in Dixie: Race, Class, and Environmental Quality. 3rd ed. Boulder, CO: Westview Press., 114쪽.

14 Moore, Richard, and Head Louis. 1993. Acknowledging the Past, Confronting the Present: Environmental Justice in the 1990s. In Toxic Struggles: The Theory and Practices of Environmental Justice, edited by R. Hofrichter. Philadelphia, PA: New Society Publishers., 119쪽

15 Miller, Vernice D. 1993. Building on Our Past, Planning for Our Future: Communities of Color and the Quest for Environmental Justice. In Toxic Struggles: The Theory and Practices of Environmental Justice, edited by R. Hofrichter. Philadelphia, PA: New Society Publishers.
Moore, Richard, and Head Louis. 1993. Acknowledging the Past, Confronting the Present: Environmental Justice in the 1990s. In Toxic Struggles: The Theory and Practices of Environmental Justice, edited by R. Hofrichter. Philadelphia, PA: New Society Publishers.

16 Miller, Vernice D. 1993. Building on Our Past, Planning for Our Future: Communities of Color and the Quest for Environmental Justice. In Toxic Struggles: The Theory and Practices of Environmental Justice, edited by R. Hofrichter. Philadelphia, PA: New Society Publishers.

17 Eady, Veronica. 2003. Environmental Justice in State Policy Decisions. In Just Sustainabilities: Development in an Unequal World, edited by J. Agyeman, R. D. Bullard and B. Evans. Cambridge, MA: The MIT Press.

유발하는 시설 허가를 재검토할 수 있도록 했다. 즉, 지역 주민들은 EPA에 자신들에게 부정적인 영향을 미치는 주 및 지방정부의 결정을 검토하도록 요청할 수 있는 권한을 부여받았다.[18]

1994년 클린턴 행정부는 행정명령 12898호를 발표하여 연방 자금으로 운영되는 모든 기관이 환경정의 문제를 고려해야 한다고 명시했다.[19] 이에 따라, 민권법 제6조는 불균형적인 환경 부담을 겪고 있는 주민들과 환경정의 활동가들에게 중요한 전략으로 여겨졌다.[20]

2001년 초 사우스 캠든 사건에서, 뉴저지 연방지방법원은 뉴저지 환경보호국이 민권법 제6조에 따른 적절한 분석을 수행하지 못했다고 판결했다. 이는 환경정의 활동가들에게 민권법 제6조의 적용 가능성을 입증한 주요 법적 승리였다. 법원은 사우스 캠든 시민 행동 단체가 요청한 대로 시멘트 공장 건설에 대한 임시 중지 명령을 내렸다. 사우스 캠든 시민 행동 단체는 1997년에 설립된 풀뿌리 지역사회 계획 프로젝트로 시작되었다.[21]

그러나 이러한 법적 승리는 오래가지 못하였다. 5일 후, 미국 대법원은 알라바마에서 발생한 별개의 사건에서 민권법 제6조 규정을 민간인이 집행할 법적 권한이 없다고 판결했다[22]. 이 결정으로 뉴저지 환경보호국이 항소했을 때, 제3연방항소법원은 이전 결정을 뒤집고 시멘트 회사가 운영을 시작할 수 있도록 허용했다. 법원은 SCCIA의 소송 권리가 민권법 제6조 자체

---

18 Pomar, Olga, and Rachel D. Godsil. 2006. Permitted to Pollute: The Rollback of Environmental Justice. In Awakening from the Dream: Civil Rights Under Siege and the New Struggle for Equal Justice, edited by D. Morgan, R. D. Godsil and J. Moses. Durham, NC: Carolina Academic Press.

19 Bullard, Robert D. 2000. Dumping in Dixie: Race, Class, and Environmental Quality. 3rd ed. Boulder, CO: Westview Press.
Cole, Luke W., and Sheila R. Foster. 2001. From the Ground up: Environmental Racism and the Rise of the Environmental Justice Movement. New York, NY: New York University Press.
Cole, Luke W., and Sheila R. Foster. 2001. From the Ground up: Environmental Racism and the Rise of the Environmental Justice Movement. New York, NY: New York University Press.
Mohai, Paul. 2003. Dispelling Old Myths: African American Concern for the Environment. Environment 45 (5):11-26.

20 Pomar, Olga, and Rachel D. Godsil. 2006. Permitted to Pollute: The Rollback of Environmental Justice. In Awakening from the Dream: Civil Rights Under Siege and the New Struggle for Equal Justice, edited by D. Morgan, R. D. Godsil and J. Moses. Durham, NC: Carolina Academic Press.

21 Eady, Veronica. 2003. Environmental Justice in State Policy Decisions. In Just Sustainabilities: Development in an Unequal World, edited by J. Agyeman, R. D. Bullard and B. Evans. Cambridge, MA: The MIT Press.
Pomar, Olga, and Rachel D. Godsil. 2006. Permitted to Pollute: The Rollback of Environmental Justice. In Awakening from the Dream: Civil Rights Under Siege and the New Struggle for Equal Justice, edited by D. Morgan, R. D. Godsil and J. Moses. Durham, NC: Carolina Academic Press.

22 Eady, Veronica. 2003. Environmental Justice in State Policy Decisions. In Just Sustainabilities: Development in an Unequal World, edited by J. Agyeman, R. D. Bullard and B. Evans. Cambridge, MA: The MIT Press.

가 아니라 연방 규정에 기반 한 것이라고 해석했기 때문에 민간인이 EPA의 제6조 규정을 집행하기 위해 소송을 제기할 수 없다고 판결했다.[23] 이러한 판결은 환경정의 운동가들이 민권법 제6조 규정에 의존하지 않고, 정치적 압력과 행정적 행동 같은 다른 전략과 전술을 사용해야 함을 시사했다.

1960년대 노동 운동은 특히 유독 물질(화학 성분 및 농약 등)을 취급하는 근로자의 작업장 안전 문제에서 시작되었다. 미국 연방 정부는 1970년에 산업안전보건법(Occupational Safety and Health Act)을 제정하여 근로자의 전반적인 안전과 건강을 개선했다. 그러나 소수계 근로자, 특히 아프리카계 미국인들은 백인 근로자들에 비해 이 법률의 혜택을 충분히 누리지 못하였다.[24]

결과적으로, 소수계 근로자들은 작업장에서 부상이나 질병을 입더라도 적절한 보상 없이 직장을 떠나는 상황에 처했다. 1983년, 아프리카계 미국인의 평균 기대 수명은 69.6세로, 백인의 평균 기대 수명인 75.2세보다 약 6년 낮았다. 이는 1983년 아프리카계 미국인의 기대 수명이 1950년대 백인의 기대 수명 수준에 머물러 있음을 의미한다. 또한, 매년 10만 명의 근로자가 작업 관련 사고로 사망하고 900만 명이 부상을 입거나 질병을 겪고 있다는 통계가 있다. 아프리카계 미국인은 작업 관련 부상과 질병으로 고통받을 확률이 각각 37%와 20% 더 높았다[25].

농업 근로자들은 1970년대 중반까지도 산업 근로자들과 동일한 권리를 누리지 못했다. 캘리포니아에서는 1975년에 제정된 법률을 통해 농업 근로자들이 노동조합을 결성할 권리를 포함한 산업 근로자와 동일한 권리를 가지게 되었다. 이는 산업 근로자들의 권리가 보장된 지

23 Pomar, Olga, and Rachel D. Godsil. 2006. Permitted to Pollute: The Rollback of Environmental Justice. In Awakening from the Dream: Civil Rights Under Siege and the New Struggle for Equal Justice, edited by D. Morgan, R. D. Godsil and J. Moses. Durham, NC: Carolina Academic Press.

24 Wright, Beverly Hendrix. 1992. The Effects of Occupational Injury, Illness, and Disease on the Health Status of Black Americans: Review. In Race and the Incidence of Environmental Hazards : a Time for Discourse, edited by B. Bryant and P. Mohai. Boulder, CO: Westview Press.
Wright, Beverly Hendrix, and Robert D. Bullard. 1993. The Effect of Occupational Injury, Illness, and Disease on the Health Status of Black Americans: A Review. In Toxic Struggles: The Theory and Practices of Environmental Justice, edited by R. Hofrichter. Philadelphia, PA: New Society Publishers.

25 Wright, Beverly Hendrix. 1992. The Effects of Occupational Injury, Illness, and Disease on the Health Status of Black Americans: Review. In Race and the Incidence of Environmental Hazards : a Time for Discourse, edited by B. Bryant and P. Mohai. Boulder, CO: Westview Press.
Wright, Beverly Hendrix, and Robert D. Bullard. 1993. The Effect of Occupational Injury, Illness, and Disease on the Health Status of Black Americans: A Review. In Toxic Struggles: The Theory and Practices of Environmental Justice, edited by R. Hofrichter. Philadelphia, PA: New Society Publishers

약 40년 만의 일이었다[26].

작업장 위험에 대응하기 위해 근로자들은 조직화되어 '알 권리(Right-to-Know)' 운동을 시작했다. 유독 물질을 다루는 산업은 종종 근로자들에게 유해한 물질의 존재를 부인하거나, 해당 물질의 노출량 및 건강에 미치는 영향을 담은 의학적 증거를 공개하지 않았다. 이러한 태도에 불만을 가진 근로자들은 작업 환경 개선을 위해 노동조합의 노력으로 시작된 '알 권리' 운동에 참여했다.

그러나 미국에서 노동조합의 영향력이 약했기 때문에, 이 운동은 산업과의 협상보다는 정치적 측면에 중점을 두었습니다. 예를 들어, 필라델피아 지역 산업안전보건 프로젝트는 노동조합과 지역사회 단체들의 연합으로, 1974년 산업안전보건청에 유독 물질의 독성, 노출, 그리고 건강에 미치는 영향을 포함한 정보를 공개할 것을 요구했습니다[27].

카터 행정부가 출범하면서, 산업안전보건청은 환경청(EPA)과 협력하여 작업장과 지역사회를 대상으로 유해 물질 표시 기준을 마련했다. 초기 노력은 실패했지만, 1980년 레이건 행정부 출범 며칠 전, 산업안전보건청은 유해 물질 식별 기준(Hazard Identification Standard)을 발표했다. 이 기준은 유독 화학 물질 등록부에 포함된 32,000개의 화학 물질을 제조하거나 수입하는 업체들에게, 근로자 건강에 미칠 수 있는 위험을 평가하는 자료를 준비하도록 요구했다. 그러나 레이건 행정부는 1981년에 이 기준을 철회하고, 화학 제조업 협회가 제안한 자발적 위험 커뮤니케이션 방식을 채택했다. 이 방식에서는 산업안전보건청이 비준수 업체를 처벌할 법적 권한을 가지지 못했으며, 위험 물질을 정의하고 경고하는 책임이 고용주에게로 전가되었다.

이에 따라 '알 권리' 운동은 연방 정부보다는 주 및 지방 정부를 대상으로 운동의 범위를 조정하였다. 예를 들어, 델라웨어 밸리 유독 물질 연합(Delaware Valley Toxic Coalition)은 필라델피아 지역 산업안전보건 프로젝트의 지원으로 필라델피아 시의회 회의에 참석해, 근로자와 지역 주민들에게 정보를 제공할 것을 요구했다. 이는 주민들이 정보에 접근할 권리를 작업장의 유해 물질 문제와 연결한 첫 번째 사례로, '지역사회 알 권리 운동(Community Right-to-Know Movement)'으로 불린다. 1983년까지 15개 주와 12개 지역이 알 권리 관련 법안을 채택했으며, 20개 주와 여러 지역은 자체적인 정보 공개 법안을 검토했다[28].

---

26 Chavez, Cesar. 1993. Farm Workers at Risk. In Toxic Struggles: The Theory and Practices of Environmental Justice, edited by R. Hofrichter. Philadelphia, PA: New Society Publishers.

27 Robinson, James C. 1991. Toll and Toxics: WorkPlace Struggles and Political Strategies for Occupational Health. Berkeley, CA: University of California Press.

28 Robinson, James C. 1991. Toll and Toxics: WorkPlace Struggles and Political Strategies for Occupational

산업 근로자들과는 달리, 농업 근로자들은 노동자로서의 권리를 제대로 누리지 못했다[29](Chavez 1993; Moses 1993). 농업 근로자들은 종종 농약 중독을 비롯한 심각한 작업장 위험에 노출되었으며, 이들을 보호하기 위해 전국 농업 근로자 협회(National Farm Workers Association), 나중에 통합 농업 근로자 연합이 1962년에 설립되었다. 통합 농업 근로자 연합은 1960년대 후반 포도 보이콧 전략을 통해 포도 생산업체와 농업 근로자 간 최초의 단체협약을 성사시켰다[30].

통합 농업 근로자 연합은 농업 근로자의 작업 조건 개선을 위해 지속적으로 포도 보이콧 전략을 사용했으며, 특히 농약 중독 문제에 중점을 두었다. 이러한 전략은 대중의 주목을 받았고, 통합 농업 근로자 연합의 노력으로 농업 근로자들은 깨끗한 식수, 손 씻는 시설, 농약 방어복, 그리고 포괄적인 건강 혜택을 누릴 수 있게 되었다.

환경정의 마지막 측면은 환경적 부담에 맞선 지역사회의 투쟁에서 비롯되었다. 1982년 워런 카운티(Warren County) 사건 이전까지, 정부가 빈곤층 및 아프리카계 미국인 지역에 유독성 소각장을 제안한 것처럼, 소수 집단에게 불균형적으로 환경적 부담을 가하는 인종 문제는 주요 관심사가 아니었다. 대신, 주민들의 건강을 위협하는 환경적 위험과 오염이 주된 이슈였다. 즉, 반독성 운동은 1970년대 후반 유독 폐기물 문제로 고통 받는 지역사회를 위한 풀뿌리 운동으로 시작되었다.

워런 카운티 사건은 인종적 불의와 소수 집단의 환경 조건 간의 중요한 연결고리를 제공했다. 워런 카운티의 시위자들은 소각장 건설을 막는 데 실패했지만,[31] 이 시위를 통해 환경정의라는 개념이 탄생했다. 이 사건 이후, 미국 회계감사국(Gerneal Accounting Office)은 1983년 환경적으로 위험한 시설의 인구통계학적 분석을 수행했으며, 대부분의 이러한 시설이 빈곤층 및 소수 집단 지역에 위치해 있음을 발견하였다.[32]

Health. Berkeley, CA: University of California Press.

29 Chavez, Cesar. 1993. Farm Workers at Risk. In Toxic Struggles: The Theory and Practices of Environmental Justice, edited by R. Hofrichter. Philadelphia, PA: New Society Publishers. Moses, Marion. 1993. Farmworkers and Pesticides. In Confronting Environmental Racism: Voices from the Grassroots, edited by R. D. Bullard. Boston, MA: South End Press.

30 Chavez, Cesar. 1993. Farm Workers at Risk. In Toxic Struggles: The Theory and Practices of Environmental Justice, edited by R. Hofrichter. Philadelphia, PA: New Society Publishers.

31 Labalme, Jenny. 1988. Dumping on Warren County. In Environmental Politics: Lessons from the Grassroots, edited by B. Hall. Durham, NC: Institute for Southern Studies.

32 Szasz, Andrew, and Michael Meuser. 1997. Environmental Inequalities: Literature Review and Proposals for New Directions in Research and Theory. Current Sociology 45 (3):99-120.

회계감사국 연구가 미국 남부 지역을 중심으로 분석한 반면, United Church of Christ(이하 UCC)는 미국 전역의 유독물 처리, 저장 및 폐기 시설을 분석하여 더 포괄적인 결과를 제공했다. UCC 연구는 회계감사국 연구의 발견이 미국 전체에 적용될 수 있음을 확인했으며, 이러한 시설이 빈곤층 및 소수 집단 지역에 집중적으로 입지하고 있음을 보여주었다.[33]

1960년대 테네시주 타데만 카운티에서 벨시콜 화학 회사가 운영하던 시설은 현장에서 화학 폐기물을 처리하며 인근 주민들의 건강에 영향을 미쳤다. 1967년 미국 지질조사국은 이러한 화학 폐기물이 인근 주민들에게 미칠 수 있는 잠재적 건강 영향을 발견했지만, 정부는 어떠한 조치도 취하지 않았다. 1970년대 후반, 간호사였던 Nell Grantham은 물에서 나는 악취와 맛이 이상하다는 것을 알아채고 주 보건부에 물 검사를 요청했습니다. 보건부는 단순한 박테리아 검사 결과를 바탕으로 물이 안전하다고 발표했다. 이에 만족하지 못한 그래넘과 그의 가족들은 자체적으로 물 샘플을 테스트했고, 그 결과 벤젠, 클로르단, 헵타클로르, 다이옥신과 같은 유독 물질의 존재를 밝혀냈고, 해당 결과는 향후에 환경청의 조사에서 확인되었다. 독성 화학 물질이 물에 존재한다는 사실이 밝혀진 후, 많은 주민들이 피부 발진 및 선천적 결손과 같은 이상 증상을 보고했다. 언론이 이 사건을 보도하면서 벨시콜 화학 회사는 현장에서 유독성 폐기물을 처리했음을 인정했다. 주민들은 회사를 상대로 25억 달러의 집단 소송을 제기했으며, 일부 주민들은 회사로부터 12,000~15,000달러의 보상을 받는 조건으로 합의했다. 이 사건으로 인해 넬 그래넘은 1980년에 설립된 테네시 주 화학적 위험 반대 단체의 지도자로 부상하였다. 이 단체는 공중 교육, 로비 활동, 지역사회 조직화 등을 통해 화학 회사의 오염 문제와 관련된 불공정한 환경적 부담에 대응하였다.[34]

1980년 지구의 날, 뉴저지 엘리자베스 지역에서 화학물질 처리장(Chemical Control) 폐기물이 폭발하면서 66명의 인근 주민이 병원에 입원했다. 1975년에 결성된 통합 엘리자베스를 위한 연합은 이 사건에 대응하기 위해 여러 조치를 취했다. 통합 엘리자베스를 위한 연합은 과학 자문위원회를 설립하여 이번 사건으로 영향을 받은 지역의 건강 문제를 분석했다. 또한 뉴저지 환경보호부에 정치적 압력을 가해 철저한 정화 작업을 요구했으며, 주 및 연방 차원에서 강

---

33 United Church of Christ. 1987. Toxic Waste and Race in the United States: A National Report on the Racial and Socio-Economic Characteristics of Communities with Hazardous Waste Sites. New York, NY: Commission for Racial Justice, United Church of Christ.

34 Freudenberg, Nicholas. 1984. Not in Our Backyards!: Community Action for Health and the Environment. New York, NY: Monthly Review Press.

력한 법안을 로비하여 완전한 정화 자금을 확보하려 했다. 1980년, 뉴욕 조지 워싱턴 다리에서 프로판 가스를 운반하던 트럭의 누출로 화재가 발생했다. 사고 영향권인 8마일 반경 내 위치한 지역은 히스패닉, 그리스, 유대인으로 구성된 밀집된 인구 지역이었다. 이 사고에 대응하여 워싱턴 하이츠 보건 행동 프로젝트(Washington Height Health Action Project)는 위험 물질 운송 문제를 조사했습니다. 이 단체는 매일 100대 이상의 트럭이 방사성 물질을 포함한 위험 물질을 싣고 주거 지역을 통과한다는 사실을 밝혀냈다.

하지만 지역사회의 요구에도 불구하고 정부는 별다른 조치를 취하지 않았다. 이에 이 단체는 노동, 환경, 지역사회, 반핵 단체 등 20개 이상의 이해관계 그룹을 조직하여 정치적 압력을 가했다. 이를 통해 뉴욕시는 방사성 물질의 시내 도로 운송을 금지했으나, 이후 연방 상급 법원에서 이 결정을 뒤집었다. 그럼에도 불구하고 뉴욕시 경찰국은 자발적으로 위험 물질을 운반하는 차량을 모니터링하는 부서를 신설하였다.[35]

1970년대 후반, 러브 커널 사건은 독성이 있는 오염 부지에 건설된 주거 지역에서 발생한 사건으로, 이는 인종과는 관련이 없었다. 이 사건은 주로 백인 주택 소유자들이 독성 폐기물로 인한 건강 문제를 겪은 사례였지만 이 사건은 여러 면에서 중요한 의의를 지닌다. 첫째, 이는 모든 주민(주택 소유자 포함)이 집단적으로 이주한 최초의 사례였다. 둘째, 이 사건은 미국 연방 정부가 Superfund Act으로 알려진 유독 폐기물 관리 정책을 제정하도록 했다. 마지막으로, 이 사건의 주민들이 설립한 유독 폐기물 시민 정보 센터(Citizens Clearinghouse for Hazardous Wastes, CCHW)는 향후 15년간 7,000개 이상의 지역 단체와 협력하며 활동하였다.[36]

2) 환경정의 운동의 등장

전술한 사례들은 인종 문제와 직접적으로 관련이 없었지만, 유독 물질의 실제 또는 잠재적 영향으로 고통 받는 시민들의 사례이다. 1982년 워런 카운티 사건 이후 환경적 불의의 범위가

35 Freudenberg, Nicholas. 1984. Not in Our Backyards!: Community Action for Health and the Environment. New York, NY: Monthly Review Press.

36 Cole, Luke W., and Sheila R. Foster. 2001. From the Ground up: Environmental Racism and the Rise of the Environmental Justice Movement. New York, NY: New York University Press.

드러나면서, 풀뿌리 시위는 점차 인종적 불의와 불균형적인 환경 부담을 연결시키기 시작했다. 텍사스 휴스턴에서는 쓰레기 소각장과 공공 매립지가 빈곤층 및 소수자 거주 지역에 집중적으로 입지해 있었다. 텍사스 보건국이 발급한 네 개의 민간 위생 매립지 허가 중 세 개는 아프리카계 미국인 거주 지역에 있었다. 특히 1970년대 위스퍼링 파인스 매립지가 노스웨스트 매너(Northwest Manor) 지역에 매립장을 제안했을 때, 해당 지역 주민 82.4%가 아프리카계 미국인이었다. 이에 주민들은 1979년 노스이스트 커뮤니티 액션 그룹을 결성하여 매립장 건설을 막기 위한 집단 소송을 제기했다. 1984년 연방법원은 주민들의 소송을 기각했으며, 매립장은 해당 지역에 건설되었다. 법적 패배에도 불구하고, 주민들은 휴스턴 시의회를 설득해 시 소유 트럭이 이 매립지로 폐기물을 운송하지 못하도록 하는 결의안을 통과시켰다. 또한, 학교 등 공공시설 근처에 고형 폐기물 처리장을 건설하는 것을 제한하는 조례도 제정했다. 나아가 텍사스 보건국은 매립지 건설 신청자가 해당 지역의 사회경제적 및 토지 이용 분석을 제출하도록 요구했다. 이를 통해 매너 지역 주민들은 정부와 기업에 현재 및 미래의 불균형적 환경 부담을 용납하지 않을 것이라는 강력한 메시지를 보냈다.[37]

RSR 납 제련소는 1934년부터 웨스트 댈러스 지역에서 운영되었고, 1950년대 중반, 시는 이 시설에서 약 50피트 떨어진 곳에 주택 프로젝트를 진행했다. 이 시설은 1960년대 동안 269톤의 납 입자를 대기로 배출했으며, 인근 주민들이 특히 이로 인한 피해를 겪었다. 1972년, 시 당국은 웨스트 댈러스 지역 어린이들의 혈액에서 납 성분이 검출된 것을 알게 되었으며, 1974년 댈러스 보건국의 연구는 이 시설 인근에 거주하는 어린이들의 혈액에서 높은 납 농도를 확인했다. 1974년, 시는 반복적인 납 관련 조례 위반으로 RSR 제련소를 상대로 소송을 제기했으나, 1976년 시 정부는 조례를 완화하며 규제를 약화시켰다. 1978년, 국가 환경 대기질 기준(National Ambient Air Quality Standard)이 대기 중 납 배출을 제한한 후, 환경청은 1981년 웨스트 댈러스 주민들의 건강 문제를 조사했다. 이 연구는 10년 전 연구에서 확인된 것과 동일한 결과를 발견했다. 이에 대응하여 댈러스 시의회는 시민 그룹인 댈러스 환경 태스크포스(Dallas Alliance Environmental Task Force)를 구성했다. RSR 제련소는 오염된 토양을 정화하고 피해를 입은 어린이들에게 의료 지원을 제공하겠다고 자발적으로 동의했지만, 회사나 정부는 즉각적인

37 Bullard, Robert D. 2000. Dumping in Dixie: Race, Class, and Environmental Quality. 3rd ed. Boulder, CO: Westview Press.

조치를 취하지 않았다. 1983년 회의에서 분노한 주민들은 단순히 이주하는 것이 아니라 공장 폐쇄를 요구했다. 1985년, 웨스트 댈러스 주민들은 RSR 제련소와 법정 외 합의에 도달했으며, 아이들에게는 주기적으로 총 2천만~4천5백만 달러를 지급하기로 했다.[38]

인스티튜트(Institute)는 웨스트버지니아 주 찰스턴 근처의 비법인 지역으로, 1980년 인구 조사에 따르면 주민의 90%가 아프리카계 미국인이었다. 이 지역은 카나와강(Kanawha River) 계곡을 따라 자리 잡은 유니언 카바이드, 듀폰, 몬산토 등 다양한 화학 회사가 위치한 곳이다. 1984년, 유니언 카바이드의 인도 공장에서 아이소사이안화 메틸(Methyl isocyanate)이 누출되어 3,000명 이상의 사망자를 초래한 사고가 발생한 이후, 인스티튜트 주민들은 같은 사고가 자신들에게도 발생할 가능성을 우려하였다. 이로 인해 주민들은 웨스트버지니아 주립대학 역사 교수 에드윈 호프만(Edwin Hoffman)의 지도 아래 아이소사이안화 메틸 배출 관련 주민 단체를 조직했다. 이후 유니언 카바이드는 인스티튜트 공장에서 아이소사이안화 메틸 배출을 일시적으로 폐쇄하고 안전 및 경고 시스템을 설치했지만, 그 후에도 아이소사이안화 메틸이 누출되어 135명의 주민들이 병원에 입원했다. 환경청 조사에 따르면, 지난 5년 동안 아이소사이안화 메틸 누출 사고가 61건 발생했으며, 이 중에 10파운드 이상의 누출된 사례도 보고되었다. 이에 1985년, 약 300명의 인스티튜트 주민들이 공장으로 행진하며 지속적인 유독물질 누출에 대한 해명을 요구했다.[39]

연대 구축은 환경정의 관련 문제를 해결하는 데 가장 효과적인 전략 중 하나이다. 로스앤젤레스에서는 LANCER 프로젝트(로스앤젤레스 에너지 회복 프로젝트)가 쓰레기 소각장을 중앙 로스앤젤레스, 주로 소수자 및 빈곤층이 거주하는 지역에 건설하려 했다. 이에 대응하여 남중앙 로스앤젤레스 관심 시민 단체(Concerned Citizens of South Central Los Angeles)가 조직되었고, 지역뿐만 아니라 전체 로스앤젤레스 지역으로 문제를 확대해 반대 운동으로 진화시켰다. 결과적으로 LANCER 프로젝트는 취소되었고, 대신 의무적 재활용 제안이 채택되었다.[40]

미국 전역에서 일어난 다양한 환경 투쟁은 여러 환경정의 단체의 설립으로 이어졌다. 대표

38 Bullard, Robert D. 2000. Dumping in Dixie: Race, Class, and Environmental Quality. 3rd ed. Boulder, CO: Westview Press.

39 Bullard, Robert D. 2000. Dumping in Dixie: Race, Class, and Environmental Quality. 3rd ed. Boulder, CO: Westview Press.

40 Cole, Luke W., and Sheila R. Foster. 2001. From the Ground up: Environmental Racism and the Rise of the Environmental Justice Movement. New York, NY: New York University Press.

적인 단체로는 유독 폐기물 시민 정보 센터(Citizens Clearinghouse for Hazardous Wastes, CCHW), 원주민 환경 네트워크(Indigenous Environmental Network, IEN), 그리고 남서부 환경 및 경제정의 네트워크(Southwest Network for Environmental and Economic Justice)가 있다. 특히, 1990년에 설립된 남서부 환경 및 경제정의 네트워크는 텍사스, 오클라호마, 뉴멕시코, 애리조나, 콜로라도, 네바다, 캘리포니아 등지의 약 50개의 풀뿌리 조직을 하나로 묶어, 환경 및 경제적 불평등 문제를 지역 및 국가 차원에서 다루는 주요 단체로 성장했다. 이 네트워크의 주요 역할은 지역 조직의 역량을 강화하고 국가 차원의 환경 정책에 영향을 미치는 것으로, 네트워크는 영향을 받은 지역의 풀뿌리 조직들과 직접 협력하며 다양한 캠페인에 참여하였다. 예를 들어, 국경 정의 캠페인(Border Justice Campaign)은 멕시코-미국 국경 지역에서 다국적 기업 활동의 급증으로 발생한 심각한 공중 보건 위기를 다루었다. 이 캠페인은 20년 만에 처음으로 미국과 멕시코의 풀뿌리 조직들 간의 협력을 발전시키는 데 기여하였다. 또한 1991년 중반, 빈곤층과 소수자 거주 지역에서 환경 규제를 소홀히 한 환경청의 태도에 대응하기 위해 환경청의 책임을 촉구하는 캠페인이 시작되었다. 예를 들어, 텍사스 사우스 댈러스에서는 환경청이 업계의 압력으로 납 제련소를 폐쇄하지 않았고, 캘리포니아 케틀맨(Kettleman)에서는 대다수가 멕시코계 주민인 지역에 환경청이 공청회 없이 매립지 확장을 허가하였다.[41]

남서부 환경 및 경제 정의 네트워크는 환경청의 환경 규제 부족에 대해 소통을 시도했으나 만족스러운 답변을 받지 못했다. 이에 따라, 네트워크는 텍사스 댈러스, 뉴멕시코 앨버커키, 캘리포니아 샌프란시스코 등 여러 지역에서 시위와 기자회견을 개최했다. 이러한 행동의 결과로, 환경청은 건강 연구 수행, 유독 폐기물 시설 입지에 관한 의사결정 과정에 영향을 받는 주민들의 참여 보장, 위험 산업에 관한 정보 공개, 빈곤층 및 소수자 지역에 대한 현장 서비스 정보 제공 등을 실행했다. 아울러, 이 캠페인은 환경청이 환경 인종차별 문제를 다루기 위해 소수자 직원을 채용하도록 강제했다.[42]

환경정의 운동의 다양한 의제는 제1차 유색인종 환경 리더십 정상회의(First National People of

41 Moore, Richard, and Head Louis. 1993. Acknowledging the Past, Confronting the Present: Environmental Justice in the 1990s. In Toxic Struggles: The Theory and Practices of Environmental Justice, edited by R. Hofrichter. Philadelphia, PA: New Society Publishers.

42 Moore, Richard, and Head Louis. 1993. Acknowledging the Past, Confronting the Present: Environmental Justice in the 1990s. In Toxic Struggles: The Theory and Practices of Environmental Justice, edited by R. Hofrichter. Philadelphia, PA: New Society Publishers

Color Environmental Leadership Summit)에서 통합되었다. 이 정상회의는 환경을 사람들이 살고, 일하며, 노는 장소로 정의하였다. 이 정의는 다양한 운동들 간의 연결고리를 제공하며, 환경정의 운동을 형성했지만,[43] 현재의 환경정의 운동은 그 프레임을 확장할 필요가 있다. 즉, 현재의 환경정의 운동 의제는 인종 간 환경 불평등에 지나치게 집중되어 있다는 점이 지적된다. 만약 빈곤층 백인들이 환경정의 운동에 의미 있게 포함된다면, 운동의 지지층이 확대되어 정치적 영향력이 증가할 것이다.[44] 같은 맥락에서, 주류 환경 단체들도 환경정의 운동에 포함되어야 한다. 다행히 주류 환경 단체들은 점점 더 소수자 직원을 늘리고 환경정의 문제에 관심을 가지기 시작했다.

환경정의 운동은 종종 NIMBY(Not In My Back Yard), 즉 지역 이기주의라는 비판을 받았다. 풀뿌리 환경 운동 구성원들은 종종 NIMBY 적 태도를 취한다는 비판을 받고, 좁은 자기중심적 부정주의로, 더 큰 사회에 대한 의무를 무시하는 것으로 묘사된다.[45] 이는 근본적인 문제를 해결하기보다는 문제를 다른 지역으로 떠넘긴다는 비판과 연결된다. 환경정의 운동이 지역 이기주의 운동이라는 비난에 대해서 환경정의 단체들은 "누구의 뒷마당에도 안 된다"(Not In Anybody's Back Yard)라는 슬로건을 원칙으로 선언했다. 이 원칙을 정당화하기 위해 환경정의 운동가들은 유독 폐기물을 근본적으로 줄이는 방안을 모색한다. 환경정의 운동의 주장에 정당성을 부여하고 주류 환경 단체들과의 연대를 강화하기 위해, 지속가능한 발전 방식을 지지하는 것 또한 중요하다. 예를 들어, 에코산업단지(eco-industrial park)는 환경 공학자들에 의해 개발된 생태학적 과정을 기반으로 하여 산업 폐기물을 최소화하려는 시도이다. 어떤 산업의 폐기물이 다른 산업의 유용한 자원이 될 수 있기 때문에 특정 산업들을 함께 클러스터링함으로써 산업 폐기물을 줄일 수 있다.[46] 아울러 지속 가능성에 관심을 가진 생물학자들은 생태학적 과

---

43 Snow, David A., E. Burke Jr. Rochford, Steven K. Worden, and Robert D. Benford. 1986. Frame Alignment Processes, Micromobilization, and Movement Participation. American Sociological Review 51 (4):464-481.

44 Bath, C. Richard, Janet M. Tanski, and Robert E. Villarreal. 1998. The Failure to Provide Basic Services to the Colonias of El Paso County. In Environmental Injustices, Political Struggles: Race, Class, and the Environment, edited by D. E. Camacho. Durham, NC: Duke University Press.

45 Freudenberg, Nicholas. 1984. Not in Our Backyards!: Community Action for Health and the Environment. New York, NY: Monthly Review Press., 35쪽

46 Beatley, Timothy, and Kristy Manning. 1997. The Ecology of Place: Planning for Environment, Economy, and Community. Washington, DC: Island Press.
Salvesen, David. 1996. Making Industrial Parks Sustainable. Urban Land 55 (2):29-32.

정을 기반으로 한 폐수 처리 시설을 개발했고, 화학적 폐수 처리 대신 생물학적 과정을 채택함으로써 더 적은 유독 물질을 생성하면서 폐수를 처리할 수 있다.[47] 이러한 지속 가능한 발전 방식을 지원함으로써 환경정의 운동의 정당성을 강화하고, 주류 환경 단체들과의 건강한 연대를 구축할 수 있다.

3. 환경정의 운동의 사회운동 관점에서 고찰

환경정의가 사회운동으로 승화되면서 성공적인 사회운동으로 진화한 다양한 이유가 존재한다. 환경정의 관련 사회운동 문헌에서 확인된 중요한 요소들은 학문적 기여, 정치적 기회의 창출, 자원 활용(사회적 네트워크 포함), 강력한 집단 정체성 구축, 그리고 설득력 있는 프레임 개발이다. 이러한 요소들이 미국에서 환경정의 운동의 등장을 가능하게 하였다.

1) 학술적 기여

학자들은 환경정의 운동의 형성에 중요한 기여를 해왔다. 1987년 UCC의 연구에서 유독 폐기물 처리 및 저장시설이 인종적 소수자 거주 지역에 집중적으로 입지하고 있음이 발견된 이후, 환경정의 운동가들은 미시간 대학교에 모여 환경적 불평등의 존재를 입증하는 증거를 공유하는 학회를 개최했다.[48] 이러한 학회는 환경정의 주장을 강화할 수 있는 정치적 기회를 창출했다. 그 결과, EPA는 환경정의 부서를 신설했고, 클린턴 행정부는 행정명령 12898호를

47 Beatley, Timothy. 2000. Green Urbanism: Learning from European Cities. Washington, DC: Island Press.
Lerner, Steve. 1997. Eco-Pioneers: Practical Visionaries Solving Today's Environmental Problems. Cambridge, MA: The MIT Press.

48 Taylor, Dorceta E. 2000. The Rise of the Environmental Justice Paradigm: Injustice Framing and the Social Construction of Environmental Discourses. American Behavioral Science 43 (4):508-580.

통해 모든 연방 자금 지원 프로젝트와 연방 프로젝트가 환경적 불평등의 영향을 고려하도록 했다.[49]

환경정의 연구는 방법론적 및 내용적으로 크게 발전했다. 방법론적 측면에서 지리정보시스템의 발전으로 거리 기반 방법이 개발되었고, 이를 통해 연구자들은 빈곤층 및 소수자 거주 지역에 가해지는 불균형적 환경 부담을 보다 설득력 있게 입증할 수 있게 되었다. 예를 들어, 어떤 연구는 유해폐기물 처리시설이 소수 인종이 거주하는 지역에 집중적으로 입지되어 있지 않다는 주장을 하면서 UCC 연구 결과를 반박했으나,[50] 다수의 연구에서는 여전히 해당 시설은 소수 인종이 거주하는 지역에 집중적으로 입지한다는 사실을 발견하였다.[51] 단순히 센서스 트랙을 기준으로 유해폐기물 처리시설 혹은 유해물질 배출시설이 위치한 지역과 그렇지 않은 지역을 이분법적으로 구분하는 것은 개인주의적 오류의 문제를 초래할 수 있다. 거리 기반 방법은 영향을 받는 지역을 보다 정확하게 포착하여 더 신뢰할 수 있는 결과를 제공한다.

내용적 발전 측면에서 초기의 환경 불평등 연구는 주로 시설의 입지적 불균형에 초점을 맞췄지만 시설의 위치만으로는 대기오염에 노출 등 실질적인 환경 부담을 나타내지 않을 수 있으며, 시설의 입지적 불평등은 단지 잠재적 영향을 나타낼 뿐이다.[52] 이러한 한계는 환경정의 운동가들의 주장을 정당화하는 데 제한이 될 수 있다. 하지만 최근 연구들은 소수자들이 겪는 환경 불평등을 교통과 대기오염 노출[53] 혹은 소수 인종과 백인 간의 대기오염 노출 차이와 대도시 지역의 주거 분리 등을 연구하였다.[54] 이러한 연구에서는 미국 44개 주요 대도시 지역 대

---

49 Mohai, Paul. 2003. Dispelling Old Myths: African American Concern for the Environment. Environment 45 (5):11-26.

50 Anderton, Douglas L., Andy B. Anderson, and Michael R. Fraser. 1994. Environmental Equity: The Demographic Dumping. Demography 31 (2):229-248.

51 Boer, J. Tom, Manuel Pastor Jr., James L. Sadd, and Lori D. Snyder. 1997. Is There Environmental Racism? The Demographics of Hazardous Waste in Los Angeles County. Social Science Quarterly 78 (4):793-810.
Pastor, Manuel Jr., James L. Sadd, and Rachel Morello-Frosch. 2004. Waiting to Inhale: The Demographics of Toxic Air Release Facilities in 21st-Century California. Social Science Quarterly 85 (2):420-440.

52 Hamilton, James T., and W. Kip Viscusi. 1999. Calculating Risk?: The Spatial and Political Dimensions of Hazardous Waste Policy. Cambridge, MA: The MIT Press.

53 Houston, Douglas, Jun Wu, Paul Ong, and Arthur Winer. 2004. Structural Disparities of Urban Traffic in Southern California: Implications for Vehicle-Related Air Pollution Exposure in Minority and High-Poverty Neighborhoods. Journal of Urban Affairs 26 (5):565-592.

54 Lopez, Russ. 2002. Segregation and Black/White Differences in Exposure to Air Toxics in 1990. Environmental Health Perspectives 110 (SP2):289-295.

기오염물질 배출시설의 오염 배출을 기반으로 아프리카계 미국인과 백인 간의 대기오염 노출 차이를 측정했다. 연구 결과 주거 분리 지수와 대기오염 노출 차이 간에 유의미한 연관성이 있음을 발견했으며, 이 차이의 약 52%가 높은 주거 분리도로 설명될 수 있다는 사실을 밝히고 있다. 이는 아프리카계 미국인이 대기오염이 심한 지역에 거주하는 경향이 있음을 시사한다.

요약하면, 학자들은 소수자들에게 가해지는 불균형적 환경 부담에 대한 더 신뢰할 수 있고 설득력 있는 증거를 제공했으며, 이러한 발견은 환경정의 운동가들의 주장을 정당화하는 데 기여했다. 나아가, 환경정의를 옹호하는 학자들은 과학적 연구를 통해 자원을 제공함으로써 자원 동원 이론(resource mobilization)의 관점에서 환경정의 운동을 지원하고 있다.

2) 자원 동원 이론

자원 동원(Resource Mobilization) 이론은 초기 사회운동 이론에 대한 불만족에서 발전한 개념이다. 1960년대 이전의 초기 사회운동 이론가들은 사회운동을 개인적 불만을 해결하기 위한 자발적이면서도 비조직적이고 비계획적인 집단행동으로 간주했으며, 사회운동에 참여하는 사람들은 사회적으로 고립되고 사회적 문제를 겪는 개인으로 여겨졌다. 그러나 자원 동원 이론가들은 사회운동을 신중하고 체계적이며 조직적인 활동으로 간주한다. 이는 운동 참여자를 불만을 표현하는 비합리적인 개인으로 보기보다는, 합리적 행위자로 간주하는 경향을 반영한다. 합리적 선택 이론은 인간이 비용과 편익 간의 계산을 바탕으로 행동하는 합리적 행위자로 가정한다. 따라서 비용이 편익을 초과할 경우, 개인은 행동에 나서지 않을 가능성이 높다.[55] 참여하지 않아도 혜택을 누릴 수 있는 공공재의 속성 때문에 무임승차가 만연하며, 이는 사회운동의 효과를 위협한다. 실제로, Three Mile Island 핵 항의 운동에서 무임 승차자가 매우 흔했음을 발견했다. 그러나 기존 이론에서 제시한 예측과는 달리, 개인이 운동에 참여하지 않는 동기가 반드시 합리적 계산에만 의존하지는 않았고, 바쁜 일정 등 개인적 이유나 운동의 내용

55 Feree, Myra Marx. 1992. The Political Context of Rationality: Rational Choice Theory and Resource Mobilization. In Frontiers in Social Movement Theory, edited by A. D. Morris and C. M. Mueller. New Haven, CT: Yale University Press.

에 대한 무지 때문에 참여하지 않을 수 있다.[56]

환경정의 운동에서 활동가들은 다양한 자원을 활용한다. 환경정의 운동은 특정 지역사회에서 발생하는 불균형적 부담을 다루는 풀뿌리 운동으로 지향되기 때문에, 자금 동원보다는 사람들을 동원하는 것이 더 중요했다. 예를 들어, 음주 운전 반대 어머니 단체(Mothers Against Drunk Driving, MADD)는 대중으로부터 큰 공감을 얻고, 국회의원, 언론, 그리고 재정적 지원을 포함한 대중적 지지를 확보했음에도 불구하고, 회원 수 증가에서는 남부 농민 연합, 전국 여성 기구와 같은 다른 사회운동 보다 실패했다고 지적된다.[57] 따라서, 초기 자원 동원 이론가들이 강조했던 금전적 자원에 대한 의존 대신, 인적 자원을 동원하는 것이 성공적인 사회 운동의 중요한 요소로 간주되어야 한다.

이와 같은 맥락에서 환경정의 운동의 등장은 금전적 자원 동원보다는 기존의 사회적 네트워크, 설득력 있는 프레임, 그리고 집단 정체성을 통해 사람들을 동원하는 데 더 중점을 둔 결과로 볼 수 있다. 환경정의 운동가들이 사람들을 동원할 수 있었던 방법을 평가하는 것은 중요하다. 1960년대 시민권 운동은 환경정의 운동의 등장을 위한 다양한 자원적 기반을 제공했다. 첫 번째 시민권 운동 시기에 많은 사회 운동 조직들이 설립되었으며, 기존 조직들은 환경정의 문제를 제기하는 데 중요한 역할을 했다. 많은 환경정의 조직들은 환경 문제로 시작된 것이 아니며, 환경 문제에 국한되지 않고 다양한 사회 문제를 다루는 경향이 있다. 이러한 사실을 바탕으로, 환경정의 조직들은 시민권 운동 조직의 후계자일 가능성이 높다고 추측할 수 있다.[58] 두 번째로 시민권 운동을 통해 개발된 리더십 기술은 환경정의 운동을 조직하는 데 중요한 역할을 했다.[59] 세 번째로 시민권 운동을 통해 많은 소수 인종 학자들이 배출되었고, 이들은 동조적인 학자들과 함께 연구를 통해 소수자 지역사회가 직면한 불균형적 환경 문제의

---

56 Walsh, Edward, and Rex H. Warland. 1983. Social Movement Involvement in the Wake of a Nuclear Accident: Activists and Free Riders in the TMI Area. American Sociological Review 48 (6):119-135.

57 Schwartz, Michael, and Shuva Paul. 1992. Resource Mobilization Versus the Mobilization of People. In Frontiers in Social Movement Theory, edited by A. D. Morris and C. M. Mueller. New Haven, CT: Yale University Press.

58 Taylor, Dorceta E. 1998. Mobilizing for Environmental Justice in Communities of Color: An Emerging Profile of People of Color Environmental Groups. In Ecosystem Management: Adaptive Strategies for Natural Resources Organizations in the Twenty-First Century, edited by J. Aley, W. R. Burch, B. Conover and D. Field. Philadelphia, PA: Talyor & Francis.

59 Taylor, Dorceta E. 2000. The Rise of the Environmental Justice Paradigm: Injustice Framing and the Social Construction of Environmental Discourses. American Behavioral Science 43 (4):508-580.

규모를 밝히는 데 기여했다.

요약하자면, 자원 동원 이론은 초기 사회 운동 이론의 한계를 극복하며 환경정의 운동과 같은 현대적 사회 운동의 성공을 이해하는 데 중요한 틀을 제공한다. 특히 환경정의 운동에서는 인적 자원을 동원하고, 기존의 사회적 네트워크와 학문적 자원을 활용하며, 설득력 있는 프레임과 집단 정체성을 개발하는 것이 중요한 역할을 했다.

3) 사회적 네트워크 이론

기존 사회적 네트워크는 환경정의 운동을 발전시키는 데 중요한 역할을 했다. 환경정의 운동에서 사회적 네트워크의 구체적인 함의를 논의하기에 앞서, 사회적 네트워크가 사회 운동에 어떻게 기여하는지 살펴보는 것이 중요하다. 예를 들어, 1960년 남부 연좌 시위 운동(sit-in movement)의 성공은 기존 사회적 네트워크의 기여 덕분이었다.[60] 사회적 네트워크와 운동 참여와 관련하여, 1966년 미시시피 자유 여름 프로젝트(Mississippi Freedom Summer) 참가 신청자 분석에 의하면, 사회적 네트워크가 프로젝트 참여에 영향을 미쳤다고 발견했지만, 기존의 관계는 잠재적인 참여자의 특정 정체성에 대한 동일성을 강화하고, 해당 정체성과 운동 간의 강한 연결을 형성하는 데 도움을 주었다.[61]

사회적 네트워크 구조가 인적 자원의 동원에 영향을 미친다는 연구도 있다. 베른 선언(Bern Declaration) 회원의 대표 샘플을 대상으로 한 연구에 의하면, 사회적 네트워크가 개인적 인식보다 더 강한 설명력을 가진다.[62] 구체적으로, 개인이 운동의 공식 네트워크에 포함될 경우, 사회 운동에 적극적으로 참여할 가능성이 더 높다. 운동 참가자와의 비공식적 관계는 적극적인 참여를 예측하는 중요한 요인인 반면, 공식적 관계망은 적극적인 참여를 예측하지 못했다. 반면, 구조적 연결 측면에서, 운동가에 의해 모집되거나 강한 획득 관계(strong acquired ties)를 형

---

60 Morris, Aldon D. 1981. Black Southern Student Sit-in Movement: Analysis of Internal Organization. American Sociological Review 46 (6):744-767.

61 McAdam, Doug, and Ronnelle Paulsen. 1993. Specifying the Relationship Between Social Ties and Activism. American Journal of Sociology 99 (3):640-667., 663쪽.

62 Passy, Florence, and Marco Giugni. 2001. Social Networks and Individual Perceptions: Explaining Differential Participation in Social Movements. Sociological Forum 16 (1):123-153.

성한 경우, 적극적인 참여를 예측하는 중요하고 긍정적인 요인이다. 사회적 네트워크가 개인을 사회 운동에 참여하도록 설득한다는 경험적 연구를 고려할 때, 환경정의 운동가들은 이러한 자원을 활용할 수 있다. 시민권 운동 덕분에, 흑인 교회와 시민권 운동 조직은 이미 잘 구축된 사회적 네트워크를 보유하고 있었으며, 이는 운동 참가자를 동원하는 데 사용되었다. 따라서 환경정의 운동은 기존의 사회적 네트워크를 활용하여 운동의 성공 가능성을 높일 수 있었다.

4) 프레임 이론

자원 동원 이론가들은 사회운동에서 사회심리적 측면을 간과하는 경향이 있지만, 프레임은 자원 동원 이론과 사회심리학적 관점을 연결하는 측면에서 중요하다.[63] 프레임은 사회운동에서 문제로 규정된 사항과 개인의 일상 생활 간의 해석적 연결을 의미하는 것으로 감정적 인식(hot cognition)을 자극하고 인지적 해방(cognitive liberation)을 실현함으로써 운동 참여를 효과적으로 유도할 수 있다. 감정적 인식은 개인적인 불운이 아닌, 사회의 부당한 구조로 인해 발생한 불만에 대한 감정적으로 강렬한 인식을 의미 한다.[64] 예를 들어, 불의 프레임(injustice frame)은 감정적 인식을 자극하는 경향이 있다. 그러나 감정적 인식이 반드시 불만을 가진 개인을 운동 참여자로 전환시키는 것은 아니다. 개인이 무력한 피해자가 아니라 변화를 주도할 주체임을 이해해야 하는데, 이를 인지적 해방이라고 한다[65]. 인지적 해방은 불만을 가진 개인이 문제를 해결하기 위해 행동의 필요성을 이해하는 과정을 의미한다. 프레임은 문제를 사회적 문제로 명확히 설명함으로써 감정적 인식에 영향을 미칠 수 있으며, 동시에 집단행동의 필요성을 구체화함으로써 인지적 해방에도 영향을 미친다. 이러한 맥락에서 프레임은 진단 프레임

---

63 Snow, David A., E. Burke Jr. Rochford, Steven K. Worden, and Robert D. Benford. 1986. Frame Alignment Processes, Micromobilization, and Movement Participation. American Sociological Review 51 (4):464-481.

64 Gamson, William. 1997. Constructing Social Protest. In Social Movements: Perspectives and Issues, edited by S. M. Buechler and F. K. J. Cylke. Mountain View, CA: Mayfield Pub.

65 McAdam, Doug. 1982. Political Process and the Development of Black Insurgency, 1930-1970. Chicago, IL: University of Chicago Press.

(diagnostic frame)과 예측 프레임(prognostic frame)이라는 두 가지 구성 요소를 가진다.[66] 진단 프레임은 현재의 사회 문제를 식별하고 설명하여 운동 참여 가능성이 있는 사람들의 감정적 인식을 자극하는 반면, 예측 프레임은 문제를 해결할 수단을 제시하여 인지적 해방을 유도한다.

프레임이 사회 운동에서 중요한 요소로 자리 잡으면서, 이는 종종 사회 운동을 저지하기 위한 반대 프레임(counter frame)으로 사용되기도 한다. 따라서 지역사회 지도자와 활동가들은 반대자의 전술을 인식하고, 재프레임(re-framing)이나 반대-반대 프레임(counter-counter frame)을 통해 대응해야 한다. Zavestoski et al.은 정부의 제도적 프레임이 지역 환경 오염에 대한 풀뿌리 동원을 어떻게 저지할 수 있는지 조사했고, 해당 연구에 의하면, 정부는 대중의 주장에 무관심하거나 반응하지 않는 공공 무시 모델(public ignorance model)에서 대중의 협력을 유도하며 신뢰할 수 있는 환경 및 공공 안전 옹호자로 자신을 묘사하는 신중한 공공 모델(prudent public model)로 전술을 전환했다.[67] 사회운동이 지향하는 목적을 축약적으로 표현하는 마스터 프레임은 미디어의 빈번한 보도로 강력해졌으며, 풀뿌리 조직이 자체 프레임을 개발하는 것을 방해했다. 이는 프레임이 단순히 불만을 제기하는 데 사용되는 것이 아니라, 정부와 기업의 입장을 정당화하는 데도 활용될 수 있음을 보여준다.

환경정의 운동은 부정의 프레임(injustice frame)을 진단 프레임으로 사용하여, 불균형적 환경 부담을 겪는 소수 인종을 설득했다. 부정의 프레임은 소수 집단이 부당한 대우를 받고 있음을 인식시키고, 이를 통해 감정적 인식과 인지적 해방을 유도하여, 무력한 피해자에서 변화의 주체로 전환하도록 도왔다. 또한, 환경정의 운동은 단순히 사회정의 문제(예: 백인과 소수 집단 간 환경적 불평등)뿐 아니라, 전통적인 환경 문제(예: 자연 보전)도 강조하는 방향으로 프레임을 확장했다.[68] 환경정의 운동은 비판에 대응하기 위해 예측 프레임 또한 개발하였다. 예를 들어, 소수 인종이 거주하는 지역의 환경적으로 유해한 시설 설치를 반대하는 것이 지역 이기주의를 상징하는 NIMBY(Not In My Backyard) 증후군으로 간주될 수 있지만, 이에 대응하여 환경정의 단체

66 Cress, Daniel M., and David A. Snow. 2000. The Outcomes of Homeless Mobilization: The Influence of Organization, Disruption, Political Mediation, and Framing. American Journal of Sociology 105 (4):1063-1104.

67 Zavestoski, Stephen, Kate Agnello, Frank Mignano, and Francine Darroch. 2004. Issue Framing and Citizen Apathy toward Local Environmental Contamination. Sociological Forum 19 (2):255-283.

68 Mohai, Paul. 2003. Dispelling Old Myths: African American Concern for the Environment. Environment 45 (5):11-26.
Taylor, Dorceta E. 2000. The Rise of the Environmental Justice Paradigm: Injustice Framing and the Social Construction of Environmental Discourses. American Behavioral Science 43 (4):508-580.

는 NIABY(Not In Anybody's Back Yard) 원칙을 채택했다. NIABY를 통해 환경정의 단체는 지역 이기주의 비판에 대응할 뿐 아니라, 지역 조직 및 전통적 환경단체와의 연대 가능성을 높일 수 있었다.[69] 학계에서는 소수 인종 거주 지역에 환경적으로 유해한 시설이 집중적으로 입지되어 있다는 환경정의 운동가들의 주장을 반박하는 연구 결과를 발표하였다. 이러한 반박이 제기되었을 때, 환경정의를 지지하는 학자들은 개선된 방법론과 환경정의의 다양한 차원을 다루는 연구를 통해 실제적인 환경 부정의 현실을 조명하였다. 이러한 학문적 발전은 환경정의 운동의 프레임 정당성을 강화하는 데 기여했다.

환경정의 운동은 소수 인종에게 가해지는 환경적 불평등 문제를 진단하는 부정의 프레임으로 무장했다. 또한, NIABY 원칙이라는 합리적인 예측 프레임을 통해 반대자들의 비판에 대응하였다. 환경정의 학자들의 과학적 연구는 이러한 프레임의 정당성을 뒷받침하며, 기업과 정부가 소수자들의 불만과 좌절을 해결하도록 압박했다. 사회 운동에서 강력한 프레임은 참여자들의 집단 정체성을 구축하는 데도 기여하였다.[70]

프레임의 중요성과 함께, 신사회운동(New Social Movement) 관점은 1980년대 후반과 1990년대 초반, 기존 사회운동 이론이 정체성, 문화, 시민적 영역의 역할을 간과했다는 점에 대한 비판으로 발전되었다.[71] 신사회운동 관점에서 집단 정체성(Collective Identity)은 운동 참여자들이 공유하는 가치와 신념을 의미한다. 이는 운동 참여자들에게 내적 선택적 유인으로 작용할 수 있고,[72] 집단 정체성은 개인이 사회 운동에 참여하는 방식을 설명하는 데 기존 이론이 충분하지 못한 이유로 등장했다고 여겨진다. 합리적 선택 이론은 사회운동에 어떤 사람은 참여하고 다른 사람은 참여하지 않는 이유를 설명하지 못하며, 운동에 내재된 사회적 네트워크와 그룹 소속을 간과했다. 구조 및 사회적 네트워크 이론은 "어떻게 이러한 네트워크가 개인을 집단행

69 Friedman, Debra, and Doug McAdam. 1992. Collective Identity and Activism: Networks, Choices, and the Life. In Frontiers in Social Movement Theory, edited by A. D. Morris and C. M. Mueller. New Haven, CT: Yale University Press.

70 Stoecker, Randy. 1995. Community, Movement, Organization: The Problem of Identity Convergence in Collective Action. The Sociological Quarterly 36 (1):111-130.

71 Pichardo, Nelson A. 1997. New Social Movement: A Critical Review. Annual Review of Sociology 23:411-430.

72 Friedman, Debra, and Doug McAdam. 1992. Collective Identity and Activism: Networks, Choices, and the Life. In Frontiers in Social Movement Theory, edited by A. D. Morris and C. M. Mueller. New Haven, CT: Yale University Press.

동으로 끌어 들이는가"라는 질문에 답하지 못했다.[73] 따라서 합리적 선택 이론과 구조 및 사회적 네트워크 이론의 결합은 개인의 운동 참여를 보다 완전하게 설명한다. 즉 잠재적 참여자는 네트워크에 내재된 합리적 행위자들이라는 융합 관점에서 집단 정체성이 개인의 참여를 설명할 수 있다. 합리적 선택 이론은 집단 정체성에 내재되어 선택적 유인으로 작용한다. 네트워크 이론은 그룹 연대감을 강화하는 힘으로 작용하며, 이는 집단 정체성의 중요한 요소이다.

강한 그룹 소속감은 사회 운동 참여로 이어질 수 있다. 오하이오주립대(OSU)의 1,681명의 노동자를 대상으로 한 설문조사는 다양한 시사점을 제공한다.[74] 첫 번째, 흑인, 저숙련 및 고숙련 직업 종사자, 시간당 임금, 근속 연수, 노동조합 가입 여부가 파업 참여의 유의미한 예측 변수였다. 두 번째, 흑인의 경우 열악한 근로 조건이 주요 동기였던 반면, 백인의 경우 노동조합에 대한 충성심과 관계가 주요 동기였다. 이는 흑인이 더 나은 임금 등 어느 정도 합리적 이익에 의해 동기 부여되는 반면, 백인은 노동조합에 대한 애착에 의해 동기 부여되는 경향이 있음을 시사한다. 또한 네트워크의 영향을 살펴보면, 파업 참여율이 높은 작업 부서에 속한 개인일수록 파업에 참여할 가능성이 더 높았다.

페미니스트 운동에서 집단 정체성을 조사한 결과 급진적 페미니즘이 사라지지 않고 새로운 사이클로 진화했다. 페미니스트 운동에서 집단 정체성과 관련하여 세 가지 중요한 요소가 있다.[75] 첫째, 경계(boundaries)는 '우리'와 '그들'을 구분한다. 급진적 페미니즘은 지배적 사회로부터 분리된 세계를 창조했다. 둘째, 의식(consciousness)은 참여자의 이해와 지배 질서에 대한 반대 의식을 형성한다. 급진적 페미니즘은 레즈비언 정체성을 본질적이거나 생물학적인 것으로 보지 않고, 사회적으로 구성된 특성으로 재정의했다. 셋째, 협상(negotiation)은 기존 지배 체제를 저항하고 재구성하는 방식을 의미한다. 급진적 페미니즘은 성에 대한 정의를 재협상하며, 이를 통해 자신의 정체성을 확립했다.

정치적 시위와 집단 정체성 간의 관계와 관련하여 합리적 계산과 정체성이라는 두 가지 독

---

73 Friedman, Debra, and Doug McAdam. 1992. Collective Identity and Activism: Networks, Choices, and the Life. In Frontiers in Social Movement Theory, edited by A. D. Morris and C. M. Mueller. New Haven, CT: Yale University Press., 161쪽.

74 Dixon, Marc, and Vincent J. Roscigno. 2003. Status, Networks, and Social Movement Participation: The Case of Striking Workers. American Journal of Sociology 108 (6):1292-1327.

75 Taylor, Verta, and Nancy E. Whitter. 1992. Collective Idnetity in Social Movement Communities: Lesbian Feminist Mobilization. In Frontiers in Social Movement Theory, edited by A. D. Morris and C. M. Mueller. New Haven, CT: Yale University Press.

립 경로가 사회 운동 참여를 독려한다. 여기에서 정체성에는 사회적 범주화 과정을 의미하는 인지적 구성 요소, 그룹의 상대적 사회적 지위를 의미하는 평가적 구성 요소, 그룹에 대한 헌신을 의미하는 정서적 구성 요소가 있다. 네덜란드 노인, 남아프리카공화국의 사회적 시위, 1993-1995년 네덜란드 농부 등 다양한 연구를 통해 정체성과 참여가 상호 연관되어 있음을 발견했다. 특히 정서적 정체성이 집단 행동 준비성에 가장 높은 상관관계를 보였으며, 이는 실제 참여와도 연결되었다.[76]

앞서 언급하였듯이 환경정의 운동은 부정의 프레임(injustice frame)과 NIABY 원칙을 통해 피해 받는 집단인 우리와 피해를 주는 집단인 그들을 명확히 구분했다. 부정의 프레임은 소수 인종, 특히 흑인이 기업과 정부의 결정으로 불균형적 환경 부담을 겪고 있음을 강조했다. NIABY 원칙은 흑인에 대한 추가적인 환경 부담을 용납하지 않겠다는 집단적 의지를 보여주었다. 집단 정체성은 그룹의 프레임과 강하게 연결되어 있으며,[77] 이 요소들은 독립적으로 이해되기보다는 상호 연관된 요소로 간주되어야 한다. 집단 정체성은 사회 운동 참여를 촉진하는 데 중요한 역할을 하며, 환경정의 운동에서도 핵심적 요소로 작용했다.

사회 운동이 상호 연결된 성격을 가지고 있기 때문에, 이러한 요소들이 상호 배타적이지 않다는 점을 주목하는 것이 중요하다. 풀뿌리 환경 조직의 주요 의제는 정치적, 경제적, 문화적 질서를 수립하여 소수자와 피해받는 시민들을 위해 사회 체계의 헤게모니에 맞서는 것에 있다.[78] 따라서 미국의 풀뿌리 환경정의 운동의 다양한 요소들은 이러한 목표를 달성하기 위해 유기적으로 연결될 수 있다. 이러한 관점에서, 다양한 사회 운동 요소들은 서로 긴밀히 연관되어 있다.

환경정의 운동은 시민권 운동의 자원을 기반으로 발전했다. 기존의 시민권 조직, 시민권 운동을 통해 개발된 리더십, 그리고 확립된 사회적 네트워크 등의 자원이 활용되었다. 또한, 학자들은 신뢰할 수 있고 설득력 있는 과학적 연구를 통해 환경정의 운동가들의 주장을 정당

---

76 Klandermans, Bert. 2002. How Group Identification Helps to Overcome the Dilemma of Collective Action. American Behavioral Science 45 (5):887-900.

77 Gary, Barbara. 2004. Strong Opposition: Frame-based Resistance to Collaboration. Journal of Community & Applied Social Psychology 14 (3):166-176.
Stoecker, Randy. 1995. Community, Movement, Organization: The Problem of Identity Convergence in Collective Action. The Sociological Quarterly 36 (1):111-130.

78 Kebede, AlemSeghed. 2005. Grassroots Environmental Organizations in the United States: A Gramscian Analysis. Sociological Inquiry 75 (1):81-108.

화하는 데 크게 기여했다. 이러한 연구들은 1990년대 초반 친환경적인 행정부와 결합하여 정치적 기회를 열었다. 그러나 설득력 있는 연구만으로는 정치적 기회를 열 수 없었다. 1980년대 러브 커낼(Love Canal), 워런 카운티(Warren County), 타임 비치(Time Beach)와 같은 중요한 사건들은 환경정의 운동가들이 유독 폐기물 문제에 대해 전국적인 관심을 끌고 연방 정부가 이 문제를 해결하도록 압박하는 데 성공할 수 있는 기반이 되었다. 이러한 활동은 1980년 슈퍼펀드법(Superfund Legislation)의 통과와 1983년 상업적 유해 폐기물 시설 위치에 대한 연방 연구를 이끌어냈다.

환경정의 운동은 설득력 있는 프레임을 개발하는 데 소홀하지 않았다. 부정의 프레임(Injustice Frame)은 진단 프레임으로서, 환경정의 운동의 구성원들이 겪는 고통이 단순한 불운이 아니라 불공정한 대우에서 비롯된 것임을 제안한다. NIABY(Not In Anybody's Back Yard) 원칙은 예측 프레임으로서, 환경정의 운동이 좁게 정의된 이기적인 의제가 아니라는 명확한 메시지를 제공한다. 이러한 강력한 프레임은 소수자들, 특히 흑인들로 하여금 자신들을 피해 받는 우리로, 기업과 정부를 피해를 주는 그들로 정의하며 집단 정체성을 강화한다. 또한, 이러한 강력하고 설득력 있는 프레임은 환경정의 운동의 주장을 정당화하여, 시에라 클럽과 그린피스와 같은 전통적인 환경 단체로부터 폭넓은 지지를 얻는 데 기여했다.[79] 예를 들어, Sierra Club은 디트로이트에 환경정의 부서를 설립했다(Holden undated). 이러한 단체들의 참여는 환경정의 운동에 추가적인 자원을 제공할 것으로 기대된다.

1990년대 환경정의 운동의 등장은 지속 가능한 발전 방향 전환의 모멘텀을 만들어냈다. 지속가능한 발전은 종종 형평성 요소가 부족하다는 비판을 받았다.[80] 미국의 지속가능한 발전은 주로 환경 보호와 경제 발전 간의 갈등 해결에 집중되어 있지만, 환경정의 운동 덕분에 지속가능한 발전 프레임워크에 환경정의를 포함시키는 정의로운 지속가능성(just sustainable development) 관점이 소개되었다. 더 나아가, 환경 보호가 형평성 증진과 연관될 수 있다는 연구들도 발표되었다. 이러한 정의로운 지속가능성과 관련된 연구들은 환경정의 운동의 미래에 대해 신중한 낙관론을 갖게 한다.

79 Taylor, Dorceta E. 2000. The Rise of the Environmental Justice Paradigm: Injustice Framing and the Social Construction of Environmental Discourses. American Behavioral Science 43 (4):508-580.

80 Agyeman, Julian, Robert D. Bullard, and Bob Evans. 2003. Just Sustainabilities: Development in an Unequal World. Cambridge, MA: The MIT Press.

환경정의 운동은 시민권 운동의 자원을 기반으로 설득력 있는 과학적 연구와 강력한 프레임을 통해 정당성을 확보했다. 이를 통해 사회적, 정치적 변화를 이끌어내는 데 성공했으며, 지속가능한 발전에 형평성을 포함시키는 데 기여했다. 그러나 환경적으로 비우호적인 정책 환경에서 이러한 성과를 유지하고 발전시키는 것은 여전히 큰 과제로 남아 있다.

제2장

환경정의론 개념

1. 환경윤리와 환경정의

인류가 직면한 기후 위기와 생태계 파괴는 단순한 기술적 결함이나 일시적인 정책의 실패가 아니라, 근대 문명을 지탱해 온 윤리적 가치 체계에 대한 근본적인 도전을 의미한다. 이러한 위기 속에서 환경윤리는 인간과 자연의 관계를 어떻게 설정할 것인가라는 규범적 질문을 던지며 등장하였고, 환경정의는 환경적 혜택과 부담의 사회적 분배가 공정한가라는 실천적 질문을 통해 그 범위를 확장해 왔다.[81] 환경윤리는 환경 파괴에 직면한 인류가 보다 쾌적한 삶을 유지하기 위해 환경친화적인 규범을 설정하고 그 타당성을 탐구하는 분과이며, 전통적인 인간중심주의 윤리를 넘어 동물과 생물, 나아가 생태계 전체로 도덕적 고려의 대상을 넓히려는 시도를 지속하고 있다.[82] [83] 반면 환경정의는 이러한 윤리적 원칙들이 사회 내에서 인종, 계층, 세대 간에 어떻게 적용되는가에 주목하며, 특히 사회적 약자나 미래 세대에게 환경적 부담

81 김양현. 2000. 현대 환경윤리학의 논의 방향과 쟁점들. 신학연구, 2, 9-41.
82 김양현. 2000. 현대 환경윤리학의 논의 방향과 쟁점들. 신학연구, 2, 9-41.
83 김일방. 2020. 환경도덕민감성의 구성요소 및 발달 경향 분석. 지리교육논집, 29(1), 9-31.

이 전가되는 부정의 한 현실을 비판하고 이를 교정하기 위한 분배적 정의의 틀을 제공한다.[84] [85] 본 절은 벤담의 공리주의부터 피터 웬쯔의 동심원 이론에 이르기까지 서구 정의론의 핵심 사상들이 환경윤리 및 환경정의와 어떠한 관계를 맺고 있는지 상세히 분석하고 비교한다.

1) 벤담의 공리주의 유용성과 감응적 존재의 도덕적 위상

제러미 벤담에 의해 체계화된 고전적 공리주의는 "최대 다수의 최대 행복"을 도덕과 입법의 근본 원리로 삼는다.[86] 벤담은 인간이 쾌락을 추구하고 고통을 피하는 본성을 지니고 있음을 전제로, 모든 행위의 가치는 그 행위가 산출하는 유용성, 즉 쾌락의 증진과 고통의 감소라는 결과에 의해 측정되어야 한다고 주장하였다. 이러한 결과주의적 접근은 현대 환경 정책의 핵심 도구인 비용-편익 분석의 철학적 토대가 되었으며, 세속적이고 미래지향적인 정책 형성의 초석을 마련하였다.

환경윤리의 관점에서 벤담의 가장 혁명적인 기여는 도덕적 고려의 기준을 '이성'이나 '언어 능력'이 아닌 '고통을 느낄 수 있는 능력(Sensience)'으로 설정했다는 점에 있다. [87] [88] 벤담은 어떤 존재가 도덕적 배려를 받아야 하는지를 결정하는 핵심 질문은 "그들이 이성적인가?" 혹은 "그들이 말할 수 있는가?"가 아니라 "그들은 고통을 느낄 수 있는가?"여야 한다고 역설하였다. 이러한 관점은 인간만을 도덕적 주체로 인정하던 전통적 인간중심주의를 뒤흔들었으며, 현대의 동물 해방론과 생명중심주의 환경윤리가 태동하는 데 결정적인 단초를 제공하였다.[89] [90]

그러나 환경정의의 측면에서 공리주의는 심각한 긴장을 내포하고 있다. 벤담의 계산법은 사회 전체의 행복 총량을 극대화하는 데 초점을 맞추기 때문에, 다수의 더 큰 이익을 위해 소수의 희생을 정당화할 위험이 있다. 예를 들어, 국가 경제 전체의 효율성을 위해 특정 소외 지

---

84 Wenz, P. S. 1988. Environmental justice. Albany, NY: State University of New York Press.
85 Banzhaf, S., Ma, L., & Timmins, C. 2019. Environmental justice: The economics of race, place, and pollution. Journal of Economic Perspectives, 33(1), 185-208.
86 Bentham, J. 1789. An introduction to the principles of morals and legislation. Oxford: Clarendon Press.
87 김양현. 2000. 현대 환경윤리학의 논의 방향과 쟁점들. 신학연구, 2, 9-41.
88 김일방. 2020. 환경도덕민감성의 구성요소 및 발달 경향 분석. 지리교육논집, 29(1), 9-31.
89 김양현. 2000. 현대 환경윤리학의 논의 방향과 쟁점들. 신학연구, 2, 9-41.
90 김일방. 2020. 환경도덕민감성의 구성요소 및 발달 경향 분석. 지리교육논집, 29(1), 9-31.

역에 유해 폐기물 처리장을 건설하는 것이 전체 유용성 계산에서 이득으로 나타난다면, 공리주의는 해당 지역 주민들이 겪는 환경적 고통을 묵인할 가능성이 크다(아래 <표1> 참조).[91] [92] 또한 벤담은 쾌락의 질적 차이를 인정하지 않는 양적 공리주의를 고수했기에, 생태계가 지닌 복합적인 가치나 자연의 내재적 아름다움을 단순한 경제적 가치로 환원하여 계산할 수 있다는 비판을 받는다(<표1> 참조).

<표 1> 벤담의 공리주의 유용성 계산 및 환경정책적 함의

벤담의 유용성 계산 요소	환경 정책적 적용 및 함의
강도 (Intensity)	환경 오염으로 인해 개인이 느끼는 고통의 심각성 정도 측정
지속성 (Duration)	유해 물질의 반감기나 생태계 파괴가 지속되는 시간 고려
확실성 (Certainty)	환경 파괴나 기후 변화의 발생 가능성에 대한 과학적 확률
근접성 (Propinquity)	환경 오염 피해가 발생하는 시점의 시간적 거리
생산성 (Fecundity)	특정 환경 보전 조치가 파생적으로 가져올 생태적 혜택
순수성 (Purity)	개발 행위가 고통을 수반하지 않고 순수한 편익만 주는지 여부
범위 (Extent)	환경 정책의 영향을 받는 인간 및 감응적 존재의 수

출처: 저자 재작성

2) 존 로크와 로버트 노직의 자유지상주의와 소유권의 한계

존 로크와 로버트 노직으로 대표되는 자유지상주의 전통은 개인의 자유와 사유재산권을 정의의 핵심으로 설정한다. 이들은 인간이 자연 상태에서 자신의 노동을 투입하여 자원을 점유하는 과정과 그 소유물을 정당하게 이전하는 절차를 강조하며, 환경 문제 역시 이러한 권리 체계 안에서 해석하고자 한다.[93]

---

91 국제신문. 2022. 존 롤즈의 정의론과 최소 수혜자. 인문학 강좌 보도자료.
92 Wenz, P. S. 1995. Just garbage: The problem of environmental racism. In Faces of Environmental Racism. pp. 335-341.
93 Nozick, R. 1974. Anarchy, state, and utopia. New York, NY: Basic Books.

존 로크는 모든 인간이 자신의 신체와 노동에 대한 배타적 소유권을 가지며, 누구의 소유도 아니었던 자연의 자원에 노동을 섞을 때 정당한 사적 소유권이 발생한다고 보았다. 로크의 이러한 노동 소유권 이론은 아메리카 대륙의 개척과 자본주의적 토지 소유를 정당화하는 논리로 사용되기도 하였으나, 동시에 '로크의 단서(Lockean Proviso)'라는 중요한 제한 조건을 포함하고 있다. 즉, 타인을 위해 "충분하고 좋은 것(enough and as good)"이 남겨져 있는 경우에만 사적 점유가 정당화될 수 있다는 것이다.[94]

로버트 노직은 이러한 로크의 전통을 계승하여 '소유 권리론'을 전개하였다. 노직에게 정의란 결과의 평등이 아니라 과정의 공정성에 있으며, 취득과 이전의 과정에서 타인의 권리를 침해하지 않았다면 그 결과로 나타난 자산의 불평등은 도덕적으로 정당하다.[95] 노직은 국가가 개인의 권리 보호(폭력, 절도, 사기 방지 등)만을 수행하는 '최소 국가'여야 한다고 주장하며, 환경 보호를 명분으로 국가가 개인의 재산을 재분배하거나 규제하는 것에 대해 매우 비판적인 입장을 취한다.[96]

하지만 환경정의의 관점에서 로크와 노직의 사상은 이중적인 함의를 지닌다. 우선 로크의 조건은 오늘날과 같이 자원이 고갈되고 환경 수용력이 한계에 다다른 상황에서 무제한적인 개발과 오염을 규제할 수 있는 강력한 근거가 된다. 타인을 위해 남겨둘 '충분하고 좋은' 공기나 물이 없는 상태에서의 오염 행위는 로크적 관점에서도 부정의 한 것이 되기 때문이다.[97] 또한 노직의 '교정적 정의'는 환경 오염 가해자에게 엄격한 책임을 물을 수 있는 토대를 제공한다. 만약 어떤 기업의 오염 행위가 타인의 신체나 재산권을 침해했다면, 노직은 가해자가 피해자에게 그 피해에 상응하는 완전한 보상을 해야 한다고 주장할 것이며, 이는 오염자 부담 원칙과 맥을 같이 한다(<표2> 참조).[98]

---

94 Wenz, P. S. 1988. Environmental justice. Albany, NY: State University of New York Press.
95 Nozick, R. 1974. Anarchy, state, and utopia. New York, NY: Basic Books.
96 Nozick, R. 1974. Anarchy, state, and utopia. New York, NY: Basic Books.
97 Wenz, P. S. 1988. Environmental justice. Albany, NY: State University of New York Press.
98 Nozick, R. 1974. Anarchy, state, and utopia. New York, NY: Basic Books.

<표2> 로크와 노직의 자유지상주의와 소유권, 환경 및 자원 관리 관점

자유지상주의 소유권 원칙	환경 및 자원 관리에 대한 해석
정당한 최초 취득의 원칙	노동을 통한 자원 점유가 타인의 상황을 악화시키지 않아야 함
정당한 이전의 원칙	환경적 편익과 부담의 교환은 강제나 기망 없이 자발적이어야 함
부정의의 교정 원칙	오염으로 인한 권리 침해 시 가해자의 배상 책임 및 원상 복구 의무
로크의 조건	자원 희소성 상황에서 사적 소유권 행사의 도덕적 한계 설정
최소 국가의 원칙	국가 주도의 일방적 규제보다 개인 간 피해 배상 중심의 환경 해결

출처: 저자 재작성

3) 존 롤즈의 사회 정의론과 세대 간 공정성

존 롤즈는 공정성으로서의 정의를 통해 현대 사회의 불평등 문제를 해결하고자 하였으며, 그의 이론은 환경정의 운동에 가장 풍부한 철학적 자양분을 제공하였다.[99] 롤즈는 사회의 기본 구조를 설계할 때 당사자들이 자신의 사회적 지위, 인종, 능력 등을 알 수 없는 '무지의 베일' 뒤에서 합의해야 한다고 주장하였다. 이러한 '원초적 입장'에서 합리적 개인들은 자신이 가장 불리한 위치에 처할 가능성을 염두에 두고, 최소 수혜자의 이익을 극대화하는 '차등 원칙'을 선택하게 된다.

환경정의의 맥락에서 롤즈의 이론은 크게 두 가지 방향에서 강력한 설득력을 갖는다. 첫째는 분배적 환경정의이다. 무지의 베일을 쓴 사람들은 자신이 오염 물질이 밀집된 지역의 거주민이 될 수도 있다는 위험을 회피하고자 할 것이며, 따라서 환경적 위험으로부터 모든 시민을 평등하게 보호하고 유해 시설 배치의 부담을 사회적 약자에게 전가하지 않는 원칙에 합의할 것이다. 둘째는 세대 간 정의이다. 롤즈는 "정의로운 사회는 그 사회에 대해 모든 것을 알고 있다면 무작위로 들어가고 싶어질 사회"라고 정의하며, 이는 우리가 어느 세대에 태어날지 모르는 상황에서도 적용된다.[100]

---

99 Rawls, J. 1971. A theory of justice. Cambridge, MA: Harvard University Press.
100 Rawls, J. 1971. A theory of justice. Cambridge, MA: Harvard University Press.

롤즈가 제시한 '정의로운 저축의 원칙(Just Savings Principle)'은 기후 변화와 같은 세대 간 환경 문제를 다루는 데 있어 핵심적인 도구가 된다.[101] 이 원칙은 현 세대가 다음 세대를 위해 정의로운 제도를 유지하고 문명을 지속할 수 있을 정도의 적절한 자본과 생태적 자원을 보존해야 한다는 의무를 부과한다.[102] 롤즈의 접근은 미래 세대의 구체적인 정체성이 확정되지 않았다는 '비동일성 문제'에 구애받지 않고 사회의 기본 구조 자체를 지속 가능하게 설계해야 한다는 비개체주의적 당위성을 제공한다.[103] [104] 또한 롤즈는 무한한 성장이 아니라 미래 세대가 자유를 누리며 살 수 있는 '충족(Sufficiency)' 수준의 저축을 강조함으로써, 공리주의가 빠지기 쉬운 무리한 희생이나 극대화의 논리를 경계한다(<표3> 참조).[105]

<표3> 롤즈의 사회정의론 원칙 및 환경정의적 함의

롤즈의 정의 원칙	환경정의적 함의 및 실천 방안
제1원칙: 평등한 자유의 원칙	건강하고 쾌적한 환경에서 살 권리를 기본적 자유의 일부로 인정
제2원칙 (a): 차등 원칙	환경 오염의 피해가 사회적 약자에게 집중되는 현상을 부정의로 규정
제2원칙 (b): 기회 균등의 원칙	환경 정책 결정 과정에 대한 모든 계층의 실질적 참여 보장
정의로운 저축의 원칙	미래 세대를 위한 생태적 자산 보존 및 기후 위기 대응 의무
무지의 베일	정책 결정자가 특정 이해관계를 떠나 보편적 환경 이익을 고려하게 함

출처: 저자 재작성

101 성준현. 2020. 기후변화에 효과적으로 대응하기 위한 세대 간 정의론: 롤즈의 정의로운 저축의 원칙을 중심으로. 윤리연구, 131, 245-270.

102 성준현. 2020. 기후변화에 효과적으로 대응하기 위한 세대 간 정의론: 롤즈의 정의로운 저축의 원칙을 중심으로. 윤리연구, 131, 245-270.

103 성준현. 2020. 기후변화에 효과적으로 대응하기 위한 세대 간 정의론: 롤즈의 정의로운 저축의 원칙을 중심으로. 윤리연구, 131, 245-270.

104 O'Connor, J. 1988. Capitalism, nature, socialism: A theoretical introduction. Capitalism Nature Socialism, 1(1), 11-38.

105 성준현. 2020. 기후변화에 효과적으로 대응하기 위한 세대 간 정의론: 롤즈의 정의로운 저축의 원칙을 중심으로. 윤리연구, 131, 245-270.

4) 마르크스주의와 자본주의의 생태적 모순

카알 마르크스와 그의 후계자들은 환경 문제를 개인의 윤리적 선택이 아닌 사회적 생산 양식의 문제로 파악한다. 전통적 마르크스주의가 자본에 의한 노동의 착취를 분석했다면, 현대의 생태 마르크스주의(Eco-Marxism)는 자본주의가 필연적으로 자연을 착취하고 파괴할 수밖에 없는 구조적 모순을 지니고 있다고 말한다.[106]

생태 마르크스주의의 핵심 개념 중 하나는 '대사 균열(Metabolic Rift)'이다.[107] 마르크스는 자본주의적 공업과 농업의 발달이 인간과 대지 사이의 유기적 물질대사 과정을 단절시킨다고 보았다. 예를 들어, 토양의 영양분이 농작물의 형태로 도시로 이동하여 소비된 후 다시 흙으로 돌아가지 못하고 도시의 오염 물질로 폐기되는 과정은 자연의 순환 고리를 끊어놓는 행위이다. 이러한 균열은 자본이 이윤 축적을 위해 자연의 재생 속도를 무시하고 자원을 약탈적으로 사용하기 때문에 발생한다.[108]

제임스 오코너는 이를 '자본주의의 제2의 모순'이라고 명명하였다.[109] 자본주의의 제1의 모순이 노동자 계급의 구매력 저하로 인한 과잉 생산 위기라면, 제2의 모순은 자본이 자신의 생산 기반인 환경과 생태계를 파괴함으로써 스스로의 존립 근거를 무너뜨리는 위기이다.[110] [111] 자본주의 체제는 환경 오염 비용을 사회와 자연에 '외부화'함으로써 이윤을 얻지만, 이는 결국 원자재 가격 상승과 생태계 붕괴를 초래하여 자본의 수익률을 떨어뜨리는 결과를 낳는다.[112]

마르크스주의적 환경정의는 계급 정의와 직결된다. 자본주의적 생산의 결과물은 자본가가 독점하지만, 그 과정에서 발생하는 오염과 환경 파괴의 부담은 노동자 계급과 주변부 국가들에게 전가된다.[113] 이를 '생태적으로 불평등한 교환'이라고 부르는데, 북부의 핵심 국가들이 남부 주변부의 자원과 환경 용량을 전유하면서도 그 대가는 지불하지 않는 지구적 부정의를

---

106 성준현. 2020. 기후변화에 효과적으로 대응하기 위한 세대 간 정의론: 롤즈의 정의로운 저축의 원칙을 중심으로. 윤리연구, 131, 245-270.
107 Foster, J. B. 2000. Marx's ecology: Materialism and nature. New York, NY: Monthly Review Press.
108 Foster, J. B. 2000. Marx's ecology: Materialism and nature. New York, NY: Monthly Review Press.
109 Foster, J. B. 2000. Marx's ecology: Materialism and nature. New York, NY: Monthly Review Press.
110 마르크스21. 2024. 마르크스의 계급 착취 관계와 환경 부정의. 마르크스주의 이론지.
111 Foster, J. B. 2000. Marx's ecology: Materialism and nature. New York, NY: Monthly Review Press.
112 Foster, J. B. 2000. Marx's ecology: Materialism and nature. New York, NY: Monthly Review Press.
113 이광근. 2015. 생태사회주의의 이론적 지형과 실천적 함의. SNUAC Issue Brief, 서울대학교 아시아연구소.

의미한다.[114] 따라서 마르크스주의자들은 환경 문제의 해결이 단순한 기술 혁신이나 시장 내 규제가 아닌, 자연을 상품화하는 자본주의 체제의 변혁과 사용 가치 중심의 사회로의 전환을 통해서만 가능하다고 주장한다(<표4> 참조).[115]

<표4> 마르크스주의와 자본주의의 생태적 모순 관계

자본주의와 생태 위기의 모순 구조	마르크스주의적 분석 및 비판 내용
가치와 사용 가치의 괴리	자연의 구체적 생명력보다 시장 가격(교환 가치)을 우선시함
비용의 외부화	기업의 오염 정화 비용을 공공과 자연에 떠넘겨 이윤을 창출함
무한 축적의 논리	유한한 지구 생태계 내에서 무한한 자본 증식을 추구하는 모순
대사 균열 (Metabolic Rift)	도시-농촌 간, 인간-자연 간의 영양 및 물질 순환 고리 파괴
생태적 제국주의	저개발 국가의 자원을 수탈하고 오염 산업을 이전하는 행태

출처: 저자 재작성

5) 피터 웬쯔의 동심원 이론과 환경정의의 다원적 통합

피터 웬쯔는 기존의 환경윤리 이론들이 하나의 원칙만을 고집하는 '일원론'에 빠져 현실의 복잡한 문제를 해결하지 못한다고 비판하며, '동심원 이론(Concentric Circle Theory)'을 제안하였다.[116] [117] 웬쯔는 도덕적 주체인 인간을 중심으로 여러 겹의 동심원을 설정하고, 각 원과의 '근접성(Closeness)'에 따라 도덕적 의무의 강도가 달라진다고 보았다.[118]

웬쯔의 동심원 구조에서 가장 안쪽 원에는 가족과 지인들이 위치하며, 그 밖으로 지역 공동체, 동료 시민, 전 인류, 감응적 동물, 그리고 가장 바깥쪽 원에는 생태계 전체와 종이 위치한다.[119] 웬쯔에 따르면, 우리는 안쪽 원에 있는 존재들에게 더 직접적이고 강한 도덕적 의무

---

114 마르크스21. 2024. 마르크스의 계급 착취 관계와 환경 부정의. 마르크스주의 이론지.
115 Foster, J. B. 2000. Marx's ecology: Materialism and nature. New York, NY: Monthly Review Press.
116 Wenz, P. S. 1988. Environmental justice. Albany, NY: State University of New York Press.
117 한면희. 2000. 환경정의론과 웬쯔의 다원주의적 통합. 환경철학, 5, 41-65.
118 Wenz, P. S. 1989. Concentric circle pluralism: A response to Rolston. Between the Species, 5(3), Article 9.
119 Wenz, P. S. 1989. Concentric circle pluralism: A response to Rolston. Between the Species, 5(3),

를 지게 된다. 예를 들어, 내 아이가 굶주릴 때 밥을 주어야 할 의무는 멀리 떨어진 낯선 사람의 아이를 돕는 의무보다 우선한다. 이러한 근접성은 단순한 물리적 거리가 아니라 경험적 상호 관계와 의존성의 깊이를 의미한다(<표5> 참조).[120]

환경정의의 측면에서 웬즈는 존재의 지위와 권리를 다음과 같이 구분한다. 첫째, 인간은 자율성을 지닌 존재로서 생명과 자유에 대한 '소극적 권리'뿐만 아니라, 깨끗한 물과 공기 등 생존에 필수적인 것을 보장받아야 할 '적극적 권리'를 가진다.[121] 둘째, 동물은 감응력을 지니고 있으므로 고통을 받지 않을 '소극적 권리'를 부여받지만, 인간과 같은 수준의 적극적 권리는 부여되지 않는다. 즉, 야생 동물이 질병으로 고통받을 때 인간이 개입하여 치료해야 할 의무는 인간의 경우보다 훨씬 약하다.[122] 셋째, 식물이나 생태계 자체는 개별적인 권리보다는 전체적인 시스템의 가치를 통해 보존되어야 한다.[123]

웬즈의 이론은 특히 '유해 시설 배치(LULU)' 문제에서 독창적인 해결책을 제시한다.[124] 그는 가난한 지역이나 소수 인종 거주 지역에 오염 시설이 집중되는 현상을 부정의로 규정하며, '오염 점수(Pollution Points)' 제도를 제안하였다.[125] 모든 지역 사회는 부유함에 상관없이 동일한 오염 점수를 할당받아야 하며, 이 점수는 시장에서 사고팔 수 없어야 한다. 이렇게 되면 사회적 영향력이 큰 부유층이나 결정권자들도 자신들이 사는 지역을 보호하기 위해서라도 전체 오염 총량을 줄이려는 노력을 하게 되며, 이것이 곧 전체 사회의 효율성과 정의를 동시에 달성하는 길이라고 웬즈는 주장한다.[126] [127]

Article 9.

120 Wenz, P. S. 1989. Concentric circle pluralism: A response to Rolston. Between the Species, 5(3), Article 9.

121 Wenz, P. S. 2000. Environmental justice through improved efficiency. Environmental Values, 9(2), 173-188.

122 Wenz, P. S. 2000. Environmental justice through improved efficiency. Environmental Values, 9(2), 173-188.

123 Wenz, P. S. 1989. Concentric circle pluralism: A response to Rolston. Between the Species, 5(3), Article 9.

124 Wenz, P. S. 1995. Just garbage: The problem of environmental racism. In Faces of Environmental Racism, pp. 335-341.

125 Wenz, P. S. 1995. Just garbage: The problem of environmental racism. In Faces of Environmental Racism, pp. 335-341.

126 Banzhaf, S., Ma, L., & Timmins, C. 2019. Environmental justice: The economics of race, place, and pollution. Journal of Economic Perspectives, 33(1), 185-208.

127 Wenz, P. S. 1995. Just garbage: The problem of environmental racism. In Faces of Environmental Racism, pp. 335-341.

<표5> 피터 웬쯔의 동심원 구조 및 환경정의 관계

웬쯔의 동심원 구조 및 의무	해당 층위의 도덕적 주체 및 성격	인간의 주요 의무와 권리 적용
제1원 (최내곽)	가족, 친척, 매우 가까운 친구	무조건적인 돌봄 및 적극적 지원 의무
제2원	지역 사회 이웃, 직장 동료	호혜적 협력 및 사회적 계약 이행 의무
제3원	국가 공동체 구성원 (동료 시민)	롤즈적 정의 실현 및 공적 제도 참여
제4원	전 인류 (미래 세대 포함)	인권 존중 및 보편적 환경 정의 준수
제5원	감응적 동물 (Sentient Beings)	고통 가하지 않기 (소극적 권리 보호)
제6원 (최외곽)	종(Species), 생태계, 지구 전체	시스템의 건전성 및 생물다양성 보존

출처: 저자 재작성

6) 윤리학적 관점의 종합 비교

환경윤리와 환경정의는 인간과 자연, 그리고 인간과 인간 사이의 공정한 관계를 정립하려는 두 가지 큰 흐름이다. 벤담의 공리주의는 감응력을 가진 모든 존재의 고통을 도덕적 계산기에 넣음으로써 도덕 공동체의 경계를 확장했으나, 총량의 논리에 매몰되어 분배의 공정성을 놓칠 위험을 안고 있었다. 반면 로크와 노직의 자유지상주의는 개인의 권리와 소유권을 철저히 방어함으로써 오염자에게 배상 책임을 지울 수 있는 법적 토대를 마련했으나, 공공의 생태적 이익을 위한 규제에는 인색했다.[128] [129]

존 롤즈는 무지의 베일이라는 사고 실험을 통해 우리가 사회적 약자나 미래 세대가 될 수도 있다는 가능성을 일깨웠으며, 이를 통해 환경적 위험의 공평한 분배와 세대 간 보존의 의무를 가장 체계적으로 정당화하였다.[130] [131] 마르크스주의는 여기서 한 걸음 더 나아가 환경 파괴의 근원이 자본주의의 축적 논리에 있음을 명확히 하고, 노동과 자연의 동시 해방을 추구하는

128 Wenz, P. S. 1988. Environmental justice. Albany, NY: State University of New York Press.
129 Nozick, R. 1974. Anarchy, state, and utopia. New York, NY: Basic Books.
130 Wenz, P. S. 1995. Just garbage: The problem of environmental racism. In Faces of Environmental Racism. pp. 335-341.
131 성준현. 2020. 기후변화에 효과적으로 대응하기 위한 세대 간 정의론: 롤즈의 정의로운 저축의 원칙을 중심으로. 윤리연구, 131, 245-270.

구조적 변혁을 제안하였다.[132] 마지막으로 피터 웬쯔는 이러한 다원적 가치들을 동심원이라는 현실적인 도덕 지도로 통합하여, 우리가 누구에게 어떤 우선순위로 책임을 져야 하는지에 대한 실천적 가이드를 제공하였다(<표6> 참조).[133]

<표6> 환경윤리와 환경정의의 윤리학적 융합 비교

이론적 배경	환경윤리의 중심 가치	환경정의의 실천적 원칙	핵심적인 한계 및 비판
공리주의	고통의 최소화, 감응력	총 유용성의 극대화 (비용-편익)	소수의 희생 정당화, 질적 가치 간과
자유지상주의	소유권, 로크의 단서	교정의 정의, 오염자 배상	공공 규제 반대, 자원 독점 위험
사회정의론	공정성, 세대 간 저축	차등 원칙 (최소 수혜자 배려)	인간 중심적 계약론의 틀 내에 잔류
마르크스주의	대사 균열 회복, 사용 가치	계급적 불평등 해소, 체제 변혁	생산력 중심주의로 흐를 위험성
동심원 이론	다원주의, 생태적 근접성	오염 점수제, 의무의 차등화	근접성의 기준이 자의적일 수 있음

출처: 저자 재작성

7) 결론

환경윤리와 환경정의는 상호 보완적인 관계에 있다. 환경윤리가 자연의 내재적 가치나 도덕적 지위를 규명하여 우리가 '왜' 자연을 보호해야 하는지에 대한 존재론적 근거를 제공한다면, 환경정의는 그 보호의 과정이 사회적으로 '어떻게' 공정해야 하는지를 규정함으로써 윤리적 이상을 현실로 끌어내린다. 벤담에서 웬쯔에 이르는 윤리학적 논의들은 기후 위기 시대에 우리가 가져야 할 책임의 범위가 공간적으로는 지구 전체로, 시간적으로는 먼 미래 세대로, 그리고 존재론적으로는 비인간 생명체로까지 확장되어야 함을 역설하고 있다. 이러한 통합적

132 Foster, J. B. 2000. Marx's ecology: Materialism and nature. New York, NY: Monthly Review Press.
133 Wenz, P. S. 1989. Concentric circle pluralism: A response to Rolston. Between the Species, 5(3), Article 9.

관점은 단순히 오염을 줄이는 기술적 접근을 넘어, 보다 정의롭고 지속 가능한 문명을 건설하기 위한 도덕적 이정표가 될 것이다.

[참고]

환경정의 원칙-The Principles of Environmental Justice

다국적 유색인종 환경 리더십 정상회의의 참석자들이 1991년 10월 27일, 워싱턴 D.C.에서 채택한 환경정의 원칙.

우리 유색인종들은 이 다국적 유색인종 환경 리더십 정상회의에 모여,

- 우리 어머니 지구의 신성함에 대한 영적 상호의존성을 재확립하면서 우리의 땅과 공동체 파괴 및 약탈에 맞서 싸우기 위한 모든 유색인종의 국내 및 국제적 운동을 시작한다;
- 자연 세계와 우리 자신의 치유 역할에 관한 각자의 문화, 언어, 신념을 존중하고 기념하며;
- 환경정의를 보장하기 위하여;
- 환경적으로 인진한 생계 수단 개발에 기여할 경제석 대안을 촉진하기 위하여; 그리고,
- 500년 이상 우리 공동체와 땅을 오염시키고 우리 민족을 학살로 이르게 한 식민지화와 억압으로 인해 빼앗겨 온 우리의 정치적, 경제적, 문화적 해방을 확보하기 위하여 우리는 이 환경정의 원칙들을 확언하고 채택한다.

환경정의:

1. 환경정의는 대지의 신성함, 생태적 통일성, 모든 종의 상호 의존성, 그리고 생태계 파괴로부터 자유로울 권리를 확인한다.
2. 환경정의는 공공 정책이 모든 민족에 대한 상호 존중과 정의를 바탕으로 하며, 어떠한 형태의 차별이나 편견도 없어야 함을 요구한다.

3. 환경정의는 인간과 다른 생명체를 위한 지속 가능한 지구를 위해, 윤리적이고 균형 잡히며 책임감 있는 토지 및 재생 가능 자원 이용의 권리를 보장한다.
4. 환경정의는 깨끗한 공기, 토지, 물, 식량에 대한 기본적 권리를 위협하는 핵 실험, 유독/유해 폐기물 및 독성 물질의 채굴·생산·처분으로부터의 보편적 보호를 요구한다.
5. 환경정의는 모든 민족의 정치적, 경제적, 문화적, 환경적 자결권에 대한 기본적 권리를 확언한다.
6. 환경정의는 모든 독성 물질, 유해 폐기물 및 방사성 물질의 생산 중단을 요구하며, 과거 및 현재의 모든 생산자들이 생산 현장에서의 해독 및 격리 조치에 대해 국민에게 엄격히 책임을 져야 함을 요구한다.
7. 환경정의는 수요 평가, 계획 수립, 실행, 시행 및 평가를 포함한 의사 결정의 모든 단계에서 동등한 파트너로서 참여할 권리를 요구한다.
8. 환경정의는 모든 노동자가 안전하지 않은 생계와 실업 사이에서 선택을 강요받지 않고 안전하고 건강한 작업 환경을 누릴 권리를 확인한다. 또한 가정에서 일하는 이들이 환경적 위험으로부터 자유로울 권리를 확인한다.
9. 환경정의는 환경적 불의의 피해자가 피해에 대한 완전한 보상과 배상, 그리고 양질의 의료 서비스를 받을 권리를 보호한다.
10. 환경정의는 정부의 환경 불의 행위를 국제법, 세계 인권 선언, 유엔 집단학살 방지 협약 위반으로 간주한다.
11. 환경정의는 조약, 협정, 협약 및 주권과 자결권을 확인하는 협정을 통해 원주민이 미국 정부와 맺고 있는 특별한 법적·자연적 관계를 반드시 인정해야 한다.
12. 환경정의는 도시와 농촌 생태 정책의 필요성을 확인하며, 자연과의 조화를 이루며 도시와 농촌 지역을 정화하고 재건하며, 모든 공동체의 문화적 정체성을 존중하고, 모든 이가 모든 자원에 공정하게 접근할 수 있도록 해야 한다.
13. 환경정의는 사전 동의 원칙의 엄격한 시행을 요구하며, 유색인종에 대한 실험적 생식 및 의료 절차와 백신 시험을 중단해야 한다.
14. 환경정의는 다국적 기업의 파괴적 운영을 반대한다.
15. 환경정의는 군사적 점령, 억압, 토지·민족·문화 및 기타 생명체에 대한 착취를 반대한다.

16. 환경정의는 우리의 경험과 다양한 문화적 관점에 대한 이해를 바탕으로 사회·환경 문제를 강조하는 현재 및 미래 세대의 교육을 요구한다.
17. 환경정의는 우리 개개인이 지구의 자원을 최소한으로 소비하고 폐기물을 최대한 줄이는 개인적·소비자적 선택을 할 것을 요구한다. 또한 현재와 미래 세대를 위한 자연계의 건강을 보장하기 위해 우리의 생활 방식을 의식적으로 재검토하고 우선순위를 재조정할 것을 촉구한다.

2. 환경정의 구성 요소

1) 분배적 정의 (Distributive Injustice)

(1) 분배적 정의의 개념과 의미

분배적 정의는 모든 사람이 동등한 대우와 기회를 받을 권리를 의미 한다.[134] 이는 고대 그리스 철학자 아리스토텔레스가 처음 제시한 개념으로, 공동체 내에서 부와 자원이 '공정한 기준에 따라 분배되는' 것을 뜻한다.[135] 분배적 정의는 분배 과정보다는 결과의 공정성에 초점을 맞추고 있다.

환경 분야에서 분배적 정의는 두 가지 측면을 다룬다. 하나는 환경 위험 요소로 인한 부담이 특정 집단에 집중되지 않아야 한다는 것이고, 다른 하나는 정부나 기업이 제공하는 환경 관련 혜택이 모든 집단에 고르게 배분되어야 한다는 것이다.[136] 실제로는 미국에서 시작된 운동인 만큼, 유색인종이나 저소득층이 환경위험에 환경위험에 불균형적으로 노출된다는 현실 문제를 해결하는 데 중점을 두고 있다. 환경정의 연구의 선구자인 불러드 박사는 이를 지리적

134 Dworkin, Ronald. 1977. Taking Rights Seriously 273.
135 Aristotle. 1982. The Nichomachean Ethics, Book V 267. H. Rackham trans., Cambridge Univ. Press.
136 Kaswan, supra note 1, at 230-33.

형평성(Geographic Equity)이라는 개념으로 설명했다.[137] 이는 특정 지역사회가 환경적으로 유해한 시설과 얼마나 가까이 있는지를 살펴보는 것이다.

하지만 분배적 정의 문제는 단순히 거리의 문제만이 아니다. 예를 들어 특정 인종이나 소득계층이 위험한 직업 환경에 더 많이 노출되는 것과 같은 비지리적(non-geographic) 문제도 포함한다.[138] 또한, 분배적 정의는 단순히 오염이나 위험을 재분배하는 것을 의미하지 않는다. 환경정의 운동가들은 모든 사람들에 대한 동등한 보호와 환경 위험 요소의 제거, 그리고 어떤 지역사회에도 위험한 활동을 하지 않는 것을 의미한다고 주장한다. 다시 말해, 분배적 정의는 기존 위험을 이동시키거나 균등화하는 것이 아니라 위험을 낮추는 것을 통해 달성된다.

이렇게 인종과 소득에 따른 환경위험의 불공평한 분배에 강한 초점이 맞춰져 있는 가운데, 종종 간과되는 또 다른, 두 번째 측면은 공원과 해변, 대중교통, 안전한 식수, 하수처리 및 배수와 같은 환경정책의 혜택 분배에 관한 것이다. 환경 혜택의 불평등한 분배는 미국의 여러 사례에서 확인됐다. 뉴욕시가 225개의 근린공원을 조성할 때 아프리카계 미국인 지역사회에는 단 2개만 배치한 것이 대표적이다.[139] 애틀랜타와 로스앤젤레스에서는 교통계획과 정책예산이 저소득층과 소수자들에게 차별적으로 시행된다고 주장됐다. 교통 수요를 형평성 있게 다루지 않고 교외 거주자들을(저소득층이 아닌 자들) 우대한다고 지적했다.[140] 애틀랜타의 경우, 이러한 문제 제기 이후 교통예산과 서비스의 상당 부분이 도심 저소득 지역으로 재배분되었고, 이를 통해 대중교통뿐만 아니라 보도, 가로수, 조명 등의 인프라 혜택도 확대되었다.

(2) 분배적 부정의 양상

분배적 부정의는 현대 사회에서 여러 형태로 나타난다. 환경위험의 분포를 분석한 연구들은 인종과 소득에 따른 뚜렷한 불평등을 보여준다. 모하이와 브라이언트의 연구에 따르면, 17개의 연구 중 16개에서 인종적 불평등이 발견되었고, 21개의 연구 중 17개에서는 소득에 따른 불평등이 확인되었다.[141] 더욱 주목할 점은, 인종과 소득을 함께 분석한 10개의 연구 중 7개에

137 Bullard, Overcoming Racism in Environmental Decisionmaking, supra note 1, at 13; Bullard, Dumping in Dixie, supra note 1, at 116.

138 Principles of Environmental Justice, supra note 12, at nos. 2, 4, 6.

139 Gelobter, supra note 24, at 853.

140 Murray, Mark. 2000. Seeking Justice in Roads and Runways. National Journal 32, Mar. 4, at 712.

141 Mohai, Paul & Bunyan Bryant. 1992. Environmental Injustice: Weighing Race and Class as Factors in

서 소득보다 인종이 환경오염 노출과 더 강한 상관관계를 보였다는 것이다.

골드만의 연구는 이러한 경향을 더욱 분명하게 보여준다. 그가 검토한 64개의 실증 연구 중 거의 모든 연구에서 유색인종과 저소득 집단이 다른 인구집단보다 더 큰 환경적 영향에 직면하고 있음이 밝혀졌다. 특히 인종적 격차가 소득 격차보다 더 두드러졌으며, 두 요소를 비교했을 때 약 75%의 사례에서 인종이 더 중요한 요인으로 나타났다.[142]

이러한 불평등은 여러 분야에서 확인된다. 농업 분야에서는 미국 농업 노동자의 90%가 유색인종이며, 이들은 농약에 과도하게 노출되면서도 직업 안전보건법(Occupational Safety and Health Act)과 같은 법적 보호에서 제외되어 있다.[143] 더욱 심각한 것은 환경보호청(EPA)이 일반 대중의 농약 오염 식품 섭취 위험에는 신속히 대응하면서도, 농장 노동자들의 농약 노출 문제에는 매우 느리게 대응해왔다는 점이다. 원주민 사회의 경우, 그들의 영토가 폐기물 처리시설의 표적이 되어왔으며, 채광과 핵무기 실험으로 인해 불균형적인 영향을 받아왔다. 더욱이 의회가 초기에 원주민 부족들에게 주(州)와 동등한 수준의 환경 규제 권한을 부여하지 않았고, 원주민 영토의 환경 문제를 해결하기 위한 충분한 자금도 제공하지 않았다는 점에서 분배적 정의 문제가 제기된다.

이러한 분배적 부정의는 단순히 오염이나 위험시설의 문제에만 국한되지 않는다. 소음, 악취, 쓰레기 비산, 미관 훼손, 교통량 증가, 해충 문제, 재산가치 하락, 화재 위험, 사고 위험, 심리적 피해 등 삶의 질과 관련된 다양한 부정적 영향도 분배적 부정의의 중요한 요소이다.

(3) 분배적 정의 활성화 과제

분배적 부정의의 현실은 심각한 문제임에도 불구하고, 이를 해결하기 위한 명확한 기준과 방법은 아직 확립되지 않았다. 가장 근본적인 어려움은 소수자 지역(minority community)이나 저소득 지역(low-income community)을 정의하는 기준조차 합의되지 않았다는 점이다. 더욱이 영향권 지역(affected community)의 경계를 어디까지 설정할 것인지, 어떤 지역을 비교 대상 지역(reference community)으로 삼을 것인지에 대한 기준도 모호한 상태다. 차등적 영향을 판단하는

the Distribution of Environmental Hazards. U. Colorado Law Review 63:921, 925-27.

142 Goldman, Benjamin A. 1994. Not Just Prosperity: Achieving Sustainability With Environmental Justice 8.

143 Moses, Marion et al. 1993. Environmental Equity and Pesticide Exposure. Toxicology & Indus. Health 9:913.

방법론이 확립되지 않았고, 부정적 영향(adverse impact)의 정의도 논란이 되고 있다. 셀렉트 스틸(Select Steel)사례에서 이 문제가 다뤄졌으나, 여전히 논쟁적인 상태다.[144] 이는 실제 소송에서 환경 부정의를 입증하고 해결하는 데 큰 장애물이 되고 있다.

설령 방법론적 문제들이 해결되고 법적으로 다툴 수 있는 불균형적 영향이 입증된다 하더라도, 이를 해결하는 방안에 대해서도 의견이 분분하다. 제시되는 해결책은 크게 세 가지로 나뉜다.

1) 시장 기반 접근(Market-based Approach): 현재 상태를 시장의 자연스러운 결과로 보고 개입을 최소화하는 입장
2) 보상적 접근(Compensatory Approach): 영향을 받는 지역사회에 적절한 보상을 제공하는 방안
3) 금지적 접근(Prohibitive Approach): 불평등을 심화시키는 활동 자체를 금지하는 정책

이러한 문제들로 인해 분배적 부정의 사례들이 제대로 해결되지 못하고 있지만, 이것이 환경정의 운동의 주장이 타당하지 않다는 것을 의미하지는 않는다. 오히려 입법부, 행정기관, 법원이 이러한 정치적, 법적 문제들을 더욱 적극적으로 다뤄야 할 필요성을 보여준다.

따라서 향후 분배적 정의의 실현을 위해서는 다음과 같은 과제들이 해결되어야 한다.

- 환경위험의 측정과 평가를 위한 표준화된 방법론 개발
- 환경적 혜택과 부담의 분배를 모니터링 할 수 있는 제도적 체계 구축
- 취약계층 보호를 위한 실효성 있는 법적, 정책적 수단의 마련
- 환경정의 실현을 위한 시민사회의 참여 메커니즘 강화

이러한 과제들의 해결은 단순히 환경 위험의 재분배가 아닌, 모든 사회 구성원의 환경권

144 미국 미시간 주의 철강공장 건설 허가 과정에서 EPA가 시민권법 제6장에 따른 환경정의 민원을 불과 90일 만에 기각하며, 기업의 이익을 위해 지역사회의 환경 우려를 제대로 고려하지 않았다고 비판받은 사건이다

(Environmental Rights)을 보장하는 방향으로 나아가야 할 것이다.

2) 절차적 정의(Procedural Justice)

(1) 절차적 정의의 개념과 의미

환경정의 분쟁에서 절차적 부정의는 매우 흔하게 제기되는 문제다. 유색 인종과 저소득 지역사회는 대개 환경 정책이나 그 결정의 분배적 측면과 절차적 측면 모두에 대해 문제를 제기한다. 특히 주목할 점은, 많은 경우 한 지역사회가 특정 결과를 분배적으로 정의롭다고 판단하는 데 있어 그 결과에 이르는 절차가 얼마나 공정했는지가 중요한 영향을 미친다는 것이다.

절차적 정의는 "동등한 존재로서 대우받을 권리"로 정의된다.[145] 이는 단순히 어떤 혜택이나 기회의 동등한 분배를 받을 권리가 아니라, 이러한 혜택과 기회의 분배 방식을 결정하는 정치적 과정에서 동등한 관심과 존중을 받을 권리를 의미한다. 아리스토텔레스는 이를 "통치하고 통치 받는 데 있어 동등한 몫을 갖는 상태"로 표현했다.[146] 이는 결정의 결과가 아닌 결정이 이루어지는 방식의 공정성에 초점을 맞추는 것이다.

환경정의 연구의 선구자인 불러드(Bullard)는 이를 "절차적 형평성(Procedural Equity)"이라 명명하며, 민주적 의사결정의 중요성을 강조했다. 여기에는 포용성(Inclusiveness), 대표성(Representation), 동등성(Parity), 소통(Communication)이 핵심 요소로 포함된다. 카스완(Kaswan)은 이를 "정치적 정의(Political Justice)"로 보며, 환경정의 실현을 위해서는 모든 집단이 의사결정 과정에서 공정하게 대우받을 수 있도록 정치적 역학관계가 변화해야 한다고 주장했다.[147]

환경정의에 관한 미국 행정명령은 절차적 정의에 큰 비중을 두고 있다. 이 명령은 연방기관들에게 소수자와 저소득층의 더 큰 참여와 정보 접근을 보장하도록 지시한다. 환경정의 원칙(Principles of Environmental Justice)은 더 나아가 공공정책이 모든 사람에 대한 상호 존중과 정의에 기반 해야 하며, 편견이나 차별로부터 자유로워야 한다고 선언한다. 또한 자기결정권을 기본권으로 인정하고, 모든 단계의 의사결정에서 동등한 파트너로서 참여할 권리를 주장한

---

145 Dworkin, supra note 15, at 273.
146 Heyman, Steven J. 1992. Aristotle on Political Justice. Iowa Law Review 77:851, 863.
147 Kaswan, supra note 1, at 224.

다.[148]

절차적 정의는 사전적(ex ante)·사후적(ex post) 공정성 모두를 포함한다. 사전적 관점에서는 의사결정과 주민참여 절차가 모든 관계자에게 공정한지, 혹은 특정 집단에 유리하게 설계되어 있는지를 검토한다. 사후적 관점에서는 실제 진행된 의사결정 과정이 모든 이에게 동등한 관심과 존중을 보였는지를 평가한다. 절차적 정의를 사전적으로 판단하는 한 가지 방법은 결정의 영향을 받게 될 사람들이 그 결정 과정에 대해 사전에 동의했는지를 확인하는 것이다. 따라서 절차적 정의는 단순히 과정에 참여했는지 여부를 넘어, 그 과정이 공정한 결과로 이어질 수 있도록 설계되었는지를 살펴보는 것이 중요하다.

(2) 절차적 부정의 양상

절차적 부정의는 국제적 차원에서부터 지역적 수준까지 다양하게 나타난다. 국제적 차원의 대표적 사례로 국제금융공사(International Financing Corporation)의 칠레 댐 건설 프로젝트를 들 수 있다. 미국인류학회의 조사에 따르면, 이 프로젝트는 현지 원주민인 페우엔체족을 의사결정 과정에서 완전히 배제했다.[149] 프로젝트 영향 평가에서 이들을 이해관계자로 생각하지 않았고, 협상 과정에서도 이들의 참여를 배제했으며, 댐으로 인한 잠재적 피해에 대한 보고서도 공개하지 않았다.

미국에서 가장 흔한 절차적 부정의는 유색인종과 저소득 지역사회가 입법부와 환경 관련 기관의 의사결정 과정에서 영향력을 거의 행사하지 못한다는 점이다. 이들은 환경보호 문제에 관해 정부 당국에 로비하거나 소송을 제기하는 이익집단에서도, 관련 정부기관 내에서도 제대로 대표되지 못하고 있다. 즉, 환경 위험에는 과도하게 노출되면서도, 환경정책 결정기관과 위원회에서는 과소 대표되는 모순적 상황에 놓여있다.

계속해서 미국의 예로, 주목할 만한 또 하나의 문제로 과학기술자문위원회(Science Advisory Board, SAB)와 같은 전문적 의사결정 기구에서의 대표성 부족이다. 예를 들어, 1988년 당시 EPA의 48명으로 구성된 SAB 위원회에는 지역사회와 환경단체를 대표하는 위원이 단 한 명뿐이었으며, 저소득층이나 유색인종의 이익을 대변하는 대표는 전무했다. 또한 작업장 노출 기

148 Principles of Environmental Justice, supra note 12, at nos. 2, 5, 7.

149 Gracer, Jeffrey B. 1999. Protecting Citizens of Other Countries. In The Law of Environmental Justice 718, 726.

준을 권고하는 위원회에서 노동자의 대표성이나, 기타 EPA 자문위원회에서 영향을 받는 지역사회의 대표성도 형식적인 수준에 그쳤다.[150] 이러한 대표성 문제는 30여 년이 지난 현재까지도 여전히 중요한 과제로 남아있다. 2020년대에 들어서며 EPA는 환경정의 문제에 대한 인식이 높아졌음에도 불구하고, SAB를 비롯한 주요 의사결정 기구에서 소수자 집단과 취약계층의 실질적인 대표성은 여전히 제한적이다. 특히 기술적, 과학적 전문성을 강조하는 의사결정 과정에서 지역사회의 경험적 지식과 현장의 목소리가 충분히 반영되지 못하는 구조적 한계가 지속되고 있다. 이는 전문성과 대표성의 균형을 어떻게 확보할 것인가라는 오래된 과제가 아직도 해결되지 않고 있음을 보여준다.

환경 노출과 공중보건에 관한 정부의 데이터 수집과 분석 방식도 문제다. 한 예로, EPA와 국립보건원이 농부와 농장노동자의 건강에 관한 15백만 달러 규모의 10년 역학조사를 계획하면서, 농장노동자의 대다수를 차지하는 히스패닉계를 제외했다. 이동이 잦은 히스패닉계 인구를 추적하기 어렵다는 것이 그 이유였다. 2020년대에는 빅데이터와 AI 기술의 발전으로 더욱 정교한 데이터 수집이 가능해졌음에도 불구하고, 여전히 소수자와 취약계층의 데이터는 체계적으로 누락되거나 과소 대표되는 경향이 있다. 최근에는 이러한 문제를 해결하기 위해 지역사회 기반 참여연구(Community-Based Participatory Research, CBPR) 방식이 강조되고 있으나, 여전히 주류 연구에서는 제한적으로만 활용되고 있다. 또한 코로나19 팬데믹 시기 동안 드러났듯이, 인종과 소득 수준에 따른 건강 데이터의 격차는 여전히 중요한 환경정의의 과제로 남아있다.

위험성 평가(Risk Assessment)와 비용편익분석(Cost-benefit Analysis)의 활용 방식도 유색인종과 저소득층에 불리하게 작용할 수 있다는 지적이 있다.[151] 이러한 분석 방법들은 취약계층을 제대로 보호하지 못하고, 정량화하기 어려운 정보를 무시하며, 경제적 능력이 부족한 이들의 가치를 과소평가하고, 소외계층을 의사결정 과정에서 배제할 수 있다.

150 Castleman, Barry I. & Grace E. Ziem. 1988. Corporate Influence on Threshold Limit Values. American Journal of Industrial Medicine 13:531, 554.

151 Cranor, Carl F. 1999. Risk Assessment, Susceptible Subpopulations, and Environmental Justice. In The Law of Environmental Justice 307.

(3) 절차적 정의 활성화 과제

절차적 부정의의 해결을 위한 논의는 여러 차원에서 진행되고 있으나, 그 실효성에 대해서는 여전히 많은 의문이 제기되고 있다. 특히 미국 EPA의 시민권법 제6장 관련 민원 처리 과정이나 지역 차원의 의사결정 과정에서 나타나는 문제들은 절차적 정의 실현의 현실적 어려움을 잘 보여준다. EPA는 민원 접수 후 180일 이내에 결정을 내려야 함에도, 실질적인 결정을 내린 경우는 단 한 건에 불과하며, 1993년부터- 1996년 간 미결된 사건을 포함해 약 40건 이상의 민원이 적체되어 있다.[152] 또한 미시간 주와 기업들의 압박을 받았던 셀렉트 스틸(Select Steel) 사건에서는 민원을 기각하는 결정을 90일 만에 내렸다는 점은 절차적 정의 실현의 현실적 어려움을 보여준다.[153] 지역 차원의 절차적 부정의는 신텍(Shintech) 사례에서 극명하게 드러난다. 이 사례에서 지역 주민들은 충분한 공고가 없었고, 공청회 시간과 장소가 불편했으며, 기관 회의에서 배제되었고, 중요 문서에 접근하기 어려웠다고 호소했다.[154] 특히 루이지애나 주지사가 "모든 사람을 동등하게 대우하는 것은 대기 허가 절차의 목표가 아니다"라고 공언하며, 환경품질부(LDEQ)에 "법이 허용하는 범위 내에서 신텍을 위해 최대한 쉽게 해주라"고 지시한 것은 절차적 정의의 근본적 훼손을 보여준다.

이러한 절차적 부정의 문제의 해결을 위해서는 다음과 같은 근본적인 질문들이 검토되어야 한다.

- 공정한 절차와 결과의 관계: 일부에서는 의사결정자가 서로 다른 혜택에 대한 경쟁적 주장들을 공정하게 고려했다면, 결과적으로 한 집단이 다른 집단에 종속되더라도 그것은 부정의하지 않다고 주장한다.
- 주민참여 모델의 개혁 필요성: 많은 정부기관들이 소외계층의 의미 있는 참여를 보장하는 데 실패했음을 인정하고 있지만, 일부 규제 대상 기업들은 주민참여 확대가 부적절하다고 주장한다.

---

152 Office of Civil Rights, U.S. EPA. 2000. Status Summary Table of EPA Title VI Administrative Complaints (04/17/00).

153 Cole, Luke W. 1999. "Wrong on the Facts, Wrong on the Law": Civil Rights Advocates Excoriate EPA's Most Recent Title VI Misstep. ELR 29:10775, 10776.

154 See Amended Complaint Under Title VI of the Civil Rights Act, Re: Louisiana Dep't of Envtl. Quality/ Permit for Proposed Shintech Facility, No. 04R-97-R6 (July 16, 1997).

결론적으로, 모든 이해당사자가 사전에 공정한 절차에 합의하지 않는 한, 절차적 정의와 분배적 정의 모두 달성하기 어려울 것이다. 특히 현재의 의사결정 모델이 가진 편향성을 고려할 때, 완벽하게 공정한 절차를 따른다고 하더라도 그 결과가 정의롭지 않을 수 있다는 점에 주목해야 한다.

3) 교정적 정의(Corrective Justice)

(1) 교정적 정의의 개념과 의미

교정적 정의(Corrective Justice)는 환경정의의 세 번째 측면으로, 법규 위반에 대한 처벌, 그리고 개인과 지역사회가 입은 피해를 다루는 방식의 공정성을 의미한다. 교정적 정의는 때로 다른 이름으로 불리기도 하고, 분배적 정의나 절차적 정의 주장에 포함되기도 한다. 아리스토텔레스는 '교정적(rectificatory)' 정의라고 불렀는데, "당사자들을 동등하게 대우하며, 한쪽이 잘못을 저지르고 다른 쪽이 피해를 입었는지, 한쪽이 가해를 하고 다른 쪽이 손해를 입었는지만을 묻는 것"이라고 설명했다.[155]

교정적 정의는 법을 위반한 자에 대한 처벌의 공정한 집행뿐만 아니라, 자신이 책임져야 할 손실을 배상해야 하는 의무도 포함한다. 이는 응보적 정의(Retributive Justice), 보상적 정의(Compensatory Justice), 복원적 정의(Restorative Justice), 교환적 정의(Commutative Justice)등 여러 가지 측면을 포함한다.[156]

미국의 환경정의 행정명령은 교정적 정의의 개념을 반영하여, 소수자와 저소득층 지역에서의 보건 및 환경 법규 집행을 강화하고, 주요 연방 집행 조치의 대상이 되는 시설이나 부지 주변 인구의 인종, 출신국, 소득에 관한 정보를 수집, 유지, 분석하도록 지시하고 있다.

155 Paul, Ellen Frankel. 1991. Set-Asides, Reparations and Compensatory Justice. In Nomos XXXIII: Compensatory Justice 97, 100-01.

156 Brooks, Richard O. 1991. A New Agenda for Modern Environmental Law. Journal of Environmental Law & Litigation 6:1, 27.

(2) 교정적 부정의 양상

교정적 부정의는 여러 지역과 계층에서 다양한 형태로 나타나고 있다. 가장 주목할 만한 실증적 연구는 1992년 내셔널 로 저널(National Law Journal)의 "불평등한 보호 - 환경법의 인종적 격차(Unequal Protection—The Racial Divide in Environmental Law)"이다.[157] 이 연구는 1985년부터 1991년까지의 모든 EPA 민사 집행 조치를 검토했는데, '백인' 지역(백인 인구 비율이 가장 높은 구간)의 환경법 위반에 대한 평균 벌금이 '소수자' 지역(백인 인구 비율이 가장 낮은 구간)보다 46% 높았다는 것을 발견했다. 소득 측면에서도 불평등이 발견되었다. '고소득' 지역(중위 가구소득이 가장 높은 구간)의 평균 벌금이 '저소득' 지역(중위 가구소득이 가장 낮은 구간)보다 52% 높았다.

하지만 이러한 패턴은 개별 환경법에 따라 크게 달랐으며, 연구자들은 "지역사회의 소득이 오염 행위자에 대한 처벌 강도를 예측하는 신뢰할 만한 지표는 아니다"라고 결론지었다. 폐기물 처리장 정화와 관련하여, 소수자 지역의 수퍼펀드(Superfund) 부지는 백인 지역보다 국가 우선순위 목록(NPL)에 등재되는 데 20% 더 오래 걸렸으며, EPA는 소수자 지역의 부지에 대해 덜 엄격한 정화 방안을 선택했다. 해밀턴과 비스쿠시(Hamilton and Viscusi) 교수의 연구에서도 소수자 비율이 높은 지역사회의 수퍼펀드 정화가 덜 엄격하게 이루어졌음이 확인되었다.[158]

미국 원주민들의 경우, 연방정부와 광산 및 석유 회사들이 원주민 영토에서의 핵실험과 자원 개발 활동으로 인한 오염에 대한 책임을 지지 않고 있다고 오랫동안 불만을 제기해왔다. 또한 인디언 보건 서비스가 운영했던 수백 개의 노천 쓰레기장이 정화되지 않은 채로 남아있다.[159]

(3) 교정적 정의 활성화 과제

미국 국가환경정의자문위원회(National Environmental Justice Advisory Council)는 소수자와 저소득 지역의 정부 집행력 강화를 위해 여러 정책을 제안했다.[160] 여기에는 이들 지역에 대한 EPA

---

157 Lavelle, Marianne & Marcia Coyle. 1992. Unequal Protection—The Racial Divide in Environmental Law. National Law Journal, Sept. 21, at S1.

158 Hamilton, James T. & W. Kip Viscusi. 1999. Calculating Risks: The Spatial and Political Dimensions of Hazardous Waste Policy 187-88.

159 Suagee, Dean B. 1994. Turtle's War Party: An Indian Allegory on Environmental Justice. Journal of Environmental Law & Litigation 9:461, 473-79.

160 Memorandum from Howard F. Corcoran, Associate General Counsel, EPA, to Jean C. Nelson, General Counsel, EPA (Feb. 25, 1994).

의 표적 집행 강화, 주정부의 소수자 및 저소득 지역 식별과 집행 강화, 부족의 집행 자원 확대, 그리고 지역사회의 법규 준수 모니터링과 환경법 집행 능력 향상이 포함된다. EPA는 1994년 현행 환경법에서도 교정적 정의 문제를 다룰 "광범위한 권한"을 가지고 있다고 판단했다.

하지만 유색인종과 저소득층이 교정적 부정의를 해결하기 위해 활용할 수 있는 법적 구제수단은 제한적이다. 정부기관의 부적절한 집행에 대한 소송은 주권면제(sovereign immunity), 성숙성(ripeness), 또는 기소재량(prosecutorial discretion) 등의 이유로 기각되는 경우가 많다. 시민소송(Citizen Suits)은 가능하지만, 자원, 절차, 실체적 제약으로 인해 그 유용성이 제한된다. 매입(Buyouts) 프로그램도 논란의 여지가 있다. 이는 오염이 아닌 지역사회를 문제로 보고 오랜 공동체를 해체시키는 결과를 낳는다. 대부분의 매입 계약은 주민들에게 유독물질 노출로 인한 피해 배상청구권을 포기하도록 요구하며, 많은 주민들은 제시된 보상금이 이주비용을 충당하기에 충분하지 않다고 불만을 제기한다. 유독성 불법행위(Toxic Torts) 소송 역시 중요한 한계가 있다. 입증 문제, 다중 원인의 가능성, 열악한 의료 기록, 위험한 직업과 다른 생활방식으로 인한 위험 등으로 인해 저소득 소수자들이 중산층 배심원들에게 환경적 피해를 입증하기가 더 어렵다.[161] 이러한 문제들의 해결을 위해서는 다음과 같은 접근이 필요하다:

- 환경법 집행의 형평성 보장을 위한 제도적 장치 마련
- 피해 지역사회에 대한 실질적이고 공정한 보상 체계 구축
- 환경 피해의 예방과 복원을 위한 효과적인 법적 메커니즘 개발
- 지역사회의 환경감시 및 법적 대응 능력 강화

신텍(Shintech) 사례가 보여주듯이,[162] 지역 주민들이 교정적 정의를 보장받지 못한다면, 정부 관료들과 규제 대상 기업들은 지역사회가 그들의 건강과 복지를 위협하는 시설들을 환영할 것이라 기대할 수 없다.

161 Kanner, supra note 181, at 620.

162 Gray, Chris. 1998. Contamination Was Kept Quiet, Opponents Say. Times-Picayune (New Orleans, La.), Feb. 19, at A-9.

3. 환경정의의 개념적 한계와 대안적 논의

앞서 살펴본 바와 같이, 환경정의는 분배적 정의, 절차적 정의, 교정적 정의를 중심으로 논의되어 왔다. 각각의 정의 개념들은 환경정의를 실현하기 위한 중요한 이론적 토대를 제공하였으나, 동시에 현실적 적용에 있어 한계를 보여주었다. 이 한계를 극복하기 위해 새로운 환경정의 개념들이 제시되었으며, 이는 환경정의에 대한 우리의 이해를 보다 풍부하게 하는 데 기여하였다.

분배적 정의는 환경 혜택과 부담의 공평한 할당을 추구하지만, 환경자원이 가진 공간적·물리적 특성으로 인해 완전한 공평 분배가 어렵다는 근본적인 한계를 지닌다. 환경 위험이나 혜택은 특정 지역에 고착되는 경향이 있어, 이미 불공평하게 분배된 환경자원을 재분배하는 것은 현실적으로 거의 불가능하다.

절차적 정의의 경우, 의사결정 과정에서의 참여와 정보 접근성을 강조하지만, 이 역시 현실적인 제약이 따른다. 형식적인 참여 기회가 주어진다 하더라도 실질적인 참여가 보장되지 않는 경우가 많으며, 참여 주체들 간의 역량 차이로 인해 진정한 의미의 절차적 정의 실현이 어려울 수 있다. 정보 접근성 측면에서도 계층 간, 지역 간 격차가 존재하여, 완전한 절차적 정의의 구현은 쉽지 않은 과제로 남아 있다.

이러한 전통적 정의 개념의 한계를 보완하기 위해 여러 대안적 정의 개념들이 등장하였다. 예를 들어, 생산적 정의는 환경 위험이 애초에 생산되지 않도록 생산 결정 단계에서부터의 참여를 강조한다. 이는 사후적 대응이 아닌 사전예방적 접근을 통해 환경정의를 실현하고자 하는 시도라고 할 수 있다. 인정적 정의는 환경 문제와 관련된 다양한 이해관계자들의 권리와 요구를 인정하고, 이들을 의사결정 과정에 포함시키는 것을 강조한다. 이는 기존의 정의 개념들이 간과할 수 있는 다양한 관점과 이해관계를 포괄하려는 시도로 볼 수 있다.

그러나 이러한 새로운 정의 개념들 역시 여러 가지 한계를 가지고 있다. 가장 큰 문제는 정책적 실행가능성이 높지 않다는 점이다. 기존의 분배적 정의와 절차적 정의, 교정적 정의는 상대적으로 개념을 조작적으로 정의하고 측정하는 것이 용이한 반면, 생산적 정의 등은 개념 자체의 불명료성으로 인해 이를 구체적인 정책으로 전환하는 데 어려움이 따른다. 특히 이러한 개념들을 평가 지표로 발전시키는 것은 더욱 큰 도전과제가 될 수 있다.

또한 새로운 정의 개념들은 서로 중복되는 부분이 많고, 경계가 모호한 경우가 많다. 이는 정책 수립과 실행 과정에서 혼란을 야기할 수 있다. 인정적 정의의 경우에는 너무 많은 주체가 관련되어 환경정의의 목적이 불명확해질 수 있다는 지적도 있다(Rechtschaffen and Gauna, 2002). 이처럼 새로운 정의 개념들은 이론적 비판으로서는 의미가 있으나, 실제 정책으로 구현하고 평가하는 데는 상당한 어려움이 따를 수 있다.

각각의 환경정의 개념들은 서로 다른 강점과 한계를 가지고 있으며, 이들은 상호보완적인 관계에 있다고 할 수 있다. 따라서 환경정의의 실현을 위해서는 이러한 다양한 정의 개념들을 통합적으로 고려하면서, 동시에 각각의 한계를 인식하고 이를 극복하기 위한 노력이 필요할 것이다.

<표 7> 환경정의 구성 요소들의 발생 영역과 개념적 한계

구분	요지	한계
분배적 정의	사회 구성원 간의 편익(benefit)과 부담(burden)을 도덕적으로 정당하게 할당하는 것을 다룸. 초점은 분배의 결과에 있음 • 환경 분야는 경제와 달리 환경위험의 재분배가 불가능하며 의미가 없음. 환경위험으로부터의 보호가 궁극적 목적 • 불평등이 얼마나, 누구에게 나타나는가에 초점. 인종주의(한국의 경우 저소득층)에 대한 획일적 이해라고 비판됨	• 결과의 재분배만으로는 환경정의를 이뤄내지 못함(Lake, 1996). • 그러나 편익에 대한 공정한 배분은 여전히 필요 • 환경위험으로부터의 보호는 절차적 과정에서 담보되어야 하나, 분배적 정의는 결과에만 초점을 둠
절차적 정의	이해당사자의 의사결정 참여와 정보접근성을 다룸 • 충분한 정보와 숙의를 바탕으로 두지 않는 참여 • 환경적 위해를 의사 편익(예, 고용 약속)으로 교환하는 형태의 참여 • 자기 결정이 이루어지는 시점별 참여	• 진정한 의미에서 보호받을 권리가 행사되지 않음을 의미 • 그렇다면 절차가 공정하다는 이유만으로, 환경적 피해를 경제적 보상과 맞바꾸는 것이 정당화될 수 있는가?
교정적 정의	환경자원의 이용으로부터 얻는 이익과 환경피해 간에 형평성의 원칙을 적용 • 가해자가 피해자에게 환경적 불이익을 입힌 만큼 구제 • 이미 불평등한 피해 또는 이익이 발생하였을 때 이를 사후적으로 바로잡는 것을 의미함	• 일부 환경피해는 복구나 원상회복이 불가능한 경우가 많음(비가역성) • 사후적 접근이라는 점에서 근본적인 환경문제 해결에는 한계가 있음

사회적 정의	• 공평을 보장할 수 있는 공정한 규칙과 절차를 토대로 분배와 절차를 통합적으로 다룸 • 환경 문제를 사회 정의의 큰 틀에서 접근하며, 이를 위한 정책적 수단과 제도적 장치의 필요성 강조	• 공평을 강조하고 보장함에 따라 중요한 요소임에도 공정한 규칙과 절차의 구체적 기준 설정이 어려움 • 정책적 실행과정에서 분배적 정의와 절차적 정의의 구분이 모호해질 수 있음
생산적 정의	위험이 생산되는 과정을 통제할 수 있는 절차의 강화가 요구됨 • 환경문제 발생의 근원을 생산 관계에서 찾아야 한다는 점에서 이론적 토대를 제공 • 어느 누구도 피해를 입지 않도록 위험 자체가 생산되지 않게 예방에 초점을 맞춘다는 점에서 실질적 의미를 지님	• 생산적 정의는 절차적 정의 내에서 생산 과정에 대한 실질적 참여가 보장되지 않으면 실현되기 어렵다는 한계를 지님. 즉, 독립적으로 작동하기보다 분배적 정의와 절차적 정의의 뒷받침 없이는 그 실효성이 제한 됨
실질적 정의	모든 사람들이 환경위험으로 보호될 수가 있도록 환경 질이 적절하게 유지되도록 환경 부담을 야기하는 행위가 발생하지 않도록 하는 데 초점 • 환경문제 발생을 사전에 억제 (생산적 정의) • 절차를 통한 결과의 도출 강조 절차의 실질화	• 완벽한 사전 예방이 현실적으로 불가능함 • 경제발전과의 균형 문제 발생(과도한 규제가 될 수 있음)
인정적 정의 (생태적 정의, 승인적 정의)	인간과 다른 생태계 간의 관계를 다룸 • 권리 주체에 대한 확장에 기반함 - 인종주의 - 계급 - 여성주의 - 환경윤리학 (세대 간, 종 간) - 환경제국주의 (지역 간, 국가 간) • 기후정의로 가느냐의 차이는 문제의 범주를 인간으로 볼 것이냐 생태계로 볼것이냐.	• 환경정의의 목적을 분명하게 기술하기에는 지나치게 광범위함(Nynke van Uffelen, 2022) - 모든 행위자를 적절하게 인정하는 것으로 귀결 - 다른 정의 원칙으로 축소될 수 없다 • 너무 많은 주체는 환경정의의 목적을 혼란스럽게 할 수 있음 (Rechtschaffen and Gauna, 2002)

출처 : 저작 작성

4. 환경불평등과 사회정의

1) 사회정의와 환경불평등

사회정의와 환경의 상호 연결성에 대한 인식이 높아지고 있다. 환경의 질은 인간 평등의 문제와 불가분의 관계에 있으며 환경파괴가 일어나고 있다는 것은 넓은 의미에서 사회정의, 형평성, 권리 및 사람들의 삶의 질에 관한 문제에 있다는 것을 의미한다. 어떤 사람에게 환경은 번영, 건강, 웰빙의 '좋은 삶'을 사는데 본질적인 부분이지만, 다른 사람들에게 환경은 위협과 위험이 원천이며, 에너지, 물, 녹지와 같은 자원에 대한 접근이 동등하지 않다. 사회구성원이 환경 자원을 소비하는 방식과 환경적 의사결정에 영향을 미치는 힘도 평등하지 않다. 이러한 환경 불평등은 사회적, 경제적, 인종적 소수자 그룹이 환경오염이나 환경위험에 더 많이 노출되고, 깨끗한 공기, 물, 녹지와 같은 환경적 혜택을 적게 누리는 상황을 의미한다.

지난 수십 년 동안 환경불평등은 사회정의를 위한 활동에서 중요한 측면이 되어왔으며, 이를 잘 포착하는 용어가 환경정의이다. 환경정의는 모든 사람이 건강한 환경에 대한 권리를 가지며, 가난한 집단이 환경 정책에 의한 불균형적인 부담을 지어서는 안 된다는 생각에서 등장한 개념이다. 환경정의는 "사회정의 운동과 환경주의의 결합"으로 설명되어 왔으며 사회적, 인종적, 경제적 정의를 강조하는 더 광범위한 의제에 환경문제를 통합한다.[163] 환경정의의 이러한 측면을 "사회적 형평성 즉 환경적 의사결정에서 사회학적 요인(인종, 민족성, 계급, 문화, 라이프 스타일, 정치적 권력 등)의 역할에 대한 평가"가로 부른다.[164] 일반적으로 사회정의의 기본 철학은 다양한 개인과 집단 간의 편익과 부담을 분배하는 분배적 정의 개념에 기반하여 공정성과 불편부당성에 초점을 맞추지만 분배 정의 문제에만 초점을 맞추면 환경문제를 일으키는 사회구조와 요인을 찾는 것이 소홀해진다.[165] 사회정의 관점은 환경정의를 인종적, 사회적, 경제적 정의와

---

163 R.D. Bullard, D.A. Alston, and Panos Institute, *We Speak for Ourselves: Social Justice, Race, and Environment* (Panos Institute, 1990).

164 Robert D Bullard, "Unequal Environmental Protection: Incorporating Environmental Justice in Decision Making," in *Worst Things First* (Routledge, 2014).

165 Sheila Foster, "Justice from the Ground Up: Distributive Inequities, Grassroots Resistance, and the Transformative Politics of the Environmental Justice Movement," *California Law Review* 86 (1998).

같은 더 큰 문제의 일부로 제시하며 정치, 인종, 계급이 지역의 삶의 질에 미치는 영향을 설명하는데 도움이 된다.[166] 이러한 더 넓은 사회적 관점은 전통적인 환경주의와 그 보다 좁은 자연보호와 환경규제의 기술적 측면에 국한적으로 초점을 맞추는 것과는 대조된다.[167]

사회정의에 대한 환경정의의 초점은 현실을 반영한다. 예를 들어 열악한 지역사회에서 유해 폐기물 소각장이 들어서고, 보도나 가로등이 없고, 일자리가 없어서 삶의 질이 고통 받고 있는 이유는 서로 분리되지 않으며, 정치적, 경제적, 인종적 원인이 서로 연관되어 있을 가능성이 있다. 그러나 때때로 너무 단일 쟁점에 집중하여 다양한 사회정의 문제들이 어떻게 상호 연관되어 있는지 보지 못할 수 있다. 그러나 환경정의 운동은 인종적 불의의 표현이 다른 것과 어떻게 관련되어 있는지를 인식한다.

환경불평등에 대한 사회정의의 영향은 두 가지 방향으로 작용 할 수 있다. 지역사회에 대한 환경적 위협을 초래하는 근본적인 인종적, 경제적, 정치적 요인들이 해당 지역이 부적절한 주거, 취업 기회의 부족, 열악한 학교 등과 같은 다른 문제들로 고통 받는 주요 이유일 가능성이 크다. 반면 지역 주민들의 건강과 복지를 위협하고 직접적인 경제적 이익을 거의 제공하지 않는 바람직하지 않은 토지 사용의 존재는 삶의 질, 개발 잠재력 및 지역 사회의 태도에 부정적인 영향을 미치며, 이는 추가적인 사회적 및 경제적 악화를 초래할 수 있다.[168]

미국에서 조차 정부관리들은 환경정의의 사회정의적 측면을 수용하는데 주저하는 경우가 많다. 그러나 미국 대통령의 행정명령은 각 연방 기관이 기관의 환경정의 활동의 경제적, 사회적 영향을 고려하도록 지시함으로써 사회정의의 중요성을 인정하고 있으며, 행정 명령에 첨부된 각서에서는 연방 조치가 소수 민족 및 저소득층에 사회에 미치는 환경적 영향뿐만 아니라 경제적, 사회적 영향에 대한 분석을 요구한다.[169]

환경정의의 원칙은 사회정의의 이상에 기반을 두고 있다. 이는 환경적으로 안전한 생계를 발전시키는데 기여하는 경제적 대안을 요구하며, 정치적, 경제적, 문화적 해방, 모든 사람들에 대한 상호 존중과 정의를 기반으로 한 정책, 어떠한 형태의 차별도 배제한 정책, 도시 및 농촌

166 Robert D. Bullard, "Overcoming Racism in Environmental Decisionmaking," *Environment: Science and Policy for Sustainable Development* 36, no. 4 (1994).

167 Robert D. Bullard, "Overcoming Racism in Environmental Decisionmaking," *Environment: Science and Policy for Sustainable Development* 36, no. 4 (1994).

168 Foster, "Justice from the Ground Up: Distributive Inequities, Grassroots Resistance, and the Transformative Politics of the Environmental Justice Movement."

169 Robert R Kuehn, "A Taxonomy of Environmental Justice," *Envtl. L. Rep. News & Analysis* 30 (2000).

지역의 정화와 재건, 지역사회의 문화적 통합 존중, 그리고 모든 사람에게 사회의 모든 자원에 대한 공정한 접근을 제고하는 것으로 요구한다.[170]

어떤 이들은 환경정의 운동이 사회적, 인종적 원인에 초점을 맞춘다고 비판하며, 그 과정에서 시장이 지역사회의 문제를 일으키는 주된 역할을 간과하고 있다고 주장한다. 이러한 입장에서 유색인종과 저소득층 커뮤니티의 심각한 문제의 진짜 원인은 경제적 기회의 부족이며, 해결책은 인종, 계급 또는 권력에 대한 논의가 아니라 영향을 받는 커뮤니티가 환경적 위험을 초래 할 수 있는 활동으로 인한 경제적 이익을 공유하도록 하는 것이다.[171] 그러나 환경정의 옹호자들은 지역사회의 문제가 종종 다른 사회문제와 상호 연결되어 있고, 경제적 기회의 부족이 큰 원인이라는데 동의하면서도 역사적으로 열악한 지역사회를 보호하거나 이롭게 하는 시장 접근 방식의 실패를 감안할 때 시장기반 해결에 회의적이며, 지역사회의 장기적인 번영 가능성을 위해서는 사회정의 문제를 인정하고 해결해야 한다고 주장한다.[172]

최근 몇 년 동안 인종적 차이와 평등을 둘러싼 담론이 완화된 것처럼 보인다. 그러나 예전과 같은 인종적 차별은 현상적으로 완화된 것처럼 보이지만 더 정교화하고 현대화되었다. 인종 차별은 특정 장소와 맥락에서만 미묘하고 눈에 띄지 않는다. 그러나 환경적 인종차별은 주변 환경, 신체, 건강, 삶에 대한 총체적 통제의 한 형태이며, 인종 차별은 직장, 학교, 주택 시장, 미디어 등에서 여전히 매우 쉽게 드러난다. 사회정의적 맥락에서 환경적 인종차별은 특권 대 불이익에 대한 것이 아니라 인종 차별의 "폭력"에 대한 것이다. 미국에서 인종에 따른 주거 및 직업 분리의 지속적 패턴, 법 집행기관에 의한 인종적 프로파일링과 경찰의 잔혹 행위의 지속적 관행 등 오늘날의 인종차별은 대부분 미묘하고, 불투명하며 은밀한 관행이라고 주장하는 것은 타당치 않다.[173]

대부분의 경우 환경정의를 위한 노력은 지역 주민들의 관심이 광범위한 사회 정의 문제에 집중하게 한다. 이러한 사례는 종종 환경적으로 위험한 프로젝트에 대한 지역사회의 수용을 요구하는 정부 관리와 기업이 실제적인 문제, 아니 도덕적인 문제로 프로젝트가 사회정의에

---

170 First National People of Color Environmental Leadership Summit, "Principles of Environmental Justice," (1991).

171 Kent Jeffreys, "Environmental Racism: A Skeptic's View,". *John's J. Legal Comment*. 9, no. 2 (1993).

172 Eileen Gauna, "Federal Environmental Citizen Provisions: Obstacles and Incentives on the Road to Environmental Justice," *Ecology Law Quarterly* 22, no. 1 (1995).

173 David N Pellow, "Social Inequalities and Environmental Conflict," *Horizontes antropológicos* 12 (2006).

부합하는지 고려해야 하는 것을 의미한다. 예를 들어 제안된 프로젝트의 환경 및 기타 사회적 부담이 지역사회에 부과되는 반면 경제적 이익 및 기타 혜택이 다른 곳으로 흘러가면 지역사회의 반대가 심해지고 성공가능성이 낮아질 것이다.[174] 또한 환경정의 담론은 더 광범위한 사회정의 담론과 일치해야 한다. 환경정의는 일상적인 생활공간, 지역, 도시에서 사회정의를 발전시키는 방법을 보여준다. 환경정의의 요구는 소외된 커뮤니티가 사회적 응집력을 강화하고, 사회와 경제에 더 많이 참여하도록 권한을 부여할 수 있다. 따라서 환경정의 담론은 더 광범위한 사회정의 담론과 결합해야 하며 더 광범위한 정의의 프레임이 필요하다.[175]

2) 환경불평등과 환경정의

환경불평등은 환경정의의 핵심 내용이다. 환경정의 운동은 환경적 인종차별에 대한 학문적 관심뿐만 아니라 시민권 운동에서부터 기후정의를 포함하는 현대적 환경정의 활동에 이르기까지 운동적, 정책적으로 확장되고 있다. 환경적 인종차별과 환경불평등, 환경정의는 때로 비슷하게 사용되지만 의미하는 내용과 그 개념은 많은 차별성을 갖는다. 환경적 인종차별은 정부나 기업의 결정에서 의도적으로 특정지역 사회를 바람직하지 않은 토지 이용으로 표적삼아, 생물학적 특성에 다라 지역사회에 독성 및 유해 폐기물이 불균형하게 노출되는 결과를 초래하는 제도적 규칙, 규정 및 정책을 말한다. 환경적 인종차별은 독성 및 유해 폐기물 노출에 대한 불평등한 보호와 지역사회에 영향을 미치는 결정에서 유색인종을 체계적으로 배제하는 것이다.[176] 환경적 인종차별은 환경적 부정의의 하나로서 유색인종 커뮤니티에 대한 환경위험의 불균형적인 영향에 초점을 맞추는 반면, 환경정의는 잠재적으로 생명을 위협하는 상횡을 개신하거나 빈곤층 빛 유색인종의 전반적인 삶의 질을 개선하는데 초점을 맞춘다.[177]

환경불평등은 사회적 불평등(사회에서 권력과 자원의 불평등 분배)과 환경적 부담에 초점을 맞추고 보다 더 구조적인 문제를 다루며 환경의 질과 사회적 계층 간의 교차점에서 더 광범위한 차원

---

174 Charles J McDermott, "Balancing the Scales of Environmental Justice," *Fordham Urb.* LJ 21 (1993).

175 A. E. Buijs et al., "Advancing Environmental Justice in Cities through the Mosaic Governance of Nature-Based Solutions," *Cities* 147 (2024).

176 Bunyan Bryant, "Environmental Justice: Issues, Policies, and Solutions," (1995).

177 Bunyan Bryant, "Environmental Justice: Issues, Policies, and Solutions," (1995).

에 초점을 맞춘다. 환경불평등은 환경적 인종차별과 달리 특정 사회집단에 부담을 주는 모든 형태의 환경적 위험을 포함한다. 환경불평등은 환경적 인종차별보다 더 포괄적이며 환경정의 내용을 이루는 구체적인 모습이다.

환경불평등에 대한 대부분의 문헌은 불평등한 결과의 존재에 초점을 맞추고 있다.[178] 펠로우(Pellow)는 기존 환경 불평등 문헌이 결과의 존재를 보여주면서도 그 이면에 있는 메커니즘, 즉 환경 불평등이 어떻게 발생하고, 어떻게 나타나는지에 대한 답을 주지 못한다고 주장하면서 환경불평등이 어떻게 형성되고 나타날 수 있는지를 이해하기 위한 환경불평등 형성(Environmental Inequality Formation, EIF) 관점을 제시한다.[179] EIF 관점은 환경 불평등을 하나의 과정으로 정의 할 것을 강조하며 사회역사적 과정의 중요성, 다중 이해관계자의 관계 및 역할, 위험의 생산과 소비에 대한 생애 주기 접근 방식의 3개 요소간의 연관성을 통해 형성된다고 강조한다. 환경불평등을 이러한 3개 요소의 연관성속에서 형성되는 과정으로 재개념화하면 환경불평등이 무엇이고 어디에서 나타나는지에 대한 사고방식 또한 달라진다.[180]

EIF 관점에서 '사회역사적 과정의 중요성'은 환경적 불평등이 위험과 사람 모두가 공간적 위치와 가시성을 바꾸면서 시간이 지남에 따라 지속적으로 진화함을 설명한다. 즉 시공간이 변하면 '위험'자체도 전환되고, 이해관계자의 협력과 역할의 관계도 바뀐다는 주장이다. 예를 들어 시카고 환경운동의 역사에서 인간 건강에 대한 위험 때문에 소각장을 폐쇄하는데 중요한 역할을 했던 환경론자들이 1970년대에 소각장의 폐기물-에너지 잠재력을 지지했던 사람들과 같은 사람들이었다. 그러나 나중에 유색인종 커뮤니티와 노동계층 주민들이 산업에 맞서 싸우기 시작하면서 환경론자들도 소각에 대한 지지를 철회하였다. 이러한 모습은 사회적으로 구성된 위험 이전 및 소각에 대한 지지의 이전을 수반하는 사회역사적 과정으로서 환경 불평등을 이해 할 수 있다. 또한 많은 학자들이 암묵적으로 환경불평등을 현대적 문제로 보지만 고대 로마, 그리스, 이집트, 그리고 이후 중세 유럽에서 원치 않는 하수와 도시 폐기물은 종종 근로 빈곤층, 소수 민족 또는 정치적으로 권한이 없는 집단이 거주하는 지역에 집중되었다.

---

178 Adam S. Weinberg, "The Environmental Justice Debate: A Commentary on Methodological Issues and Practical Concerns," *Sociological Forum* 13, no. 1 (1998).

179 David N Pellow, "Environmental Inequality Formation: Toward a Theory of Environmental Injustice," *American behavioral scientist* 43, no. 4 (2000).

180 David N Pellow, "Environmental Inequality Formation: Toward a Theory of Environmental Injustice," *American behavioral scientist* 43, no. 4 (2000).

마찬가지로 환경불평등은 2차 세계 대전 이후의 독성 폐기물 생산으로 시작된 것이 아니며, 일상적이고 대중적인 환경불평등에 대한 저항 또한 1970년대와 1980년대의 반독성 및 환경정의 운동에서 시작된 것이 아니다. 환경 불평등이 존재해오고 있는 한 그에 대한 저항도 있었으며, 이는 또한 환경 불평등을 형성해 왔다.

EIF 관점에서 다중 이해관계자의 관계 및 역할은 기존 환경불평등의 이원적 모델, 즉 가해자-피해자 시나리오를 넘어 환경불평등은 많은 행위자, 기관, 조직 등 이해관계자를 포함하고 영향을 미친다는 것을 설명한다. 예를 들어 고전적인 가해자-피해자 시나리오는 기업 오염자가 이를 막을 힘이 거의 없는 지역사회에 오염을 유발하는 것이다. 그러나 다중 이해관계자 관점에서 환경불평등은 항상 한쪽의 이해관계자가 다른 한쪽의 이해관계자에게 일방적으로 강요하는 것이 아니다. 오히려 모든 형태의 불평등과 마찬가지로 환경불평등은 많은 이해관계자간의 협상과 갈등을 포함하는 지속적인 변화 과정을 통해 나타난다. EIF 관점에서 잠재적 피해자들은 환경불평등에 저항하고 환경불평등을 형성하는 능동적인 주체가 되며, 다중 이해관계자들은 완전한 복잡성 속에 있는 모델이다.[181]

EIF 관점에서 생애 주기 분석 접근 방식은 생산과 소비의 전체 비용과 혜택(생태계)을 고려하는 것으로 중요하다. 지금까지 환경불평등에 대한 연구를 생애 주기 분석에 초점을 맞춘 경우는 거의 없었다. 사람과 생태계는 생산-소비 연속체의 모든 지점에서 영향을 받기 때문에 환경불평등에 대한 생애 주기 분석 접근 방식이 필요하다. 그리고 이는 이미 존재하는 생태적으로 고정된 생애 주기 분석 모델과 달리 생애 주기 분석에 대한 EIF 접근 방식은 생산과 소비의 사회적, 경제적, 생태적 영향을 설명하는 것을 포함한다. 오염이나 문제의 위험을 "요람에서 무덤까지" 추적하기 위해 분석 수준을 확대하여 환경 불평등의 위치를 지역적, 국가적, 글로벌 방법론적 범위로 나아가야 한다. 일반적으로 자연 자원이 추출되고 생산을 통해 상품으로 가공된 다음 유통되고 소비되고 폐기가 되는 다섯 단계 중 연구자들은 다섯 번째 단계인 폐기에만 집중하는 경향이 있다. 그러나 예를 들어 종이, 캔, 병과 같은 소비재를 생산하는 데 사용되는 원자재는 해외의 숲, 광산, 석유 매장지에서 나오고, 이러한 자원은 종종 생태적으로 지속 불가능하고 사회적으로 억압적인 관행을 통해 채굴된다. 또한 폐기물 재활용 공장의

181 David N Pellow, "Environmental Inequality Formation: Toward a Theory of Environmental Injustice," *American behavioral scientist* 43, no. 4 (2000).

노동 조건이 건강하더라도 공장에서 처리되는 이러한 제품의 원산지는 재활용 과정이 아무리 "녹색"이거나 "깨끗하다"고 주장해도 문제가 된다.[182]

환경불평등 형성(Environmental Inequality Formation) 관점은 그 동안 환경불평등 연구에서 무시되어온 세 가지 요점, 첫째, 과정과 역사의 중요성, 둘째, 여러 이해관계자의 역할, 셋째, 생산과 소비에 대한 생애 주기 접근 방식 간의 연관성을 강조한다. 이러한 접근 방식은 사회학적 역학을 포착하여, 환경 인종 차별 및 환경 불평등이 이전에 고려된 것보다 훨씬 더 복잡한 과정에서 발생하고 등장함을 시사한다. 이러한 복잡성은 사회에서 권력의 훨씬 더 깊은 작동 방식을 보여주며, 잠재적 동맹이 될 수 있는 이해관계자들을 분열시키는 메커니즘이 될 수도 있다.

5. 국외 환경정의 제도 및 정책

1) 미국의 환경정의 제도 및 정책

본 절은 미국의 환경정의(Environmental Justice, EJ) 정책 체계를 구성하는 주요 법률, 행정 제도, 그리고 정책적 실행 수단을 분석한다.

(1) 서론

미국의 환경정의 운동은 1970년대 후반부터 시작되어, 인종적 소수자 및 저소득층 지역사회가 환경 오염 및 기후 변화의 위험에 불균형적으로 노출되어 온 구조적 문제를 해결하기 위해 발전해왔다.[183] [184] 이러한 정책적 노력은 1994년 행정명령 (Executive Order, EO) 12898호의 발

182 David N Pellow, "Environmental Inequality Formation: Toward a Theory of Environmental Injustice," *American behavioral scientist* 43, no. 4 (2000).

183 Cole, L. 2024. Taking stock of environmental justice. Nature Communications, 15(1), 2269. Retrieved from https://pmc.ncbi.nlm.nih.gov/articles/PMC10962396/

184 Dunn, E. 2024. At the Intersection of Environmental Justice and Sustainability L. UMKC Law Review,

령을 기점으로 연방 차원의 공식 의제로 채택되었으며, 2021년 Justice40 이니셔티브를 통해 그 범위와 목표가 크게 확장되었다.[185]

그러나 미국의 연방 EJ 정책은 법률(Statutory Law)이 아닌 주로 행정명령(EO)에 기반하여 구축되었기 때문에 내재적으로 구조적 취약성을 안고 있었다.[186] 본 절에서는 이러한 제도적 발전을 추적하고, 특히 2025년 초에 단행된 일련의 행정명령 철회 및 정책 종료 사태가 환경정의 정책의 구조적 취약성을 어떻게 극명하게 드러냈는지 분석하되,[187] [188] 연방 차원의 EJ 정책이 사라진 현 시점에서, 향후 환경 및 민권 집행의 법적 지형 변화와 정책적 함의를 조명한다.

미국에서 환경정의는 모든 사람이 인종, 피부색, 국적, 소득 수준, 장애 여부 등과 관계없이 건강한 환경에서 살 권리를 보장하는 것을 목표로 한다.[189] EJ 운동은 1970년대 주류 환경운동이 주로 자연보존이나 중산층 백인 중심의 환경 문제를 다루면서, 인종과 사회 계층에 따라 불균형적으로 분배되는 환경보건 위험을 간과했다는 비판에서 출발했다.[190] EJ 운동은 민권 운동(Civil Rights Movement)에 그 뿌리를 두고 있으며, 불균형적인 환경 위험의 분배 문제를 중심으로 하여, 환경 정책에서 인간 건강 문제를 전면에 내세웠다.[191] 특히 1990년 미시간 대학 콘퍼런스 이후 학계 및 활동가 그룹의 조언을 통해 미국 환경보호청(EPA)이 환경 인종주의와 불평등 문제를 공식적으로 인정하고 정책화의 길을 모색하게 되었다.[192]

92(1). Retrieved from https://irlaw.umkc.edu/context/lawreview/article/1072/viewcontent/05__At_the_Intersection.pdf

185 The White House. (n.d.). Environmental Justice. Retrieved from https://bidenwhitehouse.archives.gov/environmentaljustice/

186 Dunn, E. 2024. At the Intersection of Environmental Justice and Sustainability L. UMKC Law Review, 92(1). Retrieved from https://irlaw.umkc.edu/context/lawreview/article/1072/viewcontent/05__At_the_Intersection.pdf

187 U.S. Government Accountability Office. 2025. Environmental Justice: Justice40 Initiative Terminated, but Agencies Had Taken Implementation Steps. Retrieved from https://www.gao.gov/products/gao-25-107516

188 Environmental Law Institute. 2025. What's Left for Federal Environmental Justice?. Retrieved from https://www.eli.org/vibrant-environment-blog/whats-left-federal-environmental-justice

189 TRC Companies. 2023. New Executive Order 14096 Broadens Environmental Justice Initiatives. Retrieved from https://www.trccompanies.com/insights/new-executive-order-14096-broadens-environmental-justice-initiatives/

190 Cole, L. 2024. Taking stock of environmental justice. Nature Communications, 15(1), 2269. Retrieved from https://pmc.ncbi.nlm.nih.gov/articles/PMC10962396/

191 Dunn, E. 2024. At the Intersection of Environmental Justice and Sustainability L. UMKC Law Review, 92(1). Retrieved from https://irlaw.umkc.edu/context/lawreview/article/1072/viewcontent/05__At_the_Intersection.pdf

192 University of Michigan School for Environment and Sustainability. (n.d.). History of Environmental

미국의 EJ 정책이 전통적인 환경 법률 대신 행정적 재량(Executive Discretion)이나 민권 법률(Title VI)에 의존해왔다는 사실은 정책의 구조적 취약성을 예견했다.[193] 즉, 환경정의에 관한 포괄적인 연방 법률이 부재했기 때문에, 정책 진전은 대통령의 행정명령이라는 일시적이고 철회 가능한 기반 위에 세워질 수밖에 없었으며, 이는 정권 교체 시 제도적 성과가 즉각적으로 무너질 수 있는 위험을 내포하고 있었다.[194]

(2) 미국 환경정의 제도 및 정책분석

본 절은 미국의 환경정의 정책을 세 가지 주요 범주, 즉 법적 근거, 행정적 이니셔티브, 실행 도구 등로 구분하여 분석하며, 마지막으로 2025년의 제도적 단절 현상을 심층적으로 다룬다.

① 민권법 제6편 (Title VI of the Civil Rights Act of 1964)

가. 개요 및 특징: 연방 재정 지원 기관의 차별 금지 원칙

민권법 제6편(Title VI)은 미국의 환경정의 집행에서 가장 오래되고 중요한 법적 근거 중 하나이다.[195] Title VI는 연방 재정 지원을 받는 수혜 기관(예: 주 정부, 지방 정부, 대학)이 그들의 프로그램이나 활동에서 인종, 피부색 또는 국적에 기반하여 차별하는 것을 금지하는 연방 법률이다.[196] [197] 이는 연방 기관 자체에 직접 적용되는 행정명령과 달리, EPA가 재정을 지원하는 주 정부 기관 등이 청정 대기 집행 활동 등에서 차별 행위를 하지 않도록 보장할 책임이 있음을 의미한다.[198] 이 법은 1964년부터 법적 명령(statutory mandate)이었으며, EPA는 1973년부터

Justice. Retrieved from https://seas.umich.edu/academics/master-science/environmental-justice/history-environmental-justice

193 Dunn, E. 2024. At the Intersection of Environmental Justice and Sustainability L. UMKC Law Review, 92(1). Retrieved from https://irlaw.umkc.edu/context/lawreview/article/1072/viewcontent/05__At_the_Intersection.pdf

194 Environmental Law Institute. 2025. What's Left for Federal Environmental Justice?. Retrieved from https://www.eli.org/vibrant-environment-blog/whats-left-federal-environmental-justice

195 U.S. Environmental Protection Agency. (n.d.). Title VI and Environmental Justice. Retrieved from https://19january2021snapshot.epa.gov/environmentaljustice/title-vi-and-environmental-justice_.html

196 U.S. Environmental Protection Agency. (n.d.). Title VI and Environmental Justice. Retrieved from https://19january2021snapshot.epa.gov/environmentaljustice/title-vi-and-environmental-justice_.html

197 Congressional Research Service. (2025). Title VI of the Civil Rights Act of 1964 and Environmental Justice. Retrieved from(https://www.congress.gov/crs-product/LSB11340)

198 U.S. Environmental Protection Agency. (n.d.). Title VI and Environmental Justice. Retrieved from

Title VI 규정을 시행해왔다.[199]

나. 실행 수단: 의도적 차별과 불균형적 영향 기준

Title VI는 두 가지 유형의 차별 금지를 규정한다. 섹션 601은 "인종, 피부색, 또는 국적을 이유로" 차별을 받는 것을 금지하며, 이는 피해자가 의도적 차별(intentional discrimination)을 입증할 경우에만 소송이 가능하다.[200] 더욱 중요하게, 섹션 602는 연방 기관들이 Title VI 이행을 위한 자체 규정을 제정하도록 요구하며, EPA와 법무부(DOJ)는 이 규정을 통해 불균형적 영향(Disparate Impact) 원칙을 오랫동안 적용해 왔다. EPA의 불균형적 영향 규정은 수혜 기관이 "인종, 피부색, 국적을 이유로 개인에게 차별적 영향을 미치는 방식"으로 프로그램을 운영하거나, 인종 등에 기반하여 "시설의 부지나 위치를 선택하는 목적이나 영향(effect)이 있는" 행위를 금지한다.[201] 환경정의 운동에서 불균형적 영향 기준은 의도성을 입증하기 어려운 환경 허가 및 시설 입지 결정으로 인해 발생하는 구조적, 시스템적 불평등에 대해 이의를 제기할 수 있게 만든 핵심 규제 도구였다.[202] EPA의 외부 민권 준수국(Office of External Civil Rights Compliance, OECRC)는 이러한 민원을 접수하고 조사하며 Title VI를 집행하는 책임을 맡고 있었다.

다. 2025년 논쟁: EO 14281에 의한 기준 무력화

2025년 4월, 행정명령 14281호 ("Restoring Equality of Opportunity and Meritocracy")는 Title VI를 통한 환경정의 집행의 법적 지형에 심각한 변화를 초래했다.[203] 이 명령은 불균형적 영향 책임이 "평등한 기회"가 아닌 "평등한 결과"를 추구함으로써 헌법에 위배된다는 입장을 취하며[32], 불균형적 영향 기준의 사용 및 집행을 가능한 한 최대한으로 제거하려는 정책 목표를 명시했

---

https://19january2021snapshot.epa.gov/environmentaljustice/title-vi-and-environmental-justice_.html

199 U.S. Environmental Protection Agency. (n.d.). Title VI and Environmental Justice. Retrieved from https://19january2021snapshot.epa.gov/environmentaljustice/title-vi-and-environmental-justice_.html

200 Congressional Research Service. (2025). Title VI of the Civil Rights Act of 1964 and Environmental Justice. Retrieved from(https://www.congress.gov/crs-product/LSB11340)

201 Congressional Research Service. 2025. Title VI of the Civil Rights Act of 1964 and Environmental Justice. Retrieved from(https://www.congress.gov/crs-product/LSB11340)

202 Congressional Research Service. 2025. Title VI of the Civil Rights Act of 1964 and Environmental Justice. Retrieved from(https://www.congress.gov/crs-product/LSB11340)

203 Congressional Research Service. (n.d.). Executive Order 14281 impact on environmental justice policy implementation. Retrieved from(https://www.congress.gov/crs_external_products/LSB/HTML/LSB11340.web.html)

다.[204]

EO 14281호는 DOJ의 Title VI 불균형적 영향 규정에 대한 대통령의 승인을 철회했으며, 모든 연방 기관에 법무부 장관과 협력하여 Title VI 규정 중 불균형적 영향 조항을 수정하거나 폐지할 계획을 수립하도록 명령했다.[205] [206] 이는 연방 기관들에게 불균형적 영향 이론에 의존하는 집행 활동을 비우선 순위화 (deprioritize enforcement)하도록 지시하는 것과 같았다.[207] 이 조치로 인해 EJ 문제가 시설 입지 결정이나 누적 오염 노출과 같이 명시적인 인종적 의도 없이 발생하는 경우가 대부분이라는 점을 고려할 때, 구조적 환경 불평등에 대한 사법적 대응 능력을 대폭 약화시키는 결과가 생기게 되었다. 환경정의 문제는 수십 년 동안의 차별적 구역 설정이나 허가 관행의 결과물인 경우가 많았으므로, 위와 같이 불균형적 영향 기준이 사라지게 되면 EJ 분야에서 법적 구제 수단은 입증 난이도가 높은 의도적 차별만을 다루는 섹션 601에만 의존하게 된다.[208] [209] [210]

② 초기 행정 명령: EO 12898호 (1994)

가. 개요 및 연방 기관의 임무 통합 요구

EO 12898호 ("Federal Actions to Address Environmental Justice in Minority Populations and Low-Income Populations")는 1994년에 빌 클린턴 대통령에 의해 발령되었으며, 연방 기관들에게 환경정의 달

---

204 THE WHITE HOUSE. 2025. Executive Order 14281 of April 23, 2025 : Restoring Equality of Opportunity and Meritocracy. (80). Retrieved from https://www.govinfo.gov/content/pkg/FR-2025-04-28/pdf/2025-07378.pdf.

205 Congressional Research Service. (n.d.). Executive Order 14281 impact on environmental justice policy implementation. Retrieved from(https://www.congress.gov/crs_external_products/LSB/HTML/LSB11340.web.html)

206 ENVIRONMENTAL & ENERGY LAW PROGRAM-HARVARD LAW SCHOOL. 2025. DOJ Eliminated Its Disparate Impact Regulations. https://eelp.law.harvard.edu/tracker/rollback-executive-order-directed-agencies-to-eliminate-use-and-enforcement-of-disparate-impact-standard/

207 ENVIRONMENTAL & ENERGY LAW PROGRAM-HARVARD LAW SCHOOL. 2025. DOJ Eliminated Its Disparate Impact Regulations. https://eelp.law.harvard.edu/tracker/rollback-executive-order-directed-agencies-to-eliminate-use-and-enforcement-of-disparate-impact-standard/

208 Congressional Research Service. (2025). Title VI of the Civil Rights Act of 1964 and Environmental Justice. Retrieved from(https://www.congress.gov/crs-product/LSB11340)

209 Executive Order 14281 of April 23, 2025. Restoring Equality of Opportunity and Meritocracy. Federal Register, 90(79). Retrieved from https://www.federalregister.gov/documents/2025/04/28/2025-07378/restoring-equality-of-opportunity-and-meritocracy

210 ENVIRONMENTAL & ENERGY LAW PROGRAM-HARVARD LAW SCHOOL. 2025. DOJ Eliminated Its Disparate Impact Regulations. https://eelp.law.harvard.edu/tracker/rollback-executive-order-directed-agencies-to-eliminate-use-and-enforcement-of-disparate-impact-standard/

성을 "실현 가능한 범위 내에서 그리고 법이 허용하는 범위 내에서" 그들의 임무의 일부로 만들도록 지시한 연방 EJ 정책의 초석이었다.[211] [212] 이 명령은 소수 민족 및 저소득 인구에 대한 불균형적으로 높은 유해한 인체 건강 및 환경 영향을 식별하고 다루는 데 초점을 맞췄다.[213]

나. 실행 수단 및 제도적 구축

EO 12898호는 각 연방 기관이 EJ 이행 전략을 개발하도록 요구했으며, 대중이 공공 정보 및 정책 참여 기회에 접근할 수 있도록 촉진하는 것을 목표로 했다.[214] 또한, EPA 청장이 의장을 맡고 11개 부처 및 기관장으로 구성된 범부처 환경정의 실무 그룹(Interagency Working Group, IWG)을 설립하여 범정부적 협력 체계를 구축했다.[215] [216] EPA는 이 명령에 따라 환경정의국(Office of Environmental Justice, OEJ)을 설립하고, 모든 프로그램, 정책 및 활동에 EJ를 통합하는 노력을 주도했다.[1] 특히, 연방 기관들이 환경정책기본법(NEPA)에 따른 환경영향평가(Environmental Impacet Assessment, EIA) 심의 과정에 EJ 고려 사항을 통합하도록 하는 제도적 기반을 마련하는 데 기여했다.[217]

211 U.S. Environmental Protection Agency. (n.d.). Summary of Executive Order 12898 - Federal Actions to Address Environmental Justice in Minority Populations and Low-Income Populations. Retrieved from https://19january2017snapshot.epa.gov/laws-regulations/summary-executive-order-12898-federal-actions-address-environmental-justice_.html

212 Congressional Research Service. 2025. Environmental Justice Policy in the 119th Congress: An Overview of Recent Changes. Retrieved from https://www.congress.gov/crs-product/IF12922

213 U.S. Environmental Protection Agency. (n.d.). Summary of Executive Order 12898 - Federal Actions to Address Environmental Justice in Minority Populations and Low-Income Populations. Retrieved from https://19january2017snapshot.epa.gov/laws-regulations/summary-executive-order-12898-federal-actions-address-environmental-justice_.html

214 U.S. Environmental Protection Agency. (n.d.). Summary of Executive Order 12898 - Federal Actions to Address Environmental Justice in Minority Populations and Low-Income Populations. Retrieved from https://19january2017snapshot.epa.gov/laws-regulations/summary-executive-order-12898-federal-actions-address-environmental-justice_.html

215 U.S. Environmental Protection Agency. (n.d.). Summary of Executive Order 12898 - Federal Actions to Address Environmental Justice in Minority Populations and Low-Income Populations. Retrieved from https://19january2017snapshot.epa.gov/laws-regulations/summary-executive-order-12898-federal-actions-address-environmental-justice_.html

216 Congressional Research Service. 2025. Environmental Justice Policy in the 119th Congress: An Overview of Recent Changes. Retrieved from https://www.congress.gov/crs-product/IF12922

217 Waymon T. Peer, Emma C. Bunin, and Megan L. Algya. 2025. Executive Orders Lay the Groundwork for Major Changes to Environmental and Natural Resources Law. https://www.venable.com/insights/publications/2025/01/executive-orders-lay-the-groundwork-for-major. [2025]

다. 비판적 평가: 형식적 준수와 실질적 한계

EO 12898호의 역사적 중요성에도 불구하고, 수십 년간의 이행 과정에 대한 실효성에 대해 학술적으로 한계가 있다고 평가되고 있다. 연구에 따르면, EPA를 제외한 대부분의 연방 기관에서 이 명령이 연방 규제 의사결정에 실질적인 영향을 미치지 못했으며, 종종 기관들이 구체적인 분석이나 숙고 없이 단순히 규정 준수를 위한 형식적인 "상용구 수사(boilerplate rhetoric)"에 그치는 경우가 많았다고 비판했다.[218] [219] 이렇게 행정명령을 형식적으로 준수하게 된 이유는 부분적으로 EPA가 EJ 문제를 다룰 통일된 정의, 기준 또는 표준을 제시하지 못했기 때문이라고 분석된다.[220]

<표 8> 미국의 환경정의 핵심 법적/제도적 기반 및 2025년 현황

법/제도	개요	핵심 특징 및 목표	주요 실행 수단	2025년 제도 현황
민권법 제6편 (Title VI)	연방 재정 지원 프로그램의 인종/국적 차별 금지 법적 의무[221]	의도적 차별 금지 (법적); 불균형적 영향 금지 (규제적)[222]	EPA OECRC를 통한 민원 조사 및 집행[223]	법적 의무는 유지되나, 불균형적 영향 기준 집행은 EO 14281에 의해 위축[224] [225]

218 Geltman, E. M., & Gill, J. L. (2016). The impact of Executive Order 12898 on federal regulatory decision making. Public Health Reports, 131(3), 329-335. Retrieved from https://pubmed.ncbi.nlm.nih.gov/27214669/

219 Geltman, E. M., et al. (2016). The Impact of Executive Order 12898 to Advance Environmental Justice. Retrieved from https://academicworks.cuny.edu/cgi/viewcontent.cgi?article=1184&context=sph_pubs

220 Perlez, J., & Revkin, A. C. (2000). Executive Order 12898. Environmental Health Perspectives, 108(2), 99-103. Retrieved from https://ehp.niehs.nih.gov/doi/full/10.1289/ehp.9903

221 U.S. Environmental Protection Agency. (n.d.). Title VI and Environmental Justice. Retrieved from https://19january2021snapshot.epa.gov/environmentaljustice/title-vi-and-environmental-justice_.html

222 Congressional Research Service. (2025). Title VI of the Civil Rights Act of 1964 and Environmental Justice. Retrieved from(https://www.congress.gov/crs-product/LSB11340)

223 U.S. Environmental Protection Agency. (n.d.). Federal Civil Rights Laws, Including Title VI. Retrieved from https://www.epa.gov/external-civil-rights/federal-civil-rights-laws-including-title-vi-and-epas-non-discrimination

224 Congressional Research Service. (n.d.). Executive Order 14281 impact on environmental justice policy implementation. Retrieved from(https://www.congress.gov/crs_external_products/LSB/HTML/LSB11340.web.html)

225 ENVIRONMENTAL & ENERGY LAW PROGRAM-HARVARD LAW SCHOOL. 2025. DOJ Eliminated Its Disparate Impact Regulations. https://eelp.law.harvard.edu/tracker/rollback-executive-order-directed-agencies-to-eliminate-use-and-enforcement-of-disparate-impact-standard/

법/제도	개요	핵심 특징 및 목표	주요 실행 수단	2025년 제도 현황
EO 12898 (1994)	연방 기관의 EJ 고려 의무화 (소수 및 저소득층 대상)[226]	EJ를 기관 임무로 통합; 범부처 실무 그룹(IWG) 설립[227][228]	기관별 EJ 전략 계획 수립; NEPA 검토 지침 제공[229][230]	2025년 1월 행정명령에 의해 철회됨[231]

출처: 저자 재작성

③ **범정부적 정책 이니셔티브: Justice40 및 정책 심화 (2021-2024)**

가. EO 14008호와 Justice40 이니셔티브의 출범 (2021)

EO 14008호(국내외 기후위기 대응(Tackling the Climate Crisis at Home and Abroad)는 2021년 1월에 서명되었으며, 바이든 행정부가 취임 초기에 추진한 가장 야심찬 환경정의 의제인 Justice40 이니셔티브를 출범시켰다.[232][233]

나. 목표 및 거버넌스 구조

Justice40 이니셔티브의 핵심목표는 특정 연방 투자의 혜택 중 최소 40%가 불균형적인 영

226 U.S. Environmental Protection Agency. (n.d.). Summary of Executive Order 12898 - Federal Actions to Address Environmental Justice in Minority Populations and Low-Income Populations. Retrieved from https://19january2017snapshot.epa.gov/laws-regulations/summary-executive-order-12898-federal-actions-address-environmental-justice_.html

227 U.S. Environmental Protection Agency. (n.d.). Summary of Executive Order 12898 - Federal Actions to Address Environmental Justice in Minority Populations and Low-Income Populations. Retrieved from https://19january2017snapshot.epa.gov/laws-regulations/summary-executive-order-12898-federal-actions-address-environmental-justice_.html

228 Congressional Research Service. (2025). Environmental Justice Policy in the 119th Congress: An Overview of Recent Changes. Retrieved from https://www.congress.gov/crs-product/IF12922

229 James M. McElfish, Jr. 2025. What's left of federal environmental justice? Environmental Law Institute(ELI). https://www.eli.org/vibrant-environment-blog/whats-left-federal-environmental-justice

230 Waymon T. Peer, Emma C. Bunin, and Megan L. Algya. 2025. Executive Orders Lay the Groundwork for Major Changes to Environmental and Natural Resources Law. https://www.venable.com/insights/publications/2025/01/executive-orders-lay-the-groundwork-for-major. [2025]

231 James M. McElfish, Jr. 2025. What's left of federal environmental justice? Environmental Law Institute(ELI). https://www.eli.org/vibrant-environment-blog/whats-left-federal-environmental-justice

232 The White House. (n.d.). Environmental Justice. Retrieved from https://bidenwhitehouse.archives.gov/environmentaljustice/

233 Congressional Research Service. (2025). Environmental Justice Policy in the 119th Congress: An Overview of Recent Changes. Retrieved from https://www.congress.gov/crs-product/IF12922

향을 받는 취약 지역(Disadvantaged Communities, DACs)에 돌아가도록 의무화하는 것이다.[234][235] 이 Justice40 이니셔티브는 환경정의를 기후 위기 대응의 중심에 두었으며, 이를 통해 인종, 환경, 경제적 불평등을 해결하려 했다.[236] Justice40은 단일 기금 조성이 아닌, 연방 정부 전체(whole-of-government) 차원에서 기존 및 신규 프로그램의 편익 분배 방식을 개선하는 일련의 변화였다.[237] 이 이니셔티브는 미국 백악관의 환경품질위원회(Council on Environmental Quality, CEQ), 예산관리국(Office of Management and Budget, OMB), 그리고 백악관 환경정의 범부처 위원회(White House Environmental Justice Interagency Council, IAC)가 공동으로 주도하는 삼두체제로 운영되었다.[238][239]

다. 대상 투자 분야 및 프로그램 구성

연방정부는 Justice40의 대상이 되는 프로그램(Covered Program)이 투자할 때 다음 7대 핵심 분야 중 하나 이상에 걸쳐 취약 지역에 혜택을 줄 수 있도록 했다.[240][241]

기후 변화 (Climate change)

청정 에너지 및 에너지 효율성 (Clean energy and energy efficiency)

청정 교통 (Clean transit)

저렴하고 지속 가능한 주택 (Affordable and sustainable housing)

훈련 및 인력 개발 (Training and workforce development)

---

234 Climate Program Portal. (n.d.). Justice40 Initiative Overview. Retrieved from(https://climateprogramportal.org/wp-content/uploads/2025/02/P_SDI4.pdf)

235 The White House. (n.d.). Justice40 Initiative Covered Investments. Retrieved from https://bidenwhitehouse.archives.gov/environmentaljustice/justice40/

236 The White House. (n.d.). Environmental Justice. Retrieved from https://bidenwhitehouse.archives.gov/environmentaljustice/

237 The White House. (n.d.). Justice40 Initiative Covered Investments. Retrieved from https://bidenwhitehouse.archives.gov/environmentaljustice/justice40/

238 Climate Program Portal. (n.d.). Justice40 Initiative Overview. Retrieved from(https://climateprogramportal.org/wp-content/uploads/2025/02/P_SDI4.pdf)

239 Resources for the Future. (2024). Implementation of Justice40: Challenges, Opportunities, and a Status Update. Retrieved from https://www.rff.org/publications/reports/implementation-of-justice40-challenges-opportunities-and-a-status-update/

240 Delaware Department of Natural Resources and Environmental Control. (n.d.). What is Justice40?. Retrieved from https://dnrec.delaware.gov/climate-coastal-energy/energy-office/justice40/

241 The White House. (n.d.). Justice40 Initiative Covered Investments. Retrieved from https://bidenwhitehouse.archives.gov/environmentaljustice/justice40/

전통적 오염 정화 및 감소 (Remediation and reduction of legacy pollution)

핵심 청정수 및 폐수 인프라 개발 (Critical clean water and wastewater infrastructure)

EPA는 이 이니셔티브의 초기 단계에서 국가 음용수 순환기금 (Drinking Water State Revolving Fund), 슈퍼펀드 (Superfund), 브라운필드 (Brownfields) 등 6개 프로그램을 시범 프로그램으로 지정했다.[3] 이후 초당적 인프라 법(BIL)과 인플레이션 감축법(IRA)을 통해 자금을 지원받는 수많은 프로그램들이 Justice40 적용 대상으로 확대되었다.[242] [243] [244]

④ EO 14096호에 의한 EJ 정책 심화 (2023)

2023년 4월에 서명된 EO 14096호 (모든 사람을 위한 국가의 환경정의 실현 의지 재확립(Revitalizing Our Nation's Commitment to Environmental Justice for All)는 기존의 EO 12898호와 EO 14008호의 노력을 기반으로 EJ 정책의 범위와 깊이를 더욱 확장하는 데 중점을 두었다.[245] [246]

가. 국가의 EJ 의무 강화 및 책임성 증대

이 행정명령으로 인해 모든 연방 기관은 환경정의 달성을 그 임무의 핵심적인 부분으로 명확하게 통합할 의무가 생겼다.[247] 또한 연방 기관들은 EJ 전략 계획을 개발하고 정기적으로 업데이트하며,[248] 그 진행 상황을 CEQ와 대중에게 '환경정의 성적표 (Environmental Justice Scorecard)'를 통해 의무적으로 공개함으로써 강화된 국가의 책임(accountability)을 다하게 되었다.[249]

---

242 Climate Program Portal. (n.d.). Justice40 Initiative Overview. Retrieved from(https://climateprogramportal.org/wp-content/uploads/2025/02/P_SDI4.pdf)

243 The White House. 2023. Justice40 Initiative Covered Programs List v2.0. Retrieved from https://bidenwhitehouse.archives.gov/wp-content/uploads/2023/11/Justice40-Initiative-Covered-Programs-List_v2.0_11.23_FINAL.pdf

244 U.S. Department of Agriculture. (n.d.). USDA Justice40 Programs. Retrieved from https://www.usda.gov/sites/default/files/documents/usda-justice-40-programs.pdf

245 The White House. (n.d.). Environmental Justice. Retrieved from https://bidenwhitehouse.archives.gov/environmentaljustice/

246 Equitable and Just National Climate Platform. (n.d.). EO 14096 Factsheet. Retrieved from(https://ajustclimate.org/pdfs/RM_EJNCP+-+EO+14096+Factsheet_V2.pdf)

247 TRC Companies. (2023). New Executive Order 14096 Broadens Environmental Justice Initiatives. Retrieved from https://www.trccompanies.com/insights/new-executive-order-14096-broadens-environmental-justice-initiatives/

248 Equitable and Just National Climate Platform. (n.d.). EO 14096 Factsheet. Retrieved from(https://ajustclimate.org/pdfs/RM_EJNCP+-+EO+14096+Factsheet_V2.pdf)

249 Equitable and Just National Climate Platform. (n.d.). EO 14096 Factsheet. Retrieved from(https://

나. 취약 지역 정의의 확장 및 포괄성

EO 14096호 행정 명령으로 인해 EJ 우려 지역의 개념 정의에 저소득층이나 소수 민족 지역은 물론 다음과 같은 새로운 범주가 포함되고 확장되었다. 즉, 역사적 인종 차별 및 분리, 레드라이닝(지역적 차별), 배제적 구역 설정 등 차별적으로 토지 이용을 결정함으로써 피해를 받는 지역이 '우려지역'의 범주에 명시적으로 새롭게 포함되었다.[250] 또한, 위 행정명령은 EJ를 정의할 때 "장애(disability)"를 포함하도록 요구함으로써, EPA도 EJScreen의 인구통계 지수에 장애인을 포함하였다.[251][252] 이렇게 지역 범주와 계층을 확장함으써 미국 정부의 EJ 정책이 과거의 구조적 부정의를 명시적으로 다루려는 의지를 보여주었다.

⑤ Justice40 실행 요건 및 프로그램의 제도적 성과

Justice40 프로그램의 효과적인 이행을 위한 핵심 요건은 지역사회 이해관계자들의 의미 있는 참여(meaningful engagement)를 보장하는 것이다. 따라서 미국 연방정부는 지침을 통해 DACs 구성원들이 프로그램 혜택을 결정하는 과정에 의견을 제시할 기회를 갖도록 연방 기관들에게 요구했으며, 프로그램의 혜택이 DACs에 배정되는지 여부를 보여주는 데이터를 의무적으로 보고하게 했다.[253] 따라서 여러 연방 기관(농무부, 에너지부, 육군 공병단 등)들은 홍수 및 폭풍 피해 감소 프로그램, 기후위기 관련 교육, 청정에너지 기술 연구 개발 등 다양한 영역에서 Justice40 목표를 통합하기 위해 노력했다.[254][255] Justice40은 의회에서 승인된 대규모 예산(BIL,

ajustclimate.org/pdfs/RM_EJNCP+-+EO+14096+Factsheet_V2.pdf)

250 TRC Companies. 2023. New Executive Order 14096 Broadens Environmental Justice Initiatives. Retrieved from https://www.trccompanies.com/insights/new-executive-order-14096-broadens-environmental-justice-initiatives/

251 U.S. Environmental Protection Agency. 2024. Environmental Justice Strategic Plan (December 2024 Update). Retrieved from https://www.epa.gov/system/files/documents/2024-12/environmental-justice-strategic-plan-december-2024.pdf

252 TRC Companies. 2023. New Executive Order 14096 Broadens Environmental Justice Initiatives. Retrieved from https://www.trccompanies.com/insights/new-executive-order-14096-broadens-environmental-justice-initiatives/

253 The White House. (n.d.). Justice40 Initiative Covered Investments. Retrieved from https://bidenwhitehouse.archives.gov/environmentaljustice/justice40/

254 The White House. 2023. Justice40 Initiative Covered Programs List v2.0. Retrieved from https://bidenwhitehouse.archives.gov/wp-content/uploads/2023/11/Justice40-Initiative-Covered-Programs-List_v2.0_11.23_FINAL.pdf

255 U.S. Department of Agriculture. (n.d.). USDA Justice40 Programs. Retrieved from https://www.usda.gov/sites/default/files/documents/usda-justice-40-programs.pdf

IRA)에 EJ 목표를 결부시켰다는 점에서 정책적인 혁신이었다.[256 257] 이처럼 전례 없는 수준의 재정 자원이 투입되었으나, Justice40 이니셔티브 자체의 목표와 의무는 행정명령이라는 비법률적 기반에 의존하고 있었다. 이러한 구조로 인해 자금 조달 메커니즘(의회 예산)과 형평성 강제 메커니즘(EO 14008) 사이에 분리가 생기게 되었고, 후자가 철회될 경우, 대규모 자금의 흐름은 유지되더라도, 취약지역(DACs)에 대한 국가의 40% 할당 목표와 구체적인 표적화가 상실될 수 있는 위험이 내재되어 있었다.[258]

<표 9> Justice40 프로그램의 주요 실행 수단

법/제도	개요	핵심 특징 및 목표	주요 실행 수단	2025년 제도적 현황
EO 14008 (2021)	Justice40 이니셔티브 설립 및 기후 위기 대응 통합[259]	특정 연방 투자의 최소 40% 혜택을 취약지역(DACs)에 할당[260 261]	CEJST를 통한 DAC 식별; 7대 투자 분야 설정[262 263]	2025년 1월 행정명령에 의해 철회됨 (이니셔티브 공식 종료)[264 265]

256 Climate Program Portal. (n.d.). Justice40 Initiative Overview. Retrieved from(https://climateprogramportal.org/wp-content/uploads/2025/02/P_SDI4.pdf)

257 U.S. Environmental Protection Agency. (2024). Environmental Justice Strategic Plan (December 2024 Update). Retrieved from https://www.epa.gov/system/files/documents/2024-12/environmental-justice-strategic-plan-december-2024.pdf

258 U.S. Government Accountability Office. 2025. Environmental Justice: Justice40 Initiative Terminated, but Agencies Had Taken Implementation Steps. Retrieved from https://www.gao.gov/products/gao-25-107516

259 The White House. (n.d.). Environmental Justice. Retrieved from https://bidenwhitehouse.archives.gov/environmentaljustice/

260 Climate Program Portal. (n.d.). Justice40 Initiative Overview. Retrieved from(https://climateprogramportal.org/wp-content/uploads/2025/02/P_SDI4.pdf)

261 The White House. (n.d.). Justice40 Initiative Covered Investments. Retrieved from https://bidenwhitehouse.archives.gov/environmentaljustice/justice40/

262 Delaware Department of Natural Resources and Environmental Control. (n.d.). What is Justice40?. Retrieved from https://dnrec.delaware.gov/climate-coastal-energy/energy-office/justice40/

263 The White House. (n.d.). Justice40 Initiative Covered Investments. Retrieved from https://bidenwhitehouse.archives.gov/environmentaljustice/justice40/

264 U.S. Government Accountability Office. (2025). Environmental Justice: Justice40 Initiative Terminated, but Agencies Had Taken Implementation Steps. Retrieved from https://www.gao.gov/products/gao-25-107516

265 FedCenter. 2025. Executive Order 14008 Revoked. Retrieved from https://www.fedcenter.gov/Announcements/index.cfm?id=36448&printable=1

법/제도	개요	핵심 특징 및 목표	주요 실행 수단	2025년 제도적 현황
EO 14096 (2023)	전 행정부 차원의 EJ 강화 및 책임성 증대[266]	EJ를 기관의 핵심 임무로 명시; 취약 지역 정의 확장 (장애, 유산적 차별 포함)[267]	EJ 전략 계획 업데이트 의무화; EJ 성적표 공개를 통한 국가 책임 강화[268]	2025년 1월 행정명령에 의해 철회됨[269]

출처: 저자 재작성

(3) 정책 실행 도구 및 기술적 메커니즘

환경정의 목표를 이행하기 위해 연방 기관들은 과학적 데이터와 매핑 기술을 활용하는 정교한 도구를 개발했다. 이러한 도구로 인해 지역사회의 부담과 취약성을 전국적으로 일관성 있게 식별하게 되었다.

① EPA 환경정의 스크리닝 도구 (Environmental Justice Screen, EJScreen)

가. 개요 및 방법론

EJScreen은 EPA가 개발한 환경정의 스크리닝 및 매핑 도구로서, 전국적으로 일관된 데이터와 접근 방식을 활용하여 환경 지표와 인구통계 지표를 결합함으로써, 사용자가 선택한 지리적 영역에 대해 환경 및 인구통계 정보를 제공하고, 환경 부담이 높고 취약 인구가 많은 잠재적인 EJ 우려 지역을 강조하여 표시해준다.[270 271 272]

EJScreen의 방법론은 환경 지표(예: 특정 대기 오염 물질 노출, 교통량 근접성, Superfund 부지 근접성 등)와 인

266 Equitable and Just National Climate Platform. (n.d.). EO 14096 Factsheet. Retrieved from(https://ajustclimate.org/pdfs/RM_EJNCP+-+EO+14096+Factsheet_V2.pdf)

267 TRC Companies. (2023). New Executive Order 14096 Broadens Environmental Justice Initiatives. Retrieved from https://www.trccompanies.com/insights/new-executive-order-14096-broadens-environmental-justice-initiatives/

268 Equitable and Just National Climate Platform. (n.d.). EO 14096 Factsheet. Retrieved from(https://ajustclimate.org/pdfs/RM_EJNCP+-+EO+14096+Factsheet_V2.pdf)

269 Environmental Law Institute. 2025. What's Left for Federal Environmental Justice?. Retrieved from https://www.eli.org/vibrant-environment-blog/whats-left-federal-environmental-justice

270 U.S. Environmental Protection Agency. (n.d.). EJScreen Tool. Retrieved from https://pedp-ejscreen.azurewebsites.net/

271 New Mexico Environment Department. (n.d.). EJScreen Help. Retrieved from https://www.env.nm.gov/wp-content/uploads/sites/10/2018/02/ejscreen_help.pdf

272 U.S. Environmental Protection Agency. (n.d.). Tools to Support Environmental Justice. Retrieved from https://19january2021snapshot.epa.gov/healthresearch/tools-support-environmental-justice_.html

구사회통계 지수(예: 소수 민족 비율, 저소득층 비율, 가구 소득 등)를 결합하여 해당 지역의 환경정의 지수(EJ Index)를 산출한다.[273] 2024년 업데이트에서는 EO 14096호의 정의를 반영하여 장애인(people with disabilities)이 도구의 보조 인구통계 지표에 포함되었다.[274]

나. 기관 활용 및 엄격한 제한 범위

EPA는 EJScreen을 다양한 활동에서 환경정의를 고려하기 위한 예비 단계로 사용한다.[275] 이는 허가(permitting),[276] 집행, 준수 및 자발적 프로그램, 아웃리치(outreach, 현장서비스) 및 참여 정보 제공 등 광범위한 영역에서 추가적인 고려, 분석 또는 아웃리치가 필요한 지역을 선별하는 데 사용된다.[277] 예를 들어, EPA는 허가 당국에 EJScreen 또는 유사한 도구를 사용하여 잠재적인 EJ 우려 지역을 식별하고, 의미 있는 지역사회 참여를 유도하도록 권장했다.[278]

그러나 EJScreen을 다음과 같은 목적으로 사용해서는 안 된다는 규정이 있다.[279]

1. 특정 지역을 "EJ 커뮤니티"로 공식적으로 명명하거나 분류
2. 특정 지역의 구체적인 위험 값(risk values)의 정량화
3. 다양한 환경 요소의 누적 영향(cumulative impacts) 측정
4. EJ 우려의 존재 또는 부재 결정 또는 기관의 의사결정 근거

273 U.S. Environmental Protection Agency. 2015. EJScreen Technical Document. Retrieved from https://www.epa.gov/sites/default/files/2015-05/documents/ejscreen_technical_document_20150505.pdf

274 U.S. Environmental Protection Agency. 2024. Environmental Justice Strategic Plan (December 2024 Update). Retrieved from https://www.epa.gov/system/files/documents/2024-12/environmental-justice-strategic-plan-december-2024.pdf

275 U.S. Environmental Protection Agency. (n.d.). How Does EPA Use EJSCREEN?. Retrieved from https://19january2017snapshot.epa.gov/ejscreen/how-does-epa-use-ejscreen_.html

276 Beveridge & Diamond PC. 2023. EPA Issues Environmental Justice Guidance for Clean Air Act Permits. Retrieved from https://www.bdlaw.com/publications/epa-issues-environmental-justice-guidance-for-clean-air-act-permits/

277 U.S. Environmental Protection Agency. (n.d.). How Does EPA Use EJSCREEN?. Retrieved from https://19january2017snapshot.epa.gov/ejscreen/how-does-epa-use-ejscreen_.html

278 Beveridge & Diamond PC. 2023. EPA Issues Environmental Justice Guidance for Clean Air Act Permits. Retrieved from https://www.bdlaw.com/publications/epa-issues-environmental-justice-guidance-for-clean-air-act-permits/

279 U.S. Environmental Protection Agency. (n.d.). How Does EPA Use EJSCREEN?. Retrieved from https://19january2017snapshot.epa.gov/ejscreen/how-does-epa-use-ejscreen_.html

이러한 제한을 설정함으로써 EJScreen의 목적이 '정보 제공 및 선별'에 국한되며, 최종 결정에는 정성적 분석과 현장 조사가 수반되어야 함을 명확하게 할 수 있다.

② 기후 및 경제 정의 스크리닝 도구 (Climate and Economic Justice Tool, CEJST)

가. 정의 및 Justice40 이행에서의 역할

기후 및 경제정의 스크리닝 도구(CEJST)는 Justice40 이니셔티브를 이해하기 위해 백악관 CEQ가 개발한 공식 도구이다.[280] 이 도구를 이용하여 연방 기관들은 Justice40에 포함된 프로그램을 수행하기 위해 지리적으로 정의된 취약 지역(DACs)을 식별하게 되었다.[281] 행정부는 CEJST를 사용함으로써 연방 기금이 가장 필요한 지역 식별한 후, 일관성 있게 기금을 분배하려고 노력한다.

나. 분석적 한계: 인종 기준의 부재

CEJST는 전국적인 일관성을 제공했지만, 정책 분석가들에 의해 이 도구가 설계에 있어 중대한 한계가 있다고 지적된다. 지적된 가장 큰 문제는 환경정의 취약성을 결정하는 CEJST 기준에 인종(race)이 포함되지 않았다는 점이다.[282] 이는 수많은 연구가 인종을 환경 불평등의 가장 중요한 결정 요인으로 지목하고 있음에도 불구하고, 발생한 현상이다.[283] 이렇게 인종 기준을 포함하지 않은 것은 인종 중심적 정책에 대한 법적 및 정치적 제약을 회피하려는 의도에서 비롯되었을 가능성이 높다. 그러나, 이러한 이유로 인해 Justice40의 목표인 환경 인종주의 해결을 위한 정책 도구의 분석적 정합성(analytical coherence)이 심각하게 제한되는 결과가 초래되었다.[284]

---

280 The White House. (n.d.). Justice40 Initiative Covered Investments. Retrieved from https://bidenwhitehouse.archives.gov/environmentaljustice/justice40/

281 The White House. (n.d.). Justice40 Initiative Covered Investments. Retrieved from https://bidenwhitehouse.archives.gov/environmentaljustice/justice40/

282 Resources for the Future. 2024. Implementation of Justice40: Challenges, Opportunities, and a Status Update. Retrieved from https://www.rff.org/publications/reports/implementation-of-justice40-challenges-opportunities-and-a-status-update/

283 Resources for the Future. 2024. Implementation of Justice40: Challenges, Opportunities, and a Status Update. Retrieved from https://www.rff.org/publications/reports/implementation-of-justice40-challenges-opportunities-and-a-status-update/

284 Resources for the Future. 2024. Implementation of Justice40: Challenges, Opportunities, and a Status Update. Retrieved from https://www.rff.org/publications/reports/implementation-of-justice40-

③ 지역사회 역량 강화 프로그램

EJ 정책이 실질적인 결과를 가져오기 위해서는 역사적으로 자금 접근과 전문성 확보에 어려움을 겪었던 취약지역 사회의 역량 강화가 필수적이다.[285] EPA는 대규모 연방 기금(BIL, IRA, ARP)을 활용하여 이러한 역량 강화를 지원하고 있으며 그 핵심적인 실행 수단은 다음과 같다.[286]

EJ TCTACs (환경정의 지역 기술지원 센터(Environmental Justice Thriving Community Technical Assistance Centers))

이 센터들은 복잡한 연방 그랜트 신청 절차에 대한 기술적 지원, 컨설팅 및 역량 구축 자원을 제공하여, 소외된 지역사회가 BIL이나 IRA와 같은 법률의 혜택을 받는 데 필요한 자원과 전문 지식을 확보할 수 있도록 도왔다.[287]

Community Change Grants

EJ TCTACs의 지원을 받아 지역사회가 직접 환경 및 기후 정의 프로젝트를 수행할 수 있도록 자금을 지원하는 프로그램이다.

이러한 전문화된 실행 도구들(EJScreen, CEJST)을 통해 EJ 목표를 이행하는 데 필요한 행정 절차가 얼마나 복잡한지 알게 되었다. EJScreen이 취약 지역 선별 역할에 그치고 최종 결정에 사용되지 않음으로써 결국 의사결정이 행정 기관의 인간적인 분석과 관계자의 재량에 의해 내려졌다. 이러한 결정으로 인해 EO 12898에서 나타났던 '형식적 준수'의 위험이 다시 나타나게 되었다.[288] [289] 결과적으로, 이러한 도구들이 실질적으로 그 효용성을 확보하기 위해서는 이

challenges-opportunities-and-a-status-update/

285 Cohan, H., & Lee, J. 2023. The U.S. can't achieve environmental justice through one-size-fits-all climate policy. Brookings Institution. Retrieved from https://www.brookings.edu/articles/the-us-cant-achieve-environmental-justice-through-one-size-fits-all-climate-policy/

286 U.S. Environmental Protection Agency. 2024. Environmental Justice Strategic Plan (December 2024 Update). Retrieved from https://www.epa.gov/system/files/documents/2024-12/environmental-justice-strategic-plan-december-2024.pdf

287 Cohan, H., & Lee, J. 2023. The U.S. can't achieve environmental justice through one-size-fits-all climate policy. Brookings Institution. Retrieved from https://www.brookings.edu/articles/the-us-cant-achieve-environmental-justice-through-one-size-fits-all-climate-policy/

288 Geltman, E. M., & Gill, J. L. 2016. The impact of Executive Order 12898 on federal regulatory decision making. Public Health Reports, 131(3), 329-335. Retrieved from https://pubmed.ncbi.nlm.nih.gov/27214669/

289 U.S. Environmental Protection Agency. (n.d.). How Does EPA Use EJSCREEN?. Retrieved from

제는 철회된 행정명령에 내포되어 있던 강력한 정치적 의지가 필요하다.

<표 10> 환경정의 정책 이행을 위한 핵심 스크리닝 도구 및 자원

도구/프로그램	목적	주요 특징 및 데이터 활용	주요 제약 및 한계
EJScreen (EPA)	잠재적 EJ 우려 지역 식별 및 아웃리치 정보 제공[290]	환경 및 인구통계 지표 결합; 전국적 일관성 제공; 허가/집행 활동 지원[291 292]	최종 결정 근거 또는 누적 영향 측정 수단으로 사용 불가[293]
CEJST (CEQ)	Justice40 이니셔티브를 위한 취약 지역(DACs) 공식 식별[294]	7대 혜택 분야에 기반한 지리적 DAC 식별; 행정부 간 일관된 기준 제공[295]	인종 기준 배제; 국가 센서스 트랙 데이터 의존[296]
EJ TCTACs & Community Grants (EPA)	지역사회 역량 강화 및 연방 자금 접근성 향상[297]	기술 지원, 그랜트 제공; BIL 및 IRA 자금 활용[298 299]	연방 만트라 철회 후, 목표 달성에 대한 책임성 약화[300]

출처: 저자 재작성

https://19january2017snapshot.epa.gov/ejscreen/how-does-epa-use-ejscreen_.html

290 U.S. Environmental Protection Agency. (n.d.). How Does EPA Use EJSCREEN?. Retrieved from https://19january2017snapshot.epa.gov/ejscreen/how-does-epa-use-ejscreen_.html

291 U.S. Environmental Protection Agency. 2015. EJScreen Technical Document. Retrieved from https://www.epa.gov/sites/default/files/2015-05/documents/ejscreen_technical_document_20150505.pdf

292 Beveridge & Diamond PC. 2023. EPA Issues Environmental Justice Guidance for Clean Air Act Permits. Retrieved from https://www.bdlaw.com/publications/epa-issues-environmental-justice-guidance-for-clean-air-act-permits/

293 U.S. Environmental Protection Agency. (n.d.). How Does EPA Use EJSCREEN?. Retrieved from https://19january2017snapshot.epa.gov/ejscreen/how-does-epa-use-ejscreen_.html

294 The White House. (n.d.). Justice40 Initiative Covered Investments. Retrieved from https://bidenwhitehouse.archives.gov/environmentaljustice/justice40/

295 The White House. (n.d.). Justice40 Initiative Covered Investments. Retrieved from https://bidenwhitehouse.archives.gov/environmentaljustice/justice40/

296 Resources for the Future. 2024. Implementation of Justice40: Challenges, Opportunities, and a Status Update. Retrieved from https://www.rff.org/publications/reports/implementation-of-justice40-challenges-opportunities-and-a-status-update/

297 U.S. Environmental Protection Agency. 2024. Environmental Justice Strategic Plan (December 2024 Update). Retrieved from https://www.epa.gov/system/files/documents/2024-12/environmental-justice-strategic-plan-december-2024.pdf

298 Climate Program Portal. (n.d.). Justice40 Initiative Overview. Retrieved from(https://climateprogramportal.org/wp-content/uploads/2025/02/P_SDI4.pdf)

299 U.S. Environmental Protection Agency. 2024. Environmental Justice Strategic Plan (December 2024 Update). Retrieved from https://www.epa.gov/system/files/documents/2024-12/environmental-justice-strategic-plan-december-2024.pdf

300 U.S. Government Accountability Office. 2025. Environmental Justice: Justice40 Initiative Terminated, but Agencies Had Taken Implementation Steps. Retrieved from https://www.gao.gov/products/gao-25-107516

(4) 2025년 미국의 환경정의 제도 격변 분석: 법적 공백의 형성

2025년 초, 미국의 연방 환경정의 정책은 행정적으로 광범위하게 단절되었다. 트럼프 대통령이 서명한 일련의 행정명령으로 인해 지난 30년간 구축된 연방 차원의 EJ 정책 기반이 사실상 전면 철회되었다. 이러한 결과는 바로 위에서 언급했던 것처럼 EJ 정책이 행정 명령에만 의존할 때 발생하는 구조적 취약성에 기인한다.[301] [302]

① 행정명령 기반 EJ 정책의 대거 철회

2025년 1월, 트럼프 행정부는 즉각적인 행정명령을 통해 환경정의 정책의 근간을 이루던 주요 행정명령(Executive Order)들을 다음과 같이 철회했다.

EO 12898호 (1994) 철회

클린턴 대통령이 최초로 연방 기관들이 EJ를 고려하도록 의무화한 형정명령이 철회되었다.[303] [304] 이는 연방 기관들이 NEPA 심의 과정 등에서 EJ 고려 사항을 통합하도록 요구했던 행정적 지침의 근거가 제거되었음을 의미한다.[305]

EO 14008호 (2021) 철회

바이든 대통령이 기후 위기 대응의 일환으로 제정한 Justice40 이니셔티브 행정명령이 철회되었다.[306] [307] 이로써 "특정 연방 투자의 최소 40% 혜택을 취약 지역(DACs)에 할당해

---

301 James M. McElfish, Jr. 2025. What's left of federal environmental justice? Environmental Law Institute(ELI). https://www.eli.org/vibrant-environment-blog/whats-left-federal-environmental-justice

302 Congressional Research Service. 2025. Environmental Justice Policy in the 119th Congress: An Overview of Recent Changes. Retrieved from https://www.congress.gov/crs-product/IF12922

303 James M. McElfish, Jr. 2025. What's left of federal environmental justice? Environmental Law Institute(ELI). https://www.eli.org/vibrant-environment-blog/whats-left-federal-environmental-justice

304 Congressional Research Service. 2025. Environmental Justice Policy in the 119th Congress: An Overview of Recent Changes. Retrieved from https://www.congress.gov/crs-product/IF12922

305 Holland & Knight. 2025. Executive Orders Lay the Groundwork for Major Environmental Policy Shift. Retrieved from https://www.venable.com/insights/publications/2025/01/executive-orders-lay-the-groundwork-for-major

306 U.S. Government Accountability Office. 2025. Environmental Justice: Justice40 Initiative Terminated, but Agencies Had Taken Implementation Steps. Retrieved from https://www.gao.gov/products/gao-25-107516

307 FedCenter. 2025. Executive Order 14008 Revoked. Retrieved from https://www.fedcenter.gov/Announcements/index.cfm?id=36448&printable=1

야 한다"는 Justice40의 목표가 공식적으로 종료되었다.[308]

EO 14096호 (2023) 철회

EJ를 기관의 핵심 임무로 격상하고 취약 지역 정의를 확장했던 행정명령도 함께 철회되었다.[309]

이렇게 환경정의 관련 행정명령을 철회함으로써 연방 정부 차원의 EJ 정책 기반이 1994년 이후 처음으로 완전히 사라졌다.[310]

② 연방 기관의 조직 해체 및 규제 완화

환경정의 관련 행정명령을 철회함으로써 단순히 정책 목표가 소멸되는 것만이 아니라, 환경정의 정책 이행을 담당했던 기관의 조직 구조와 규제 역량이 직접적으로 타격을 입었다. 그 내용은 다음과 같다.

EJ 전문 사무소 폐쇄

EPA는 환경정의 및 민권국(OEJCR)의 대부분과 10개 지역 사무소의 EJ 전담 부서를 폐쇄했다.[311] 법무부(DOJ) 또한 환경 및 천연자원 부서 내의 환경정의 전담 부서를 폐지했다.[312] 이러한 조치로 인해 연방 차원의 EJ 정책 입안, 기술 지원 및 집행 역량이 심각하게 손상되었다. 설령 미래에 행정명령이 복구되더라도, 이전에 구축되었던 실무 지식, 확립된 프로토콜, 그리고 지역사회 참여 인프라를 재건하는 데는 상당한 시간이 소요될 수밖에 없다.

308 U.S. Government Accountability Office. 2025. Environmental Justice: Justice40 Initiative Terminated, but Agencies Had Taken Implementation Steps. Retrieved from https://www.gao.gov/products/gao-25-107516

309 Environmental Law Institute. 2025. What's Left for Federal Environmental Justice?. Retrieved from https://www.eli.org/vibrant-environment-blog/whats-left-federal-environmental-justice

310 Crowell & Moring LLP. 2025. Federal Environmental Justice Compliance: The 180-Degree Change. Retrieved from https://www.crowell.com/en/insights/client-alerts/federal-environmental-justice-compliance-the-180-degree-change

311 James M. McElfish, Jr. 2025. What's left of federal environmental justice? Environmental Law Institute(ELI). https://www.eli.org/vibrant-environment-blog/whats-left-federal-environmental-justice

312 Environmental Law Institute. 2025. What's Left for Federal Environmental Justice?. Retrieved from https://www.eli.org/vibrant-environment-blog/whats-left-federal-environmental-justice

NEPA 환경 영향 평가 시 EJ 고려 의무 철회

백악관의 CEQ는 NEPA(National Environmental Policy Act) 하에서 환경정의를 명시적으로 고려하도록 요구했던 규정들을 폐지했다.[313] NEPA는 주요 인프라 프로젝트의 환경 영향 평가를 위한 핵심 절차였는데, 이 규정를 철회함으로써 연방 기관들이 대규모 프로젝트 허가 및 평가 과정에서 EJ 영향을 분석해야 할 행정적 강제력이 제거되었다.[314]

③ Title VI 집행 기준의 약화 (EO 14281)

위에서 언급한 행정적 기반이 해체되는 동시에, 법적 집행의 핵심 수단이었던 Title VI의 힘도 약화되었다. 2025년 4월에 EO 14281호가 발령됨으로써 연방 기관이 의무적으로 Title VI의 불균형적 영향 기준을 폐지하게 되었으며, 이로써 구조적 환경 불평등에 대한 법적 대응 채널이 좁아졌다.[315] [316] 이러한 (1) 행정명령 철회를 통한 재량적 정책 목표 제거와 (2) Title VI 불균형적 영향 공격을 통한 의무적 법적 집행 공간 최소화 등의 이중 전략을 통해 연방 차원에서 환경정의 거버넌스가 거의 전면적으로 공백(vacuum) 상태가 되었다..[317] [318] 환경정의 관련 법적 대응은 이제 인종적 동기가 명백히 입증된 의도적 차별 사건에만 국한될 가능성이 높아졌으며, 이는 대부분의 환경정의 사례가 시스템적 결과(disparate impact)에서 비롯된다는 현실과 크게 차별화된다는 것을 의미한다.[319]

---

313 Crowell & Moring LLP. 2025. Federal Environmental Justice Compliance: The 180-Degree Change. Retrieved from https://www.crowell.com/en/insights/client-alerts/federal-environmental-justice-compliance-the-180-degree-change

314 Holland & Knight. 2025. Executive Orders Lay the Groundwork for Major Environmental Policy Shift. Retrieved from https://www.venable.com/insights/publications/2025/01/executive-orders-lay-the-groundwork-for-major

315 Congressional Research Service. (n.d.). Executive Order 14281 impact on environmental justice policy implementation. Retrieved from(https://www.congress.gov/crs_external_products/LSB/HTML/LSB11340.web.html)

316 ENVIRONMENTAL & ENERGY LAW PROGRAM-HARVARD LAW SCHOOL. 2025. DOJ Eliminated Its Disparate Impact Regulations. https://eelp.law.harvard.edu/tracker/rollback-executive-order-directed-agencies-to-eliminate-use-and-enforcement-of-disparate-impact-standard/

317 James M. McElfish, Jr. 2025. What's left of federal environmental justice? Environmental Law Institute(ELI). https://www.eli.org/vibrant-environment-blog/whats-left-federal-environmental-justice

318 ENVIRONMENTAL & ENERGY LAW PROGRAM-HARVARD LAW SCHOOL. 2025. DOJ Eliminated Its Disparate Impact Regulations. https://eelp.law.harvard.edu/tracker/rollback-executive-order-directed-agencies-to-eliminate-use-and-enforcement-of-disparate-impact-standard/

319 THE WHITE HOUSE. 2025. Executive Order 14281 of April 23, 2025 : Restoring Equality of Opportunity and Meritocracy. (80). Retrieved from https://www.govinfo.gov/content/pkg/FR-2025-04-28/pdf/2025-07378.pdf.

④ 법적 의무의 재평가: 현존하는 EJ 의무의 경계

행정적 기반이 해체되었음에도 불구하고, 연방 기관들은 여전히 다음의 비재량적 법적 의무를 유지하고 있다.

Title VI 의도적 차별 금지 의무

연방 재정 지원 수령 기관의 인종 및 국적 기반 의도적 차별 금지는 Title VI 법률 자체에 의해 유지된다.[320] [321] 그러나 앞서 논의했듯이, 의도성을 입증하는 것은 환경정의 소송에서 매우 높은 장벽이다.

기존 환경 법률 집행

청정 대기법(CAA), 청정 수질법(CWA), CERCLA(Superfund) 등 핵심 환경 법률은 여전히 유효하며 EPA는 이를 집행할 의무가 있다.[322] 다만, 이러한 법률의 허가, 집행, 또는 프로그램 설계 과정에 EJ 고려 사항을 적극적으로 통합해야 할 행정적 강제력이 사라졌다.[323]

Justice40 이니셔티브를 통해 자금이 할당되기로 했던 BIL 및 IRA 기반의 대규모 환경 및 인프라 기금 자체는 의회 승인에 기반함으로 계속해서 존재한다.[324] 2 4 그러나 EO 14008이 철회됨으로써 해당 기금의 혜택 중 40%를 DACs에 할당해야 하는 강력한 책임성 및 보고 의무가 사라졌으며, 이제 이러한 자금 흐름에 EJ 목표를 통합해야 할 행정적 요구 또한 크게 약화되었다.

320 Congressional Research Service. 2025. Title VI of the Civil Rights Act of 1964 and Environmental Justice. Retrieved from(https://www.congress.gov/crs-product/LSB11340)

321 U.S. Environmental Protection Agency. (n.d.). Federal Civil Rights Laws, Including Title VI. Retrieved from https://www.epa.gov/external-civil-rights/federal-civil-rights-laws-including-title-vi-and-epas-non-discrimination

322 U.S. Environmental Protection Agency. (n.d.). Summaries of Environmental Laws and Executive Orders. Retrieved from https://www.epa.gov/laws-regulations/laws-and-executive-orders

323 Holland & Knight. (2025). Executive Orders Lay the Groundwork for Major Environmental Policy Shift. Retrieved from https://www.venable.com/insights/publications/2025/01/executive-orders-lay-the-groundwork-for-major

324 U.S. Government Accountability Office. 2025. Environmental Justice: Justice40 Initiative Terminated, but Agencies Had Taken Implementation Steps. Retrieved from https://www.gao.gov/products/gao-25-107516

(5) 결론 및 정책적 함의

① 미국 EJ 정책의 법적 지속성과 행정적 취약성 요약

미국의 연방 환경정의 정책은 1994년 EO 12898호 이후 지속적으로 발전하여, Justice40 이니셔티브와 EO 14096호를 통해 사상 최대의 제도적 깊이와 자원을 확보했었다. 그러나 이러한 발전이 법률이 아닌 행정명령이라는 불안정한 토대에 의존함으로써 2025년 초, 트럼프 대통령이 클린턴과 바이든 행정부가 구축한 EJ 프레임워크를 단기간에 완전히 해체해 버리는 결과를 초래하게 되었다.[325] [326]

이러한 격변을 통해 볼 때, EJ 정책이 환경 보호 법규와 민권 법규 사이의 제도적 틈새에서 운영되어 왔음은 물론 행정적 재량에 극도로 취약했다는 것을 알 수 있다. 현재 연방 차원의 EJ 정책 환경은 사실상 법적 공백 상태에 놓여 있으며, 이로 인해 대부분의 EJ 문제가 발생하는 구조적 불평등을 해결하기 위한 연방 정부의 역량이 크게 위축되었다.

② 향후 환경정의 운동 및 정책 방향에 대한 통찰

연방 차원의 EJ 정책이 약화된 상황에서, 환경정의 운동과 정책 목표는 이제 다음 두 가지 방향으로 전환될 것으로 보인다.

첫째, 주 및 지방 정부 차원의 정책 강화가 중요해질 것이다.[327] [328] 연방 규제가 사라진 공백을 메우기 위해 주정부 차원에서 EJ 법률을 제정하거나, 기존의 환경 및 도시 계획 법규에 EJ 고려를 의무화하는 노력이 가속화될 것이다.

둘째, 지역사회 역량 강화를 통한 자원 확보의 중요성이 높아질 것이다.[329] 연방 차원의

325 James M. McElfish, Jr. 2025. What's left of federal environmental justice? Environmental Law Institute(ELI). https://www.eli.org/vibrant-environment-blog/whats-left-federal-environmental-justice

326 Congressional Research Service. 2025. Environmental Justice Policy in the 119th Congress: An Overview of Recent Changes. Retrieved from https://www.congress.gov/crs-product/IF12922

327 Dunn, E. 2024. At the Intersection of Environmental Justice and Sustainability L. UMKC Law Review, 92(1). Retrieved from https://irlaw.umkc.edu/context/lawreview/article/1072/viewcontent/05__At_the_Intersection.pdf

328 Cohan, H., & Lee, J. 2023. The U.S. can't achieve environmental justice through one-size-fits-all climate policy. Brookings Institution. Retrieved from https://www.brookings.edu/articles/the-us-cant-achieve-environmental-justice-through-one-size-fits-all-climate-policy/

329 Cohan, H., & Lee, J. 2023. The U.S. can't achieve environmental justice through one-size-fits-all climate policy. Brookings Institution. Retrieved from https://www.brookings.edu/articles/the-us-cant-achieve-environmental-justice-through-one-size-fits-all-climate-policy/

40% 할당 의무는 사라졌지만, BIL이나 IRA를 통해 제공되는 자금 자체는 여전히 남아있다. 따라서 EJ TCTACs와 같은 기술 지원 프로그램들을 통해 지역사회가 연방 자금에 직접 접근하고 이를 활용할 수 있는 역량을 구축함으로써 이러한 혜택이 취약지역에 실질적으로 분배되도록 보장하게 될 것이다.[330] [331]

장기적으로는, 행정부 교체와 무관하게 지속성을 확보하기 위해 환경정의를 명시적으로 다루는 포괄적인 연방 법률(statutory EJ law)을 제정하려는 입법적 노력이 더욱 강력하게 추진될 가능성이 높다.[332]

③ 국제적 관점에서의 시사점

미국의 환경정의 정책 단절 사례를 통해 여러 국가들은 강력하고 진보적인 환경 및 사회정의 목표를 달성함에 있어 행정적 조치에만 의존하는 것이 얼마나 정치적 역풍에 취약할 수 있는지를 알게 되었다. 이는 다른 국가들이 형평성(equity)을 기후 및 환경 정책에 통합하고자 할 때, 행정적 지침보다는 견고하고 비재량적인 입법적 기반을 확보하는 것이 필수적임을 알려주고 있다.

2) 유럽연합(EU)의 환경정의 제도 및 정책

(1) 서론 : EU 환경정의 패러다임의 이해

① 환경정의의 다차원적 정의와 EU 정책 통합

유럽연합(EU)의 환경정책은 1970년대 이후 내부 시장의 경제적 논리가 환경 보호보다 우선

330 U.S. Environmental Protection Agency. 2024. Environmental Justice Strategic Plan (December 2024 Update). Retrieved from https://www.epa.gov/system/files/documents/2024-12/environmental-justice-strategic-plan-december-2024.pdf

331 Cohan, H., & Lee, J. 2023. The U.S. can't achieve environmental justice through one-size-fits-all climate policy. Brookings Institution. Retrieved from https://www.brookings.edu/articles/the-us-cant-achieve-environmental-justice-through-one-size-fits-all-climate-policy/

332 Dunn, E. 2024. At the Intersection of Environmental Justice and Sustainability L. UMKC Law Review, 92(1). Retrieved from https://irlaw.umkc.edu/context/lawreview/article/1072/viewcontent/05__At_the_Intersection.pdf

시된다는 비판에 직면하며 진화해왔다.[333] 1992년 리우 선언 이후 EU는 지속 가능한 개발을 핵심 과제로 삼고 환경 요구사항을 다른 모든 정책에 통합하는 원칙을 확립했다.[334] 이러한 정책 발전 과정에서 환경정의(Environmental Justice, EJ)는 단순한 오염 통제를 넘어, 사회적 형평성을 보장하는 다차원적 개념으로 자리 잡았다.

EU 정책에서 환경정의는 다음 네 가지 핵심 차원을 포괄한다.[335]

분배적 정의 (Distributional Justice): 환경적 위험(오염, 기후 변화 영향)과 환경적 편익(깨끗한 공기, 물, 서비스)이 사회 집단 간에 공정하게 분배되는 것을 목표로 한다.

절차적 정의 (Procedural Justice): 환경 관련 정책 및 프로젝트 의사결정 과정에 일반 대중, 특히 취약 계층이 의미 있게 참여할 수 있는 권리를 보장한다.

인정적 정의 (Recognitional Justice): 소외된 공동체(예: 저소득층, 소수 민족)가 겪는 환경적 차별과 그들의 고유한 문화적 시각 및 요구사항을 존중하고 정책 결정에 공정하게 반영한다.

교정적 정의 (Restorative Justice): 이미 발생했거나 현재 진행 중인 환경 피해에 대한 복원 및 해소에 초점을 맞춘다.

EU는 지속 가능성으로의 거대한 경제 및 사회 전환 과정이 기존의 불평등을 심화시키거나 새로운 불평등을 야기하지 않도록 보장하는 것을 목표로 하며, 이러한 목표 달성을 위해 법적 원칙, 책임제도, 그리고 그린딜 기반의 거대 재정 메커니즘을 동원하고 있다.

② 환경정의 개념 통합의 구조적 배경

환경정의의 다차원적 패러다임이 EU 정책의 중심에 위치하게 된 것은, 과거 환경 규제 집행 과정에서 나타난 구조적 한계를 인정했기 때문이다. 특히 EU는 화석 연료 사용에 대한 탄

333 European Union. EUR-Lex- Access to European Union law, Environment. Retrieved from https://eur-lex.europa.eu/EN/legal-content/summary/environment.html.

334 European Union. EUR-Lex- Access to European Union law, Environment. Retrieved from https://eur-lex.europa.eu/EN/legal-content/summary/environment.html.

335 European Environment Agency. 2024. Delivering justice in sustainability transitions Publications. Retrieved from https://www.eea.europa.eu/en/analysis/publications/delivering-justice-in-sustainability-transitions

소 가격 책정이 필연적으로 회귀적(regressive) 성격을 띠며, 저소득층 가구에 에너지 및 교통 비용 부담을 불균형적으로 가중시킬 수 있다는 점을 인지했다.[336] 또한, 환경적 피해에 대한 법적 책임 제도(예: 환경 책임 지침, ELD)가 실질적인 '오염자 부담 원칙'을 관철하는 데 실패하여, 그 비용이 결국 공적 자금이나 피해자에게 전가되는 분배적 불의가 발생했다.[337]

이러한 배경 인식을 바탕으로, EU는 환경 문제 해결을 단순히 기술적 또는 규제적 접근으로만 보지 않고, 사회적 안전망과 민주적 거버넌스(절차적 정의)를 환경법의 필수 보완재로 인식하게 되었다. 결과적으로 정의로운 전환 메커니즘(JTM)과 사회 기후 기금(SCF) 같은 재정 메커니즘은 단순한 사회 지원을 넘어, 전환 과정 및 법적 책임 실패로 인해 발생하는 재정적 부담을 구조적으로 완화해야 하는 핵심적인 역할을 부여받게 되었다.

(2) 환경정의의 법적 기반: 핵심 원칙과 책임 제도 (Foundational Principles and Liability)

① EU 환경법의 4대 핵심 원칙 (TFEU Article 191(2))

EU 환경 법규와 정책은 유럽연합 기능 조약(TFEU) 제191조(2)에 명시된 네 가지 근본적인 환경 원칙에 기반하며, 이 원칙들은 법원이 EU 환경법을 해석하고 적용하는 데 사용되는 지침이 된다.[338]

사전 예방 원칙 (The Precautionary Principle): 과학적 확실성이 완전히 확립되지 않은 위험 상황에서도 규제 당국이 예방적 조치를 취할 수 있도록 하여 위험 관리를 허용한다.

예방 원칙 (The Prevention Principle): 환경 피해가 발생한 후 대응하기보다는, 애초에 피해(예: 서식지, 수질, 토양 오염)가 발생하지 않도록 사전에 방지하는 것을 목표로 한다.

오염원 시정 원칙 (Rectification at Source Principle): 환경 피해가 발생했을 경우, 오염원에서 가장 먼저 시정 조치를 취하도록 요구한다.

오염자 부담 원칙 (The Polluter Pays Principle, PPP): 환경 오염을 유발한 당사자가

---

336 Louise Hoon and Karel Pype. 2022. How Can the EU Deliver a Socially Just Green Deal?. Open Society Foundations. https://www.opensocietyfoundations.org/publications/how-can-the-eu-deliver-a-socially-just-green-deal

337 European Environmental Bureau(EEB). 2022. Position paper on the Environmental Liability Directive. European Environmental Bureau.

338 HOUSE of PARLLAMENT(The Parliamentary Office of Science and Technology). 2018. EU Environmental Principles. London. HOUSE of PARLLAMENT.

오염의 비용 및 복구 책임을 지도록 할당하는 핵심적인 분배적 정의 원칙이다.

② **환경 책임 지침** (Environmental Liability Directive, ELD, 2004/35/EC)

ELD는 오염자 부담 원칙(PPP)을 구체적인 법적 책임 제도로 변환한 중요한 수단이다.[339]

가. 개요 및 특징

ELD의 목적은 EU 전역에서 환경 피해의 예방 및 교정에 대한 통일된 법적 제도를 수립하고, 오염을 야기한 기업에게 예방 및 교정 조치와 모든 관련 비용을 부담하도록 강제하는 것이다.[340] ELD는 야생 조류 지침, 서식지 지침, 물관리 기본 지침(WFD) 등 EU의 다른 주요 환경 법규를 지원하며, 생물 다양성, 수질 및 토지 오염에 대한 손해 배상을 다룬다.[341]

ELD에 따라, 피해 위협이 임박했을 경우 운영자는 지체 없이 필요한 예방 조치를 취해야 하며, 실제 피해가 발생하면 즉시 당국에 통보하고 추가적인 피해 및 인체 건강 위협을 방지하기 위한 관리 조치 및 적절한 교정 조치를 수행해야 한다.[342] 또한, 환경 피해가 국경을 넘어 여러 회원국에 영향을 미치거나 미칠 가능성이 있을 경우, 관련 회원국들은 협력하여 적절한 예방 및 교정 조치가 이루어지도록 해야 한다.[343]

나. 이행의 한계 및 과제: 분배적 정의의 제도적 실패

ELD는 분배적 정의를 실현하기 위한 핵심 법률임에도 불구하고, 실제 이행 과정에서 구조적인 한계를 드러내며, 다음과 같은 PPP 원칙의 실효성이 크게 떨어진다는 비판을 받고 있

339 European Commission. Environmental Liability: Preventing and remedying damage to protected species, natural habitats, water and soil. https://environment.ec.europa.eu/law-and-governance/environmental-compliance-assurance/environmental-liability_en

340 EU(EUR-Lex- Access to European Union Law). 2020. The polluter-pays principle and environmental liability. https://eur-lex.europa.eu/EN/legal-content/summary/the-polluter-pays-principle-and-environmental-liability.html

341 European Commission. Environmental Liability: Preventing and remedying damage to protected species, natural habitats, water and soil. https://environment.ec.europa.eu/law-and-governance/environmental-compliance-assurance/environmental-liability_en

342 EU(EUR-Lex- Access to European Union Law). 2020. The polluter-pays principle and environmental liability. https://eur-lex.europa.eu/EN/legal-content/summary/the-polluter-pays-principle-and-environmental-liability.html

343 Grant LAWRENCE, D. 2006. Environmental Liability Directive: A Short Overview. https://era.org.mt/wp-content/uploads/2021/03/Summary-ELD.pdf

다.[344]

첫째, '허가 방어(Permit Defence)' 조항은 운영자가 법적 허가를 준수하는 과정에서 환경 피해가 발생했을 경우 책임을 면제받을 수 있게 하는데, 이는 엄격 책임 제도를 약화시키고 오염자 부담 원칙의 실질적인 적용을 방해한다. 둘째, '피해 중요성 역치(Significance Threshold)'의 기준이 높고 불분명하게 해석되는 것이 주요 문제점으로 지적된다. 이로 인해 운영자가 유발하는 실제 환경 오염 피해의 상당 부분이 ELD의 책임 범위에서 제외되는 결과를 낳고 있다.

이러한 법적 책임의 공백은 심각한 분배적 불의(Distributive Injustice)를 초래한다. 법적으로는 오염자가 비용을 지불해야 하지만, ELD가 제 기능을 하지 못하면서 EU 예산을 포함한 공공 예산이 오염자 대신 환경 정화 및 복구 비용을 부담하는 상황이 발생한다.[345] 이러한 제도적 실패가 전환 과정의 비용을 공정하게 분배하기 위한 그린딜 기반의 재정 메커니즘 도입의 구조적 배경이 되었다.

(3) 절차적 정의: 환경 거버넌스의 민주성 확보 (Procedural Justice)

절차적 정의는 환경 관련 의사결정 과정에 대중의 참여와 감시를 보장함으로써 환경정의 이행의 실효성을 담보하는 핵심 기둥이다. 이는 주로 UNECE의 오르후스 협약(Aarhus Convention)을 EU 법제에 통합함으로써 구현되었다.

① 오르후스 협약의 EU 법제 통합

오르후스 협약(1998년 채택, 2001년 발효)은 환경 민주주의 분야에서 가장 야심 찬 국제 법적 도구로 평가되며, 환경적 권리와 인권을 결합하여 정부의 책임성을 보장한다.[346] [347] EU와 회원

---

344 European Environmental Bureau(EEB). 2022. Position paper on the Environmental Liability Directive. European Environmental Bureau.

345 EEB(European Environmental Bureau). 2022. Position paper on the Environmental Liability Directive. uropean Environmental Bureau.

346 The Aarhus Convention: An Implementation Guide (second edition), https://www.ccacoalition.org/resources/aarhus-convention-implementation-guide-second-edition

347 UNITED NATIONS ECONOMIC COMMISSION FOR EUROPE. 2014. The Aarhus Convention -An Implementation Guide(Convention on Access to Information, Public Participation in Decision-making and Access to Justice in Environmental Matters (Aarhus Convention)). UNITED NATIONS ECONOMIC COMMISSION FOR EUROPE.

국 모두 이 협약의 당사자이며, 협약은 다음 세 가지 핵심 기둥을 기반으로 한다.[348]

정보 접근권 (Access to Information)

공공 참여권 (Public Participation)

사법 접근권 (Access to Justice)

② 3대 권리의 상세 분석 및 실행 수단

가. 환경정보 접근권 및 공공 참여권

정보 접근권은 환경정보 접근 지침(Directive 2003/4/EC)을 통해 구현된다. 이는 공공 당국이 요청 시 또는 능동적으로 환경 정보를 체계적으로 제공하도록 요구한다. 또한, 오르후스 규정(Aarhus Regulation)을 통해 이 원칙은 모든 EU 기관 및 기구에 확대 적용된다.[349]

나. 공공 참여권

공공 참여권은 공공 참여 지침(Directive 2003/35/EC)에 의해 보장된다. 공공 당국은 환경에 영향을 미치는 계획 및 프로그램(예: SEVESO III 지침 관련 의사결정)을 수립, 수정, 검토할 때 일반 대중과 환경 NGO가 의미 있게 참여할 수 있는 기회를 제공해야 한다.[350] [351]

다. 사법 접근권

사법 접근권은 시민들이 환경법 집행이 제대로 이루어지지 않을 때 법적 구제를 요청할 수 있는 권리를 부여한다. 이는 EU 환경 거버넌스에서 시민 사회의 직접적인 통제 메커니즘 역할을 한다.

EU 기관에 대한 검토: 개정된 오르후스 규정에 따라, 환경 NGO 및 특정 기준을 충족하는

348 European Commission. The Aarhus Convention and the EU. Retrieved from https://environment.ec.europa.eu/law-and-governance/aarhus_en

349 European Commission. The Aarhus Convention and the EU. Retrieved from https://environment.ec.europa.eu/law-and-governance/aarhus_en

350 European Commission. The Aarhus Convention and the EU. Retrieved from https://environment.ec.europa.eu/law-and-governance/aarhus_en

351 Search the Climate Litigation Database. 2025. https://www.climatecasechart.com/search?cpl=principal_law%2Faarhus+convention+on+access+to+environmental+information

대중은 EU 기관의 행위나 부작위가 EU 환경법을 위반하는 경우 내부 검토를 요청할 수 있다. 내부 검토 결과에 만족하지 못할 경우, 이들은 EU 사법재판소(CJEU)에 제소하여 EU 행정 결정의 환경법 준수 여부를 확인할 수 있다.[352] 실제로 유럽투자은행(EIB)의 금융 결정이 환경에 잠재적으로 해를 끼칠 수 있는지에 대해 내부 검토가 요청된 사례가 존재한다.[353]

국가 법원을 통한 집행: 국가 법원은 시민들이 국가 조치 무효화나 환경 피해에 대한 금전적 보상을 구하는 소송을 제기할 수 있는 일차적인 법원 역할을 한다. EU 집행위원회는 시민들이 EU 환경법에 따른 권리를 보호할 수 있도록 국가 법원에서의 구제 절차에 대한 팩트 시트와 정보를 제공하고 있다.[354]

이러한 사법 접근권의 제도는 EU 집행위원회가 '조약의 수호자'로서 위반 절차를 통해 회원국의 법 이행을 강제하는 전통적인 방식 외에, 시민 사회가 직접 법적 통제 메커니즘을 작동시키는 병렬적 채널을 제공한다는 중요한 의미를 갖는다. 이는 회원국이 느슨하게 해석하거나 집행하지 않는 환경 규칙을 사법적으로 견제하며, EU 환경 법규의 일관된 적용 가능성을 높인다.

(4) 분배적 정의: 정의로운 전환 메커니즘 (Distributional Justice)

유럽 그린딜(EGD)의 목표는 배출량을 2030년까지 최소 55% 감축하고 2050년까지 기후 중립을 달성하는 것이며, 이 과정이 경제적으로 건전하고 사회적으로 공정해야 한다는 원칙을 명시하고 있다.[355] 이를 위해 EU는 '정의로운 전환 메커니즘(JTM)'과 '사회 기후 기금(SCF)'을 도입하여 전환의 비용을 공정하게 분배하는 데 집중하고 있다.

352 European Commission. The Aarhus Convention and the EU. Retrieved from https://environment.ec.europa.eu/law-and-governance/aarhus_en

353 European Commission. Legal enforcement. Retrieved from https://environment.ec.europa.eu/law-and-governance/legal-enforcement_en

354 European Commission. The European Green Deal : Striving to be the first climate-neutral continent. Retrieved from https://commission.europa.eu/strategy-and-policy/priorities-2019-2024/european-green-deal_en

355 European Commission. The Just Transition Mechanism: making sure no one is left behind. Retrieved from https://commission.europa.eu/strategy-and-policy/priorities-2019-2024/european-green-deal/finance-and-green-deal/just-transition-mechanism_en

① 정의로운 전환 메커니즘 (Just Transition Mechanism, JTM)

가. 개요 및 제도적 특징

JTM은 기후 중립 경제로의 전환 과정에서 발생하는 사회경제적 영향을 완화하고, 특히 석탄 채굴 지역이나 탄소 집약적 산업에 의존하는 지역 등 가장 큰 어려움을 겪는 지역에 표적화된 지원을 제공하는 핵심 도구이다.[356] [357] JTM은 2021년부터 2027년까지 약 €550억에서 최소 €1,500억 규모의 공공 및 민간 투자를 동원하는 것을 목표로 한다.[358] 지원을 받기 위해서는 회원국들이 전환의 필요성, 목표, 실행 조치를 상세히 기술한 지역 정의로운 전환 계획(Territorial Just Transition Plans, TJTPs)을 수립해야 한다.[359]

나. 주요 실행 수단: 3대 자금 조달원

JTM은 세 가지 자금 조달원(Pillars)을 통해 자금을 지원하며, 이는 보조금, 민간 투자 유치, 공공 대출 지원 등 다양한 형태로 분배적 정의를 구현한다.

<표 11> JTM의 세 가지 자금 조달원

자금 조달원 (Pillar)	주요 기금 (Fund/Tool)	핵심 목적 및 특징	주요 실행 수단/적격 활동
1st Pillar	정의로운 전환 기금 (JTF)	주로 보조금(Grants) 형태로 지원되며, 가장 직접적인 지역 및 인적 자본 개발에 집중[360] [361]	중소기업 투자, 신규 기업 설립, 환경 복원, 청정 에너지 투자, 노동자의 재교육 및 재숙련, 구직 지원[362]

356 Housing Europe. 2023. Just Transition Mechanism. Retrieved from https://www.housingeurope.eu/just-transition-mechanism-2/

357 European Commission. Just Transition Platform(JTP). Retrieved from https://ec.europa.eu/regional_policy/funding/just-transition-fund/just-transition-platform/about_en

358 European Commission. Just Transition Platform(JTP). Retrieved from https://ec.europa.eu/regional_policy/funding/just-transition-fund/just-transition-platform/about_en

359 European Commission. The three pillars of the Just Transition Mechanism. Retrieved from https://ec.europa.eu/regional_policy/funding/just-transition-fund/just-transition-platform/opportunities_en

360 European Commission. Just Transition Platform (JTP). Retrieved from https://ec.europa.eu/regional_policy/funding/just-transition-fund/just-transition-platform/about_en

361 Climate Investment Funds (CIF). Just Transition Platform. Retrieved from https://www.cif.org/just-transition-toolbox/example/just-transition-platform-european-union

362 European Commission. 2025. Commission Notice: Guidance on the Implementation of the Social Climate Fund.

자금 조달원 (Pillar)	주요 기금 (Fund/Tool)	핵심 목적 및 특징	주요 실행 수단/적격 활동
2nd Pillar	InvestEU Scheme	유럽투자은행(EIB) 등 금융 파트너의 프로젝트에 대한 보증을 제공하여 민간 투자 유치[363]	위험 인수를 통해 기후 회복력 있는 투자 및 일자리를 창출하는 대규모 프로젝트로 공공 및 민간 자금을 유도[364]
3rd Pillar	EIB 공공 부문 대출 기구 (Public Sector Loan Facility)	지방 정부 및 공공 기관의 친환경 및 사회적 인프라 투자에 대한 대출 및 재정 지원[365]	에너지 효율적인 주택 개선, 공공 인프라 구축, 에너지 빈곤 퇴치를 위한 투자[366]

출처: 저자 재작성

보조 도구: 정의로운 전환 플랫폼 (Just Transition Platform, JTP)은 이러한 자금 조달원을 효과적으로 활용하도록 지원하는 단일 접근 플랫폼이다. JTP는 기술 및 자문 지원을 제공하고, 당국과 수혜자들이 자금 정보, 규제 업데이트, 모범 사례를 교환하도록 장려한다.[367] [368]

② 사회 기후 기금 (Social Climate Fund, SCF)

가. 개요 및 자금 조달

SCF는 EU의 새로운 배출권 거래 시스템(ETS2) 도입에 따른 사회적 영향을 완화하기 위해 설립되었다.[369] ETS2는 2027년부터 건물 난방, 도로 교통 및 소규모 산업의 배출에 탄소 가격

363 European Commission. Just Transition Platform (JTP). Retrieved from https://ec.europa.eu/regional_policy/funding/just-transition-fund/just-transition-platform/about_en

364 Housing Europe. 2023. Just Transition Mechanism. Retrieved from https://www.housingeurope.eu/just-transition-mechanism-2/

365 European Commission. Just Transition Platform (JTP). Retrieved from https://ec.europa.eu/regional_policy/funding/just-transition-fund/just-transition-platform/about_en

366 Housing Europe. 2023. Just Transition Mechanism. Retrieved from https://www.housingeurope.eu/just-transition-mechanism-2/

367 Housing Europe. 2023. Just Transition Mechanism. Retrieved from https://www.housingeurope.eu/just-transition-mechanism-2/

368 European Commission. 2025. Commission Notice: Guidance on the Implementation of the Social Climate Fund.

369 European Commission. Social Climate Fund. Retrieved from https://employment-social-affairs.ec.europa.eu/policies-and-activities/funding/social-climate-fund_en

을 부과할 예정인데,[370] [371] SCF는 이로 인해 에너지 및 연료 가격 상승에 가장 취약한 가구, 교통 이용자, 마이크로 기업을 보호하는 것을 목표로 한다.[372] [373]

SCF는 ETS2 배출권 경매 수익 일부와 회원국의 의무 기여금(최소 25%)을 통해 재원을 마련하며, 2026년부터 2032년까지 총 €650억에서 약 €867억의 자금을 동원할 예정이다.[374] [375] SCF는 ETS2 시행 전인 2026년에 운영을 시작하여, 전환 충격에 미리 대비할 수 있도록 한다.[376]

나. 주요 실행 수단 및 지원 유형

SCF는 취약 계층의 장기적인 기후 회복력을 구축하는 구조적 투자와 단기적인 비용 충격을 완화하는 소득 지원을 모두 제공한다.[377]

- **구조적 투자** (Greener Investments): 에너지 빈곤 퇴치와 탈탄소화를 위한 장기적 지원을 제공한다.

  친환경 주택: 건물의 단열 및 에너지 효율 개선을 위한 심층 리노베이션, 노후된 화석 연료 기반 시스템을 청정 난방, 냉방 및 조리 옵션으로 대체, 건물에 태양광 패널과 같

370 Federal Ministry for Economic Affairs and Energy. BMWE Newsletter Energiewende | What is the Social Climate Fund?. Retrieved from https://energiewende.bundeswirtschaftsministerium.de/EWD/Redaktion/EN/Newsletter/2023/03/Meldung/direkt-account.html

371 UITP. UITP Policy Position on Social Climate Fund. Retrieved from https://www.uitp.org/publications/uitp-policy-position-on-social-climate-fund/

372 European Commission. Social Climate Fund. Retrieved from https://employment-social-affairs.ec.europa.eu/policies-and-activities/funding/social-climate-fund_en

373 Federal Ministry for Economic Affairs and Energy. BMWE Newsletter Energiewende | What is the Social Climate Fund?. Retrieved from https://energiewende.bundeswirtschaftsministerium.de/EWD/Redaktion/EN/Newsletter/2023/03/Meldung/direkt-account.html

374 UITP. UITP Policy Position on Social Climate Fund. Retrieved from https://www.uitp.org/publications/uitp-policy-position-on-social-climate-fund/

375 Sibylle Braungardt, Katja Schumacher, David Ritter, Katja, Hünecke, Zoé Philipps & Öko-Institut e.V. 2022. The Social Climate Fund - Opportunities and Challenges for the buildings sector. Öko-Institut.

376 Federal Ministry for Economic Affairs and Energy. BMWE Newsletter Energiewende | What is the Social Climate Fund?. Retrieved from https://energiewende.bundeswirtschaftsministerium.de/EWD/Redaktion/EN/Newsletter/2023/03/Meldung/direkt-account.html

377 Federal Ministry for Economic Affairs and Energy. BMWE Newsletter Energiewende | What is the Social Climate Fund?. Retrieved from https://energiewende.bundeswirtschaftsministerium.de/EWD/Redaktion/EN/Newsletter/2023/03/Meldung/direkt-account.html

은 재생 에너지원 설치. [378]

친환경 교통: 전기 대중교통 및 공유 모빌리티와 같은 제로 배출 교통수단에 대한 접근성 개선, 인프라 개발, 자전거 및 마이크로 모빌리티 옵션에 대한 재정적 인센티브. [379]

- **일시적 직접 소득 지원** (Temporary Direct Income Support):

연료 및 난방 비용 상승에 가장 큰 어려움을 겪는 가구에게 직접적인 재정적 도움을 제공하여 단기적인 불평등을 완화한다.[380] [381] 다만, 이 지원은 SCF 총 지출의 37.5%로 상한선이 설정되어, 장기적인 구조적 투자가 우선되도록 설계되었다.[382]

다. 분배 전략의 계층화

EU의 정의로운 전환 정책은 JTM이 지역적/산업적 구조 전환이라는 근본적인 원인을 다루고, SCF가 탄소 가격 책정이라는 정책 수단의 직접적인 사회적 피해 증상을 다루는 이중 구조를 형성한다. 이러한 정교한 계층화된 분배 전략은 기후 목표의 정치적 수용성(Political acceptability)을 확보하고,[383] 환경정의가 사회적 공정성을 갖춘 필수 요소임을 정책적으로 입증한다.[384]

(5) 인정적 정의: 환경 불평등과 소외된 공동체 (Recognitional Justice)

인정적 정의는 환경정의의 가장 민감하면서도 최근 부각된 영역으로, 환경적 위험에 불균

---

378 Camille Defard, and Alice Bergoënd. 2022. Make the Social Climate Fund a game changer to tackle energy poverty. Institut Jacques Delors.

379 Sibylle Braungardt, Katja Schumacher, David Ritter, Katja, Hünecke, Zoé Philipps & Öko-Institut e.V. 2022. The Social Climate Fund - Opportunities and Challenges for the buildings sector. Öko-Institut.

380 Federal Ministry for Economic Affairs and Energy. BMWE Newsletter Energiewende | What is the Social Climate Fund?. Retrieved from https://energiewende.bundeswirtschaftsministerium.de/EWD/Redaktion/EN/Newsletter/2023/03/Meldung/direkt-account.html

381 LSE. 2024. What is the just transition and what does it mean for climate action?. Retrieved from https://www.lse.ac.uk/granthaminstitute/explainers/what-is-the-just-transition-and-what-does-it-mean-for-climate-action/

382 UITP. (n.d). UITP Policy Position on Social Climate Fund. Retrieved from https://www.uitp.org/publications/uitp-policy-position-on-social-climate-fund/

383 Ganzleben, Catherine, and Aleksandra Kazmierczak. 2020. Leaving no one behind - understanding environmental inequality in Europe. Environmental Health. 19. DOI:10.1186/s12940-020-00600-2

384 European Commission. The Just Transition Mechanism: making sure no one is left behind. Retrieved from https://commission.europa.eu/strategy-and-policy/priorities-2019-2024/european-green-deal/finance-and-green-deal/just-transition-mechanism_en

형적으로 노출된 특정 사회 집단(인종, 민족, 소득)의 차별적 경험을 정책적으로 인정하고 대응하는 것을 포함한다.

① 유럽 환경청(EEA)의 환경 불평등 진단

유럽 환경청(EEA)은 사회경제적 지위와 건강, 그리고 지역 환경 품질 데이터를 통합한 분석을 통해 유럽 사회의 환경 불평등 문제를 심층적으로 다루고 있다.[385] EEA 보고서는 사회적 취약성이 공기 오염, 소음, 극한 온도와 같은 환경 유해 요소에 대한 불균형적인 노출 및 영향으로 이어진다는 점을 명확히 진단한다.[386]

이러한 환경 불평등 문제를 효과적으로 해결하기 위해서는 환경, 사회, 경제의 복합적인 관계를 이해해야 하며, 이를 위해 유럽, 국가, 도시 수준에서 운영되는 건강, 환경, 도시 계획 조직 간의 새로운 파트너십과 다양한 데이터를 의미 있게 결합할 수 있는 혁신적인 접근 방식이 필수적이다.[387]

② 환경 인종차별(Environmental Racism) 문제와 로마 공동체

유럽의 가장 큰 소수 민족인 로마(Roma) 공동체는 약 6백만 명이 EU 회원국에 거주하며 심각한 사회적 배제와 차별에 직면해 있다.[388] 이러한 구조적 차별은 환경 인종차별로 이어져 로마 공동체에 불균형적인 환경 위험을 초래한다.[389]

불균형적 환경 노출: 로마 거주지는 매립지, 폐기물 처리 시설, 오염된 산업 단지 근처에 위치하는 경우가 많아, 공기 및 수질 오염에 대한 노출도가 높고 이에 따른 건강 위험이 가중

385 European Environment Agency, 2018. "Unequal exposure and unequal impacts: social vulnerability to air pollution, noise and extreme temperatures in Europe".

386 Lecerf, Marie. 2025. Understanding EU action on Roma inclusion. EPRS | European Parliamentary Research Service

387 European Environment Agency, 2018. "Unequal exposure and unequal impacts: social vulnerability to air pollution, noise and extreme temperatures in Europe".

388 Mihalache, Isabela. 2023. Environmental Justice in National Strategic Frameworks. European Environmental Bureau, ERGO network.

389 CIVIL RIGHTS DEFENDERS. 2023. UNNATURAL DISASTER: ENVIRONMENTAL RACISM AND EUROPE'S ROMA.

된다.[390 391]

필수 서비스 부족: 주택 차별과 공간적 분리(spatial segregation)로 인해 로마 정착촌은 깨끗한 식수, 적절한 위생 시설, 폐기물 수거 서비스와 같은 필수 환경 서비스에 대한 접근이 제한되거나 차단되는 경우가 빈번하며,[392 393] 이는 수인성 질병 위험을 높이는 원인이 된다.

환경적 배제: 로마 공동체는 종종 경제적 가치가 높은 토지나 수자원에서 강제 퇴거당하거나(Pushed Aside), 환경 재난에 취약한 지역에 방치된다(Put in Danger).[394]

③ EU 로마 평등·포용·참여 전략적 프레임워크 (2020-2030)

EU는 이러한 환경 인종차별의 심각성을 인지하고, 2020년 EU 로마 평등·포용·참여 전략적 프레임워크를 채택했다.[395] 이듬해 채택된 이사회 권고(2021년)는 EU 정책 문서 중 최초로 환경정의 문제를 구체적으로 다루며, 환경적 불의가 단순한 빈곤 문제가 아닌, 구조적 차별의 결과임을 공식적으로 인정하는 정책적 전환점을 마련했다.[396]

주요 실행 수단: 전략적 프레임워크는 회원국들에게 필수 서비스 접근성 문제를 명시적으로 해결하도록 의무화한다. 여기에는 수돗물, 안전하고 깨끗한 식수, 적절한 위생 시설, 폐기물 수거 및 관리 서비스에 대한 접근을 보장하고, 팬데믹이나 생태학적 재난과 같은 위기 상황에서도 기본 유틸리티 서비스의 연속성을 확보하는 조치가 포함된다.[397]

---

390 CIVIL RIGHTS DEFENDERS. 2023. UNNATURAL DISASTER: ENVIRONMENTAL RACISM AND EUROPE'S ROMA.

391 Eva Schwab. 2023. Roma equality and inclusion in Europe's green transition: Energy poverty in Czechia, Hungary, Ireland and Slovakia. CEU Democracy Institute.

392 CIVIL RIGHTS DEFENDERS. 2023. UNNATURAL DISASTER: ENVIRONMENTAL RACISM AND EUROPE'S ROMA.

393 EUROPEAN COMMISSION. 2020. EU Roma strategic framework for equality, inclusion and participation. EUROPEAN COMMISSION.

394 Eva Schwab. 2023. Roma equality and inclusion in Europe's green transition: Energy poverty in Czechia, Hungary, Ireland and Slovakia. CEU Democracy Institute.

395 WWF. 2022. 8TH ENVIRONMENT ACTION PROGRAMME THE EU'S TO-DO LIST FOR IMMEDIATE ACTION.

396 CIVIL RIGHTS DEFENDERS. 2023. UNNATURAL DISASTER: ENVIRONMENTAL RACISM AND EUROPE'S ROMA.

397 CIVIL RIGHTS DEFENDERS. 2023. UNNATURAL DISASTER: ENVIRONMENTAL RACISM AND EUROPE'S ROMA.

법규 통합의 의무화: 프레임워크는 회원국들이 로마 정책을 EU의 기존 환경법(예: 물관리 기본 지침, 산업 배출 지침, 대기 질 지침) 및 오르후스 협약의 이행과 연계하여, 오염 노출의 부정적인 건강 영향을 예방하고 대처하도록 촉구한다.[398]

이러한 정책적 발전은 환경정의가 사회적 소외를 해소하는 수단으로서 기능함을 입증하며, 환경적 기준 준수를 인종 및 민족적 불평등 해소를 위한 인권 전략의 중심 요소로 승격시키는 정책 패러다임의 변화를 보여준다.

(6) 통합적 정책 거버넌스 및 집행 (Integrated Governance and Enforcement)

① 제8차 환경행동프로그램 (8th Environmental Action Programme, 8th EAP)

8th EAP는 EU의 2030년 환경 목표를 설정하며, 환경정의를 달성하기 위한 구조적 변화를 촉진한다. 이 프로그램은 단기적인 GDP 성장을 넘어 '웰빙 경제(Wellbeing Economy)'로의 전환을 추진한다.[399]

주요 실행 수단

'GDP를 넘어서' 지표: 경제적 성과 외에 환경 및 사회적 지속가능성 지표를 포함하는 보고서 및 대시보드를 생산하여 분배적 정의와 사회적 복지를 통합적으로 측정하고 정책의 성공 기준을 재정의 한다.[400]

재정적 정의: 환경에 유해한 보조금(예: 화석 연료 보조금)의 단계적 폐지를 위한 구속력 있는 마감 시한을 설정하도록 촉진하고, 다른 유해 보조금을 식별 및 평가하는 방법론을 개발함으로써 재정적 정의를 구현한다.[401]

398 CIVIL RIGHTS DEFENDERS. 2023. UNNATURAL DISASTER: ENVIRONMENTAL RACISM AND EUROPE'S ROMA.

399 European Commission. Water Framework Directive - Environment - https://environment.ec.europa.eu/topics/water/water-framework-directive_en

400 European Commission. Water Framework Directive - Environment - https://environment.ec.europa.eu/topics/water/water-framework-directive_en

401 European Commission. Water Framework Directive - Environment - https://environment.ec.europa.eu/topics/water/water-framework-directive_en

② 부문별 통합: 물관리 기본 지침 (Water Framework Directive, WFD)

WFD(2000년 도입)는 EU 수자원 보호의 기본 법률로, 지표수와 지하수를 포함한 모든 물의 '좋은 상태(Good Status, 화학적 및 생태적)' 달성을 목표로 한다.[402] WFD는 유역 지구 접근법(River Basin District approach)을 기반으로 하여, 인접 국가 간의 협력을 보장하며 물 관리의 통합적 접근을 강제한다.[403]

WFD의 완전한 이행은 깨끗하고 건강한 물에 대한 보편적인 접근을 보장함으로써 환경정의에 기여한다. 특히, 물 오염에 불균형적으로 노출되어 있는 취약 공동체(예: 로마 공동체)에게 필수 환경 서비스인 깨끗한 물을 제공하는 데 있어 WFD의 목표 달성은 필수적이다.[404][405]

③ 법적 집행 및 구제 수단

EU의 환경정의 이행은 집행위원회와 국가 법원의 상호 보완적인 역할을 통해 보장된다.

EU 집행위원회의 역할: 집행위원회는 '조약의 수호자(guardian of the treaties)'로서, 27개 회원국에서 200개 이상의 환경 법률이 적절하게 적용되도록 감시한다. 회원국이 환경법을 준수하지 않을 경우, 위원회는 위반 절차(Infringement Procedures)를 통해 법적 이행을 강제한다. 이는 환경정보 접근, 공공 참여, 환경 책임 등 환경 거버넌스를 뒷받침하는 수단의 이행을 보장하는 데도 사용된다.[406]

국가 법원의 역할: EU 환경법에 따라 개인이 환경 피해에 대한 배상이나 국가 조치의 취소를 구할 수 있는 일차적인 법적 구제 수단은 국가 법원에 있다. 집행위원회는 유럽인들이

402 European Environmental Bureau (EEB). The EU Water Framework Directive. Retrieved from https://eeb.org/library/the-eu-water-framework-directive-a-modern-and-powerful-tool-to-provide-clean-healthy-flowing-waters/

403 European Environmental Bureau (EEB). The EU Water Framework Directive. Retrieved from https://eeb.org/library/the-eu-water-framework-directive-a-modern-and-powerful-tool-to-provide-clean-healthy-flowing-waters/

404 CIVIL RIGHTS DEFENDERS. 2023. UNNATURAL DISASTER: ENVIRONMENTAL RACISM AND EUROPE'S ROMA.

405 European Union(EUR-Lex). Commission Notice on access to justice in environmental matters. Retrieved from https://eur-lex.europa.eu/legal-content/EN/TXT/PDF/?uri=CELEX:52017XC0818(02)

406 European Commission. The European Green Deal : Striving to be the first climate-neutral continent. Retrieved from https://commission.europa.eu/strategy-and-policy/priorities-2019-2024/european-green-deal_en

EU 환경법에 따른 권리를 보호하는 방법에 대한 정보를 제공하여, 개인이 국가 법원에서 효과적으로 권리를 행사하도록 지원한다.[407]

<표 12> EU 환경정의 정의 유형별 법/제도/정책, 실행수단 비교

정의 유형	핵심 법/ 제도/정책	법적 근거/ 채택 연도	개요 및 특징	주요 실행 수단
분배적 정의 (경제적 구조 전환)	정의로운 전환 메커니즘 (JTM)	JTF Regulation (2021), EGD[408]	기후 전환의 사회경제적 충격을 완화하고 취약 지역/산업/노동자 지원[409]	JTF(보조금), InvestEU Scheme(민간 투자 유치), EIB 공공 대출, 지역 정의로운 전환 계획(TJTPs)[410] [411]
분배적 정의 (가구 에너지 빈곤)	사회 기후 기금 (SCF)	Regulation (EU) 2023/955 (ETS2 연계)[412]	ETS2 도입으로 인한 에너지/교통 비용 증가로부터 취약 가구 보호 및 에너지 빈곤 대응[413]	주택 효율 개선 투자, 청정 교통 인프라 지원, 일시적 직접 소득 지원(최대 37.5%)[414] [415]

407 European Commission. The European Green Deal : Striving to be the first climate-neutral continent. Retrieved from https://commission.europa.eu/strategy-and-policy/priorities-2019-2024/european-green-deal_en

408 Housing Europe. 2023. Just Transition Mechanism. Retrieved from https://www.housingeurope.eu/just-transition-mechanism-2/

409 European Commission. Just Transition Platform(JTP). Retrieved from https://ec.europa.eu/regional_policy/funding/just-transition-fund/just-transition-platform/about_en

410 European Commission. The three pillars of the Just Transition Mechanism. Retrieved from https://ec.europa.eu/regional_policy/funding/just-transition-fund/just-transition-platform/opportunities_en

411 Climate Investment Funds(CIF). Just Transition Platform. Retrieved from https://www.cif.org/just-transition-toolbox/example/just-transition-platform-european-union

412 European Commission. Social Climate Fund. Retrieved from https://employment-social-affairs.ec.europa.eu/policies-and-activities/funding/social-climate-fund_en

413 Federal Ministry for Economic Affairs and Energy. BMWE Newsletter Energiewende | What is the Social Climate Fund?. Retrieved from https://energiewende.bundeswirtschaftsministerium.de/EWD/Redaktion/EN/Newsletter/2023/03/Meldung/direkt-account.html

414 Federal Ministry for Economic Affairs and Energy. BMWE Newsletter Energiewende | What is the Social Climate Fund?. Retrieved from https://energiewende.bundeswirtschaftsministerium.de/EWD/Redaktion/EN/Newsletter/2023/03/Meldung/direkt-account.html

415 Camille Defard, and Alice Bergoënd. 2022. Make the Social Climate Fund a game changer to tackle energy poverty. Institut Jacques Delors.

정의 유형	핵심 법/제도/정책	법적 근거/채택 연도	개요 및 특징	주요 실행 수단
절차적 정의(거버넌스)	오르후스 협약 통합 법제	Dir. 2003/4/EC, Dir. 2003/35/EC, Aarhus Regulation[416]	환경 거버넌스의 민주성 보장; 정보, 참여, 사법 접근권 부여[417 418]	EU 기관에 대한 내부 검토 요청, 국가 법원을 통한 환경법 집행 및 구제 [419]
책임 및 배상(교정적 정의)	환경 책임 지침 (ELD)	Directive 2004/35/EC[420]	오염자 부담 원칙에 기반하여 환경 피해의 예방 및 교정 의무 강제[421]	엄격 책임 제도 적용, 즉각적인 예방 및 교정 조치 요구, 국경 간 피해 대응 협력[422]
인정적 정의(평등 및 인권)	EU 로마 전략적 프레임워크	Council Recommendation 2021/C93/01[423]	환경 인종차별 및 필수 서비스 불평등(식수, 위생) 해소 및 공식 인정 [424 425]	회원국 차원의 전략 이행, 필수 서비스 접근성 보장, 환경 건강 영향 개선[426]

출처: 저자 재작성

416 European Commission. The Aarhus Convention and the EU. Retrieved from https://environment.ec.europa.eu/law-and-governance/aarhus_en
14. Search the Climate Litigation Database. 2025.

417 The Aarhus Convention: An Implementation Guide (second edition), https://www.ccacoalition.org/resources/aarhus-convention-implementation-guide-second-edition

418 European Commission. The Aarhus Convention and the EU. Retrieved from https://environment.ec.europa.eu/law-and-governance/aarhus_en
14. Search the Climate Litigation Database. 2025.

419 European Commission. The European Green Deal : Striving to be the first climate-neutral continent. Retrieved from https://commission.europa.eu/strategy-and-policy/priorities-2019-2024/european-green-deal_en

420 European Commission. Environmental Liability: Preventing and remedying damage to protected species, natural habitats, water and soil. https://environment.ec.europa.eu/law-and-governance/environmental-compliance-assurance/environmental-liability_en

421 EU(EUR-Lex- Access to European Union Law). 2020. The polluter-pays principle and environmental liability. https://eur-lex.europa.eu/EN/legal-content/summary/the-polluter-pays-principle-and-environmental-liability.html

422 Grant LAWRENCE, D. 2006. Environmental Liability Directive: A Short Overview. https://era.org.mt/wp-content/uploads/2021/03/Summary-ELD.pdf

423 CIVIL RIGHTS DEFENDERS. 2023. UNNATURAL DISASTER: ENVIRONMENTAL RACISM AND EUROPE'S ROMA.

424 CIVIL RIGHTS DEFENDERS. 2023. UNNATURAL DISASTER: ENVIRONMENTAL RACISM AND EUROPE'S ROMA.

425 WWF. 2022. 8TH ENVIRONMENT ACTION PROGRAMME THE EU'S TO-DO LIST FOR IMMEDIATE ACTION.

426 CIVIL RIGHTS DEFENDERS. 2023. UNNATURAL DISASTER: ENVIRONMENTAL RACISM AND EUROPE'S ROMA.

(7) 결론

① EU 환경정의 법제도의 주요 성과 요약

EU는 유럽 그린딜을 통해 환경정의를 정책의 핵심 축으로 끌어올리는 데 성공했다. 특히, JTM과 SCF라는 대규모 재정 지원 메커니즘을 구축하여 기후 전환의 사회적 비용을 완화하고, 에너지 빈곤 및 지역 불평등 문제를 해소하려는 정책 의지를 명확히 했다.[427] [428] 또한, 오르후스 협약 법제화를 통해 시민 사회와 환경 NGO가 법적 집행의 감시자로서 역할을 수행하도록 제도화하였으며,[429] 로마 전략적 프레임워크를 통해 환경적 불의를 단순한 빈곤 문제가 아닌 인권 및 구조적 차별 문제(환경 인종차별)로 공식 인정하는 인식적 진전을 이루었다.[430]

②정책 및 이행상의 잔존 과제

이러한 진전에도 불구하고, 환경정의의 완전한 실현을 위해서는 여전히 다음과 같은 중대한 과제들이 남아있다.

법적 책임의 실효성 확보 실패: 환경 책임 지침(ELD)은 본래의 오염자 부담 원칙을 실현하는 데 실패하고 있으며, '허가 방어'와 높은 '피해 중요성 역치'와 같은 조항들은 오염자가 책임을 회피하고 공적 자금이 복구비용에 사용되도록 하는 구조적 문제를 지속시키고 있다.[431]

데이터 및 정책 통합의 어려움: 환경 불평등을 정확히 진단하고 해결하기 위해서는 환경, 건강, 사회경제적 지위에 대한 데이터를 시공간적으로 일관성 있게 결합하는 것이 필수적이나, 이를 위한 조직 간 협력과 표준화된 데이터셋 구축은 여전히 어려운 과제이다.[432]

---

427 Housing Europe. 2023. Just Transition Mechanism. Retrieved from https://www.housingeurope.eu/just-transition-mechanism-2/

428 Federal Ministry for Economic Affairs and Energy. BMWE Newsletter Energiewende | What is the Social Climate Fund?. Retrieved from https://energiewende.bundeswirtschaftsministerium.de/EWD/Redaktion/EN/Newsletter/2023/03/Meldung/direkt-account.html

429 European Commission. The Aarhus Convention and the EU. Retrieved from https://environment.ec.europa.eu/law-and-governance/aarhus_en

430 CIVIL RIGHTS DEFENDERS. 2023. UNNATURAL DISASTER: ENVIRONMENTAL RACISM AND EUROPE'S ROMA.

431 European Environmental Bureau(EEB). 2022. Position paper on the Environmental Liability Directive. uropean Environmental Bureau.

432 European Environment Agency, 2018. "Unequal exposure and unequal impacts: social vulnerability to

재정 지원의 불균형 위험 모니터링: JTM 및 SCF는 전환 비용을 완화하는 데 중요하지만, 탄소 가격 책정의 내재적인 회귀적 측면을 충분히 완화하는지, 그리고 지원 자금이 실제로 가장 취약한 지역과 가구에 효과적으로 배분되는지에 대한 엄격하고 지속적인 모니터링이 요구된다.[433]

③ 향후 EU 환경정의 강화를 위한 정책 권고

EU가 '뒤처지는 이 없이' 기후 목표를 달성하고 사회적 응집력을 유지하기 위해 다음과 같은 정책 강화가 필요하다.

환경 책임 지침(ELD)의 강제 개정: 오염자 부담 원칙의 실효성을 높이기 위해 '허가 방어' 조항을 폐지하고, 환경 피해의 '중요성 역치'를 낮추어 모든 실제적인 환경 피해에 대해 엄격한 책임을 적용해야 한다.[434]

인정적 정의의 제도적 주류화: 로마 전략 프레임워크에서 확인된 모범 사례를 확장하여, 모든 주요 환경 관련 지침(WFD, IED 등)의 이행 및 모니터링 과정에 취약 공동체의 필수 서비스 접근성 및 오염 노출로 인한 건강 영향을 평가하고 해결하는 요소를 명시적으로 통합해야 한다.[435]

8th EAP 목표에 대한 법적 구속력 강화: '웰빙 경제' 달성과 환경 유해 보조금(특히 화석 연료)의 단계적 폐지와 같은 8th EAP의 야심 찬 목표들에 대해 구체적이고 구속력 있는 법적 마감 기한을 설정하여, 환경정의가 EU의 장기적인 경제 거버넌스 프레임워크에 확고히 통합되도록 보장해야 한다.[436]

---

air pollution, noise and extreme temperatures in Europe".

433 Louise Hoon and Karel Pype. 2022. How Can the EU Deliver a Socially Just Green Deal?. Open Society Foundations. https://www.opensocietyfoundations.org/publications/how-can-the-eu-deliver-a-socially-just-green-deal

434 European Environmental Bureau(EEB). 2022. Position paper on the Environmental Liability Directive. uropean Environmental Bureau.

435 CIVIL RIGHTS DEFENDERS. 2023. UNNATURAL DISASTER: ENVIRONMENTAL RACISM AND EUROPE'S ROMA.

436 WWF. 2022. 8TH ENVIRONMENT ACTION PROGRAMME THE EU'S TO-DO LIST FOR IMMEDIATE ACTION.

3) 미국과 유럽의 환경정의 제도 및 정책 비교

(1) 환경정의 이론 및 상황

환경정의(Environmental Justice)는 단순한 환경 보호의 차원을 넘어 사회적 형평성과 민권, 그리고 거버넌스의 투명성을 포괄하는 다층적인 개념으로 발전해 왔다. 이 개념의 핵심은 환경적 혜택과 부담의 공평한 분배뿐만 아니라, 의사결정 과정에서의 실질적 참여와 역사적으로 소외된 집단에 대한 공식적인 인정을 포함한다.[437 438] 학계와 정책 입안자들은 이를 크게 분배적 정의, 절차적 정의, 인정적 정의, 그리고 회복적 정의의 네 가지 차원으로 구분하여 분석한다.[439 440]

분배적 정의(Distributive Justice)는 소득, 인종, 지리적 위치에 관계없이 환경적 위험(오염 시설, 유해 폐기물)과 혜택(공원, 청정에너지 자금)이 어떻게 할당되는지에 초점을 맞춘다.[441 442] 절차적 정의(Procedural Justice)는 영향받는 공동체가 환경적 의사결정 과정에 얼마나 의미 있게 참여할 수 있는지를 다루며, 이는 정보에 대한 접근성 및 사법적 구제 수단과 직결된다.[443 444 445] 인정적 정의(Recognitional Justice)는 특정 집단이 겪어온 역사적, 문화적 상황과 그들의 고유한 권리를 인정하는 과정을 의미하며, 회복적 정의(Restorative Justice)는 과거의 환경적 피해를 정화하고 치유하는 실질적인 조치를 포함한다.[446 447]

미국과 유럽은 이러한 철학적 토대를 공유하면서도, 각기 다른 역사적 경험과 정치적 구조

---

437 Armeni, A. 2024. Inequalities and environmental justice in the EU climate transition and Aarhus Convention implementation. Routledge.
438 United States Environmental Protection Agency (US EPA). 2024. EJScreen technical documentation.
439 Armeni, A. 2024. Inequalities and environmental justice in the EU climate transition and Aarhus Convention implementation. Routledge.
440 European Environment Agency(EEA). 2024. Delivering justice in sustainability transitions. EEA Report.
441 Armeni, A. 2024. Inequalities and environmental justice in the EU climate transition and Aarhus Convention implementation. Routledge.
442 United States Environmental Protection Agency(US EPA). 2024. EJScreen technical documentation.
443 United States Environmental Protection Agency (US EPA). 2024. EJScreen technical documentation.
444 European Environment Agency (EEA). 2024. Delivering justice in sustainability transitions. EEA Report.
445 United Nations Economic Commission for Europe (UNECE). 1998. Aarhus Convention.
446 Armeni, A. 2024. Inequalities and environmental justice in the EU climate transition and Aarhus Convention implementation. Routledge.
447 Méndez-Barrientos, J. E., et al. 2024. Multi-dimensionality of environmental justice: Iterative and co-evolutionary processes. Journal of Environmental Policy & Planning.

에 따라 상이한 용어와 정책적 프레임워크를 구축해 왔다. 미국은 1980년대 흑인 민권 운동의 연장선상에서 '인종주의'와 '정의'라는 용어를 중심으로 환경정의 담론을 형성한 반면, 유럽은 노동운동에서 파생된 '정의로운 전환(Just Transition)'과 보편적 복지권으로서의 '에너지 권리'를 강조해 왔다.[448 449 450 451]

<표 13> 미국과 유럽의 환경정의 유형

환경정의 유형	핵심 내용	미국적 상황	유럽적 상황
분배적 정의	환경적 부담과 혜택의 공평한 배분	Justice40 (연방 혜택의 40% 배분)	정의로운 전환 기금 (탄소 집약 지역 지원)
절차적 정의	의사결정 과정의 공정성 및 참여	NEPA를 통한 공청회 및 의미 있는 참여	오르후스 협약 (알 권리, 참여권, 제소권)
인정적 정의	소외 집단의 역사와 정체성 인정	유색인종 및 원주민 공동체 명시적 식별	소수자 포용 전략
회복적 정의	과거 피해의 복구 및 치유	슈퍼펀드(CERCLA) 및 갈색지대 정화	자연 복원법 (훼손된 생태계의 복구)

출처: 저자 재작성

(2) 미국의 환경정의 법·제도 및 정책의 전개

미국의 환경정의 체계는 헌법상의 평등 보호 원칙과 1964년 민권법 제6조(Title VI), 그리고 대통령의 행정명령을 중심으로 구성되어 왔다. 특히 미국의 환경정의 정책은 입법적 근거보다는 행정부의 의지와 집행 우선순위에 따라 그 부침이 매우 심하다는 특징을 가진다.[452 453]

448 Finnish Institute of International Affairs (FIIA). 2024. Energy justice through policy: A comparison of US and EU approaches. Working Paper 139.

449 European Commission. 2021. The Just Transition Mechanism: Making sure no one is left behind. EU Publications.

450 McAllister, D. 2025. Two approaches to energy access: United States justice vs. European Union rights. Vermont Journal of Environmental Law.

451 Heffron, Raphael J. 2022. What is the "just transition"? In Achieving a Just Transition to a Low-Carbon Economy. pp. 9-19: Springer.

452 EEuropa. 2024. A comparative analysis: EU environmental policy vs. U.S. environmental strategy.

453 James M. McElfish, Jr. 2025. What's left of federal environmental justice? Environmental Law Institute(ELI). https://www.eli.org/vibrant-environment-blog/whats-left-federal-environmental-justice

① 행정명령을 통한 정책의 진화와 2025년의 단절

미국 환경정의 정책의 효시는 1994년 빌 클린턴 대통령이 서명한 행정명령 12898호이다. 이 명령은 모든 연방 기관이 소수 인종 및 저소득층 인구에 미치는 불균형적인 환경적 영향을 식별하고 대응하도록 의무화했다. 이후 조 바이든 행정부는 이를 대폭 강화하여 행정명령 14008호를 통해 '범정부적 환경정의 접근법'을 도입하고, 14096호를 통해 '모두를 위한 환경정의'를 선언하며 기후 위기 대응과 환경정의를 국가 정책의 핵심으로 통합했다.[454] [455]

그러나 2025년 1월 20일 출범한 도널드 트럼프 행정부는 출범 직후 이러한 흐름을 전면적으로 뒤집는 조치를 단행했다. 행정명령 14148호를 통해 바이든 행정부의 기후 및 환경정의 관련 명령들을 폐지했으며, 14173호를 통해 클린턴 시대의 환경정의 행정명령 12898호까지 소급하여 무효화했다.[456] [457] 또한 행정명령 14151호는 연방 정부 내의 모든 환경정의 관련 직책과 사무소를 폐쇄하도록 지시하여, 수십 년간 축적된 정책 인프라를 사실상 해체했다.[458] [459]

② 인플레이션 감축법(IRA)과 Justice40 이니셔티브의 메커니즘

바이든 행정부의 환경정의 정책 중 가장 강력한 실행 수단은 인플레이션 감축법(IRA)과 이에 결합된 Justice40 이니셔티브였다. IRA는 청정에너지 투자, 대기 오염 감소, 친환경 교통수단 확대를 위해 수천억 달러를 배정하면서, 이 중 상당 부분을 환경적으로 취약한 공동체에 직접 할당하도록 설계되었다.[460] [461] Justice40은 기후 변화 및 청정에너지 관련 연방 투자 혜택의 최소 40%를 소외된 공동체(Disadvantaged Communities)에 전달하겠다는 약속으로, 이를 위해 '기

---

454 James M. McElfish, Jr. 2025. What's left of federal environmental justice? Environmental Law Institute(ELI). https://www.eli.org/vibrant-environment-blog/whats-left-federal-environmental-justice

455 Biden, J. R. 2021. Executive Order 14008: Tackling the climate crisis at home and abroad. Federal Register.

456 Trump, D. J. 2025c. Executive Order 14173: Ending illegal discrimination and restoring merit-based opportunity. Federal Register.

457 Trump, D. J. 2025a. Executive Order 14148: Initial rescissions of harmful executive orders and actions. Federal Register.

458 James M. McElfish, Jr. 2025. What's left of federal environmental justice? Environmental Law Institute(ELI). https://www.eli.org/vibrant-environment-blog/whats-left-federal-environmental-justice

459 Trump, D. J. (2025b). Executive Order 14151: Ending radical and wasteful government DEI programs and preferencing. Federal Register.

460 Finnish Institute of International Affairs(FIIA). 2024. Energy justice through policy: A comparison of US and EU approaches. Working Paper 139.

461 European Commission. 2021. The Just Transition Mechanism: Making sure no one is left behind. EU Publications.

후 및 경제 정의 스크리닝 도구(CEJST)'를 개발하여 지원 대상 지역을 정밀하게 식별했다.[462] [463] [464]

하지만 트럼프 행정부 2기의 출범과 함께 이러한 자금 집행은 강력한 저항에 직면했다. 2025년 초, 행정부는 소위 'Green New Deal' 성격의 모든 자금 집행을 동결하고, 기집행된 환경정의 관련 보조금을 회수하려는 시도를 이어가고 있다.[465] [466] 이는 미국의 환경정의 정책이 정권 교체라는 정치적 변동성에 얼마나 취약한지를 보여주는 사례로 분석된다.[467]

③ 주(State) 단위의 독립적 환경정의 법제화

연방 차원의 정책적 후퇴에도 불구하고, 캘리포니아와 같은 선도적인 주들은 독자적인 환경정의 법체계를 강화해 왔다. 캘리포니아의 상원 법안 535호(SB 535)는 탄소 배출권 거래제 수익금의 일정 비율을 반드시 취약 공동체에 투자하도록 법으로 강제하고 있으며, 이는 행정명령과 달리 정권 교체에도 지속성을 가질 수 있는 강력한 법적 기반이 된다.[468]

(3) 유럽연합(EU)의 환경정의 및 정의로운 전환 체계

유럽연합의 환경정의는 미국보다 훨씬 제도화되어 있으며, 조약과 지침(Directive)을 통해 회원국 전체에 법적 구속력을 행사하는 특징을 보인다. 유럽의 접근 방식은 환경 보호를 보편적 인권의 일부로 간주하며, 특히 에너지 전환 과정에서의 사회적 고통을 분담하는 '정의로운 전

---

462 Finnish Institute of International Affairs(FIIA). 2024. Energy justice through policy: A comparison of US and EU approaches. Working Paper 139.

463 James M. McElfish, Jr. 2025. What's left of federal environmental justice? Environmental Law Institute(ELI). https://www.eli.org/vibrant-environment-blog/whats-left-federal-environmental-justice

464 Biden, J. R. 2021. Executive Order 14008: Tackling the climate crisis at home and abroad. Federal Register.

465 Environmental Law Institute(ELI). 2025. What's left of federal environmental justice? Vibrant Environment Blog.

466 Woods, S. 2025. The Trump administration's deletion of environmental justice data does real harm. Union of Concerned Scientists.

467 EEuropa. 2024. A comparative analysis: EU environmental policy vs. U.S. environmental strategy.

468 California Environmental Protection Agency(CalEPA). 2022. Disadvantaged communities designation for Senate Bill 535.

환'에 초점을 맞춘다.[469] [470]

① 유럽 그린딜(European Green Deal)과 정의로운 전환 메커니즘(JTM)

2019년 발표된 유럽 그린딜은 유럽을 세계 최초의 기후 중립 대륙으로 만들겠다는 전략적 비전이며, 그 핵심 원칙은 "어느 누구도 뒤처지지 않게 하겠다"는 것이다.[471] [472] 이를 실현하기 위한 구체적인 제도적 수단이 '정의로운 전환 메커니즘(JTM)'이다. JTM은 2021년부터 2027년까지 탄소 집약적 산업 구조를 가진 지역을 지원하기 위해 설계되었으며, 약 550억 유로 이상의 자금을 동원한다.[473]

JTM의 제1기둥인 '정의로운 전환 기금(JTF)'은 가장 직접적인 실행 수단으로, 석탄 광산 폐쇄나 철강 산업의 전환으로 경제적 타격을 입은 지역의 일자리 창출, 근로자 재교육, 갈색지대 정화 및 재생을 지원한다.[474] 회원국들은 기금을 지원받기 위해 '지역 정의로운 전환 계획(Territorial Just Transition Plans)'을 수립해야 하며, 여기에는 지역 공동체의 참여와 구체적인 전환 경로가 포함되어야 한다.

② 오르후스 협약과 절차적 정의의 강화

유럽 환경정의의 법적 근간 중 하나는 오르후스 협약(Aarhus Convention)이다. 이 협약은 환경 보호를 인류의 복지와 생존을 위한 필수 조건으로 규정하고, 다음과 같은 대중의 세 가지 기본적 권리를 보장한다.[475] [476]

469 Finnish Institute of International Affairs(FIIA). 2024. Energy justice through policy: A comparison of US and EU approaches. Working Paper 139.

470 McAllister, D. 2025. Two approaches to energy access: United States justice vs. European Union rights. Vermont Journal of Environmental Law.

471 European Commission. 2021. The Just Transition Mechanism: Making sure no one is left behind. EU Publications.

472 Jones, E. & Youngs, R. 2025. Confronting backlash against Europe's green transition. Carnegie Endowment for International Peace.

473 European Commission. 2021. The Just Transition Mechanism: Making sure no one is left behind. EU Publications.

474 European Commission. 2021. The Just Transition Mechanism: Making sure no one is left behind. EU Publications.

475 United Nations Economic Commission for Europe(UNECE). 1998. Aarhus Convention.

476 Department of Climate, Energy and the Environment (Ireland). 2020. Aarhus Convention three pillars.

- 정보 접근권: 공공기관이 보유한 환경 정보에 대해 시민이 자유롭게 접근할 수 있는 권리이다.
- 의사결정 참여권: 환경적 영향이 큰 프로젝트나 계획 수립 단계에서 대중이 의견을 개진하고 반영할 수 있는 권리이다.
- 사법 접근권: 환경법 위반이나 절차적 권리 침해 시 법원에 제소하여 시정을 요구할 수 있는 실질적인 수단이다.

EU는 이러한 오르후스 원칙을 '환경 영향 평가 지침(EIA Directive)' 및 '환경 정보 접근 지침' 등을 통해 실무적으로 구현하고 있다. 특히 EIA 지침은 대규모 개발 프로젝트 전 반드시 환경 영향을 평가하고 대중의 참여를 보장하도록 강제하여, 절차적 정의를 행정의 필수 요소로 정착시켰다.[477]

③ 자연 복원법(Nature Restoration Law)과 새로운 지평

최근 EU는 2024년 '자연 복원법'을 발효시키며 환경정의의 범위를 인간 중심의 분배를 넘어 생태계 복원으로 확장했다. 이 법은 2030년까지 EU 육지와 바다 면적의 최소 20%를 복원하고, 2050년까지 복원이 필요한 모든 생태계를 회복시키겠다는 야심 찬 목표를 담고 있다.[478] 이는 자연의 회복이 곧 취약 계층의 기후 적응력(홍수 방지, 열섬 완화)을 높이는 길이라는 인식을 바탕으로 하며, 생태적 정의와 사회적 정의를 결합한 형태로 평가받는다.

(4) 미국과 유럽의 거버넌스 및 실행 수단 비교

미국과 유럽은 환경정의를 달성하기 위한 거버넌스 구조와 정책 수단에서 뚜렷한 대조를 보인다. 미국은 인센티브 기반의 시장 중심적 접근을 취하는 반면, 유럽은 법적 규제와 다층적 거버넌스를 통한 통합적 접근을 선호한다.[479] [480]

---

477 European Commission. 2021. The Just Transition Mechanism: Making sure no one is left behind. EU Publications.
478 European Environment Agency(EEA). 2024. Delivering justice in sustainability transitions. EEA Report.
479 Finnish Institute of International Affairs (FIIA). 2024. Energy justice through policy: A comparison of US and EU approaches. Working Paper 139.
480 EEuropa. 2024. A comparative analysis: EU environmental policy vs. U.S. environmental strategy.

① 거버넌스 구조의 차이: 분권적 실험 대 다층적 통합

미국의 환경 거버넌스는 분권화되어 있으며, 주 정부가 '민주주의의 실험실'로서 강력한 권한을 행사한다.[481] [482] 연방 정부가 최소한의 표준을 설정하지만, 실제 집행과 환경정의 정책의 창의적 구현은 주 단위에서 이루어지는 경우가 많다. 이로 인해 주마다 환경 정의의 수준이 극심하게 갈리는 현상이 발생하며, 특히 보수적인 주에서는 연방의 지침을 거부하는 사례가 빈번하다.[483]

유럽연합은 '다층 거버넌스(Multilevel Governance)' 체계를 통해 EU-국가-지역 간의 정교한 조율을 수행한다.[484] EU 차원에서 합의된 공통 목표(그린딜 등)는 각 회원국이 반드시 이행해야 하는 법적 의무가 되며, EU 집행위원회는 정기적인 보고와 심사를 통해 이행 여부를 감시한다.[485] 이는 정책의 장기적인 안정성을 보장하지만, 의사결정 속도가 느리고 관료적이라는 단점이 있다.[486] [487]

② 실행 수단의 비교: 인센티브 대 규제

미국의 실행 수단은 주로 '당근'에 집중되어 있다. IRA와 같은 법안은 세액 공제와 보조금을 통해 기업과 개인이 청정에너지로 전환하도록 유도한다.[488] [6] 이렇게 접근하게 되면 시장의 역동성은 활용하지만, 보조금이 끊길 경우 정책 효과가 급감하는 취약성을 가진다.[489]

유럽은 '당근과 채찍'을 동시에 사용한다. JTF를 통한 지원금(당근)과 함께, '탄소 국경 조정

---

481 EEuropa. 2024. A comparative analysis: EU environmental policy vs. U.S. environmental strategy.
482 Bache, I. (2012). Multilevel governance in the European Union. Oxford University Press.
483 EEuropa. 2024. A comparative analysis: EU environmental policy vs. U.S. environmental strategy.
484 Bache, I. (2012). Multilevel governance in the European Union. Oxford University Press.
485 European Commission. 2021. The Just Transition Mechanism: Making sure no one is left behind. EU Publications.
486 EEuropa. 2024. A comparative analysis: EU environmental policy vs. U.S. environmental strategy.
487 Jones, E. & Youngs, R. (2025). Confronting backlash against Europe's green transition. Carnegie Endowment for International Peace.
488 Finnish Institute of International Affairs (FIIA). 2024. Energy justice through policy: A comparison of US and EU approaches. Working Paper 139.
489 Woods, S. (2025). The Trump administration's deletion of environmental justice data does real harm. Union of Concerned Scientists.

제도(CBAM)'나 '기업 지속가능성 실사 지침(CSDDD)'과 같은 강력한 규제(채찍)를 병행한다.[490] [491] 특히 유럽은 환경적 사회적 책임을 법적 의무화함으로써, 기업이 자발적으로 환경정의를 고려하도록 강제하는 제도적 장치를 마련하고 있다.[492] [493]

<표 14> 미국과 유럽의 거버넌스 및 실행수단 비교

비교 항목	미국 (United States)	유럽연합 (European Union)
정책 목표	역사적 소외 공동체의 형평성(Equity)	사회적 권리와 정의로운 전환(Rights)
법적 근거	대통령 행정명령 중심 (가변적)	조약, 지침, 규정 중심 (안정적)
핵심 기구	EPA(환경보호청) 및 각 주 환경청	유럽 집행위원회(EC) 및 유럽 환경청 (EEA)
참여 기제	NEPA 기반의 공청회 및 소송	오르후스 협약 기반의 3대 권리 보장
주요 수단	IRA 기반 세액 공제 및 보조금	JTM 기반 기금 및 통합 규제 패키지

출처: 저자 재작성

③ 데이터 기반의 환경정의 분석 도구: EJScreen vs. 유럽형 시스템

환경정의 정책의 실효성을 담보하기 위해서는 환경 오염과 사회적 취약성이 중첩되는 지역을 정확히 식별해야 한다. 이를 위해 미국과 유럽은 각기 다른 분석 도구를 개발하여 운용해 왔다.

가. 미국의 EJScreen과 2025년의 삭제 사태

미국 연방 EPA가 개발한 'EJScreen'은 미국 전역의 데이터를 격자 단위로 분석하여 '환경정의 지수'를 산출하는 세계적인 수준의 매핑 도구이다.[494] 이 도구는 대기질, 유해 시설물 거

490 Finnish Institute of International Affairs (FIIA). 2024. Energy justice through policy: A comparison of US and EU approaches. Working Paper 139.
491 Amnesty International. 2025. Europeans favour human rights and environmental protection over corporate profits.
492 Amnesty International. 2025. Europeans favour human rights and environmental protection over corporate profits.
493 Z2Data. 2024. Hidden divide to ESG risk in the US vs. the EU. Insights.
494 United States Environmental Protection Agency (US EPA). 2024. EJScreen technical documentation.

리 등 12개 환경 지표와 저소득, 교육 수준 등 인구 통계 지표를 결합하여 어디에 투자가 가장 시급한지를 보여주었다.[495 496] 그러나 2025년 2월 5일, 트럼프 행정부는 EPA 웹사이트에서 EJScreen을 전격 삭제했다.[497] 행정부는 이를 "DEI와 환경정의를 앞세운 이념적 우선순위 집행을 중단하기 위한 조치"라고 설명했다.[498 20] 현재 민간 데이터 파트너들이 비공식 복제 사이트를 통해 이 데이터를 유지하고 있으나, 연방 정부 차원의 공식적인 활용은 중단된 상태이다.[499 500]

나. 유럽의 에너지 빈곤 허브와 EEA의 통합 모니터링

유럽은 미국식의 통합 환경정의 지수보다는 부문별 취약성 지표를 정교화하는 방식을 택했다. '에너지 빈곤 자문 허브(EPAH)'는 유럽 전역의 가구별 에너지 지출비용, 주택 에너지 효율 지표를 수집하여 '에너지 빈곤 대시보드'를 운영한다.[501] 이는 유럽의 환경 정의 논의가 추운 겨울 난방비나 여름철 폭염 대응과 같은 실질적인 주거 권리에 집중되어 있음을 보여준다.[502 503]

유럽 환경청(EEA)은 '유럽 기후 및 건강 관측소'와 'Map Viewer'를 통해 대기 오염 노출의 불평등을 정기적으로 보고한다.[504] 이들의 분석에 따르면, 유럽 내 저소득 지역의 초미세먼지(PM_2.5) 농도가 고소득 지역보다 현저히 높으며, 이는 주로 노후 주택의 화석 연료 난방과 교통 혼잡 지역의 밀집도 차이에서 기인한다.[505] 이러한 데이터는 EU의 '제로 오염 행동 계획' 등

495 United States Environmental Protection Agency (US EPA). 2024. EJScreen technical documentation.
496 Urban Institute. 2022. Screening for environmental justice: A framework for comparing national, state, and local data tools.
497 Union of Concerned Scientists. 2025. Trump administration's deletion of EJScreen from EPA website.
498 Woods, S. 2025. The Trump administration's deletion of environmental justice data does real harm. Union of Concerned Scientists.
499 Union of Concerned Scientists. 2025. Trump administration's deletion of EJScreen from EPA website.
500 Public Environmental Data Partners. 2025. Unofficial copy of EJScreen.
501 Energy Poverty Advisory Hub(EPAH). 2026. Leading EU initiative dedicated to local action against energy poverty.
502 Energy Poverty Advisory Hub(EPAH). 2026. Leading EU initiative dedicated to local action against energy poverty.
503 Joint Research Centre(JRC). 2024. Justice-focused approach key to effective energy poverty solutions. EU Science Hub.
504 European Environment Agency(EEA). 2024. Delivering justice in sustainability transitions. EEA Report.
505 European Environment Agency(EEA). 2024. Delivering justice in sustainability transitions. EEA Report.

상위 정책의 근거 데이터로 활용된다.[506]

④ 유럽 국가별 환경정의 실행 사례: 프랑스와 독일

가. 프랑스: 에너지 효율과 주거 정의의 결합

프랑스는 2019년 에너지기후법을 통해 주거 부문에서의 환경정의를 강력하게 실천하고 있다. 프랑스 정부는 에너지 효율이 가장 낮은 등급(F, G등급)의 주택을 '열 시브(Thermal sieve)'로 정의하고, 이러한 주택의 임대료 인상을 법적으로 금지했다.[507] [508] 또한 2023년부터는 일정 기준 이하의 주택을 '불량 주택'으로 간주하여 신규 임대를 금지하는 등, 저소득 임차인이 에너지 비용 부담으로 인해 빈곤의 악순환에 빠지지 않도록 보호하는 조치를 단행했다.[509] 이는 환경 정책이 어떻게 자산가와 서민 간의 정의로운 관계를 재정립할 수 있는지를 보여주는 사례이다.[510]

나. 독일: 연방 환경청(UBA)의 과학적 건강 거버넌스

독일은 연방 환경청(UBA)이 환경정의에 관한 방대한 연구와 시범 사업을 주도한다.[511] 독일의 거버넌스적 특징은 환경 문제가 보건과 직결된다는 점을 강조하는 '환경 보건 정의'에 있다. UBA는 소음, 대기질, 녹지 접근성이 사회적 배경에 따라 어떻게 차이 나는지를 과학적으로 증명하고, 이를 도시 계획 지침에 반영하도록 지자체에 권고한다.[512] 특히 베를린과 같은 대도시에서는 '환경정의 지도'를 제작하여 소음이 심하고 녹지가 부족한 소외 지역에 우선적으로 예산을 배정하는 정책을 시행 중이다.

(5) 현재의 도전과 미래 전망: 저항과 회복탄력성

미국과 유럽 모두 2020년대 중반에 이르러 환경정의 정책의 강력한 저항(Backlash)에 직면

506 Jones, E. & Youngs, R. 2025. Confronting backlash against Europe's green transition. Carnegie Endowment for International Peace.
507 Gide. 2019. Law no. 2019-1147 of 8 November 2019 on energy and climate.
508 Law Library of Congress. 2019. France: Law on energy and climate adopted. Global Legal Monitor.
509 Law Library of Congress. 2019. France: Law on energy and climate adopted. Global Legal Monitor.
510 Gide. 2019. Law no. 2019-1147 of 8 November 2019 on energy and climate.
511 Umweltbundesamt (UBA). 2025. Tasks and structure of the German Environment Agency.
512 Stinson. 2025. First month of the Trump administration environmental summaries.

하고 있다.

① 미국의 데이터 말살과 정치적 가변성

미국의 상황은 매우 엄중하다. 2025년 행정부는 단순히 정책을 바꾸는 것이 아니라, 환경정의의 근거가 되는 데이터와 용어를 연방 시스템에서 삭제하는 '에피스테믹 클로저(Epistemic Closure)' 전략을 취하고 있다.[513 514] 이는 향후 정권이 다시 바뀌더라도 환경정의 정책을 복원하는 데 수년의 시간이 걸리도록 인적, 지적 인프라를 파괴하는 행위로 비판받고 있다.[515] 연방 정부의 이러한 행태는 환경 보호를 시장 논리와 개인의 노력(Merit) 문제로만 치환하여, 구조적 불평등을 외면하는 결과를 초래할 우려가 크다.[516 517]

② 유럽의 그린래시(Greenlash)와 규제 단순화의 함정

유럽에서는 기후 정책의 비용 부담을 거부하는 '그린래시'가 정치적 화두로 부상했다.[518 519] 농민들의 거센 시위로 인해 EU는 '농장에서 식탁까지(Farm to Fork)' 전략의 일부인 농약 감축 목표를 철회하거나, 자연 복원법의 일부 조항을 수정하는 등 후퇴하는 모습을 보이고 있다.[520 521] 또한 '규제 단순화'라는 명목 아래 기업의 환경적 책임을 완화하려는 시도가 이어지고 있어, 유럽의 환경정의가 경제적 경쟁력 논리에 밀려날 수 있다는 우려가 제기된다.[522 523]

---

513 Woods, S. 2025. The Trump administration's deletion of environmental justice data does real harm. Union of Concerned Scientists.

514 Union of Concerned Scientists. 2025. Trump administration's deletion of EJScreen from EPA website.

515 Union of Concerned Scientists. 2025. Trump administration's deletion of EJScreen from EPA website.

516 Trump, D. J. 2025c. Executive Order 14173: Ending illegal discrimination and restoring merit-based opportunity. Federal Register.

517 Harvard Environmental & Energy Law Program. 2025. Environmental justice tracker.

518 Jones, E. & Youngs, R. 2025. Confronting backlash against Europe's green transition. Carnegie Endowment for International Peace.

519 Carnegie Endowment for International Peace. 2025. Greenlash: The growing resistance to environmental policies.

520 Jones, E. & Youngs, R. 2025. Confronting backlash against Europe's green transition. Carnegie Endowment for International Peace.

521 BirdLife International. 2025. Simplification or sabotage: EU's nature agenda under pressure.

522 Jones, E. & Youngs, R. 2025. Confronting backlash against Europe's green transition. Carnegie Endowment for International Peace.

523 BirdLife International. 2025. Simplification or sabotage: EU's nature agenda under pressure.

(6) 결론 및 정책적 시사점

미국과 유럽의 환경정의 제도 및 정책에 대한 비교함으로써 다음과 같은 결론을 도출하였다.

첫째, 환경정의의 제도적 내구성이 무엇보다 중요하다. 미국처럼 대통령 행정명령에 의존하는 체계는 정치적 풍향에 따라 정책 전체가 와해될 위험이 크다. 반면 유럽처럼 조약과 입법을 통해 다층적으로 설계된 체계는 정치적 반발(Greenlash) 속에서도 기본 원칙을 유지하는 힘이 더 강하다.[524 525 526]

둘째, 절차적 정의와 데이터의 투명성이 실질적인 정의를 가능하게 한다. 오르후스 협약과 같은 강력한 절차적 권리는 시민 사회가 국가와 기업을 상대로 환경적 책임을 물을 수 있는 최후의 보루가 된다.[527] 또한 EJScreen과 같은 정밀한 데이터 도구는 정책 집행의 객관성을 담보하며, 이러한 데이터가 삭제되거나 오염될 때 환경정의는 실종된다.[528 529]

셋째, 환경정의는 경제적 전환과 긴밀히 결합되어야 한다. 유럽의 '정의로운 전환 기금'이나 미국의 IRA처럼 전환의 과정에서 발생하는 소외 계층에게 실질적인 경제적 혜택이 돌아갈 때만 정책적 동력을 유지할 수 있다.[530] 단순한 규제만으로는 피규제자들의 강력한 반발을 극복하기 어렵다.

---

524 EEuropa. 2024. A comparative analysis: EU environmental policy vs. U.S. environmental strategy.

525 Environmental Law Institute (ELI). 2025. What's left of federal environmental justice? Vibrant Environment Blog.

526 Jones, E. & Youngs, R. 2025. Confronting backlash against Europe's green transition. Carnegie Endowment for International Peace.

527 Department of Climate, Energy and the Environment (Ireland). 2020. Aarhus Convention three pillars.

528 United States Environmental Protection Agency (US EPA). 2024. EJScreen technical documentation.

529 Union of Concerned Scientists. 2025. Trump administration's deletion of EJScreen from EPA website.

530 Finnish Institute of International Affairs (FIIA). 2024. Energy justice through policy: A comparison of US and EU approaches. Working Paper 139.

참고문헌

김양현. 2000. 현대 환경윤리학의 논의 방향과 쟁점들. 신학연구, 2, 9-41.

김일방. 2020. 환경도덕민감성의 구성요소 및 발달 경향 분석. 지리교육논집, 29(1), 9-31.

마르크스21. 2024. 마르크스의 계급 착취 관계와 환경 부정의. 마르크스주의 이론지.

성준현. 2020. 기후변화에 효과적으로 대응하기 위한 세대 간 정의론: 롤즈의 정의로운 저축의 원칙을 중심으로. 윤리연구, 131, 245-270.

이광근. 2015. 생태사회주의의 이론적 지형과 실천적 함의. SNUAC Issue Brief, 서울대학교 아시아연구소.

한면희. 2000. 환경정의론과 웰쯔의 다원주의적 통합. 환경철학, 5, 41-65.

Adelman, Robert M. 2005. The Role of Race, Class, and Residential Preferences in the Neighborhood Racial Composition of Middle-Class Blacks and Whites. Social Science Quarterly 86 (1):209-228.

Agyeman, Julian, Robert D. Bullard, and Bob Evans. 2003. Just Sustainabilities: Development in an Unequal World. Cambridge, MA: The MIT Press.

Aimee Davenport, Kristen Ellis Johnson, and Betsy Moedritzer. 2025. First Month of the Trump Administration: Environmental Summaries and Insights. https://www.stinson.com/newsroom-publications-first-month-of-the-trump-administration-environmental-summaries-and-insights. [2025]

Ainsworth, James W. 2002. Why Does It Take a Village? The Mediation of Neighborhood Effects on Educational Achievement. Social Forces 81 (1):117-152.

Amnesty International. 2025. Europeans favour human rights and environmental protection over corporate profits.

Anderton, Douglas L., Andy B. Anderson, and Michael R. Fraser. 1994. Environmental Equity: The Demographic Dumping. Demography 31 (2):229-248.

Armeni, A. 2024. Inequalities and environmental justice in the EU climate transition and Aarhus Convention implementation. Routledge.

Bache, I. 2012. Multilevel governance in the European Union. Oxford University Press.

Bailey, Conner, and Charles E. Faupel. 1992. Environmentalism and Civic Rights in Sumter County, Alabama. In Race and the Incidence of Environmental Hazards : a Time for Discourse, edited by B. Bryant and P. Mohai. Boulder, CO: Westview Press.

Bailey, Conner, Charles E. Faupel, and James H. Gundlach. 1993. Environmental Politics in Alabama's Blackbelt. In Confronting Environmental Racism: Voices from the Grassroots, edited by R. D. Bullard. Boston, MA: South End Press.

Banzhaf, S., Ma, L., & Timmins, C. 2019. Environmental justice: The economics of race, place, and pollution. Journal of Economic Perspectives, 33(1), 185-208.

Bath, C. Richard, Janet M. Tanski, and Robert E. Villarreal. 1998. The Failure to Provide Basic Services to the Colonias of El Paso County. In Environmental Injustices, Political Struggles: Race, Class, and the Environment, edited by D. E. Camacho. Durham, NC: Duke University Press.

Beatley, Timothy, and Kristy Manning. 1997. The Ecology of Place: Planning for Environment, Economy, and Community. Washington, DC: Island Press.

Beatley, Timothy. 2000. Green Urbanism: Learning from European Cities. Washington, DC: Island Press.

Bentham, J. 1789. An introduction to the principles of morals and legislation. Oxford: Clarendon Press.

Biden, J. R. 2021. Executive Order 14008: Tackling the climate crisis at home and abroad. Federal Register.

BirdLife International. 2025. Simplification or sabotage: EU's nature agenda under pressure.

Blumberg, Louis, and Robert Gottlieb. 1989. The Limits of the Incineration Strategy: The Lancer Experience. In War on Waste: Can America Win Its Battle with Garbage. Covelo, CA: Island Press.

Boer, J. Tom, Manuel Pastor Jr., James L. Sadd, and Lori D. Snyder. 1997. Is There Environmental Racism? The Demographics of Hazardous Waste in Los Angeles County. Social Science Quarterly 78 (4):793-810.

Boring, Nicolas. 2019. France: Law on Energy and Climate Adopted. https://www.loc.gov/item/global-legal-monitor/2019-12-04/france-law-on-energy-and-climate-adopted/.

Broad, Robin. 1994. "The Poor and the Environment: Friends or Foe?" World Development 22(6): 811-822.

Bryant, Bunyan. 1995. Environmental Justice: Issues, Policies, and Solutions.

Bryant, Bunyan, and Paul Mohai (ed.). 1992. Race and the Incidence of Environmental Hazards : a Time for Discourse. Boulder, CO: Westview Press.

Buijs, A. E., N. M. Gulsrud, R. Rodela, A. P. Diduck, A. P. N. van der Jagt, and C. M. Raymond. 2024. "Advancing Environmental Justice in Cities through the Mosaic Governance of Nature-Based Solutions." Cities 147.

Bullard, Robert D. "Overcoming Racism in Environmental Decisionmaking." Environment: Science and Policy for Sustainable Development 36, no. 4 (1994/05/01 1994): 10-44.

Bullard, Robert D. 2000. Dumping in Dixie: Race, Class, and Environmental Quality. 3rd ed. Boulder, CO: Westview Press.

Bullard, Robert D. 2003. Environmental Justice for All. The New Crisis 110 (1):24-26.

Bullard, Robert D. 2014. "Unequal Environmental Protection: Incorporating Environmental Justice in Decision Making." In Worst Things First, 237-66: Routledge,

Bullard, R.D., D.A. Alston, and Panos Institute. 1990. We Speak for Ourselves: Social Justice, Race, and Environment. Panos Institute,

California Environmental Protection Agency (CalEPA). 2022. Disadvantaged communities designation for Senate Bill 535.

Camille Defard, and Alice Bergoënd. 2022. Make the Social Climate Fund a game changer to tackle energy poverty. Institut Jacques Delors.

Ĉapek, Stella. 1993. The 'Environmental Justice' Frame: A Conceptual Discussion and an Application. Social Problems 40 (1):5-24.

Carnegie Endowment for International Peace. 2025. Greenlash: The growing resistance to environmental policies.

Charles, Camille Z. 2003. The Dynamics of Racial Residential Segregation. Annual Review of Sociology 29:167-207.

Chavez, Cesar. 1993. Farm Workers at Risk. In Toxic Struggles: The Theory and Practices of Environmental Justice, edited by R. Hofrichter. Philadelphia, PA: New Society Publishers.

Chitra Balakrishnan, Yipeng Su, Judah Axelrod, and Samantha Fu. 2022. Screening for Environmental Justice : A Framework for Comparing National, State, and Local Data Tools. URBAN INSTITUTE.

CIVIL RIGHTS DEFENDERS. 2023. UNNATURAL DISASTER: ENVIRONMENTAL RACISM AND EUROPE'S ROMA.

Clarke, Jeanne Nienaber, and Andrea K. Gerlak. 1998. Environmental Racism in Southern Arizona? The Reality beneath the Rhetoric. In Environmental Injustices, Political Struggles: Race, Class, and the Environment, edited by D. E. Camacho. Durham, NC: Duke University Press.

Climate Investment Funds (CIF). (n.d). Just Transition Platform. Retrieved from https://www.cif.org/just-transition-toolbox/example/just-transition-platform-european-union

Climate Program Portal. (n.d.). Justice40 Initiative Overview. Retrieved from(https://climateprogramportal.org/wp-content/uploads/2025/02/P_SDI4.pdf)

Clinton, W. J. 1994. Executive Order 12898: Federal actions to address environmental justice in minority populations and low-income populations. Federal Register.

Cohan, H., & Lee, J. 2023. The U.S. can't achieve environmental justice through one-size-fits-all climate policy. Brookings Institution. Retrieved from https://www.brookings.edu/

articles/the-us-cant-achieve-environmental-justice-through-one-size-fits-all-climate-policy/

Cole, Luke W., and Sheila R. Foster. 2001. From the Ground up: Environmental Racism and the Rise of the Environmental Justice Movement. New York, NY: New York University Press.

Cole, L. 2024. Taking stock of environmental justice. Nature Communications, 15(1), 2269. Retrieved from https://pmc.ncbi.nlm.nih.gov/articles/PMC10962396/

Congressional Research Service. 2025. Title VI of the Civil Rights Act of 1964 and Environmental Justice. Retrieved from https://www.congress.gov/crs-product/LSB11340

Cordelia Buchanan Ponczek, and Marco Siddi. 2024. Energy justice through policy: A comparison of US and EU approaches. Helsinki: Finnish Institute of International Affairs(FIIA).

Cress, Daniel M., and David A. Snow. 2000. The Outcomes of Homeless Mobilization: The Influence of Organization, Disruption, Political Mediation, and Framing. American Journal of Sociology 105 (4):1063-1104.

Crowell. 2025. Federal Environmental Justice Compliance: The 180-Degree Change. https://www.crowell.com/en/insights/client-alerts/federal-environmental-justice-compliance-the-180-degree-change

Daniels, Glynis, and Samantha Friedman. 1999. Spatial Inequality and the Distribution of Industrial Toxic Releases: Evidence from the 1990 TRI. Social Science Quarterly 80 (2):244-262.

Darden, Joe T., and Sameh M. Kamel. 2000. Black Residential Segregation in the City and Suburbs of Detroit: Does Socioeconomic Status Matter? Journal of Urban Affairs 22 (1):1-13.

Delaware Department of Natural Resources and Environmental Control. (n.d.). What is Justice40?. Retrieved from https://dnrec.delaware.gov/climate-coastal-energy/energy-office/justice40/

Department of Climate, Energy and the Environment (Ireland). 2020. Aarhus Convention three pillars.

Diamond McAllister. 2025. Two Approaches to Energy Access: United States Justice vs. European Union Rights. https://vjel.vermontlaw.edu/news/2025/11/two-approaches-to-energy-access-united-states-justice-vs-european-union-rights/.

Dixon, Marc, and Vincent J. Roscigno. 2003. Status, Networks, and Social Movement Participation: The Case of Striking Workers. American Journal of Sociology 108 (6):1292-1327.

Dunn, Alexandra Dapolito. 2024. At the Intersection of Environmental Justice and Sustainability Lies a More Equitable, Healthy Future for U.S. Communities UMKC LAW REVIEW. 92(4).

Eady, Veronica. 2003. Environmental Justice in State Policy Decisions. In Just Sustainabilities: Development in an Unequal World, edited by J. Agyeman, R. D. Bullard and B. Evans. Cambridge, MA: The MIT Press.

EEuropa. 2024. A comparative analysis: EU environmental policy vs. U.S. environmental strategy.

Energy Poverty Advisory Hub(EPAH). 2026. Leading EU initiative dedicated to local action against energy poverty.

ENVIRONMENTAL & ENERGY LAW PROGRAM-HARVARD LAW SCHOOL. 2025. DOJ Eliminated Its Disparate Impact Regulations. https://eelp.law.harvard.edu/tracker/rollback-executive-order-directed-agencies-to-eliminate-use-and-enforcement-of-disparate-impact-standard/

Environmental & Energy Law Program-Harvard Law School. 2025. Federal Environmental justice tracker. https://eelp.law.harvard.edu/tracker-type/environmental-justice-tracker/

EPA. 2025. Federal Civil Rights Laws (Including Title VI) and EPA's Non-Discrimination Regulations. https://www.epa.gov/external-civil-rights/federal-civil-rights-laws-including-title-vi-and-epas-non-discrimination.

EPA. (n.d). How Does EPA Use EJSCREEN? Environmental Justice Mapping and Screening at EPA. https://19january2017snapshot.epa.gov/ejscreen/how-does-epa-use-ejscreen_.html. [2025]

Erin Jones, and Richard Youngs. 2025. Confronting Backlash Against Europe's Green Transition. https://carnegieendowment.org/research/2025/09/climate-backlash-europe-green-transition-farmers-protests. [2025]

EU. 2020. The polluter-pays principle and environmental liability. EUR-Lex- Access to European Union Law. https://eur-lex.europa.eu/EN/legal-content/summary/the-polluter-pays-principle-and-environmental-liability.html

EUROPEAN COMMISSION. 2020. EU Roma strategic framework for equality, inclusion and participation. EUROPEAN COMMISSION.

European Commission. 2021. The Just Transition Mechanism: Making sure no one is left behind. EU Publications.

European Commission. 2025. Commission Notice: Guidance on the Implementation of the Social Climate Fund.

European Commission. (n.d). The Aarhus Convention and the EU. Retrieved from https://

environment.ec.europa.eu/law-and-governance/aarhus_en
European Commission. (n.d). Legal enforcement. Retrieved from https://environment.ec.europa.eu/law-and-governance/legal-enforcement_en
European Commission. (n.d). The European Green Deal : Striving to be the first climate-neutral continent. Retrieved from https://commission.europa.eu/strategy-and-policy/priorities-2019-2024/european-green-deal_en
European Commission. (n.d). The Just Transition Mechanism: making sure no one is left behind. Retrieved from https://commission.europa.eu/strategy-and-policy/priorities-2019-2024/european-green-deal/finance-and-green-deal/just-transition-mechanism_en
European Commission. (n.d). Water Framework Directive - Environment - https://environment.ec.europa.eu/topics/water/water-framework-directive_en
European Commission. (n.d). Social Climate Fund. Retrieved from https://employment-social-affairs.ec.europa.eu/policies-and-activities/funding/social-climate-fund_en
European Commission. (n.d). Just Transition Platform (JTP). Retrieved from https://ec.europa.eu/regional_policy/funding/just-transition-fund/just-transition-platform/about_en
European Commission. (n.d). Environmental Liability: Preventing and remedying damage to protected species, natural habitats, water and soil. https://environment.ec.europa.eu/law-and-governance/environmental-compliance-assurance/environmental-liability_en
European Commission. (n.d). The three pillars of the Just Transition Mechanism. Retrieved from https://ec.europa.eu/regional_policy/funding/just-transition-fund/just-transition-platform/opportunities_en
European Environment Agency, 2018. "Unequal exposure and unequal impacts: social vulnerability to air pollution, noise and extreme temperatures in Europe".
European Environment Agency. 2024. Delivering justice in sustainability transitions Publications. Retrieved from https://www.eea.europa.eu/en/analysis/publications/delivering-justice-in-sustainability-transitions
European Environmental Bureau(EEB). 2022. Position paper on the Environmental Liability Directive.European Environmental Bureau.
European Environmental Bureau (EEB). (n.d). The EU Water Framework Directive. Retrieved from https://eeb.org/library/the-eu-water-framework-directive-a-modern-and-powerful-tool-to-provide-clean-healthy-flowing-waters/
European Union(EUR-Lex). Commission Notice on access to justice in environmental matters. Retrieved from https://eur-lex.europa.eu/legal-content/EN/TXT/PDF/?uri=CELEX:52017XC0818(02)

Eva Schwab. 2023. Roma equality and inclusion in Europe's green transition: Energy poverty in Czechia, Hungary, Ireland and Slovakia. CEU Democracy Institute.

FedCenter. 2021. Executive Order 14008. https://www.fedcenter.gov/Announcements/index.cfm?id=36448&printable=1

Federal Ministry for Economic Affairs and Energy. (n.d). BMWE Newsletter Energiewende | What is the Social Climate Fund?. Retrieved from https://energiewende.bundeswirtschaftsministerium.de/EWD/Redaktion/EN/Newsletter/2023/03/Meldung/direkt-account.html

Feree, Myra Marx. 1992. The Political Context of Rationality: Rational Choice Theory and Resource Mobilization. In Frontiers in Social Movement Theory, edited by A. D. Morris and C. M. Mueller. New Haven, CT: Yale University Press.

First National People of Color Environmental Leadership Summit. Oct 27 1991. "Principles of Environmental Justice." .

Foster, J. B. 2000. Marx's ecology: Materialism and nature. New York, NY: Monthly Review Press.

Foster, Sheila. 1998. "Justice from the Ground Up: Distributive Inequities, Grassroots Resistance, and the Transformative Politics of the Environmental Justice Movement." California Law Review 86.

Freudenberg, Nicholas. 1984. Not in Our Backyards!: Community Action for Health and the Environment. New York, NY: Monthly Review Press.

Freudenberg, Nicholas, and Carol Steinsapir. 1992. Not in Our Backyards: The Grassroots Environmental Movement. In American Environmentalism: The U.S. Environmental Movement, 1970-1990, edited by R. E. Dunlap and A. G. Mertig. Philadelphia, PA: Taylor & Francis.

Friedman, Debra, and Doug McAdam. 1992. Collective Identity and Activism: Networks, Choices, and the Life. In Frontiers in Social Movement Theory, edited by A. D. Morris and C. M. Mueller. New Haven, CT: Yale University Press.

Gamson, William. 1997. Constructing Social Protest. In Social Movements: Perspectives and Issues, edited by S. M. Buechler and F. K. J. Cylke. Mountain View, CA: Mayfield Pub.

Ganzleben, Catherine, and Aleksandra Kazmierczak. 2020. Leaving no one behind - understanding environmental inequality in Europe. Environmental Health. 19. DOI:10.1186/s12940-020-00600-2

Gardner, Sarah S. 1995. "Major Themes in the Study of Grassroots Environmentalism in Developing Countries." Journal of Third World Study 12(2): 200-244.

Gary, Barbara. 2004. Strong Opposition: Frame-based Resistance to Collaboration. Journal of

Community & Applied Social Psychology 14 (3):166-176.

Gauna, Eileen. 1995. "Federal Environmental Citizen Provisions: Obstacles and Incentives on the Road to Environmental Justice." Ecology Law Quarterly 22, no. 1 : 1-87.

Gedicks, Al. 1993. The New Resource Wars: Native and Environmental Struggles Against Multinational Corporations. Boston, MA: South End Press.

Gedicks, Al. 1998. Corporate Strategies for Overcoming Local Resistance to New Mining Projects. Race, Gender, and Class 6 (1):109-123.

Geltman, E. M., & Gill, J. L. 2016. The impact of Executive Order 12898 on federal regulatory decision making. Public Health Reports, 131(3), 329-335.

Geltman, E. G., G. Gill, and M. Jovanovic. 2016. Beyond Baby Steps: An Empirical Study of the Impact of Environmental Justice Executive Order 12898. Family & Community Health. 39(3).

GIDE. 2019. Renewable energies and regulated tariffs in the law on Energy & Climate. https://www.gide.com/en/news-insights/renewable-energies-and-regulated-tariffs-in-the-law-on-energy-climate/

Grant LAWRENCE, D. 2006. Environmental Liability Directive: A Short Overview. https://era.org.mt/wp-content/uploads/2021/03/Summary-ELD.pdf

Hamilton, James T., and W. Kip Viscusi. 1999. Calculating Risk?: The Spatial and Political Dimensions of Hazardous Waste Policy. Cambridge, MA: The MIT Press.

Harding, David. 2003. Counterfactual Models of Neighborhood Effects: The Effect of Neighborhood Poverty on Dropping out and Teenage Pregnancy. American Journal of Sociology 109 (3):676-719.

Heffron, Raphael J. 2022. What is the "just transition"? In Achieving a Just Transition to a Low-Carbon Economy. pp. 9-19: Springer.

Hird, John A., and Michael Reese. 1998. The Distribution of Environmental Quality: An Empirical Analysis. Social Science Quarterly 79 (4):693-716.

Housing Europe. 2023. Just Transition Mechanism. Retrieved from https://www.housingeurope.eu/just-transition-mechanism-2/

Houston, Douglas, Jun Wu, Paul Ong, and Arthur Winer. 2004. Structural Disparities of Urban Traffic in Southern California: Implications for Vehicle-Related Air Pollution Exposure in Minority and High-Poverty Neighborhoods. Journal of Urban Affairs 26 (5):565-592.

Inglehart, Ronald. 1990. Cultural Shift in Advance Society. Princeton, NJ: Princeton University Press.

James M. McElfish, Jr. 2025. What's left of federal environmental justice? Environmental Law Institute. https://www.eli.org/vibrant-environment-blog/whats-left-federal-environmental-justice

Jeffreys, Kent. 1993. "Environmental Racism: A Skeptic's View.". John's J. Legal Comment. 9, no. 2: 677-91.

Jones, Angela C. . 2025. Trump Administration Environmental-Justice-Related Executive Orders: Potential Implications for EPA Programs. Congressional Research Service.

Kebede, AlemSeghed. 2005. Grassroots Environmental Organizations in the United States: A Gramscian Analysis. Sociological Inquiry 75 (1):81-108.

Klandermans, Bert. 2002. How Group Identification Helps to Overcome the Dilemma of Collective Action. American Behavioral Science 45 (5):887-900.

Kuehn, Robert R. 2000. "A Taxonomy of Environmental Justice." Envtl. L. Rep. News & Analysis 30 : 10681-703.

Labalme, Jenny. 1988. Dumping on Warren County. In Environmental Politics: Lessons from the Grassroots, edited by B. Hall. Durham, NC: Institute for Southern Studies.

LaDuke, Winona. 1993. A Society Based on Conquest Cannot Be Sustained. In Toxic Struggles: The Theory and Practices of Environmental Justice, edited by R. Hofrichter. Philadelphia, PA: New Society Publishers.

Lecerf, Marie. 2025. Understanding EU action on Roma inclusion. EPRS | European Parliamentary Research Service

Lerner, Steve. 1997. Eco-Pioneers: Practical Visionaries Solving Today's Environmental Problems. Cambridge, MA: The MIT Press.

Lopez, Russ. 2002. Segregation and Black/White Differences in Exposure to Air Toxics in 1990. Environmental Health Perspectives 110 (SP2):289-295.

Louise Hoon and Karel Pype. 2022. How Can the EU Deliver a Socially Just Green Deal?. Open Society Foundations. https://www.opensocietyfoundations.org/publications/how-can-the-eu-deliver-a-socially-just-green-deal

LSE. 2024. What is the just transition and what does it mean for climate action?. Retrieved from https://www.lse.ac.uk/granthaminstitute/explainers/what-is-the-just-transition-and-what-does-it-mean-for-climate-action/

Maddie Boyer, David Friedland, Stacey Halliday, Roy Prather, Julius Redd, Jenny Leech, et al. 2023. EPA Issues Environmental Justice Guidance for Clean Air Act Permits. https://www.bdlaw.com/publications/epa-issues-environmental-justice-guidance-for-clean-air-act-permits/. [2025]

Margaret A. Walls, Sofia Hines, and Logan Ruggles. 2024. Implementation of Justice40: Challenges, Opportunities, and a Status Update. Washington DC: Resources for the Future.

Mariani, Michael. 2025. There's a Hidden Divide to ESG Risk in the U.S. vs. the EU. https://www.z2data.com/insights/hidden-divide-to-esg-risk-in-the-us-vs-the-eu.

Massey, Douglas S., and Nancy A. Denton. 1993. American Apartheid : Segregation and the Making of the Underclass. Cambridge, MA: Harvard University Press.

McAdam, Doug. 1982. Political Process and the Development of Black Insurgency, 1930-1970. Chicago, IL: University of Chicago Press.

McAdam, Doug, and Ronnelle Paulsen. 1993. Specifying the Relationship Between Social Ties and Activism. American Journal of Sociology 99 (3):640-667.

McDermott, Charles J. 1993. "Balancing the Scales of Environmental Justice." Fordham Urb. LJ 21 : 689-705.

Mihalache, Isabela. 2023. Environmental Justice in National Strategic Frameworks. European Environmental Bureau, ERGO network.

Miller, Vernice D. 1993. Building on Our Past, Planning for Our Future: Communities of Color and the Quest for Environmental Justice. In Toxic Struggles: The Theory and Practices of Environmental Justice, edited by R. Hofrichter. Philadelphia, PA: New Society Publishers.

Mohai, Paul, and Bunyan Bryant. 1998. Is There a "Race" Effect on Concern for Environmental Quality? Public Opinion Quarterly 62 (4):475-505.

Mohai, Paul. 2003. Dispelling Old Myths: African American Concern for the Environment. Environment 45 (5):11-26.

Moore, Richard, and Head Louis. 1993. Acknowledging the Past, Confronting the Present: Environmental Justice in the 1990s. In Toxic Struggles: The Theory and Practices of Environmental Justice, edited by R. Hofrichter. Philadelphia, PA: New Society Publishers.

Morris, Aldon D. 1981. Black Southern Student Sit-in Movement: Analysis of Internal Organization. American Sociological Review 46 (6):744-767.

Moses, Marion. 1993. Farmworkers and Pesticides. In Confronting Environmental Racism: Voices from the Grassroots, edited by R. D. Bullard. Boston, MA: South End Press.

New Mexico Environment Department. (n.d.). EJScreen Help. Retrieved from https://www.env.nm.gov/wp-content/uploads/sites/10/2018/02/ejscreen_help.pdf

Nozick, R. 1974. Anarchy, state, and utopia. New York, NY: Basic Books.

O'Connor, J. 1988. Capitalism, nature, socialism: A theoretical introduction. Capitalism Nature Socialism, 1(1), 11-38.

Oliver, Harry. 2024. Delivering justice in sustainability transitions. European Environment Agency(EEA).

Passy, Florence, and Marco Giugni. 2001. Social Networks and Individual Perceptions: Explaining Differential Participation in Social Movements. Sociological Forum 16 (1):123-153.

Pastor, Manuel Jr., James L. Sadd, and Rachel Morello-Frosch. 2004. Waiting to Inhale: The Demographics of Toxic Air Release Facilities in 21st-Century California. Social Science Quarterly 85 (2):420-440.

Pellow, David N. 2000. "Environmental Inequality Formation: Toward a Theory of Environmental Injustice." American behavioral scientist 43, no. 4 : 581-601.

Pellow, David N. 2006."Social Inequalities and Environmental Conflict." Horizontes antropológicos 12 : 15-29.

Perlez, J., & Revkin, A. C. 2000. Executive Order 12898. Environmental Health Perspectives, 108(2), 99-103. Retrieved from https://ehp.niehs.nih.gov/doi/full/10.1289/ehp.9903

Pichardo, Nelson A. 1997. New Social Movement: A Critical Review. Annual Review of Sociology 23:411-430.

Pomar, Olga, and Rachel D. Godsil. forthcoming. Permitted to Pollute: The Rollback of Environmental Justice. In Awakening from the Dream: Civil Rights Under Siege and the New Struggle for Equal Justice, edited by D. Morgan, R. D. Godsil and J. Moses. Durham, NC: Carolina Academic Press.

Rawls, J. 1971. A theory of justice. Cambridge, MA: Harvard University Press.

Ringquist, Evan J. 2000. Environmental Justice: Normative Concerns, Empircal Evidence, and Government Action. In Environmental Policy: New Directions for the Twenty-First Century, edited by N. J. Vig and M. E. Kraft. Washington, DC: CQ Press.

Robinson, James C. 1991. Toll and Toxics: WorkPlace Struggles and Political Strategies for Occupational Health. Berkeley, CA: University of California Press.

Rosenbaum, James E. 1995. Changing the Geography of Opportunity by Expanding Residential Choice: Lessons from the Gautreaux Program. Housing Policy Debate 6 (1):231-269.

Rosenbaum, Emily., and Laura E. Harris. 2001. Residential Mobility and Opportunities: Early Impacts of the Moving to Opportunity Demonstration Program in Chicago. Housing Policy Debate 12 (2):321-346.

Salvesen, David. 1996. Making Industrial Parks Sustainable. Urban Land 55 (2):29-32.

Schwartz, Michael, and Shuva Paul. 1992. Resource Mobilization Versus the Mobilization of People. In Frontiers in Social Movement Theory, edited by A. D. Morris and C. M. Mueller. New Haven, CT: Yale University Press.

Search the Climate Litigation Database. 2025. https://www.climatecasechart.com/search?cpl=principal_law%2Faarhus+convention+on+access+to+environmental+informa tion

Sibylle Braungardt, Katja Schumacher, David Ritter, Katja, Hünecke, Zoé Philipps & Öko-Institut e.V. 2022. The Social Climate Fund - Opportunities and Challenges for the buildings sector. Öko-Institut.

Snow, David A., E. Burke Jr. Rochford, Steven K. Worden, and Robert D. Benford. 1986. Frame Alignment Processes, Micromobilization, and Movement Participation. American Sociological Review 51 (4):464-481.

Stacy Woods. 2025. The Trump Administration's Deletion of Environmental Justice Data Does Real Harm. https://blog.ucs.org/stacy-woods/the-trump-administrations-deletion-of-environmental-justice-data-does-real-harm/. [2025]

Stoecker, Randy. 1995. Community, Movement, Organization: The Problem of Identity Convergence in Collective Action. The Sociological Quarterly 36 (1):111-130.

Szasz, Andrew, and Michael Meuser. 1997. Environmental Inequalities: Literature Review and Proposals for New Directions in Research and Theory. Current Sociology 45 (3):99-120.

Taylor, Verta, and Nancy E. Whitter. 1992. Collective Idnetity in Social Movement Communities: Lesbian Feminist Mobilization. In Frontiers in Social Movement Theory, edited by A. D. Morris and C. M. Mueller. New Haven, CT: Yale University Press.

Taylor, Dorceta E. 1992. Can the Environmental Movement Attract and Maintain the Support of Minorities? In Race and the Incidence of Environmental Hazards : a Time for Discourse, edited by B. Bryant and P. Mohai. Boulder, CO: Westview Press.

Taylor, Dorceta E. 1993. Environmentalism and Political Inclusion. In Confronting Environmental Racism: Voices from the Grassroots, edited by R. D. Bullard. Boston, MA: South End Press.

Taylor, Dorceta E. 2000. The Rise of the Environmental Justice Paradigm: Injustice Framing and the Social Construction of Environmental Discourses. American Behavioral Science 43 (4):508-580.

The Aarhus Convention. (n.d). An Implementation Guide (second edition), https://www.ccacoalition.org/resources/aarhus-convention-implementation-guide-second-edition

The Joint Research Centre: EU Science Hub. 2025. Justice-focused approach key to effective energy poverty solutions. https://joint-research-centre.ec.europa.eu/jrc-news-and-updates/justice-focused-approach-key-effective-energy-poverty-solutions-2025-01-24_en. [2025]

THE WHITE HOUSE. 2022. Justice40 A Whole-of-government Initiative ? https://bidenwhitehouse.archives.gov/environmentaljustice/justice40/. [2025]

THE WHITE HOUSE. 2025. Executive Order 14281 of April 23, 2025 : Restoring Equality of

Opportunity and Meritocracy. (80). Retrieved from https://www.govinfo.gov/content/pkg/FR-2025-04-28/pdf/2025-07378.pdf.

The White House. 2023. Justice40 Initiative Covered Programs List v2.0. Retrieved from https://bidenwhitehouse.archives.gov/wp-content/uploads/2023/11/Justice40-Initiative-Covered-Programs-List_v2.0_11.23_FINAL.pdf

The White House. (n.d.). Environmental Justice. Retrieved from https://bidenwhitehouse.archives.gov/environmentaljustice/

Timney, Mary M. 1998. Environmental Injustices: Exampes from Ohio. In Environmental Injustices, Political Struggles: Race, Class, and the Environment, edited by D. E. Camacho. Durham, NC: Duke University Press.

TRC Companies. 2023. New Executive Order 14096 Broadens Environmental Justice Initiatives. Retrieved from https://www.trccompanies.com/insights/new-executive-order-14096-broadens-environmental-justice-initiatives/

Trump, D. J. 2025a. Executive Order 14148: Initial rescissions of harmful executive orders and actions. Federal Register.

Trump, D. J. 2025b. Executive Order 14151: Ending radical and wasteful government DEI programs and preferencing. Federal Register.

Trump, D. J. 2025c. Executive Order 14173: Ending illegal discrimination and restoring merit-based opportunity. Federal Register.

Umweltbundesamt (UBA). 2025. Tasks and structure of the German Environment Agency. https://www.umweltbundesamt.de/en

United Church of Christ. 1987. Toxic Waste and Race in the United States: A National Report on the Racial and Socio-Economic Characteristics of Communities with Hazardous Waste Sites. New York, NY: Commission for Racial Justice, United Church of Christ.

United Farm Workers (UFW). undated. UFW Official Homepage Undated [cited July 5 2005]. Available from http://www.ufw.org/history.htm.

UNITED NATIONS. 2014. The Aarhus Convention -An Implementation Guide(Convention on Access to Information, Public Participation in Decision-making and Access to Justice in Environmental Matters (Aarhus Convention)). UNITED NATIONS ECONOMIC COMMISSION FOR EUROPE.

United Nations Economic Commission for Europe(UNECE). 1998. CONVENTION ON ACCESS TO INFORMATION, PUBLIC PARTICIPATION IN DECISION-MAKING AND ACCESS TOJUSTICE IN ENVIRONMENTAL MATTERS. Denmark.

University of Michigan School for Environment and Sustainability. (n.d.). History of Environmental Justice. Retrieved from https://seas.umich.edu/academics/master-

science/environmental-justice/history-environmental-justice
U.S. Department of Agriculture. (n.d.). USDA Justice40 Programs. Retrieved from https://www.usda.gov/sites/default/files/documents/usda-justice-40-programs.pdf
U.S. Environmental Protection Agency. (2024). Environmental Justice Strategic Plan (December 2024 Update). Retrieved from https://www.epa.gov/system/files/documents/2024-12/environmental-justice-strategic-plan-december-2024.pdf
U.S. Environmental Protection Agency(EPA). 2024. Environmental Justice Mapping and Screening Tool : EJScreen Technical Documentation for Version 2.3. Washington, D.C.: EPA
U.S. Environmental Protection Agency. (n.d.). EJScreen Tool. Retrieved from https://pedp-ejscreen.azurewebsites.net/
U.S. Environmental Protection Agency. (n.d.). Tools to Support Environmental Justice. Retrieved from https://19january2021snapshot.epa.gov/healthresearch/tools-support-environmental-justice_.html
U.S. Environmental Protection Agency. (n.d.). Summaries of Environmental Laws and Executive Orders. Retrieved from https://www.epa.gov/laws-regulations/laws-and-executive-orders
U.S. Environmental Protection Agency. (n.d.). Title VI and Environmental Justice. Retrieved from https://19january2021snapshot.epa.gov/environmentaljustice/title-vi-and-environmental-justice_.html
U.S. Environmental Protection Agency. (n.d.). Summary of Executive Order 12898 - Federal Actions to Address Environmental Justice in Minority Populations and Low-Income Populations. Retrieved from https://19january2017snapshot.epa.gov/laws-regulations/summary-executive-order-12898-federal-actions-address-environmental-justice_.html
U.S. Government Accountability Office(GAO). 2025. Environmental Justice: Agency Actions to Implement Past Justice40 Initiative. Retrieved from https://www.gao.gov/products/gao-25-107516
UITP. (n.d). UITP Policy Position on Social Climate Fund. Retrieved from https://www.uitp.org/publications/uitp-policy-position-on-social-climate-fund/
Walsh, Edward, and Rex H. Warland. 1983. Social Movement Involvement in the Wake of a Nuclear Accident: Activists and Free Riders in the TMI Area. American Sociological Review 48 (6):119-135.
Waymon T. Peer, Emma C. Bunin, and Megan L. Algya. 2025. Executive Orders Lay the Groundwork for Major Changes to Environmental and Natural Resources Law. https://www.venable.com/insights/publications/2025/01/executive-orders-lay-the-

groundwork-for-major. [2025]

Weinberg, Adam S. "The Environmental Justice Debate: A Commentary on Methodological Issues and Practical Concerns." Sociological Forum 13, no. 1 (1998/03/01 1998): 25-32.

Wenz, P. S. 1989. Concentric circle pluralism: A response to Rolston. Between the Species, 5(3), Article 9.

Wenz, P. S. 1988. Environmental justice. Albany, NY: State University of New York Press.

Wenz, P. S. 1995. Just garbage: The problem of environmental racism. In Faces of Environmental Racism. pp. 335-341.

Wenz, P. S. 2000. Environmental justice through improved efficiency. Environmental Values, 9(2), 173-188.

Wright, Beverly Hendrix. 1992. The Effects of Occupational Injury, Illness, and Disease on the Health Status of Black Americans: Review. In Race and the Incidence of Environmental Hazards : a Time for Discourse, edited by B. Bryant and P. Mohai. Boulder, CO: Westview Press.

Wright, Beverly Hendrix, and Robert D. Bullard. 1993. The Effect of Occupational Injury, Illness, and Disease on the Health Status of Black Americans: A Review. In Toxic Struggles: The Theory and Practices of Environmental Justice, edited by R. Hofrichter. Philadelphia, PA: New Society Publishers.

World Bank. 1998. Participation and Social Assessment: Tools and Techniques. The International Bank for Reconstruction and Development.

WWF. 2022. 8TH ENVIRONMENT ACTION PROGRAMME THE EU'S TO-DO LIST FOR IMMEDIATE ACTION.

Zavestoski, Stephen, Kate Agnello, Frank Mignano, and Francine Darroch. 2004. Issue Framing and Citizen Apathy toward Local Environmental Contamination. Sociological Forum 19 (2):255-283.

II부

주요 환경 분야의 환경부정의 특성

1장

토지이용과 개발로 인한 환경부정의

2장

환경매체 오염으로 인한 환경부 정의

3장

환경 재난/위험의 환경부정의

II부

주요 환경 분야의 환경부정의 특성

제1장

토지이용과 개발로 인한 환경부정의

1. 도시주변 난개발

난개발이란 말은, 2000년대 초반 수도권 외곽지역에 소규모나 홀로 아파트지 단지가 무분별하게 들어서는 현상을 언론들이 지칭하면서 사용되기 시작했다. 이러한 난개발은 토지개발을 손쉽게 허용하는 개발국가 하의 불공정한 토지이용제도(예, 국토의 계획 및 이용에 관한 법상의 용도지역제도)에서 비롯된다.

1) 김포시 대곶면 거물대리

김포시 대곶면 거물대리의 난개발 사례는 정부의 부적절한 토지이용 정책이 초래한 환경

부정의를 잘 보여준다. 2018년 당시 거물대리는 70가구 150명 정도가 거주하는 작은 마을이었으나, 무려 254개의 공장이 밀집해 있었다(조선일보, 2019). 이러한 상황이 발생한 근본적인 원인은 정부의 공장 입지규제 완화 정책이었다. 김대중 정부 시기에는 난개발 억제를 위해 '계획관리지역' 지정을 통한 입지규제를 실시했으나, 이후 공장 운영의 자유화를 위해 입지규제가 완화되면서 주거지역과 농경지에 공장이 급증하게 되었다. 이로 인해 거물대리에는 주물 공장, 목재, 펄프, 고무 화학물질 관련 공장 등이 하·폐수처리장과 같은 환경 기반시설 없이 무분별하게 들어섰다. 공장들의 난립으로 인한 환경오염 문제는 심각했다. 2012년 2월부터 2015년 3월까지 약 680여건의 민원이 제기되었고, 91회에 달하는 언론보도가 이루어졌다. 2015년 환경부 중앙기동단속반의 특별단속 결과, 86개 사업장 중 72%에 해당하는 62개 사업장이 환경법령을 위반한 것으로 드러났다.

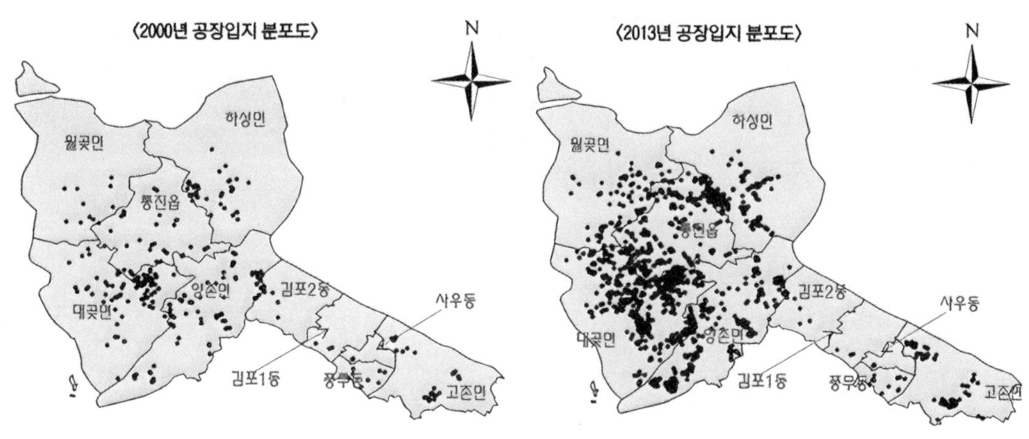

그림 1. 김포시 개별입지공장 입지 분포의 변화. 출처 : 반영운(2013)

거물대리 주민들은 이러한 환경오염으로 인해 심각한 건강피해를 입었다. 2016년 환경오염피해구제법이 시행되면서 주민들은 피해구제를 신청했으나, 김포시는 소극적인 태도를 보였고 환경부는 인과관계 입증이 어렵다는 이유로 구제신청을 기각했다. 전환점은 2017년 문재인 정부 출범 이후였다. 환경부는 '환경오염 피해 구제급여 선지급 시범사업'을 추진했고, 2019년 9월 환경오염 피해구제심의회는 주민 8명에게 총 931만 원의 의료비를 지급하기로 결정했다. 이들은 천식, 폐렴 등 호흡기 질환과 심·뇌혈관 질환, 당뇨병, 피부질환 등 다양한 건강문제를 겪고 있었다. 이후 환경부는 추가 피해자들에 대한 구제급여 신청을 받아 피해구제를 확대해 나갔다. 거물대리 사례는 난개발로 인한 환경오염이 지역주민의 건강과 삶의 질을 어떻게 침해하는지, 그리고 이러한 환경부정의 해결을 위한 제도적 노력이 얼마나 중요한지를 보여주는 대표적인 사례라 할 수 있다.

2) 인천 사월마을

인천 서구 왕길동 사월마을은 도시 주변부 난개발로 인한 환경부정의의 대표적 사례다. 이 마을은 본래 주거지역이었으나, 무분별한 토지이용 변경과 개발 과정에서 주거지와 공업지역이 혼재되는 심각한 토지이용 갈등이 발생했다. 특히 수도권매립지에서 1km 거리에 위치한 지리적 특성으로 인해 환경 취약성이 더욱 가중되었다.

그림 2. 인천 사월마을 전경(2019).

출처 : (사)환경정의(https://www.eco.or.kr/activity/?idx=8458091&bmode=view). CC BY-SA

주거환경 악화의 핵심은 마을 내 공장의 무분별한 입지다. 52세대 122명이 거주하는 이 작은 마을에 제조업체 122곳(73.9%), 도·소매업체 17곳(10.3%), 폐기물처리업체 16곳(9.7%) 등 총 165개의 공장이 들어섰다. 특히 이중 82개 사업장이 중금속 등 유해물질을 취급하는 시설이라는 점에서 주거지역과의 부적합성이 두드러진다. 여기에 수도권매립지 수송도로가 마을을 관통하면서 하루 약 1만 3천대의 대형 차량이 통행하고, 마을 내부도로로도 하루 약 700대의 차량이 드나드는 등 주거지역으로서의 기능이 심각하게 훼손되었다.

이러한 부적절한 토지이용은 필연적으로 심각한 환경오염으로 이어졌다. 국립환경과학원과 인천시 보건환경연구원의 2017년 조사에 따르면, 마을 인근 토양의 납(21.8-130.6㎎/㎏)과 니켈(10.9-54.7㎎/㎏) 농도가 전국 평균(각각 29.7㎎/㎏, 13.8㎎/㎏)보다 최대 4배 이상 높게 나타났다. 대기 중 미세먼지 농도도 심각했다. 2018년 3계절(겨울·봄·여름) 측정 결과, 미세먼지(PM10)의 평균 농도는 55.5㎍/㎥로 인근지역(37.1㎍/㎥)보다 1.5배 높았으며, 대기 중 중금속 농도도 납(49.4ng/㎥), 망간(106.8ng/㎥), 니켈(13.9ng/㎥), 철(2,055.4ng/㎥)이 인근지역보다 2~5배 높게 검출되었다.

환경부 국립환경과학원의 조사 결과, 마을 전체 52세대 중 37세대(71%)가 미국 환경보호청(EPA)의 '환경정의 지수' 기준으로 주거 부적합 판정을 받았다. 특히 주목할 점은 모든 주택 부지에서 소음 기준(주간 55dB, 야간 45dB)을 초과했으며, 19개 지점은 주·야간 모두 기준을 초과했다는 것이다. 이는 공업지역과 주거지역의 부적절한 혼재로 인한 전형적인 토지이용 갈등의 결과다.

이러한 환경 악화는 주민들의 건강에도 심각한 영향을 미쳤다. 2005년부터 2018년까지 주민 122명 중 15명에서 폐암, 유방암 등이 발생했으며, 이 중 8명이 사망했다. 비록 발생된 암의 종류가 다양하고 전국 대비 통계적 유의성이 확인되지는 않았으나, 주민들의 우울증 호소율(24.4%)과 불안증 호소율(16.3%)이 전국 평균(각각 5.6%, 5.7%)의 4.3배, 2.9배에 달한다는 점은 열악한 주거환경이 주민들의 신체적, 정신적 건강에 심각한 영향을 미쳤음을 보여준다.

2016년부터 주민들은 공업지역의 쇳가루 등 분진과 악취 대책 마련을 요구했고, 2017년에는 사월마을 환경비상대책위원회를 구성하여 환경부에 청원서를 제출했다. 주민들의 전면 이주 요구에 따라 환경부는 주민 건강실태 조사를 실시했으나, 주변 66개 사업장에 대한 특별점검에서 7개 사업장의 대기방지시설 훼손 등 위반행위가 적발되었음에도 근본적인 해결책은 여전히 마련되지 않고 있다.

사월마을 사례는 도시계획 과정에서 주거지역 보호를 위한 체계적인 용도지역 관리와 환경정의적 관점의 토지이용 규제가 얼마나 중요한지를 보여준다. 또한 한번 훼손된 주거환경 회복이 얼마나 어려운지를 단적으로 보여주는 사례로서, 도시 주변부 난개발 방지를 위한 선제적 관리의 중요성을 시사한다. 특히 환경취약계층이 거주하는 지역에 대한 토지이용 규제와 환경관리가 보다 엄격하게 이루어져야 함을 강조하는 대표적인 환경부정의 사례라 할 수 있다.

3) 주택개발과 그린벨트 해제

환경부정의의 관점에서 그린벨트는 특히 주목할 만한 사례다. 1971년 도입 당시에는 도시의 무질서한 확산을 막고 자연환경을 보전하는데 크게 기여했으나, 구역 내 주민들의 생활권과 재산권을 심각하게 제약하면서 환경보전이라는 공익과 사적 재산권이라는 사익이 첨예하게 대립했다.

1998년 헌법재판소의 헌법불합치 결정은 이러한 갈등이 법적으로 표출된 결과였다. 전 국토면적의 5.4%(5,397.1㎢)에 달하던 그린벨트는 2012년 말 기준 최초 면적의 71%(3,873.6㎢)로 축소되었고, 정부는 2020년까지 추가로 531㎢를 해제할 계획을 발표했다. 이는 환경보전이라는 당초의 취지가 점차 훼손되어 가는 과정을 보여준다.

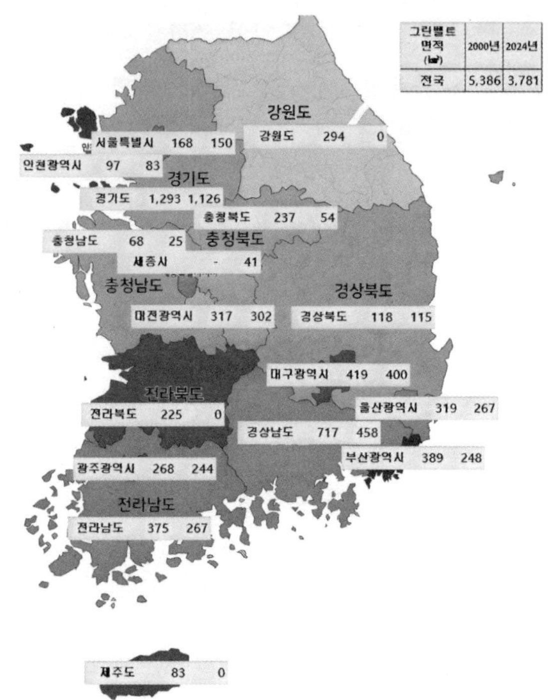

그림 3. 광·역시도의 그린벨트의 변화(2000년->2024)

출처 : 저자 작성(데이터_지표누리 e 나라 지표(https://www.index.go.kr/unity/potal/main/EachDtlPageDetail.do?idx_cd=1003))

특히 이명박 정부의 보금자리주택 사업은 그린벨트 해제를 통한 도시개발의 문제점을 잘 보여준다. 이 사업은 서민 주거안정이라는 명분으로 추진되었지만, 결과적으로는 세 가지 측면에서 환경부정의를 심화시켰다. 첫째, 저렴한 분양가로 인한 개발이익이 최초 분양자에게 사유화되었다. 둘째, 고분양가로 인해 무주택 서민을 위한 저렴한 주택 공급이라는 본래 취지에서 벗어났다. 셋째, 환경적 가치가 높은 그린벨트가 불필요하게 훼손되었다. 박근혜 정부는 이러한 문제를 더욱 악화시켰다. 그린벨트 규제를 완화하여 대규모 빌딩, 공장 등이 들어서는 도시첨단산업단지 개발을 허용했는데, 이는 경제 활성화라는 명목 하에 환경보전이라는 그린벨트의 근본 가치를 훼손한 것이다.

그린벨트 해제는 세 가지 차원의 환경부정의를 야기한다. 첫째, 공간적 차원에서 도시 내 녹지대가 감소하여 도시민의 환경권이 침해된다. 둘째, 계층적 차원에서 토지 소유 여부에 따른 불평등이 심화된다. 토지를 소유한 계층은 개발이익을 독점하는 반면, 토지를 소유하지 못한 계층은 환경악화라는 부정적 영향만 받게 된다. 셋째, 시간적 차원에서 현 세대의 이익을 위해 미래 세대의 환경권이 침해된다.

이러한 문제를 해결하기 위해서는 그린벨트를 단순한 개발유보지가 아닌 미래세대를 위한 환경자원으로 인식하는 패러다임의 전환이 필요하다. 주택문제는 도시재생을 통한 기존 택지 활용으로, 산업단지 부족 문제는 기존 공장지역의 준산업단지화나 국가균형발전을 통한 공장 분산으로 해결하는 등 대안적 접근이 필요하다.

2. 지역자원의 개발

지역자원 개발은 국가나 기업의 이익을 위해 지역의 자연자원을 활용하는 과정에서 흔히 환경부정의를 야기한다. 특히 갯벌이나 하천 등의 자연자원 개발은 해당 지역의 생태계를 파괴할 뿐 아니라, 그 지역에 의존해 살아가던 주민들의 생존권을 위협하는 경우가 많다.

1) 새만금 간척사업

새만금 간척사업은 갯벌이라는 지역자원 개발이 초래한 대표적인 환경부정의 사례다. 1991년 시작된 이 사업은 전북 군산시, 김제시, 부안군 앞바다 33.9km를 방조제로 막아 갯벌 409km^2(서울 면적의 2/3)를 매립하는 세계 최대 규모의 간척사업이다.

이 사업으로 인한 환경피해는 심각했다. 새만금 갯벌에는 백합을 비롯한 371종의 저서생물이 서식하고 있었으며, 전국 조개류 생산량의 50% 이상을 차지했다. 또한 조기, 웅어, 전어 등 서해안 어류의 76.9%가 이용하는 서식지이자 산란지였으며, 20만 마리 이상의 도요물떼새가 이용하는 중간기착지였다.

그림 4. 새만금하구(2006).

출처: NASA(https://commons.wikimedia.org/wiki/File:Saemangeum_ast_2006280_lrg.jpg). Public Domain

주민들의 피해도 컸다. 군산, 옥구, 김제, 부

안 지역 어민들은 어장을 잃고 어업권마저 빼앗긴 채 삶의 터전을 떠나야 했다. 해양연구소에 따르면 갯벌의 가치는 농경지보다 3.3배 높았으며, 정화기능 등 공익적 기능까지 포함하면 100배에 달했다.

정부는 사업 타당성 분석 과정에서 어업보상비를 적게 계산하고 도시기반시설 조성비를 누락시키는 등 문제를 드러냈다. 또한 수질오염 문제도 심각했는데, 환경부가 제시한 수질대책을 모두 이행하더라도 4급수(농업용수 기준)에도 미치지 못할 것으로 예측되었다.

시민사회의 반대도 거셌다. (사)환경정의, 환경운동연합, 녹색연합 등 200여개 환경단체와 농민단체, 교육단체, 인권단체들이 반대 입장을 표명했으며, 국제환경단체들도 우려를 표명했다. 그러나 정부는 사업을 강행했고, 결국 2010년 방조제가 완공되었다. 현재는 산업단지와 관광단지 등으로 개발이 진행되고 있으나, 갯벌 생태계 파괴와 주민들의 생존권 침해라는 환경부정의 문제는 여전히 해결되지 않고 있다.

2) 동강댐 백지화

댐 건설은 수자원이라는 지역자원을 개발하는 과정에서 심각한 환경부정의를 초래하는 대표적 사례다. 특히 대규모 댐 건설은 해당 지역의 생태계를 파괴할 뿐만 아니라 수몰 지역 주민들의 삶의 터전을 강제로 빼앗는 결과를 가져온다. 동강댐(영월댐) 건설 계획은 지역자원 개발을 둘러싼 환경부정의 문제를 잘 보여준다. 1990년 한강 대홍수를 계기로 추진된 이 사업은 강원도 영월군 거운리 일대에 높이 98m, 길이 235m의 대형 댐을 건설하는 것이었다. 정부는 용수공급 3억 6700만㎥, 홍수조절 2억㎥ 등의 효과를 내세웠으나, 이 과정에서 21.9km²의 면적이 수몰될 예정이었다.

이에 대한 반발은 즉각적이었다. 설문조사 결과 지역주민 77%가 댐 건설에 반대했다. 수몰지역에 대한 충분한 보상이 없고 댐 건설 추진 방식이 불합리했기 때문이다. 특히 정선군 주민들은 댐 높이로 인한 역류와 시가지 침수 가능성을 우려했다. 1999년에는 강원도지사가 독자적으로 반대 입장을 표명했고, 강원도의회와 18개 시·군 의회도 이에 동참했다.

환경 측면의 우려도 컸다. 환경부 조사 결과 해당 지역에는 비오리 20쌍, 원앙 15쌍, 수달 10여 마리 등 멸종위기종이 서식하고 있었다. 또한 지질학적으로도 석회암 동굴과 단층이 많아 댐 건설의 안전성에 의문이 제기되었다. 실제로 예정지 주변에서 192개의 석회암 동굴이 발견되었고, 1404년 이후 규모 6.0 이상의 지진도 19회나 발생했다.

결국 2000년 5월 민·관 공동조사단은 동강댐 건설이 불가능하다고 결론 내렸고, 김대중 대통령은 6월 5일 환경의 날을 맞아 사업 백지화를 선언했다. 이는 한국에서 처음으로 개발의 가치보다 환경 보존의 가치가 우선시된 사례였다. 백지화 이후 정부는 동강 일대 65km²를 생태계 보존지역으로 지정했다. 하지만 문제가 완전히 해결된 것은 아니었다. 환경운동연합에 따르면 댐 건설 계획으로 인해 영월군, 정선군, 평창군 주민들이 수백억 원대의 농가부채에 시달렸다. 또한 보존지역 지정에 대해 일부 주민들이 지역 발전 저해를 이유로 반발하는 등 새로운 갈등도 발생했다. 게다가 최근 기후위기로 인한 가뭄과 홍수 문제가 심화되면서 동강댐 건설의 필요성이 다시 제기되고 있다. 2006년 집중 호우 당시에도 동강댐 백지화 6년 만에 댐 건설이 필요하다는 주장이 제기된 바 있다. 이는 환경보전과 재난대비라는 두 가지 가치가 충돌하는 새로운 형태의 환경부정의 문제로 이어질 수 있다는 우려를 낳고 있다.

3. 산업단지 개발

일단의 토지에서 이뤄지는 산업개발은 다양한 환경피해를 일으키면서 각종 환경부정의를 발생시킨다. 강압적인 단지 개발과정에서 지역 생태환경이 크게 훼손되거나 주민들은 생존권과 거주권의 상대적 박탈을 겪는다. 산업단지는 지역내 집중적이고 광범위한 대규모 환경피해를 발생시키기 때문에 단지 개발은 토지 가격이 저렴하거나 상대적으로 정치, 사회적 영향력이 약하고 저항이 적은 곳에 입지한다. 따라서 산업단지에서 배출되는 오염물질로 인한 피해 또한 인근 지역에 거주하는 주민들에게 집중된다. 산업단지 개발과정의 환경부정의는 대체로 반환경적 공단 건설 정책, 비합리적 의사결정 과정, 지역의 기업 이해 반영 등 비민주적 과정에서 비롯되는 경우가 많다.

1) 울산 온산공단과 '온산병'

울산 온산공단 공해 사건은 울산광역시 울주군 온산읍 일대에서 발생한 대한민국 최초의 대규모 환경피해 사건이다. 1970년대 조성된 온산공단은 비철금속공업기지로 지정된 후 1980년대에는 화학, 제지, 자동차 부품 등 다양한 업종의 공장이 입주한 종합공업단지로 확대되었다. 피해는 온산공단에서 배출된 중금속 폐수(구리, 아연, 알루미늄 등)가 바다와 하천으로 유출되면서 수산물 오염과 토양·대기오염이 발생했다. 이로 인해 1983년부터 농작물과 양식어장의 피해가 나타났고 주민들은 피부병, 전신 통증, 특히 허리와 팔·다리의 신경통 증상을 호소하기 시작했다. 1985년에는 1,000여 명이 전신마비 증상을 보이는 등 심각한 건강 피해가 나타났다. 당시 주민들 피해 증상이 이타이이타이병과 유사하여 한국판 이타이이타이병으로 불렸다. 처음 환경청은 1주일간의 조사를 통해 환경문제가 아니라는 발표를 했지만 주민들은 1985년 12월 11개 공해배출업체를 상대로 손해배상 청구소송을 제기하여 법적으로 환경 피해를 인정받은 최초의 사례가 되었다. 이후 정부는 공해 피해를 인정하고 주민 전체 이주를 결정하고 오염원이 된 공단에 둘러싸인 주민 1만 여명을 이주 조치하였다.

울산 온산공단은 산업단지 조성 초기부터 종합계획 없이 개별 공장들이 공장을 세우면서 환경오염 방지 시설이 제대로 갖춰지지 않았다. 초기 전체 1만 4천여 주민 중 1,800여명만 이주하고 나머지 주민들은 공단에 포위되거나 공장 인근에 고립된 채 거주하였다. 결국 환경 위해가 사회적 취약계층에게 집중되었으며, 이주 정책의 형평성도 결여되었다. 정부는 초기 환경피해를 부정하고 정보를 통제함으로써 주민들은 오염실태를 제대로 알 수도 없었고 성보 접근을 제한하였다. 이 또한 전형적인 환경부정의의 모습이다.

2) 위천 국가산업단지 개발 및 중단

위천 산업단지는 180여개의 염색업체가 달성군 위천리 일대에 염색공단개발을 경상북도에 제안하고(1989), 경상북도가 이를 다시 섬유, 의복 중심의 공업개발 장려지구로 확대하여 정부에 지정 해줄 것을 건의하면서 시작되었다(1990). 그러나 당시 낙동강 수질오염을 우려하던 부산, 경남권 시민들은 이를 반대하였으며 1991년 낙동강 페놀 오염사태와 더불어 염색공단 폐수 무단배출사건이 발생하면서 부산-경남 지역의 주민들은 더욱 더 민감한 반응을 보이게 되었다. 공해 업종 집단회를 위한 중앙정부기관 실후협의에서 환경처도 낙동강 수질오염을 우려하여 이를 반대하였다(1992). 이후 이 사안은 위천공단조성을 위한 관계기관이 참석한 청와대 회의에서 폐수종말처리장 설치 등 공해방지계획을 수립하여 낙동강 수질오염의 해소 방안을 마련하기로 했으나 공업단지 입지를 결정하는 심의위원회 회의에서 환경처의 반대로 입지 결정이 유보되었다.

1995년 3월 행정구역이 개편되고 달성군이 대구광역시로 편입되면서 대구시는 유치업종을 자동차산업을 위시한 첨단산업으로 바꾸고 조성 면적 220만평의 국가공단 지정을 다시 건의하면서 재추진되었다. 이에 부산에서도 위천공단에 반대하는 목소리가 확대되었고 지역간 갈등으로 나타나기 시작하였다. 이후 위천공단 설립을 둘러싼 지역 갈등은 더욱 더 격화되어 해법을 찾기 어렵게 되었다. 결국 김대중 정부 출범이후 지역 간 갈등을 최소화 하는 방향으로 산업단지 개발 정책이 조정되었고 위천공단 추진 동력이 상실되었고 이후 국무총리실 산하 낙동강수질개선기획단은 낙동강 수계의 오염 부하 저감을 위해 위천 국가산업단지 조성 계획을 백지화하였다(2001).

위천 공단 개발은 결국 중단됐지만 만약 공단 조성이 예정대로 추진되었다면, 하류 유역권에 사는 주민들은 식수안전이나 하류 하천생태계의 안정성이 위태로워지는 심각한 환경피해를 겪었을 것이다. 또한 위천공단 갈등은 지자체간 갈등으로 표면화되기는 했지만 실상은 기존의 중앙집중적이며 근대적인 수자원 개발방식에 대해 시민들이 환경권을 앞세워 이의를 제기했다는 점에 주목할 필요가 있다. 이는 개발 이익은 대구·경북에 집중되지만, 환경 피해는 하류 지역에 전가되는 수혜지역과 피해지역이 괴리, 의사결정과정에서 개발의 영향을 받는 지방정부 및 지역 주민의 배제라는 부정의를 포함한다.

4. 환경혐오 및 위해 시설 입지

환경혐오시설 및 위해시설 입지 문제는 환경정의 측면에서 매우 중요한 사안이다. 이러한 시설들은 대부분 사회적으로 필요하지만 누구도 자신의 지역에 들어서는 것을 원하지 않는 특성을 가지고 있다. 그 결과 정치적, 경제적 영향력이 약한 지역에 집중되는 경향이 있으며,

이는 환경부정의를 심화시키는 주요 원인이 되고 있다.

1) 밀양 송전탑

2000년대 들어 수도권의 전력 수요를 충족하기 위해 경상도 지역에 대규모 송전설비가 건설되면서 심각한 문제가 발생했다. 서울과 경기의 전기 자급률이 각각 6.8%, 60%에 불과한 반면, 경남 지역은 129% 이상을 기록했다. 더욱이 송전선로 지중화율은 서울이 89.9%인데 비해 경남은 13%에 그쳐, 발전설비와 송전시설로 인한 환경 부담이 지방에 일방적으로 전가되는 구조였다.

밀양 송전탑 건설은 이러한 환경부정의의 대표적 사례다. 2000년 정부는 신고리-북경남 초고압선 건설계획을 수립했는데, 이는 밀양시 5개 면 30개 마을, 1,816가구에 직접적인 피해를 주는 대규모 개발사업이었다. 특히 밀양시에만 69기의 765kV 초고압 송전탑이 들어서게 되었고, 송전선로 길이만 39.157km에 달했다.

절차적 정의도 심각하게 훼손되었다. 한전은 2002년 9월에 송전탑 경과지를 선정했지만, 이를 주민들에게 알리지 않았다. 일부 공무원과 지인들은 미리 정보를 입수해 땅을 팔았지만, 정보가 없던 주민들은 오히려 이 지역에 전원주택과 농지를 매입하는 피해를 입었다. 2005년에야 처음으로 주민설명회가 열렸지만, 이마저도 피해지역 전체 주민 21,069명 중 122명(0.6%)만이 참석하는 등 형식적으로 진행되었다. 더욱이 전원개발촉진법은 주민 동의 없이도 보상금을 법원에 공탁하고 건설을 강행할 수 있도록 했다. 지방재정 자립도가 낮은 상황에서 지자체는 중앙정부의 압력에 효과적으로 대응하지 못했고, 결국 환경적 부담은 지역 주민들에게 전가되었다.

2) 남양주 소각잔재매립장

남양주시 별내면 광전리의 소각잔재매립장 건설 사례는 환경혐오시설 입지를 둘러싼 환경부정의의 전형을 보여준다. 1991년 환경처의 지시로 시작된 이 사업은 주민들의 의견을 제대로 수렴하지 않은 채 추진되었다. 남양주시는 2001년 주민들이 제기한 폐기물처리시설 설치

계획승인 무효 소송에서 패소했음에도, 매립량과 면적을 축소하여 폐기물관리법 적용을 받는 방식으로 우회하여 사업을 재추진했다(남양주시 자료, 2001).

이 과정에서 심각한 환경부정의가 발생했다. 매립장 예정지 반경 2km 이내에는 7,000세대, 20,000여 명이 거주하고 있었으며, 3개의 학교가 있고 정신지체 장애인학교도 예정되어 있었다. 더욱이 매립장 예정부지는 광릉 숲 절대보존림에서 직선거리 420m에 위치해 생태계 훼손 우려도 컸다. 소각잔재의 유해성도 중요한 문제였다. 소각잔재에는 다이옥신, 중금속 등 유해물질이 포함되어 있어 주민건강에 심각한 위협이 될 수 있었다(쓰레기문제 해결을 위한 시민운동협의회 자료).

남양주시는 주민들의 반대에도 복지관과 체육시설 건립을 조건으로 내세우며 사업을 강행하려 했다. 그러나 주민들은 이를 "전체 남양주시민을 위한 희생이 아닌 남양주시의 부도덕하고 잘못된 행정행위로 인한 희생"이라며 거부했다. 이 사례는 환경혐오시설 입지 과정에서 나타나는 절차적 정의의 부재와 환경적 취약계층에 대한 부담 전가라는 환경부정의의 본질적 문제를 잘 보여준다. 이 사례가 보여주는 또 다른 중요한 시사점은 환경혐오시설의 입지 과정에서 나타나는 정책결정의 비민주성이다. 남양주시는 수도권매립지에서 향후 20년간 매립이 가능하다는 사실(수도권매립지관리공사 회신문서: 운관 0702-29[2001.1.18])에도 불구하고, 투명하고 합리적인 입지 선정 절차를 거치지 않았다. 오히려 시장은 "생쓰레기 매립장인 줄 알고 백지화를 공약했는데, 알고 보니 소각잔재 매립장이라서 다시 추진한다"는 식의 무책임한 태도를 보였다. 이는 환경혐오시설 입지 과정에서 흔히 나타나는 행정 편의주의적 접근의 전형을 보여준다. 결국 이러한 사례들은 환경혐오시설 입지 정책이 단순한 기술적, 행정적 문제가 아닌 환경정의와 민주적 의사결정의 문제로 다루어져야 함을 시사한다.

5. 도시환경개발

도시환경개선을 위한 도시계획사업은 환경부정의의 주요 원인이 되어왔다. 이는 도시계획제도가 가진 근본적인 불공정성과 부동산 시장의 배제 메커니즘이 결합되어 발생하는 구조적 문제다. 특히 재개발, 재건축, 도심환경복원 등의 사업들은 공익적 목적을 내세우지만, 실제로는 원주민과 취약계층의 환경권과 생존권을 침해하는 경우가 많다. 이러한 도시환경개발 사업들은 '도시환경 개선'이나 '지역 발전'이라는 명분으로 정당화되지만, 실제로는 부동산 가치 상승과 개발이익 극대화를 위한 수단으로 변질되는 경우가 많다. 결과적으로 저소득층이나 세입자들은 자신들의 생활터전에서 밀려나게 되며, 이는 새로운 형태의 환경부정의를 야기한다.

1) 청계천 복원 사업

그림 5. 청계천 복원공사 기공식(2003).

출처: 서울특별시 소방재난본부(https://commons.wikimedia.org/wiki/File:20030701%EC%B2%AD%EA%B3%84%EC%B2%9C_%EB%B3%B5%EC%9B%90%EA%B3%B5%EC%82%AC_%EA%B8%B0%EA%B3%B5%EC%8B%9D%EA%B8%B0%EA%B3%B5%EC%8B%9D1.jpg).

청계천 복원 사업은 이러한 도시환경개발의 환경부정의를 잘 보여주는 사례다. 2002년 서울시는 도심 경쟁력 강화와 자연환경 복원이라는 목표로 청계천 복원사업을 공식 발표했다. 하지만 이 과정에서 청계천 일대에서 수십 년간 생계를 이어온 상인들의 의견은 제대로 반영되지 않았다. 상인들은 공사로 인한 소음, 먼지로 인한 영업 손실과 생활환경 변화에 대해 우려를 제기했지만, 서울시는 "보상이 불가능하다"는 입장을 고수했다. 갈등은 2003년에 더욱 심화되었다. 상인들은 서울시가 제시한 보상 방안이 충분하지 않다고 주장하며 대규모 시위를 벌였고, 보상금 증액과 재정착 지원 등을 요구하는 소송을 제기했다. 그러나 서울시는 공사를 강행했다. 2004년 들어 서울시는 갈등 완화를 위해 영업 불편 최소화 대책, 주변상권 활성화 대책, 이주희망 업종 지원 등 보상방안을 강화했다. 상인들과의 정기적인 간담회와 협의회를 통해 소통을 시도했고, 이는 부분적으로 갈등 해소에 기여했다.

그러나 이러한 보상과 지원에도 불구하고, 청계천 복원 사업은 도시환경개발이 야기하는 환경부정의의 전형을 보여준다. 상인들의 생존권과 재산권이 충분히 보장되지 않은 채 '도시환경 개선'이라는 명분으로 사업이 강행되었고, 결과적으로 원주민과 영세상인의 공간이용권이 침해되었다. 특히 초기 계획 단계에서 이해관계자들과의 충분한 협의 없이 일방적으로 추진된 점, 보상 문제가 뒤늦게 제시된 점 등은 도시환경개발 과정에서 발생하는 절차적 정의의 부재를 보여준다.

더욱이 청계천 복원 이후 발생한 젠트리피케이션 현상은 또 다른 형태의 환경부정의를 야기했다. 환경이 개선되고 지역 가치가 상승하면서 원래 그 공간을 이용하던 사람들이 오히려 그 혜택을 누리지 못하는 아이러니한 상황이 발생한 것이다. 이는 도시환경개선 사업이 실질적으로 누구를 위한 것인지에 대한 근본적인 질문을 제기한다.

2) 경의선숲길 공원

경의선숲길 공원 사례는 도시환경개발이 환경정의의 관점에서 긍정적으로 작용할 수 있는 가능성을 보여준다. 2010년대 초반 시작된 이 사업은 기존 철도로 인해 낙후되고 단절되었던 지역에 총 연장 6.3km의 선형공원을 조성하는 것이었다. 철도 지하화 후 지상부 유휴 부지를 활용한 이 사업은 일반적인 도시환경개발 사업들과는 달리 기존 주민들의 환경권을 증진시키는 방향으로 진행되었다.

사업의 특징은 계획 단계부터 주민 참여가 활발했다는 점이다. 지하화 및 공원화 결정 과정, 그리고 1단계와 2, 3단계 사이의 설계 변경 과정에서 주민설명회와 공청회가 수차례 실시되었고, 주민들의 의견이 실질적으로 반영되었다. 특히 공무원과 이해관계자들이 지속적으로 소통하며 신뢰를 구축한 것이 사업의 성공적 진행에 핵심적 역할을 했다.

공원 조성 후에도 환경정의 실현을 위한 노력이 계속되고 있다. 서울시는 경의선숲길 전담팀을 만들어 공원을 관리하고 있으며, '경의선숲길 협의체'를 통해 주민들의 의견을 지속적으로 수렴하고 있다. 공원은 24시간 개방되어 있고 무장애 친화공간으로 설계되어 모든 시민이 차별 없이 이용할 수 있다.

그림 6. 경의선 숲길(2020).

출처: 서울연구데이터서비스(https://data.si.re.kr/node/59862). CC BY-SA 4.0

경의선숲길 공원은 도시환경개발에서 환경정의를 실현하기 위한 중요한 시사점을 제공한다. 첫째, 계획 단계부터 주민 참여를 보장하고 의견을 실질적으로 반영하는 절차적 정의가 중요하다. 둘째, 사업 완료 후에도 지속적인 주민 참여와 관리 체계가 필요하다. 셋째, 공원의 공공성을 확보하고 모든 시민이 차별 없이 이용할 수 있도록 하는 분배적 정의가 고려되어야 한다.

현재 경의선숲길 공원은 주민 참여형 도시환경개발의 모범 사례로 평가받고 있다. 다만 공원 주변 지역과의 통합적 관리 부족, 공무원 순환보직으로 인한 관리의 연속성 부족 등은 여전히 해결해야 할 과제로 남아있다. 이러한 경험은 향후 유사한 도시환경개발 사업에서 환경정의를 실현하는 데 중요한 참고가 될 것이다.

연남동 젠트리피케이션

경의선숲길 공원은 도시재생과 환경복원이라는 측면에서 성공적인 환경정의 사례로 평가받음에도 불구하고 일부 구간, 특히 연남동에서는 공원 조성이 오히려 젠트리피케이션을 초래하면서 또 다른 형태의 환경부정의를 야기하고 있다.

그림 7. 경의선 숲길 연남동 구간(2020).

출처 : 서울연구데이터서비스(https://data.si.re.kr/node/59843). CC BY-SA 4.0

젠트리피케이션은 중산층의 유입으로 지역이 활성화되면서 기존 저소득층 주민들이 비자발적으로 이주하게 되는 현상을 말한다. 특히 최근에는 공원이나 문화시설 등 도시 어메니티 시설의 조성이 젠트리피케이션을 가속화하는 요인이 되고 있다. 이는 공공 투자가 특정 계층에게만 혜택이 돌아가고 원주민들은 오히려 피해를 보는 새로운 형태의 환경부정의로 이어지고 있다.

연남동의 젠트리피케이션은 경의선숲길 공원 조성을 계기로 심화된 환경부정의의 전형을 보여준다. 이 지역은 원래 1970-80년대 지어진 연립주택과 저렴한 기사식당, 화교들이 운영하는 중국음식점 등이 있는 서민 주거지역이었다. 그러나 2015년 경의선숲길 공원이 개장되면서 급격한 변화를 겪게 되었다.

환경부정의는 구체적인 수치로도 확인된다. 2011년부터 2018년까지 연남동의 인구는 연평균 2.4% 감소했지만, 유동인구는 2015년 69만 명에서 2018년 135만 명으로 2배 증가했다.[531] 같은 기간 커피 음료점과 양식점의 매출은 각각 연평균 54.4%, 65.8% 증가한 반면, 슈

531 이민주(2020), 젠트리피케이션에 의한 주거지역의 변화: 서울 연남동을 사례로, 한국사진지리학회지 제30권 제2호, pp. 107-116

퍼마켓과 일반의원 등 생활편의시설의 매출은 정체되거나 감소했다.

부동산 가격도 급등했다. 2011년에서 2018년 사이 단독·다가구 주택의 실거래가는 평당 1,820만원에서 3,050만원으로 상승했으며, 특히 공원 개장 전후인 2014-2016년에 가장 가파르게 올랐다. 또한 2015년 이후 제2종 근린생활시설 인허가가 연평균 55건으로, 이전(12건)의 4.6배로 급증했다.

이러한 변화는 원주민들의 삶을 위협하고 있다. 임대료 상승으로 인한 비자발적 이주가 증가하고 있으며, 오랫동안 형성된 지역 공동체가 해체되고 있다. 상업화로 인한 소음과 혼잡도 심각한 문제다. 특히 좁은 골목길까지 상업시설이 침투하면서 주거환경이 악화되고 있다.

연남동의 사례는 도시환경개선이 반드시 모든 주민의 삶의 질 향상으로 이어지지 않을 수 있음을 보여준다. 오히려 공공 투자가 특정 계층에게만 혜택이 돌아가고, 원주민들은 오히려 피해를 보는 새로운 형태의 환경부정의를 야기할 수 있다는 점을 시사한다.

6. 환경부정의 특성

1) 분배적·절차적·교정적 환경부정의 특성

	내용
분배적 환경부정의 특성	① 취약계층 거주 지역에 환경위험시설 집중 • 도시 외곽 및 저소득층 거주 지역에 환경위험시설이 불균형적으로 입지하는 현상이 나타나고 있음. • 사월마을 사례에서는 52세대가 거주하는 작은 마을에 165개의 공장이 들어섰으며, 이 중 82개 사업장이 중금속 등 유해물질을 취급하는 시설이었음. 이는 취약계층의 거주지가 산업시설의 완충지대로 활용되는 환경부정의 현상을 단적으로 보여줌 ② 환경기반시설의 지역적 격차 • 도시와 농촌 간, 중심부와 주변부 간 환경기반시설의 현저한 격차가 존재함. • 밀양 송전탑 사례에서 드러났듯이, 서울의 송전선로 지중화율이 89.9%인 반면 경남은 13%에 그쳐 환경 부담이 지방에 일방적으로 전가되는 구조적 불평등이 존재함. • 또한 거물대리 사례에서처럼 공장 난립 지역에 하·폐수처리장과 같은 환경 기반시설이 제대로 갖춰지지 않아 환경오염이 가중되는 현상이 발생함

	③ 복합적 환경위해의 집중 • 취약지역에서는 단일 오염원이 아닌 복합적 환경위해가 집중되는 경향을 보임. • 사월마을의 경우 공장오염, 매립지 영향, 운송차량 소음 등 다양한 환경위해가 중첩되어 나타났으며, 이는 주민들의 우울증 호소율(24.4%)과 불안증 호소율(16.3%)이 전국 평균의 4.3배, 2.9배에 달하는 등 신체적, 정신적 건강에 복합적 영향을 미침 (2) 개발이익의 불공정한 분배 ① 토지소유 기반의 불평등 심화 • 개발과정에서 발생하는 이익이 토지 소유 여부에 따라 차별적으로 분배되는 현상이 나타남. • 그린벨트 해제 과정에서 드러났듯이, 토지를 소유한 계층은 개발이익을 독점하는 반면, 토지를 소유하지 못한 계층은 환경악화라는 부정적 영향만 받게 됨. • 특히 보금자리주택사업의 사례에서 볼 수 있듯이, 저렴한 분양가로 인한 개발이익이 최초 분양자에게 사유화되는 반면, 실제 무주택 서민들은 높은 분양가로 인해 혜택을 받지 못하는 상황이 발생함 ② 환경개선의 차별적 향유 • 도시환경개선 사업의 혜택이 특정 계층에게 집중되는 현상이 발생함. • 청계천 복원사업의 경우, 환경개선 효과는 모든 시민이 향유하지만 그 과정에서 발생하는 경제적 비용은 지역 상인들에게 전가됨. • 경의선숲길 공원화 이후 연남동에서 발생한 젠트리피케이션 현상은 환경개선의 혜택이 새로 유입된 중산층에게 집중되는 반면, 원주민들은 임대료 상승으로 인한 비자발적 이주를 강요받는 상황을 초래함 ③ 세대 간 환경자원의 불공정한 배분 • 현 세대의 개발 필요성을 이유로 미래 세대의 환경권이 침해되는 현상이 발생함. • 새만금 간척사업 사례에서 볼 수 있듯이, 갯벌이라는 생태자원의 영구적 훼손은 미래 세대의 환경 향유권을 근본적으로 제약함. 그린벨트 해제 과정에서도 현 세대의 개발 수요를 충족시키기 위해 미래 세대가 향유할 수 있는 환경자원이 불가역적으로 훼손되는 문제가 발생함
절차적 환경부정의 특성	(1) 의사결정과정의 배제 ① 정보 접근성의 차단과 왜곡 • 개발 계획과 관련된 핵심 정보가 주민들에게 적시에 제공되지 않거나 왜곡되어 전달되는 현상이 빈번하게 발생함. • 밀양 송전탑 사례에서는 한전이 2002년에 송전탑 경과지를 선정했음에도 이를 주민들에게 알리지 않았으며, 일부 공무원과 지인들만이 미리 정보를 입수해 땅을 처분하는 등 정보 불평등이 발생함. • 결과적으로 전체 주민 21,069명 중 단 122명(0.6%)만이 주민설명회에 참석하는 등 실질적인 정보 전달이 이루어지지 않음 ② 형식적 주민참여 절차의 운영 • 법적 요건을 충족하기 위한 형식적인 주민참여 절차가 진행되는 경우가 많음. • 남양주 소각장 사례에서는 주민들의 의견을 제대로 수렴하지 않은 채 사업이 추진되었으며, 주민들이 제기한 폐기물처리시설 설치계획승인 무효 소송에서 승소했음에도 시는 사업 규모를 축소하여 우회적으로 재추진함. 이는 주민참여가 실질적인 의사결정 과정이 아닌 요식행위로 전락했음을 보여줌

	③ 취약계층의 협상력 부재 • 개발 과정에서 취약계층이 겪는 구조적인 협상력 부재 문제가 존재함. • 청계천 복원사업 과정에서 영세 상인들은 보상과 관련한 협상에서 실질적인 협상력을 갖지 못했으며, 서울시의 "보상이 불가능하다"는 일방적 입장 앞에서 자신들의 권리를 효과적으로 주장하지 못함. 이는 사회경제적 약자들이 개발 과정에서 겪는 구조적인 힘의 불균형을 보여줌 (2) 제도적 불공정성 ① 법제도의 구조적 한계 • 현행 법제도가 개발 사업 추진을 용이하게 하는 반면, 주민들의 권리 보호는 상대적으로 미약한 구조적 문제가 존재함. • 전원개발촉진법의 경우 주민 동의 없이도 보상금을 법원에 공탁하고 건설을 강행할 수 있도록 허용하고 있으며, 국토계획법상 용도지역 변경 과정에서 주민참여가 제한적으로만 이루어지고 있음. 이는 개발 편의성을 우선시하는 법제도의 한계를 보여줌 ② 환경영향평가의 형식화 • 환경영향평가가 개발사업의 정당성을 확보하기 위한 형식적 절차로 전락하는 현상이 빈번함. • 거물대리 사례에서는 환경영향평가 정보가 제대로 공개되지 않았으며, 사월마을의 경우 복합적인 환경영향에 대한 종합적 평가 없이 개별 시설 단위의 평가만이 이루어져 누적영향이 제대로 고려되지 않음 ③ 행정절차의 불투명성과 일방성 • 행정기관의 불투명하고 일방적인 의사결정 과정이 환경부정의를 심화시킴. • 남양주 소각장 사례에서 시장은 "생쓰레기 매립장인 줄 알고 백지화를 공약했는데, 알고 보니 소각잔재 매립장이라서 다시 추진한다"는 식의 무책임한 태도를 보였으며, 이는 행정 편의주의적 접근의 전형을 보여줌. • 특히 지방재정 자립도가 낮은 지역의 경우, 중앙정부나 대기업의 압력에 효과적으로 대응하지 못하는 구조적 한계가 존재함 ④ 보상절차의 불합리성 • 개발로 인한 피해 보상 과정에서 불합리한 절차적 문제가 발생함. • 청계천 복원사업에서는 상인들의 영업 손실에 대한 보상이 뒤늦게 제시되었으며, 거물대리 주민들의 환경오염피해구제 신청은 인과관계 입증의 어려움을 이유로 기각되는 등 피해자들의 권리구제가 절차적으로 어려운 구조가 존재함
교정적 환경부정의 특성	(1) 피해구제의 한계 ① 환경피해 인과관계 입증의 어려움 • 환경피해에 대한 법적, 제도적 구제과정에서 인과관계 입증이 가장 큰 걸림돌로 작용함. • 거물대리 사례에서는 주민들이 2016년 환경오염피해구제법에 따라 피해구제를 신청했으나, 환경부는 인과관계 입증이 어렵다는 이유로 구제신청을 기각함. 이는 환경오염의 특성상 오염원인과 피해 간의 직접적 인과관계를 증명하기 어려운 구조적 한계를 보여줌 ② 보상체계의 불완전성 • 현행 보상체계가 환경피해의 특수성을 제대로 반영하지 못하는 문제가 존재함.

• 청계천 복원사업의 경우 상인들의 영업 손실에 대한 보상이 실제 피해액에 크게 미치지 못했으며, 새만금 간척사업에서는 어민들의 미래 소득 상실과 생활기반 파괴에 대한 종합적 보상이 이루어지지 않음.
• 특히 정신적 피해나 삶의 질 저하와 같은 비물질적 피해에 대한 보상은 거의 이루어지지 않고 있음

③ 원상회복의 불가능성
• 한번 훼손된 환경의 원상회복이 사실상 불가능한 경우가 많음.
• 사월마을의 경우 토양, 대기, 수질 등의 복합오염으로 인해 주거환경의 완전한 회복이 불가능한 상황이며, 새만금 갯벌 매립은 371종의 저서생물 서식지 파괴와 같은 돌이킬 수 없는 생태계 손실을 초래함.
• 이러한 비가역적 환경훼손은 어떠한 보상으로도 완전한 배상이 불가능한 근본적 한계를 지님

(2) 대안적 해결의 부재
① 이주대책의 미흡
• 심각한 환경피해 지역 주민들을 위한 실효성 있는 이주대책이 부재함.
• 사월마을 주민들의 전면 이주 요구는 여전히 해결되지 않고 있으며, 밀양 송전탑 사례에서는 보상금 공탁 후 강제수용이라는 일방적 처리가 이루어짐.
• 이는 환경정의 실현을 위한 근본적 해결책으로서의 이주 대책이 제대로 작동하지 않고 있음을 보여줌

② 생계대책의 부실
• 환경피해로 인한 생계기반 상실에 대한 대안적 생계대책이 미흡함.
• 새만금 사업으로 어장을 잃은 어민들에 대한 대체 생계수단 제공이 불충분했으며, 청계천 복원으로 인한 상인들의 재정착 지원도 실질적인 도움이 되지 못함.
• 이는 단순한 금전적 보상을 넘어선 종합적인 생계대책의 필요성을 보여줌

③ 제도적 사후관리의 부재
• 환경피해 발생 후 장기적인 모니터링과 지원체계가 부재함.
• 거물대리의 경우 2015년 특별단속 이후에도 환경법령 위반이 지속적으로 발생했으나 효과적인 사후관리가 이루어지지 않았으며, 사월마을의 경우에도 주민건강영향조사 이후 지속적인 건강관리 지원체계가 미비함.
• 이는 환경피해의 장기적 영향에 대한 제도적 관리체계의 부재를 보여줌

④ 환경정의 회복을 위한 시스템 부재
• 환경부정의 해소를 위한 종합적인 제도적 시스템이 부재함.
• 기존의 피해구제 제도들이 개별 사안에 대한 대증적 처방에 그치고 있으며, 환경부정의의 구조적 해결을 위한 제도적 장치가 미비함.
• 특히 예방적 차원의 환경정의 실현 메커니즘이 부족하여, 유사한 환경부정의가 반복적으로 발생하는 문제가 지속됨.

2) 토지이용/도시개발로 발생하는 환경부정의 종합적 특성

(1) 제도적 구조의 문제

① 토지이용계획의 구조적 불공정성

현행 토지이용제도가 개발 편의성을 우선시하는 방향으로 운영되고 있음. 김대중 정부 시기의 계획관리지역 규제가 이후 완화되면서 거물대리와 사월마을 사례에서 볼 수 있듯이 주거지역과 공업지역의 무분별한 혼재가 발생함. 특히 국토의 계획 및 이용에 관한 법률상 용도지역 제도가 지역 특성과 주민 필요를 충분히 반영하지 못하는 획일적 방식으로 운영되고 있음

② 도시계획 수립과정의 구조적 한계

도시계획이 하향식으로 수립되어 지역 특수성과 주민 요구를 제대로 반영하지 못함. 그린벨트 해제 과정에서 드러났듯이, 도시계획 변경이 지역 환경의 지속가능성보다는 개발 압력에 의해 좌우되는 경향이 있음. 또한 청계천 복원사업처럼 대규모 도시개발 사업의 경우, 환경개선이라는 명분하에 기존 지역공동체 해체가 정당화되는 문제가 발생함.

③ 환경영향평가의 근본적 한계

현행 환경영향평가 제도가 토지이용 및 도시개발의 특수성을 제대로 반영하지 못함. 개별 사업단위의 평가로 인해 누적적, 광역적 환경영향이 간과되며, 사회경제적 영향이나 환경정의 측면의 평가가 부재함. 특히 사월마을 사례에서 볼 수 있듯이, 다수의 소규모 개발이 누적되어 발생하는 복합적 환경영향을 제대로 평가하지 못하는 한계가 존재함

(2) 공간적 특수성으로 인한 문제

① 환경부정의의 공간적 고착화

한번 형성된 토지이용 패턴이 장기간 고착화되어 환경부정의를 구조화함. 사월마을과 거물대리 사례처럼 취약계층 거주지역이 공업지역과 혼재되면 이러한 토지이용 패턴이 고착화되어 추가적인 환경위해시설의 입지를 유인하는 악순환이 발생함. 이는 특정 지역에 환경 부담이 지속적으로 누적되는 결과를 초래함

② 복합적 환경피해의 집중

토지이용의 혼재로 인해 다양한 유형의 환경피해가 동시에 발생함. 사월마을의 경우 공장 오염, 매립지 영향, 물류차량으로 인한 소음 등 여러 환경문제가 복합적으로 발생하며, 이는 대기, 수질, 토양 등 다매체 오염으로 이어짐. 이러한 복합적 환경피해는 일반적인 환경오염 관리체계로는 효과적인 대응이 어려움

(3) 개발과정의 구조적 문제

① 도시개발의 경제논리 지배

도시개발이 환경적, 사회적 가치보다 경제적 효율성을 우선시하는 방향으로 진행됨. 보금자리주택사업에서 나타났듯이, 그린벨트의 환경적 가치가 개발이익 앞에서 쉽게 훼손되며, 청계천 복원사업에서도 환경개선이라는 명분이 지역 상권의 급격한 변화를 정당화하는 수단으로 활용됨

② 개발이익의 사유화 구조

도시개발 과정에서 발생하는 이익이 특정 계층에게 편중되는 구조적 문제가 존재함. 경의선숲길 공원화로 인한 연남동의 젠트리피케이션 사례에서 볼 수 있듯이, 공공 투자로 인한 환경개선 효과가 부동산 가치 상승으로 이어져 원주민이 오히려 피해를 보는 역설적 상황이 발생함

(4) 토지이용/도시개발 분야 특유의 환경정의 실현의 한계

① 예방적 관리체계의 부재

토지이용 및 도시개발 분야에서 환경부정의를 사전에 예방할 수 있는 제도적 장치가 미비함. 특히 취약계층 밀집지역에 대한 특별한 보호조치나 환경정의 영향평가와 같은 사전적 검토 시스템이 부재함. 이로 인해 개발 과정에서 환경적 취약성이 충분히 고려되지 못하는 문제가 발생함

② 통합적 관리의 어려움

토지이용과 도시개발의 복합적 특성으로 인해 통합적 관리가 어려움. 용도지역 관리, 환경관리, 주민보호 등 다양한 측면이 복합적으로 얽혀있어 단일한 제도나 정책으로는 효과적인 대응이 어려움. 특히 부처 간 칸막이 행정으로 인해 종합적인 문제해결이 지연되는 경우가 많음

제2장

환경매체 오염으로 인한 환경부 정의

1. 대기오염

대기오염은 산업시설, 발전소 등에서 배출되는 대표적인 환경오염물질로, 미세먼지와 각종 대기오염물질은 인근 지역주민들의 건강을 직접적으로 위협한다. 특히 오염원 주변 지역에 집중되는 대기오염의 특성상, 해당 지역 주민들은 지속적인 노출로 인해 호흡기 질환 등 만성적 건강피해를 겪게 된다.

1) 자동차 배기가스

특히 자동차 배기가스로 인한 대기오염은 고정된 오염배출이 아니기 때문에 모든 시민이 가해자이자 피해자라고 여겨지지만, 실제로는 특정 계층이나 집단이 더 큰 피해를 입는 차별적 환경 문제를 야기한다. 교통경찰, 버스·택시 운전기사, 도로변 노점상, 어린이나 노약자 등은 다른 사람들보다 자동차 배기가스에 더 많이 노출되거나 더 취약하다.

자동차 배기가스 문제는 과거 공단 주변의 국지적 대기오염과 달리, 피해의 인과관계를 명확히 규명하기 어렵고 가해자를 특정하기도 힘들다. 이로 인해 피해자들은 적절한 보상이나 구제를 받지 못하는 경우가 많다. 더욱이 자동차 배기가스에 취약한 계층은 대부분 사회경제적 약자들로, 이들은 피해를 회피하거나 적절한 대응이 어려운 상황에 놓여있다.

일본의 경우, 1996년 니시요도가와 판결을 시작으로 가와사키, 아마가사키, 나고야 등에서 자동차 배기가스와 건강피해의 인과관계를 인정하는 판결들이 이어졌다. 가와사키 소송에서는 1969년부터 발생한 호흡기 질환이 고속도로 자동차 배기가스로 인한 것임을 인정했고,

나고야 소송에서는 정부와 기업의 책임을 인정해 기업은 15억 엔을 배상하고,[532] 국가는 자동차 질소산화물 배출량 삭감 등의 대책을 추진하기로 했다.

미국에서는 1994년부터 EPA가 인체건강에 대한 영향조사를 실시하고 있으며, 대기환경기준 설정 시 취약계층 보호를 위한 '안전을 위한 적절한 여유'를 두고 있다. 특히 캘리포니아주는 1997년부터 '환경정의'를 사업 추진의 주요 원칙으로 삼아, 대기오염이 심각한 저소득층 주거지에 환경예산을 집중 지원하고 있다.

그림 8. 교통경찰, 환경미화원 등 미세먼지 취약 직업군을 위한 대기오염 개선 촉구 캠페인.

출처 : (사)환경정의(https://www.eco.or.kr/activity/?idx=8457469&bmode=view). CC BY-SA

반면 한국의 경우, 자동차 배기가스로 인한 환경부정의 문제가 제대로 인식되지 못하고 있다. 서울의 경우 총 대기오염물질 중 72.6%가 자동차 배기가스에서 발생하며, 수도권에서는 연간 1만여 명이 미세먼지로 조기 사망하는 것으로 추정된다. 특히 교통 경찰은 일반인보다 4배 이상 높은 수준의 대기오염물질에 노출되고 있으며, 어린이들의 천식 발생률도 7~16% 증가하는 것으로 나타났다.

더욱 우려스러운 것은 피해 구제 시스템의 부재다. 일본과 달리 한국에서는 자동차 배기가스로 인한 피해 보상 신청이 단 한 건도 없었다. 교통 경찰의 경우 공무 중 받은 피해에 대해 보상받을 수 있는 제도가 있지만, 피해 입증이 어려워 실질적인 보상이 이루어지지 못하고 있다. 또한 비정규직이 많은 택시·버스기사나 퀵서비스 종사자들은 피해 보상을 요구하기도 어려운 실정이다.

532 윤순진·장미진(2005), 자동차 배기가스 오염, 환경정의 관점에서 바라보기: 문제의 구성과 해부, 대안의 탐색, ECO 9호

2) 경북 경주 두류공단 석면피해

그림 9. 경주 두류공단 환경피해 현황.

출처 : (사)환경정의(https://www.eco.or.kr/activity/?idx=9304861&bmode=view). CC BY-SA

경북 경주 두류공단도 심각한 대기오염 피해 사례를 보여준다. 1990년대 초 폐유 재활용업체를 시작으로 형성된 두류공단은 정식 산업단지가 아닌 공업지역으로, 50여 개의 환경오염물질 배출업소가 난립해있다. 좁은 도로에 오폐수처리시설도 제대로 갖춰지지 않은 채 폐유재처리, 레미콘 공장, 폐가스통 재활용업체, 소각장, 축산폐수처리업체 등이 무분별하게 들어섰다.

이로 인한 환경피해는 심각했다. 주민 60가구 120여 명은 공장에서 발생하는 먼지, 소음, 악취 등으로 고통 받았다. 특히 암모니아 냄새로 인해 안강읍 주민 전체가 두통과 구토를 호소했으며, 날이 흐린 날은 숨쉬기조차 어려웠다. 2014년 페인트공장 화재, 2016년 폐가스통 폭발 등 안전사고도 빈번했다. 더욱이 메르스 사태 당시에는 대량의 의료폐기물을 처리하면서, 1급 발암물질인 다이옥신 배출 위험까지 더해졌다.

경주시는 2012년 28번 국도를 사이에 두고 공단 반대편에 이주 단지를 조성하여 59세대 200여 명을 이주시켰으나, 여전히 10여 세대가 남아있다. 2018년 '경주시도시계획 조례' 개정으로 신규 건축허가 및 개발행위는 불가능해졌지만, 기존 사업체의 소각장 증설 등은 제지할 수 없어 주민들의 고통은 계속되고 있다.

2. 수질오염

수질오염은 하천, 호수, 지하수 등 수자원의 오염으로, 공장폐수나 생활하수 등이 주요 원인이다. 특히 중금속이나 유해물질로 인한 수질오염은 수생태계 파괴는 물론 식수원 오염으로 이어져 주민들의 건강에 직접적인 위협이 된다.

1) 경북 포항 형산강의 수은오염

경북 포항 형산강의 수은오염 사례는 산업화로 인한 수질오염의 대표적 사례다. 2015년 포항시의 조사 결과, 형산강과 인근 하천 퇴적물의 수은 오염도가 심각한 수준으로 나타났다. 표층 시료 60개 중 54개가 하천 무척추동물에 독성이 나타날 가능성이 매우 큰 4등급으로 나타났으며, 최고 농도는 1등급 기준의 792배에 달했다.

특히, 2016년 8월 국립환경과학원의 조사에서는 구무천에서 기준치의 3,171배가 넘는 수은이 검출되었다. 2017년 8월에는 구무천 지역에서 최고 916mg/kg의 수은이 검출되었으며, 이는 미나마타 사고 당시의 오염도 수준에 해당했다. 수질오염은 생태계에도 큰 영향을 미친다. 섬안큰다리 아래에서 채취된 재첩에서는 기준치의 2배가 넘는 수은이 검출되었다.

포항시의 대응은 미흡했다. 재첩에서 기준치 이상의 수은이 검출된 사실을 통보받고도 단순히 재첩채취 금지 현수막을 게시하는데 그쳤으며, 한 달 이상 사실을 제대로 알리지 않았다. 더욱이 예산과 전문가 부족을 이유로 책임을 국가에 전가하는 모습을 보였다. 2018년에 이르러서야 형산강 생태복원을 위한 시민 대토론회가 개최되었고, 2019년에는 포항산단 생태복원 협의회가 출범했다.

2) 봉화 와룡 낙동강의 환경오염

수질오염은 때로 상류의 오염원이 하류 전체에 영향을 미치는 연쇄적인 환경피해를 야기한다. 특히 중금속 등 유해물질로 인한 수질오염은 수생태계 전반에 치명적인 피해를 주며,

이는 결국 인간의 건강까지 위협하게 된다.

경북 봉화 와룡 오천(낙동강) 사례는 산업시설로 인한 수질오염이 생태계에 미치는 영향을 극명하게 보여준다. 2017년 45월 와룡 지역에서 왜가리 150여 마리와 다수의 물고기가 떼죽음 당하는 사건이 발생했다. 이는 상류 4050km 떨어진 곳에 위치한 황산·아연 공장, 석포제련소가 원인으로 지목되었다.

그림 10. 영풍 석포 제련소 사업장 전경과 시설 현황.
출처 : 환경부(2019). OPEN(공공누리)

오염의 심각성은 구체적인 수치로 확인된다. 2016년 제련소 하류 20km 지점인 분천지역 물고기에서 검출된 카드뮴 수치는 1.37ppm으로, 세계보건기구(WHO) 허용기준치(0.005ppm)의 무려 275배에 달했다. 2017년 환경부 조사에서도 제련소 반경 4km 내 448곳에서 중금속 오염이 확인되었다.

1970년부터 가동을 시작한 석포제련소는 1·2·3공장에서 연간 36만여 톤의 아연과 71만여 톤의 황산을 생산하고 있다. 2010년 이후 환경부, 경북도, 광해관리공단 등 여러 기관의 조사에서 주변 토양의 중금속이 기준치를 초과했으며, 2014년부터는 안동댐의 물고기들이 죽어가는 현상이 발생했다. 2018년에는 제련소에서 낙동강 최상류로 이물질 수십 톤이 방류되는 사고까지 발생했다.

3. 토양오염

토양오염은 산업 활동, 광산개발, 폐기물 매립 등으로 토양에 유해 물질이 축적되는 환경오염이다. 특히 중금속 오염은 한번 발생하면 정화가 어렵고, 먹이사슬을 통해 생태계와 인체에 축적되는 특성이 있어, 장기적인 건강 피해를 야기한다.

1) 충남 장항제련소로 인한 환경피해

충남 장항제련소 사례는 산업시설로 인한 토양오염의 심각성을 보여준다. 폐쇄된 지 30년이 지났음에도 제련소 주변 112만3673㎡(축구장 157개 규모)의 토양이 중금속으로 심각하게 오염되었다. 1997년 국립환경연구원의 토양오염정밀조사 결과, 장항읍 일대 25곳 중 21곳(84%)에서 비소함량이 대책기준(15㎎/㎏)을 최고 5배 이상 초과했고, 이중 17곳은 대책기준의 2배를 넘었다.

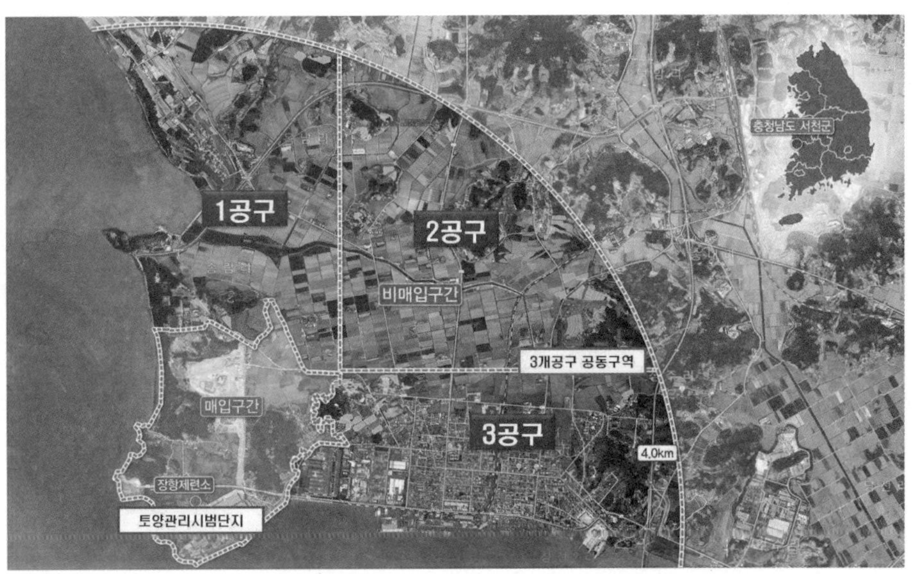

그림 11. 구 장항제련소 주변 중금속 토양 오염정화구역('09~'19).

출처: 환경부(2016). OPEN(공공누리)

이러한 토양오염은 주민들의 건강에 치명적인 영향을 미쳤다. 장항읍 장암리 마을(130여 세대)에서는 85명이 암으로 사망하거나 투병 중이었으며, 현재도 20명의 암환자가 있다. 충남도 보건환경연구원의 조사에서는 비소가 기준치의 31배, 납이 16배, 구리가 7배, 카드뮴이 5배를 초과했다. 특히 카드뮴 정밀 검진에서는 47명 중 25명이 세계보건기구 참고치를 초과했으며,

신세뇨관 미세손상 8명, 신장기능 이상 3명, 뼈 손상 1명 등 구체적인 건강피해가 확인되었다.

환경부와 농림부는 1997년 조사 이후에도 일부 지역 복토작업 외에는 별다른 조치를 취하지 않았다. 2007년에야 주민들의 요구로 조사가 다시 이루어졌고, 기준치 이상의 카드뮴이 검출된 벼는 전량 폐기되었다. 그러나 다른 농산물에 대한 대책은 전무했다. 본격적인 토양오염 정화사업은 2013년에 이르러서야 시작되었는데, 오염된 토지 매입, 주민이주, 건강영향조사 등이 포함된 종합대책이 수립되었다.

2) LS산전과 LS니꼬동제련으로 인한 환경피해

LS산전(현 LS일렉트릭)과 LS니꼬동제련 사례는 과거 산업 활동으로 인한 토양오염의 법적 책임 문제를 보여준다. 2007년 5월, 서천군은 장항제련소 인근 주민들로부터 토양오염으로 인한 농작물 오염과 주민 50여명의 암 발병 등에 대한 민원을 접수했다. 충청남도보건환경연구원의 조사 결과, 공장부지와 주변 토지에서 구리, 납, 카드뮴, 비소, 니켈, 아연 등이 토양오염 우려기준을 초과했다.

이 문제는 이미 1986년부터 인지되었던 것으로, 당시 국립환경연구원의 조사에서 토양과 농작물의 중금속 오염이 확인되었고, 1987년 정밀조사에서 장항제련소가 오염원으로 판명되었다. 환경청은 1989년 1월 장항지역 환경대책을 수립하여, 오염물질 배출이 많은 용광로 제련공법을 전기동 정련공법으로 전환하도록 했다.

그러나 2007년 서천군수가 양사에 토양정밀조사를 명령하자, 기업들은 이에 불복하여 소송을 제기했다. 이 사례는 과거 산업 활동으로 인한 토양오염에 대한 책임 소재와 정화 의무를 둘러싼 법적 분쟁으로 이어졌다. 환경부는 결국 토양정화와 주민 구제 조치를 실시했지만, 기업의 책임 부담 문제는 여전히 논란이 되었다.

4. 유해화확물질

유해화학물질은 독성이나 발암성 등으로 인해 인체와 환경에 심각한 위험을 초래할 수 있는 물질이다. 특히 석면과 같은 유해화학물질은 한번 노출되면 장기간에 걸쳐 심각한 건강피해를 야기하며, 대기나 토양을 통해 광범위하게 확산될 수 있다.

1) 울산 북구 달천철장

울산 북구 달천철장 사례는 유해화학물질인 석면으로 인한 환경보건 문제를 보여준다. 2017년 8월, 울산시 기념물 제40호인 달천철장 일대에서 1급 발암물질인 트레모라이트 석면이 검출되었다. 약 3만4000㎡ 구역에서 0.25~0.75%의 석면이 발견되었고, 549㎡ 구역에서는 1% 이상의 고농도 석면이 확인되었다.

특히 이 지역에서 발견된 트레모라이트 석면은 입자가 곧고 뾰족해 호흡기를 통해 폐 깊숙이 침투하면 치명적인 건강피해를 초래할 수 있다. 정부는 2003년부터 이 물질이 포함된 제품의 사용, 제조, 수입을 전면 금지하고 있다. 인근에 5만3천여 명이 거주하고 있고 각종 개발사업이 진행되고 있어, 석면 노출 위험이 더욱 우려되는 상황이다.

그러나 대응은 미흡했다. 울산시와 북구청은 45억원의 예산으로 보존·정비 사업을 계획했지만, 재산권 제한을 우려해 석면 검출 사실조차 제대로 알리지 않았다. 기관 간 책임 소재가 불분명한 상황에서, 북구청은 환경부 통보 이후에도 실질적인 조치를 취하지 않고 정부의 대응만 기다리고 있다.

2) 충남 청양 강정리 폐석면광산

충남 청양 강정리 폐석면광산 사례도 유해화학물질인 석면으로 인한 주민들의 피해를 잘 보여준다. 이 지역 비봉광산 주변 석면 오염은 매우 심각한 수준이었다. 2011년 조사 결과, 석면 농도가 0.251%인 지역이 26.5헥타르에 달했고, 1% 이상인 곳도 1.4헥타르나 되었다. 환경

보건시민센터의 조사에서는 마을 6곳과 불법 복토 현장에서 석면 농도가 0.253.35%까지 검출되었으며, 특히 독성이 강해 2003년부터 사용이 금지된 각섬석계 액티놀라이트석면이 확인되었다.

이러한 석면 오염은 주민들의 건강에 치명적인 영향을 미쳤다. 2011년부터 2014년 말까지 석면 피해로 3명이 사망하고 2명이 치료를 받았으며, 2015년 4월에는 석면폐증 환자가 추가로 발생했다.

그림 12. 청양 강정리 석면광산 폐기물 문제 해결방안 모색을 위한 토론회.

출처 : 충남도의회(2018). OPEN(공공누리)

청양군 전체로 확대하면 사망자는 5명, 석면폐증 환자는 13명에 달했다. 특히 비봉광산 인근 녹평 1, 2리의 경우, 주민 500여 명 중 폐암 사망자가 35명이나 되었으며, 석면 피해자 6명이 모두 광산 반경 2킬로미터 이내에 거주했던 것으로 확인되었다.

문제의 심각성은 2005년경 석면 폐광산 자리에 건설폐기물 중간처리장이 들어서면서 더욱 악화되었다. 2010년 한 업체가 사업장을 매입하여 폐석면 광산을 파낸 자리에 폐기물을 매립하는 과정에서 추가적인 문제가 발생했다. 2013년에는 한국광해관리공단이 추진한 토양복원사업도 복토방식으로 인해 2차 피해 우려가 제기되었다.

주민들은 2015년 10월 국가인권위원회에 진정을 제기했고, 국가인권위는 불법 산지 전용 혐의로 폐기물 중간처리업체를 검찰에 고발했다. 2016년에는 업체와 청양군 관련 부서 간 유착 의혹이 제기되어 특별감사가 진행되었고, 그 결과 7건의 잘못이 발견되어 공무원 8명이 징계를 받았다.

이 사례는 유해화학물질 관리 부실이 얼마나 심각한 환경보건 문제를 야기할 수 있는지 보여준다. 특히 폐광 이후의 부적절한 부지 활용과 행정기관의 미흡한 대응이 주민의 건강피해를 가중시킨 점은 환경부정의의 전형을 보여준다.

5. 폐기물

폐기물 처리시설은 필수적인 환경기초시설이지만, 부적절한 관리와 불법 매립은 심각한 환경오염을 초래한다. 특히 유해폐기물의 불법 처리는 토양과 지하수 오염을 통해 주변 지역사회에 장기적인 환경피해를 야기한다.

1) 전북 익산 낭산 폐석산 맹독 폐기물 매립

전북 익산 낭산 폐석산 사례는 맹독성 폐기물의 불법 매립이 초래한 환경재앙을 보여준다. 1970년부터 2015년까지 채석이 이뤄진 이 지역에서, 두 개 업체가 10년간 약 65만7089㎡(20만 평)의 부지에 전국의 맹독성 폐기물을 매립했다. 특히 문제가 된 것은 비소가 포함된 폐기물 수만 톤의 불법 매립으로, 유해폐기물인 광재류 등 불법 매립양이 총 155만9천톤에 달했다.

이로 인한 환경피해는 심각했다. 장마철이면 매립지에서 1급 발암물질과 기준치의 17배가 넘는 침출수가 유출되어 인근 농경지와 지하수를 오염시켰다. 침출수에는 1급 발암물질인 비소와 카드뮴이 다량 함유되어 있어 침출수 처리업체들조차 처리를 기피했다.

문제의 심각성이 드러난 후, 환경부와 지자체는 2018년 4월 민관협약을 체결하고 불법 폐기물 배출 업체들에게 원상복구명령을 내렸다. 1차로 5만톤의 불법매립 폐기물을 처리하기로 계획했으나, 매립할 순성토 부족으로 복구에 난항을 겪었다. 총 복구비용은 1천 억원 이상이 예상되었으며, 익산시는 침출수 유출 방지를 위한 저류조 설치와 1일 120톤 규모의 처리시설 설치를 계획하였다.

이 사례는 불법 폐기물 처리로 인한 환경부정의의 전형을 보여준다. 업체들은 15년간 여러 차례 행정처분을 받았음에도 불법 매립을 지속했고, 결국 관계자 4명이 구속되었다. 하지만 환경오염 피해는 이미 광범위하게 퍼져, 복구에 막대한 사회적 비용이 소요되고 있다.

2) 전자 폐기물

선진국은 유해물질이 포함된 전자폐기물 처리를 위해 규제가 약한 개발도상국으로 이를 수출하고, 환경피해를 전가하는 경향이 있다. 따라서 전자폐기물 수출입 문제 또한 전형적인 환경부정의 사례이다.

2000년대 이후 선진국에서 개도국으로의 전자폐기물 이동이 급증했다. 1인당 전자폐기물 배출량은 선진국(19.6kg)이 개도국(0.6kg)의 33배에 달하지만, 처리는 80% 이상이 개도국에서 이루어지고 있다. 중국 구이유 시의 경우, 매년 150만 톤의 전자폐기물을 처리하는데 이 중 80%가 해외에서 유입된 것이다.

이러한 전자폐기물 처리는 개도국에 심각한 환경·보건 피해를 초래한다. 구이유 시의 경우 주민 10만여 명이 하루 2~4달러의 저임금으로 위험한 재활용 작업에 종사하고 있다. 이들은 납, 카드뮴, 크롬, 수은 등 유해 중금속에 무방비로 노출되어 있으며, 적절한 보호 장비도 없이 작업하고 있다. 2000년 조사에서는 지역 강에서 WHO 안전기준의 2,400배에 달하는 납이 검출되었다.

전자폐기물로 인한 환경오염은 지역사회 전반에 영향을 미친다. 1990년대 중반부터 구이유 지역의 수돗물은 마실 수 없게 되었으며, 주민들은 비용 문제로 식수만 구입하고 생활용수는 오염된 지하수를 사용하고 있다. 더욱이 지역 농민들은 토양오염으로 인해 자신들이 생산한 농산물을 먹지 못하고, 오염 사실을 모르는 외부로 판매하고 있는 실정이다.

반면 선진국들은 폐기물 수출을 통해 막대한 이익을 얻는다. 미국의 경우 전자폐기물과 스크랩 수출로 연간 84억 달러의 무역 흑자를 기록했으며, 이는 전년 대비 31% 증가한 수치다. 1999년과 비교하면 첨단 기술 제품 수출은 21% 감소한 반면, 전자폐기물과 스크랩 수출은 135% 증가했다. 더욱이 선진국들은 바젤협약을 우회하여 '재활용'이라는 명목으로 전자폐기물을 수출하고 있다.

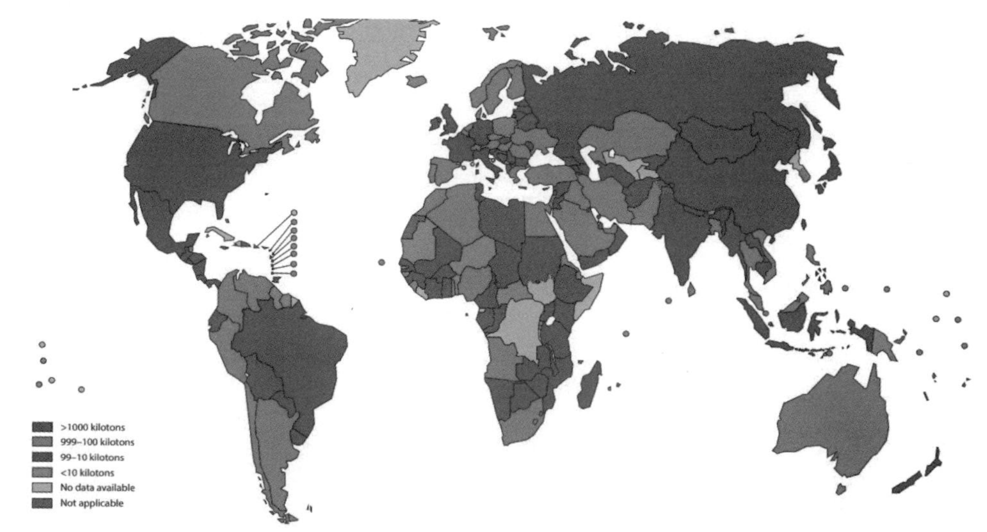

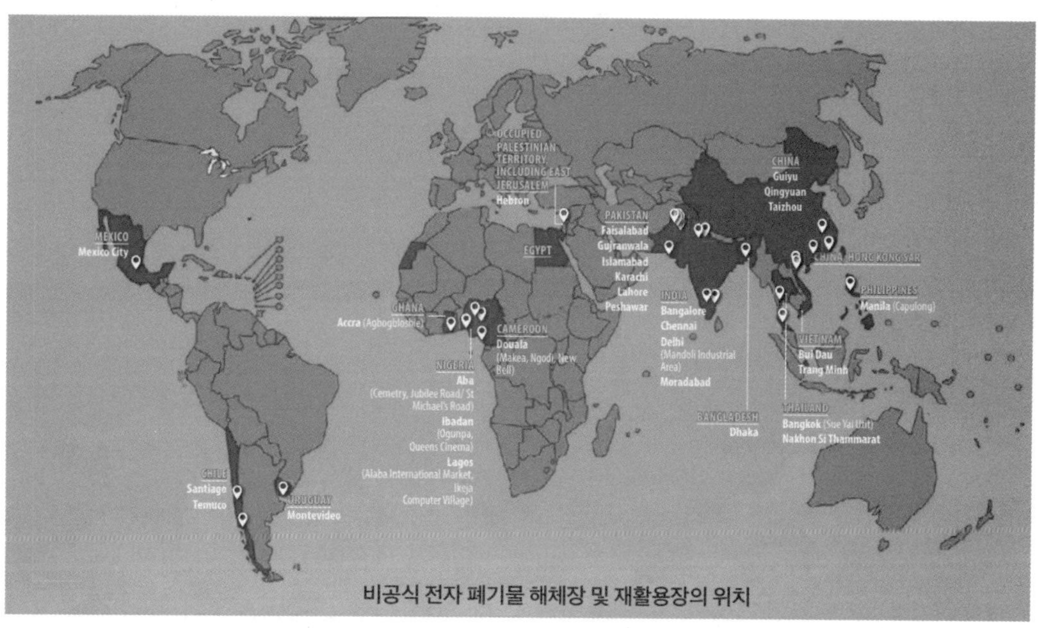

그림 13. 세계 각국의 전자 폐기물 발생량과 비공식 해체장.

출처 : 국립환경과학원 WHO 취약계층 환경보건 협력센터(2022). OPEN(공공누리)

이러한 불평등은 선진국 내부에서도 발견된다. 미국의 경우 교도소에서 죄수들이 전자폐기물을 처리하고 있는데, 이들은 시간당 0.2~1.26달러의 저임금을 받으며 적절한 보호 장비 없이 작업한다. 작업장 공기에서는 직업안전위생관리국 허용치보다 7배 높은 납과 8~30배 높은 카드뮴이 검출되었으나, 보안을 이유로 제대로 된 설비 감사도 이루어지지 않고 있다.

6. 기타(소음, 악취, 먼지 등)

소음, 악취, 먼지와 같은 생활환경상의 위해요소는 인근 주민들의 일상적인 삶을 직접적으로 침해하는 환경오염이다. 특히 발전소나 공단 등 대규모 산업시설에서 발생하는 이러한 오염물질들은 장기간에 걸쳐 주민들의 건강에 심각한 영향을 미친다.

경남 하동화력발전소 사례는 대규모 산업시설로 인한 복합적인 환경피해를 보여준다. 377만㎡ 부지에 8기의 석탄발전소(총 4,000MW)가 들어선 이 시설은 인근 명덕마을(173세대 400여 명)과 불과 200m 거리에 위치해 있다. 더욱이 마을 1km 이내에 17기의 고압 송전탑이 있고, 11기가 추가로 들어설 예정이어서 주민들의 불안감이 가중되고 있다.

20년간 지속된 환경피해는 심각한 수준이다. 하동군의 5년간 누적 사망률은 인구 10만명당 1,083명으로 전국 3위를 기록했으며, 호흡기계 사망률(인구 10만명당 70명)은 전국 최고, 심혈관 사망률(인구 10만명당 236명)은 전국 3위다. 마을주민의 호흡기 질환자 비율은 전국 평균의 3.84배에 달하며, 최근 10년간 20명이 암으로 사망(11명)하거나 투병(9명) 중이다.

주민들은 소음으로 인한 스트레스와 불면증을 호소하고 있으며, 악취로 인한 두통, 메스꺼움, 비염을 상시로 겪고 있다. 석탄재 등의 비산먼지에서는 셀레늄 등 중금속이 검출되었다. 2000년에는 발전소 둑 붕괴로 석탄재가 섞인 바닷물 200여 만톤이 유출되어 농경지 60여 ha가 침수되는 사고도 발생했다.

하동화력발전본부는 펜스 설치, 저감 시설 설치 등의 대책을 내놓고 있으나, 주민들은 발전소 최초 건축 승인 당시 환경영향평가에서 마을의 주민 거주 사실 자체를 누락하는 등 허위 보고가 있었다고 주장하고 있다. 2018년 '하동화력발전소 관련 주민지원과 피해 저감 방안 마련을 위한 간담회'가 열렸으나, 실질적인 해결책은 여전히 마련되지 않고 있다.

7. 환경부정의 특성

1) 분배적·절차적·교정적 환경부정의 특성

	내용
분배적 환경부정의 특성	(1) 환경오염 취약계층에 대한 차별적 노출 • 직업적 취약계층의 불균등한 노출 • 자동차 배기가스 사례에서 교통경찰, 버스·택시 운전기사, 도로변 노점상 등이 일반인보다 4배 이상 높은 대기오염물질에 노출됨 • 전자폐기물 처리과정에서 저임금 노동자들이 유해물질에 무방비 노출 • 사회경제적 약자의 환경위험 집중 • 폐광산 주변 주민들의 중금속 노출 (장항제련소 사례) • 공단 주변 저소득층 주거지의 복합오염 노출 (두류공단 사례) (2) 환경오염의 지리적 불평등 • 산업시설 주변지역의 환경부담 집중 • 하동화력발전소 인근 마을의 경우 200m 거리에서 복합적 환경피해 발생 • 포항 형산강 수은오염으로 인한 주변지역 생태계 파괴 • 오염원과 피해의 공간적 분리 • 봉화 와룡 낙동강 사례에서 상류 제련소 오염이 하류 전역에 영향 • 선진국의 전자폐기물을 개발도상국으로 이전하여 환경피해 전가 (3) 피해 회피 능력의 차별성 • 경제적 대응능력의 차이 • 전자폐기물 처리지역 주민의 경우 오염된 지하수를 생활용수로 사용 • 구이유 시 사례에서 주민들은 비용 문제로 오염된 물을 계속 사용 • 정보 접근성의 격차 • 울산 달천철장 석면 오염 정보가 주민에게 제대로 공개되지 않음 • 장항제련소 주변 농산물 오염 정보의 차별적 전달 • 환경매체 오염의 특성상 한번 발생하면 장기간 지속되며, 복합적인 건강피해로 이어져 사회적 약자들의 삶의 질을 심각하게 저하시킴
절차적 환경부정의 특성	(1) 정보 공개 및 알권리 침해 ① 환경오염 정보의 은폐 및 지연 • 관련 기관들의 의도적인 정보 은폐가 빈번하게 발생함. • 울산 달천철장 사례에서 관련 기관들은 재산권 제한을 우려해 석면 검출 사실을 알리지 않았으며, 포항 형산강 사례에서도 시는 재첩에서 기준치 이상의 수은이 검출된 사실을 한 달 이상 공개하지 않음 ② 위험 고지의 선별적 전달 • 환경오염 관련 정보가 특정 계층이나 집단에게만 선별적으로 전달되는 현상이 발생함.

<table>
<tr><td></td><td>• 장항제련소 사례에서는 벼의 카드뮴 오염에 대해서만 조치가 이루어졌을 뿐, 다른 농산물에 대한 정보는 제대로 전달되지 않음

(2) 의사결정 과정의 배제
① 환경영향평가의 형식화
• 환경영향평가가 실질적인 주민 참여 없이 형식적으로 진행됨
• 하동화력발전소 사례에서는 환경영향평가 과정에서 마을 주민 거주 사실 자체가 누락되는 등 심각한 절차적 하자가 발생함

② 주민 의견수렴 절차의 부재
• 환경오염 관련 시설의 설치나 운영 과정에서 주민들의 의견이 제대로 반영되지 않음.
• 청양 강정리 폐석면광산 사례에서는 폐광 부지의 건설폐기물 중간처리장 전환 과정에서 주민 의견수렴 절차가 생략됨

(3) 행정적 대응의 문제
① 책임 소재의 불명확성
• 환경오염 사고 발생 시 기관 간 책임 떠넘기기가 빈번함.
• 울산 달천철장 사례에서 관련 기관들은 서로 책임을 회피하며 실질적인 조치를 지연시킴

② 사후 관리의 부실
• 환경오염 발생 후 체계적인 관리감독이 이루어지지 않음.
• 익산 낭산 폐석산 사례에서는 업체들이 15년간 여러 차례 행정처분을 받았음에도 불법 매립을 지속할 수 있었음

③ 감시체계의 미비
• 환경오염 모니터링 시스템이 제대로 작동하지 않음.
• 봉화 와룡 낙동강 사례에서는 상류 제련소의 지속적인 오염 배출이 제대로 감시되지 않아 대규모 생태계 피해가 발생함

(4) 사법적 구제 절차의 한계
① 입증책임의 문제
• 환경오염 피해의 인과관계 입증이 피해자에게 전가됨.
• 자동차 배기가스 피해의 경우, 일본과 달리 한국에서는 피해 보상 신청이 단 한 건도 없었을 정도로 입증이 어려움

② 소송 과정의 불평등
• 기업과 주민 간 법적 대응 능력의 현저한 차이가 존재함.
• LS산전과 LS니꼬동제련 사례에서 기업들은 토양정밀조사 명령에 불복하여 소송을 제기하는 등 법적 대응을 통해 책임을 회피함.
• 이러한 절차적 부정의는 환경매체 오염의 특성상 피해의 확산과 심화를 초래하며, 결과적으로 피해자들의 구제를 더욱 어렵게 만드는 악순환을 야기함</td></tr>
<tr><td>교정적 환경부정의 특성</td><td>(1) 피해 규명의 한계
① 오염 피해의 시간적 지연성
• 환경매체 오염의 경우 피해가 장기간에 걸쳐 서서히 드러나는 특성이 있음. • 장항제련소 사례에서는 폐쇄 후 30년이 지난 시점에서도 토양오염이 지속되었으며, 청양 강정리 석면 피해는 수십 년에 걸쳐 발생함</td></tr>
</table>

② 복합오염으로 인한 인과관계 입증 곤란
• 여러 환경매체를 통한 동시다발적 오염으로 특정 피해의 원인 규명이 어려움.
• 두류공단의 경우 대기, 토양, 수질 등 복합적 오염이 발생하여 개별 피해의 원인 특정이 불가능함

③ 잠재적 피해의 미인정
• 현재는 증상이 없더라도 향후 발생할 수 있는 건강영향이 보상 대상에서 제외됨.
• 석면 노출의 경우 20~30년 후 발병 가능성이 있으나 현행 피해구제 제도에서는 이를 고려하지 않음

(2) 피해 배상의 불완전성
① 매체별 분절적 보상체계
• 현행 보상체계가 환경매체별로 분리되어 있어 복합오염 피해에 대한 종합적 배상이 어려움.
• 하동화력발전소 사례에서 대기오염, 소음, 진동 등에 대한 통합적 보상체계 부재

② 간접피해 배제
• 환경오염으로 인한 2차적, 파생적 피해가 보상에서 제외됨.
• 포항 형산강 수은오염으로 인한 어업 피해, 농작물 피해 등 간접적 경제손실이 배상에서 제외됨

③ 건강영향의 과소평가
• 정신적 고통이나 삶의 질 저하와 같은 비물질적 피해가 제대로 반영되지 않음.
• 자동차 배기가스 노출로 인한 스트레스, 불안감 등이 보상 대상에서 제외됨

(3) 원상회복의 기술적/제도적 한계
① 오염의 비가역성
• 일단 발생한 환경매체 오염의 완전한 정화가 기술적으로 불가능함. 형산강 수은오염, 장항제련소 토양오염 등은 완전한 복원이 사실상 불가능함

② 생태계 복원의 한계
• 환경매체 오염으로 인한 생태계 교란의 완전한 회복이 불가능함.
• 봉화 와룡 낙동강 사례에서 수생태계 파괴의 영구적 손실 발생

③ 복원 비용의 책임 소재 불명확
• 막대한 정화비용의 부담 주체가 불분명함.
• 익산 낭산 폐석산의 경우 1천억원 이상의 복구비용 부담 주체를 두고 논란 발생

2) 환경오염매체로 인한 환경부정의 종합적 특성

(1) 오염의 확산성과 광역화

① 매체를 통한 오염의 연쇄적 확산

환경매체 오염은 대기, 수질, 토양 등 매체를 통해 광범위하게 확산되는 특성을 가짐. 봉화 와룡 낙동강 사례에서처럼 상류의 제련소 오염물질이 하류 전역으로 확산되어 수생태계 전반에 영향을 미침. 이는 토지이용·개발로 인한 환경부정의가 해당 지역에 국한되는 것과 달리, 피해 범위의 특정이 어렵고 예측 불가능한 확산이 발생함

② 매체 간 오염의 전이와 순환

하나의 매체 오염이 다른 매체로 전이되면서 복합적인 환경부정의를 야기함. 장항제련소 사례의 경우 대기로 배출된 오염물질이 토양에 축적되고, 이것이 다시 농작물과 지하수 오염으로 이어지는 순환적 오염구조가 형성됨. 이는 단일 개발행위로 인한 환경부정의와 달리 피해의 양상이 복잡하고 장기화되는 특성을 보임

(2) 시간적 특수성

① 잠재적 위험의 장기 지속

환경매체 오염은 노출 후 상당 기간이 지난 후에 피해가 발현되는 특성이 있음. 청양 강정리 석면광산 사례처럼 수십 년에 걸친 잠복기를 거쳐 건강피해가 나타나며, 이는 현재의 피해구제 제도로는 포괄하기 어려운 문제를 야기함

② 세대를 넘어선 영향

환경매체 오염의 영향이 다음 세대에까지 이어지는 특성을 보임. 전자폐기물 처리지역의 토양·지하수 오염이나 중금속 오염지역의 생태계 파괴는 수 세대에 걸쳐 영향을 미치며, 이는 개발 사업으로 인한 일시적 환경 변화와는 다른 차원의 환경부정의를 형성함

(3) 피해의 복합성과 누적성

① 다매체 복합오염의 특성

여러 환경매체를 통한 동시다발적 오염이 발생함. 두류공단 사례에서 나타나듯 대기오염,

토양오염, 수질오염이 동시에 발생하여 주민들의 건강에 복합적 영향을 미침. 이는 특정 개발 행위로 인한 단일 피해와는 달리 종합적인 대응을 어렵게 만드는 요인이 됨

② 피해의 누적적 심화

시간이 지날수록 환경매체 내 오염물질이 축적되어 피해가 심화됨. 하동화력발전소 주변 지역의 경우 20년간의 누적된 환경오염으로 인해 주민들의 호흡기 질환 발생률이 전국 평균의 3.84배에 달하는 등 장기적 건강영향이 발생함

(4) 제도적 대응의 한계

① 매체별 분절적 관리체계

현행 환경관리 제도가 매체별로 분리되어 있어 복합오염에 대한 통합적 대응이 어려움. 각각의 매체별 기준은 충족하더라도 복합적인 영향은 고려되지 않는 문제가 발생함

② 피해 입증의 기술적 한계

환경매체 오염의 경우 오염원과 피해 간의 인과관계 입증이 기술적으로 어려움. 자동차 배기가스 피해나 복합적 대기오염으로 인한 건강영향의 경우, 특정 오염원과의 직접적 인과관계 입증이 거의 불가능함

③ 국제적 환경부정의 심화

환경매체 오염이 국경을 넘어 확산되면서 국제적 차원의 환경부정의가 발생함. 선진국의 전자폐기물이 개도국으로 이전되는 현상이나 대기오염물질의 월경성 이동 등은 국제적 차원의 새로운 환경부정의를 야기함.

이러한 특성들은 토지이용·개발로 인한 환경부정의와 달리, 피해의 광역성, 장기성, 복합성이라는 고유한 특징을 가지며, 이는 기존의 환경정의 실현 제도나 체계로는 해결하기 어려운 새로운 차원의 과제를 제시함

제3장

환경 재난/위험의 환경부정의

1. 자연재해

2005년 미국의 루이지애나 주 뉴올리언즈에서 허리케인 카트리나가 발생했을 때 대부분의 피해가 아프리카 계 미국인(흑인)과 저소득층에서 일어나는 것이 확인되면서 인위적인 위험뿐만 아니라 자연 재해를 포함하는 위험을 포함하는 환경정의 체계가 확대되었다(Chakraborty et al. 2014). 그리고 자연재해에 의한 환경정의를 평가하는 실험적 조사가 시작되었다(Grineski et al. 2015). 이 사례는 자연재해 위험으로부터 현대 사회가 환경적으로 정의롭지 못할 수 있음을 보여주는 대표적인 사례이다(Allen, 2007). 이를 계기로 '기후정의'라고도 불리는 자연재해 관련 환경정의 연구가 활발히 진행되었다(Park, DB, 2013).

1) 홍수피해와 환경정의

도시홍수 피해에서도 사회적 약자와 소외 계층은 환경부정의 문제에 더 쉽게 노출될 수 있다. 2005년 미국 뉴올리언즈의 사례는 경제·정치적으로 소외된 흑인 저소득층들을 위한 공공임대주택을 홍수에 취약한 저지대 지역에 건설하는 등 자연재해에 취약한 지역이 주거비 부담이 적었기 때문에 자연스럽게 사회적 취약계층들이 자연재해 취약지역에 거주하게 되었다(Morse, 2008). Johnson et al.(2007) 또한 홍수위험관리에서 공정한 의사결정 과정과 결과에 취약계층들이 접근하지 못한다고 주장하면서, Thames 유역의 사례를 통해서 가장 기술적으로나 경제적으로 효과적인 홍수 관리 전략이 어떻게 평등 관점에서 공평하지 못 한가를 주장하였다. 실제로 Thames 유역 사례에서는 비용편익분석에 기반한 홍수 방어 투자가 경제적 가치가 높은 지역을 우선시함으로써, 저소득층 지역이 구조적으로 홍수 보호에서 배제되는 결과를 초래했다. Montgomery et al.(2015)의 연구에서는 영국에서 일어나는 홍수피해의 환경부정의 문제를 절차적·분배적으로 관점에서 검토하였다. 그 결과 인종, 빈곤과 관련하여 환경부정의가 있다는 증거를 제시하였다. 한편, 전통적인 환경부정의 양상이 국가나 지역, 법·제도적 특성에 따라 다르게 나타나듯, Son et al.(2022)의 연구에서는 기후위험으로부터 발생하는 환경부정의 역시 마찬가지임을 보여준다. 그는 한국의 경우 과거에는 하천홍수가 빈번하였으나 현재는 도시 과밀화로 인한 도시홍수가 주된 문제로, 취약계층 밀집 지역일수록 도시방재시설과 같은 도시계획 요소가 미흡하고 서울의 반지하와 같은 홍수에 취약한 주거 형태가 집중되어 있다는 점에서, 이는 단순한 도시계획의 실패가 아니라 구조적 환경부정의의 산물임을 지적하였다. 이와 같이 사회적 약자와 소외계층들은 환경부정의에 더 쉽게 노출될 수도 있을 뿐더러 홍수 피해에 더 민감할 수 있다. 사회적 약자와 소외계층들은 경제적·사회적·신체적 능력의 한계가 있기 때문에 각종 재해 등 부정적 외부환경으로 인한 피해에 상대적으로 더 민감할 수밖에 없다(Morse, 2008; Park, 2016). 따라서 사회적 약자와 소외계층이 밀집해 있는 지역에 피해가 빈번히 발생하는 것을 예방하기 위해서는 공공 부문 정책 수립 시 사회적 형평성을 고려하는 것이 중요하다(Heo, 2014). 도시방재계획도 이에 해당한다. 사회적 취약계층을 위한 적절한 방재 대책은 자연재해 취약성 저감에 크게 기여할 수 있고 환경정의 측면에서도 의미가 있다.

2) 폭염 피해와 환경정의

폭염은 지역과 환경에 따라 다르게 정의되며, 각 국가 및 기상기관은 이를 평가하고 대응하기 위한 다양한 기준을 제시하고 있다(김진욱, 2005). 우리나라의 경우 기상청은 일 최고 기온 33℃ 이상을 "폭염"이라 지칭하며, 폭염주의보와 경보를 발령하고 있다(하종식 외, 2014). 우리나라에서는 2018년 9월 18일 재난 및 안전관리 기본법의 개정을 통해 폭염이 자연재난의 하나로 포함되었으며, 이는 폭염이 개인 차원에서 다루어야 하는 문제를 넘어 국가와 정부가 관리해야 하는 하나의 재난이 되었음을 의미한다.

폭염으로 인한 환경부정의는 동일한 기상 조건 하에서도 지역적 특성과 사회경제적 취약성에 따라 피해가 불평등하게 분배되는 현상으로 나타난다. 2018년 기록적인 폭염에서 질병관리청에 따르면 전국에서 4,500명 이상의 온열질환자가 발생하였고, 48명이 사망했다. 그러나 통계청의 사망원인 통계를 적용한 새로운 집계 기준에 따르면 실제 사망자는 162명에 달하는 것으로 나타나 공식 통계보다 훨씬 많은 피해가 발생했음이 확인되었다.

폭염 피해의 지역적 불평등은 도시와 농촌 간 뚜렷한 차이를 보인다. 폭염에 대한 선행연구 대부분은 인구밀도가 높고, 총인구수가 많으며 도시 녹지의 면적 비율은 낮고, 도시화 면적 비율이 높은 도시지역들에서 폭염 위험이 높게 나타났다. 이는 도시열섬현상과 녹지 부족으로 인한 구조적 취약성을 보여준다. 반면 비도시지역에서는 65세 이상 인구비율, 독거 노인 비율, 기초생활수급자 비율, 야외노동자 인구비율이 높게 나타나면서 사회적 취약성이 집중되는 양상을 보였다.

도시지역의 경우 무더위 쉼터나 응급의료기관 등 폭염 대응 인프라의 접근성에서 지역별 격차가 발생한다. 기초생활수급자의 비율이 높거나, 인구당 응급의료 기관수, 무더위 쉼터가 타 지자체에 비해 적은 지역에서 폭염 피해가 집중되는 것으로 나타났다. 이는 같은 도시 내에서도 사회경제적 지위와 거주 지역에 따라 폭염 대응 능력에 차이가 발생함을 의미한다.

농촌지역에서는 야외노동자의 높은 비율과 고령화로 인한 취약성이 두드러진다. 2018년 폭염 사망 사례를 보면, 세종특별자치시에서 보도블록 작업을 하던 39세 남성과 전북 남원에서 제초 작업을 하던 80대가 열사병으로 숨지는 등 야외 노동 현장에서 피해가 집중되었다. 온열 질환 발생장소 통계에서도 실외 작업장에서 37%로 가장 많이 발생하여 야외 노동자들이 폭염을 피할 수 없는 구조적 불평등을 보여준다.

폭염 사망자의 연령별 분포 또한 사회적 취약성을 반영한다. 2011년 온열 질환 감시체계 가동 이후 2021년까지 온열 질환으로 사망한 238명 중 약 3분의 2(65.5%)인 156명이 60세 이상 고령자였다. 이는 노인층이 체온 조절 능력 부족과 만성 질환으로 인해 폭염에 더 취약할 뿐만 아니라, 경제적 제약으로 인한 냉방시설 접근성 부족, 정보 접근의

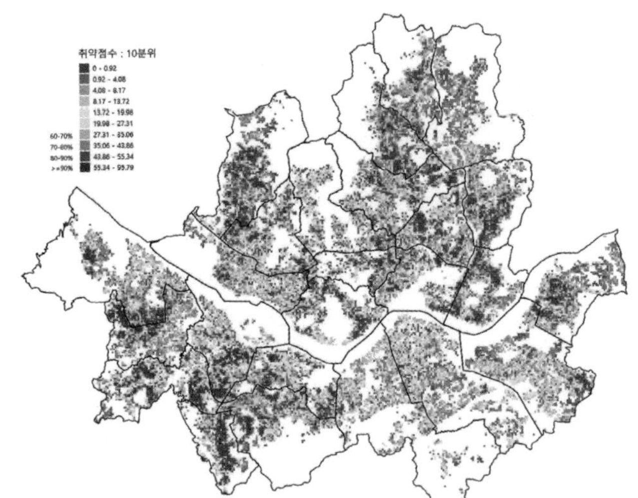

그림 14. 고령 인구 및 노후 단독·저층주거지 밀집지역에서 폭염 취약성이 크게 나타난다(2025).

출처 : 공익연구센터 블루닷(https://ourbluedot.or.kr/posts/mbtqej4). CC BY-SA

어려움 등 복합적 취약성에 노출되어 있음을 보여준다.

이러한 폭염으로 인한 환경부정의를 해소하기 위해서는 도시계획을 포함한 다양한 계획 단계에서 기후정의를 고려한 접근이 필요하다. 도시지역에서는 녹지 확충과 도시 열섬현상 완화, 취약지역 우선 무더위 쉼터 설치 등의 공간적 대응이 중요하며, 농촌지역에서는 야외 노동자와 고령자를 위한 특별한 보호 체계 구축이 필요하다. 특히 65세 이상 인구 비율, 독거노인 비율, 기초생활수급자 비율, 야외 노동자 인구 비율이 높은 지자체에서는 폭염 대응 행동요령 등의 지속적인 교육을 통해 폭염과 관련된 피해를 줄일 수 있도록 노력함으로써 기후부정의를 해소해야 할 것이다.

취약계층은 경제, 신체, 환경, 정보 측면에서 일반 사람들과 비교해 위험에 대한 대비가 미흡하고 대처 능력이 부족한 사람들로 정의된다. 특히 65세 이상 노인, 야외노동자, 저소득층, 만성질환자, 영유아 등은 폭염 취약성이 높기 때문에(김지영 등, 2006, 질병관리본부, 2018), 이들에 대한 우선적 배려가 폭염 대응 정책의 핵심이라 할 수 있다.

2. 인적재난

인적재난은 사고로 인해 발생하는 화재, 붕괴, 폭발, 교통사고, 화생방사고, 환경 오염사고 등을 의미한다. 이러한 인적재난은 자연재해와 달리 인간의 활동과 의사결정에서 비롯되는 재난으로, 그 발생과 피해의 양상에서 뚜렷한 환경부정의적 특성을 보인다. 환경정의 이론에서는 분배적 정의, 절차적 정의뿐만 아니라 생산적 정의, 실질적 정의, 승인적 정의 등을 통해 환경문제의 사회적 불평등을 분석한다(윤순진, 2004). 인적재난에서의 환경부정의는 크게 세 가지 양상으로 나타난다. 첫째, 위험시설과 산업단지가 주로 사회경제적 취약계층이 거주하는 지역에 입지하면서 재난 발생 시 이들이 불평등한 피해를 감수하게 되는 것이다. 둘째, 재난 발생 시 초기 대응과 복구 과정에서 사회적 지위에 따른 차별적 처우가 나타나는 것이다. 셋째, 노동환경과 거주환경이 열악할수록 재난에 대한 대처 능력이 취약해질 수밖에 없으므로 그 영향이 불평등하게 나타나는 것이다(국회도서관, 2023). 울산 석유화학단지의 경우 1970년대 초·중반에 건설되어 이미 40~50년이 경과한 시설이 다수이며, 노후 설비 문제와 함께 설비

가동과 보수 과정의 안전의식 부족 등이 복합적 요인으로 작용하여 지속적으로 폭발과 화재 사고가 발생하고 있다(경향신문, 2022). 이러한 구조적 문제는 해당 지역 주민들과 노동자들에게 지속적인 환경 위험을 노출시키고 있다.

1) 구미 불산누출 사고

2012년 9월 27일 경상북도 구미시 산동면 봉산리 구미 제4국가산업단지에 위치한 휴브글로벌에서 플루오린화 수소 가스(불산) 8-10톤이 누출되어 근로자 5명이 사망하고 18명이 부상하는 사고가 발생했다. 이 사고로 농작물 237.9ha, 가축 3,209두, 차량 1,138대 등의 피해가 발생했으며, 주민 7,162건의 병원진료가 이루어졌다(국립도서관, 2012).

이 사고로 산동면 봉산·임천리 주민 1천200여 명 가운데 300여 명은 무려 3개월 동안 집이 아닌 주민대피소에서 생활해야 했으며, 가스에 노출된 주민, 근로자, 공무원 등 1만2천여 명이 건강검진을 받아야 했다(영남일보, 2022). 농촌 지역의 취약한 주민들이 장기간 거주지를 떠나 대피소에서 생활하는 등 불편한 피해를 감수했다.

초기 대응에서 계층별 차별이 나타났다. 사고 발생 4시간 40분이 지나서야 주민 대피령이 발령되었고, 정확한 가스 농도 확인도 끝나지 않은 상태에서 12시간 만에 위기 경보가 해제되어 주민들이 귀가 조치되었다(세이프티퍼스트닷뉴스, 2024). 안전이 확보되지 않은 상태에서 하루 만에 돌아온 주민들은 아직 희석되지 않은 불산 가스를 마시고 피가 섞인 침을 토해냈다(세이프티퍼스트닷뉴스, 2024).

불산사고가 구미에서 발생했다는 사실로 인해 구미시 출하 농산물이 전국적으로 매입이 거부당하는 일이 벌어졌다(영남일보, 2022). 이는 해당 지역 전체가 환경오염의 낙인을 받아 경제적 피해를 입은 사례이다. 사고 지역 노동자들은 산안법이 부여한 작업 중지권이 있었지만, 사고 후 3시간 30분 동안 계속 조업을 했으며, 그다음 날에도 공장이 계속 가동되었다(세이프티퍼스트닷뉴스, 2024). 노동자와 주민의 안전권이 경제적 이익보다 후순위에 놓였음을 보여준다.

법적 구제 접근성에서도 불평등이 나타났다. 한국은 환경법원이 없어 개별 시민이 환경사고 피해에 대해 법적 구제를 받기가 매우 어려운 구조이다. 피해자가 피해사실과 인과관계에 대한 입증책임을 져야 하며, 사후적 금전배상에만 국한되는 한계가 있다.

2) 울산 석유화학단지 화재·폭발 사고

울산 석유화학단지는 전국에서 가장 큰 규모의 화학공단으로 지속적으로 화재와 폭발사고가 발생하고 있다. 2022년에만 울산의 석유화학단지에서 폭발·화재로 모두 3명이 사망하고 16명이 중경상을 입었다(경향신문, 2022). 울산시가 발행한 2022년도 시정백서에 따르면 2017년부터 2021년까지 최근 5년간 폭발·화재·누출 등 유해물질 사고는 모두 708건이 발생했으며, 이 기간 동안 부상자만 22명이었다(경향신문, 2022).

2022년 8월 31일 울산 석유화학단지 안에 있는 SK지오센트릭 폴리머 공장에서 폭발 사고가 발생해 노동자 7명이 부상을 당했다. 굉음과 함께 주변 주택가까지 폭발의 진동이 느껴질 정도였다(MBC뉴스, 2022). 2024년 8월 28일에는 울산 울주군 온산공단의 한 화학공장에서 황산 저장탱크 폭발사고가 발생해 작업 중이던 40대 노동자 1명이 숨졌다(MBC뉴스, 2024). 2019년 9월 28일에는 울산항 염포부두에서 석유제품운반선 '스톨트 그로이란드호'가 폭발하여 선원 3명, 하역 근로자 8명, 해경 5명, 소방관 2명 등 총 18명이 화상을 입거나 연기를 마셔 치료를 받았다(나무위키, 2025). 이 사고로 인해 울산대교 시설물에도 화염 피해가 발생하여 102억원의 손해배상이 이루어졌다(파이낸셜뉴스, 2021).

이러한 울산 지역의 화학 사고들은 환경부정의의 전형적인 사례를 보여준다. 울산·미포·온산 등 울산지역 국가산단의 연간 액체 위험물 취급량은 약 2400만㎘에 달하며, 전국 위험물 취급량의 42%를 차지하는 등 재해 발생 위험이 상존하고 있다(경향신문, 2022). 특정 지역에 위험시설이 집중되면서 해당 지역 주민들이 지속적으로 환경 위험에 노출되는 구조적 불평등이 나타나고 있다.

화학물질안전원 자료에 따르면 2014년부터 2020년 6월까지 발생한 화학물질 사고의 40.3%(218건)는 '시설관리 미흡'이 원인이었으며, 이는 노후화한 설비를 제대로 관리하지 못한 것이 주요 원인이다(노동오늘, 2020). 산업단지는 1970~80년대에 주로 가동되기 시작했으며, 짧게는 20년에서 길게는 50년 이상 운영되어 장비 노후화로 인한 위험성이 증가하고 있다(노동오늘, 2020).

이러한 인적재난들은 단순한 우발적 사고가 아니라, 사회경제적 지위, 지역, 법적 접근성 등에 따라 차별적으로 피해가 분배되는 환경부정의의 전형적인 사례들이다. 특히 노후 산업단지와 위험시설이 집중된 지역의 주민들과 노동자들이 지속적으로 환경 위험에 노출되는 구조적 불평등이 심각한 문제로 대두되고 있다.

3. 환경부정의 특성

1) 분배적·절차적·교정적 환경부정의 특성

	내용
분배적 환경부정의 특성	(1) 재난 위험의 불균등한 사회적 배분 • 환경 재난과 위험이 사회계층과 지역에 따라 불평등하게 분포함. • 울산 석유화학단지의 경우 전국 위험물 취급량의 42%를 차지하며 2017년부터 2021년까지 5년간 708건의 유해물질 사고가 발생하여 특정 지역에 환경 위험이 집중됨. • 구미 불산누출 사고에서는 산업단지 주변 농촌 지역 주민들이 직접적 피해를 감수했으며, 산동면 봉산·임천리 주민 1천200여 명 중 300여 명이 3개월간 대피소 생활을 해야 했음 (2) 재난 취약성의 계층별 격차 • 사회경제적 취약계층이 재난에 더 많이 노출되고 큰 피해를 입는 구조가 존재함. • 2018년 폭염으로 인한 온열질환 사망자 중 절대 다수가 빈곤율이 높은 노인층이었으며, 주로 논밭에서 발생함. 토목·건설 현장 등 폭염에 열악한 노동환경의 작업장에서 온열질환 환자가 가장 많이 발생하는 것처럼 직업적 취약계층의 불균등한 재난 노출이 나타남 (3) 피해 회복 능력의 차별성 • 재난 발생 후 회복 과정에서 사회경제적 지위에 따른 격차가 발생함. • 구미 불산 누출 사고로 인해 구미시 농산물이 전국적으로 매입 거부당한 사례처럼 지역 전체가 환경오염의 낙인을 받아 경제적 피해를 입었으며, 농촌 지역의 취약한 주민들일수록 장기적 피해 회복이 어려운 상황에 놓임
절차적 환경부정의 특성	(1) 재난 대응 과정의 참여 배제 • 재난 발생 시 의사결정 과정에서 주민들의 참여가 제한됨. 구미 불산 누출 사고에서 사고 발생 4시간 40분 후에야 주민 대피령이 발령되었고, 안전이 확보되지 않은 상태에서 12시간 만에 위기 경보가 해제되는 등 주민 안전보다 경제적 논리가 우선시되는 일방적 의사결정이 이루어짐 (2) 정보 공개의 선별성과 지연 • 재난 관련 정보가 투명하게 공개되지 않거나 지연되는 문제가 발생함. • 화학물질 사고의 경우 위험물질에 대한 정보나 대응 요령이 충분히 공개되지 않아 일반 주민이 적절히 대응하기 어려운 상황이 지속됨. • 특히 정보 접근 능력이 상대적으로 떨어지는 취약계층에게 더 큰 피해로 이어짐 (3) 예방적 참여 권리의 제한 • 재난 예방 과정에서 노동자와 주민의 참여권이 제대로 보장되지 않음. • 구미 불산 누출 사고에서 노동자들이 산안법상 작업 중지권을 가지고 있었음에도 사고 후 3시간 30분 동안 계속 조업이 이루어졌으며, 다음 날에도 공장 가동이 지속되는 등 안전 관련 참여권이 실질적으로 행사되지 못함

교정적 환경부정의 특성	(1) 피해 규명의 시간적 한계 • 환경 재난 피해가 장기간에 걸쳐 나타나는 특성으로 인해 완전한 피해 규명이 어려움. • 특히 화학물질 노출로 인한 건강 피해는 수년에서 수십 년에 걸쳐 발현될 수 있으나 현재의 피해 평가 시스템으로는 이러한 잠재적 피해를 제대로 포착하기 어려움 (2) 법적 구제 시스템의 불평등 • 환경재난 피해에 대한 법적 구제가 취약계층에게 불리하게 구조화됨. • 한국은 환경법원이 없어 개별 시민이 환경사고 피해에 대해 법적 구제를 받기 어려운 구조이며, 피해자가 피해사실과 인과관계에 대한 입증책임을 져야 하는 부담이 존재함. 이는 자동차 배기가스 피해의 경우 일본과 달리 한국에서는 피해 보상 신청이 단 한 건도 없었을 정도로 입증이 어려운 현실을 보여줌 (3) 복구와 보상의 불완전성 • 재난으로 인한 피해의 완전한 복구가 기술적·제도적으로 한계가 있음. • 화학사고로 인한 환경오염의 경우 완전한 정화가 사실상 불가능하며, 구미 불산 누출 사고에서 나타났듯이 인명피해, 농작물 피해, 지역경제 피해, 사회적 트라우마 등이 복합적으로 발생하지만 이를 종합적으로 평가하고 보상하는 체계가 미비함. • 특히 정신적 고통이나 삶의 질 저하와 같은 비물질적 피해가 보상에서 제외되는 문제가 있음 • 이러한 정의론적 분석은 환경 재난/위험 분야에서 나타나는 환경부정의가 단순한 우연적 불평등이 아니라 구조적이고 체계적인 불의임을 보여주며, 분배적·절차적·교정적 정의의 모든 측면에서 개선이 필요함을 시사함

2) 환경 재난/위험의 환경부정의 종합적 특성

(1) 재난 발생의 구조적 불평등

① 위험의 사회적 배분 구조

자연 재해와 인적 재난의 위험이 사회 전체에 균등하게 분포하는 것이 아니라 사회경제적 지위에 따라 차별적으로 배분되는 구조적 문제가 존재함. 구미 불산 누출 사고에서 나타났듯이 산업단지 주변의 농촌 지역 주민들이 화학사고의 직접적 피해를 감수해야 했으며, 울산 석유화학단지 인근 지역이 지속적으로 폭발·화재 위험에 노출되는 것처럼 특정 지역과 계층에게 환경 위험이 집중되는 양상을 보임. 이는 위험시설의 입지 선정 과정에서 사회적 발언권이 약한 지역이 우선적으로 고려되는 구조적 문제에서 비롯됨

② 재난 취약성의 계층별 격차

자연 재해의 경우에도 사회경제적 취약계층이 더 큰 피해를 입는 불평등한 구조가 존재함.

2005년 미국 뉴올리언즈의 허리케인 카트리나 사례에서 확인되었듯이, 홍수 취약지역에 거주하는 저소득층과 소수인종이 더 큰 피해를 입었으며, 국내에서도 폭염으로 인한 사망자 중 절대 다수가 빈곤율이 높은 노인층이고 주로 논밭에서 발생하는 것처럼 사회적 취약계층이 재난에 더 노출되는 구조적 불평등이 나타남

③ 노후 인프라의 불균등한 분포

인적 재난의 주요 원인 중 하나인 시설 노후화 문제가 지역별로 불균등하게 분포함. 울산 석유화학단지처럼 1970년대에 건설된 산업 시설들이 40~50년 경과한 상태에서 지속적으로 사고가 발생하고 있으며, 이러한 노후 시설들이 주로 특정 지역에 집중되어 해당 지역 주민들이 지속적인 환경 위험에 노출되는 구조적 문제가 존재함

(2) 재난 대응 과정의 불평등

① 초기 대응의 계층별 차별

재난 발생 시 초기 대응 과정에서 사회적 지위에 따른 차별적 처우가 나타남. 구미 불산 누출 사고에서 사고 발생 4시간 40분 후에야 주민 대피령이 발령되었고, 안전이 확보되지 않은 상태에서 12시간 만에 위기 경보가 해제되어 주민들이 조기 귀가 조치된 것처럼, 재난 대응 과정에서 주민의 안전보다 경제적 논리가 우선시되는 경향이 있음. 특히 노동자들의 경우 작업중지권이 있음에도 불구하고 사고 후에도 계속 조업이 이어지는 등 안전권이 제대로 보장되지 않음

② 복구 과정의 불평등한 자원 배분

재난 발생 후 복구 과정에서도 사회경제적 지위에 따른 불평등이 나타남. 구미 불산 누출 사고에서 농촌 지역 주민 300여 명이 3개월 동안 주민대피소에서 생활해야 했던 것처럼, 취약계층일수록 재난으로 인한 장기적 피해를 감수해야 하는 상황이 발생함. 또한 불산 사고로 인해 구미시 농산물이 전국적으로 매입 거부당한 사례처럼 지역 전체가 환경오염의 낙인을 받아 경제적 피해를 입는 2차적 불평등도 발생함.

③ 정보 접근성의 격차

재난 정보에 대한 접근성이 사회계층별로 차이를 보임. 화학사고의 경우 위험 물질에 대한

정보나 대응 요령이 충분히 공개되지 않아 일반 주민이 적절하게 대응하기 어려운 상황이 발생하며, 이는 정보 접근 능력이 상대적으로 떨어지는 취약계층에게 더 큰 피해로 이어짐.

(3) 법적·제도적 대응의 한계

① 환경재난 구제 시스템의 부재

한국은 환경법원이 없어 개별 시민이 환경사고 피해에 대해 법적 구제를 받기가 매우 어려운 구조임. 피해자가 피해사실과 인과관계에 대한 입증책임을 져야 하며, 사후적 금전배상에만 국한되는 한계가 있어 실질적인 권리 구제가 어려움

② 예방적 규제의 사각지대

재난 예방을 위한 제도적 장치가 사회적 취약지역에 대해서는 충분히 작동하지 않는 문제가 있음. 화학 물질 사고의 대부분이 시설관리 미흡으로 발생하고 있음에도 불구하고 노후 산업단지에 대한 특별한 안전관리 체계가 미비하며, 작업자의 작업 중지권 같은 예방적 권리도 실효성 있게 보장되지 않음

③ 통합적 재난관리 체계의 부재

자연 재해와 인적 재난을 통합적으로 관리할 수 있는 체계가 부족하여 복합적 위험에 대한 대응이 미흡함. 특히 기후변화로 인한 극한 기상 현상과 노후 산업 시설의 취약성이 결합될 경우 발생할 수 있는 복합 재난에 대한 대비책이 부족한 상황임

참고문헌

경향신문. 2022. 울산 석유화학단지 잦은 폭발·화재 왜?…"낡은 설비에 안전조치 미흡". 2022.9.1.

고정근. 2025. 폭염불평등에 관하여. 공익연구센터 블루닷. https://ourbluedot.or.kr/posts/mbtqej4

국립도서관. 2012. 구미불산유출 사고 및 대응 관련 보고서.

국립환경과학원 WHO 취약계층 환경보건 협력센터. 2022. 어린이와 전자폐기물 처리장-전자 폐기물 노출과 어린이 건강. 국립환경과학원.

국회도서관. 2023. 기후위기 취약계층 지원 대책 현황과 쟁점.

나무위키. 2025. 스톨트 그로이란드호 폭발 사고.

노동오늘. 2020. 구미 불산 누출사고 8년 '노동자·주민 안전 위협하는 노후설비'. 2020.9.27.

반영운. 2013. 김포시 비도시지역 개발현황 및 관리방안 김포시 비도시 지역의 환경피해 해결방안 모색을 위한 토론회, 김포시.

서울연구데이터서비스. 2020. "경의선 숲길." 서울연구데이터서비스, https://data.si.re.kr/photo/06m00323dc10000

서울연구데이터서비스. 2020. "경의선 숲길 연남동 구간" 서울연구데이터서비스, https://data.si.re.kr/node/59843.

e-나라지표, 지표누리. 2025. "개발제한구역 지정 및 해제 현황." https://www.index.go.kr/unity/potal/main/EachDtlPageDetail.do?idx_cd=1003.

(사)환경정의. 2015. "미세먼지 취약 직업군을 위한 "행진" 캠페인." https://www.eco.or.kr/activity/?idx=8457469&bmode=view.

———. 2019. "제2회 " 환경 부정의 상" 선정." (사)환경정의, https://www.eco.or.kr/press/?bmode=view&idx=9304861.

서울특별시 소방재난본부, 2003. 청계천 복원공사 기공식. https://commons.wikimedia.org/wiki/File:20030701%EC%B2%AD%EA%B3%84%EC%B2%9C_%EB%B3%B5%EC%9B%90%EA%B3%B5%EC%82%AC_%EA%B8%B0%EA%B3%B5%EC%8B%9D%EA%B8%B0%EA%B3%B5%EC%8B%9D1.jpg,

세이프티퍼스트닷뉴스. 2024. 대한민국을 뒤흔든 대형재난사고 8부 - 구미 불산 누출사고. 2024.9.20.

영남일보. 2022. 구미 불산 누출사고 10주년…정신적 충격은 아직도 선명. 2022.9.27.

위키백과. 2025. 구미 가스 누출 사고.

윤순진. 2004. 환경정의 개념의 한계와 대안적 개념화. 환경사회학연구 ECO.

충남도의회. 2018. 청양 강정리 석면광산폐기물 문제 점검 및 해결방안 모색 토론회. 충남도청 소회의실.

파이낸셜뉴스. 2021. 울산대교, 염포부두 선박 폭발사고 피해 배상금 102억 합의. 2021.10.6.

환경부. 2016. 중금속 오염 농경지를 생명력 있는 농경지로 탈바꿈. 환경부 보도자료(2016.02. 03)
환경부. 2019. 환경부, 환경법령 위반한 영풍 석포제련소 강력히 조치. 환경부 보도자료(2019. 5.15)
MBC뉴스. 2022. SK 울산 화학 공장서 폭발 사고‥노동자 7명 부상. 2022.8.31.
MBC뉴스. 2024. 울산 온산공단 화학공장에서 폭발사고‥40대 작업자 숨져. 2024.8.28.
NASA, 2006. 새만금하구. https://commons.wikimedia.org/wiki/File:Saemangeum_ast_2006280_lrg.jpg,
Son, Cheol Hee & Ban, Yong Un. 2022. Flood vulnerability characteristics considering environmental justice and urban disaster prevention plan in Seoul, Korea. Nat Hazards 114, 3185-3204. https://doi.org/10.1007/s11069-022-05511-8

III부

환경정의론의 확장

1장

에너지와 환경정의
: 에너지 정의 Energy Justice

2장

기후위기와 환경정의
: 기후정의 Climate Justice

3장

해양과 환경정의
: 해양정의 Blue Justice

4장

식량과 환경정의
: 식량정의 food justice

5장

생태와 환경정의
: 생태정의 Ecological Justice

6장

환경정의와 정의로운 전환

III부

환경정의론의 확장

지난 수십 년 동안 '환경정의(Environmental Justice)'라는 개념은 단순한 사회운동을 넘어 학문적 연구와 국가 정책의 목표로 자리 잡아왔다.[533 534 535] 오늘날 환경정의는 지역사회 풀뿌리 조직의 운동 담론일 뿐만 아니라 정부가 정책을 설계할 때 반드시 고려해야 하는 기준이 되었고, 우리사회의 다양한 사회-생태적 갈등을 분석하는데 유용한 분석틀로 활용된다.

초기 미국의 고전적인 환경운동은 '환경'을 사람이 없는 자연, 즉 인간과 분리된 영역으로 보는 경향이 강하였으며 인간을 별개의 배타적인 영역으로 이분화 하였다. 따라서 숲, 강, 산과 같은 장소를 보호하는데 집중했지만, 그 과정에서 인간 사회와의 연결은 상대적으로 약했다. 반면 환경정의 운동은 환경을 단순히 '자연'으로 보지 않고, 사람들이 "살고, 일하고, 놀 수 있는" 생활공간으로 이해한다. 즉, 환경문제는 특정 지역에 사는 사람들의 삶과 직결된 문제이며, 특히 유색인종이나 저소득층 커뮤니티가 더 큰 피해를 입는다는 것을 강조한다. 이것이 기존 환경주의 운동과 환경정의 운동을 구분하는 핵심적인 차이점이다.

환경정의는 1980년대 초, 오랜 역사적 관행 속에서 누적된 인종적·경제적 불평등에 대응하

---

533 Schlosberg, D. 2013. "Theorising environmental justice: the expanding sphere of a discourse," *Environmental Politics*, 22(1): pp.37-55.

534 Schlosberg, D. and Collins L. B. 2014. "From environmental to climate justice: climate change and the discourse of environmental justice," *Wiley Interdisciplinary Reviews-Climate Change*, 5(3): pp.359-374.

535 Walker, G. 2009. "Beyond Distribution and Proximity: Exploring the Multiple Spatialities of Environmental Justice," *Antipode*, 41(4): pp.614-636.

기 위한 사회운동으로 등장했다. 하지만 1994년, 빌 클린턴 대통령이 '행정명령 12898'을 통해 모든 연방 기관이 정책을 결정할 때 환경정의를 반드시 고려하도록 지시하면서, 환경정의는 단순한 환경운동을 넘어 국가 정책으로서의 가시성을 확보하게 되었다(행정 명령 12898, 1994.2.). 이는 환경정의가 사회적 약자와 소수 집단을 보호하는 중요한 기준으로 자리 잡는 계기가 되었다.

오늘날 환경정의는 삶의 모든 영역과 연결되어있으며, 누구나 건강한 먹거리에 대한 접근권을 동등하게 보장받아야 한다는 식량 정의(Food Justice), 누구나 깨끗한 물과 위생 시설을 보장받아야 한다는 물 정의(Water Justice), 에너지 전환과정에서 나타나는 특정 집단의 소외와 부담에 대한 에너지 정의(Energy Justice), 기후변화로 인한 사회적 약자의 피해를 다루는 기후정의(Climate Justice), 도시계획과 개발과정에서 나타나는 특정 지역 주민의 불평등으로서 도시 정의(Urban Justice), 현재 세대의 환경파괴로 인한 미래세대 피해문제로서 세대간 정의(Intergenerational Justice) 등 다양한 영역에서 탐구되고 있다.[536]

환경정의는 또한 단순히 사회적, 인간적 차원에 머물지 않고, 비인간적 영역에 대한 부당한 대우까지 포괄 하는 것으로 영역이 확장되었다. 이는 곧 생태적 정의(Ecological Justice)의 도입을 의미한다.[537] 인간뿐 아니라 동물, 식물, 강, 바다, 행성 전체가 정의의 대상이 될 수 있다는 인식의 확장이다. 예를 들어 강을 단순히 자원으로 보지 않고 생명체와 공동체의 터전으로 존중해야 한다는 강에 대한 정의(River Justice), 지구 전체의 생태계를 고려한 행성 정의(Planetary Justice), 바다와 해양 생태계가 인간의 경제적 이익 때문에 파괴되지 않도록 해야 한다는 해양 정의(Blue Justice) 등이 있다. 이는 환경정의가 단순히 인간중심적 사고에서 벗어나 지구 생태계 전체를 아우르는 정의의 틀로 발전했음을 보여준다.[538] 인간 및 비인간 영역이 환경정의의 범위로 포괄되는 이유는 그러한 영역에서 형평성과 공정성을 유지하기 위해 이루어지는 정책, 절차, 관행, 계획의 실행 및 구현의 과정이 차별적으로 영향을 미치기 때문이다.[539]

---

536 Baxter, Brian. 2004. A Theory of Ecological Justice. In Matthew Paterson & Graham Smith (Eds.). Environmental Politics (pp. 1-206): Routledge.

537 Baxter, Brian. 2004. A Theory of Ecological Justice. In Matthew Paterson & Graham Smith (Eds.). Environmental Politics (pp. 1-206): Routledge.

538 Yaka, Özge. 2018. "Rethinking Justice: Struggles For Environmental Commons and the Notion of Socio-Ecological Justice," *Antipode*.

539 Blue, G., Bronson K., and Lajoie-O'Malley A. 2021. "Beyond distribution and participation: A scoping review to advance a comprehensive environmental justice framework for impact assessment,"

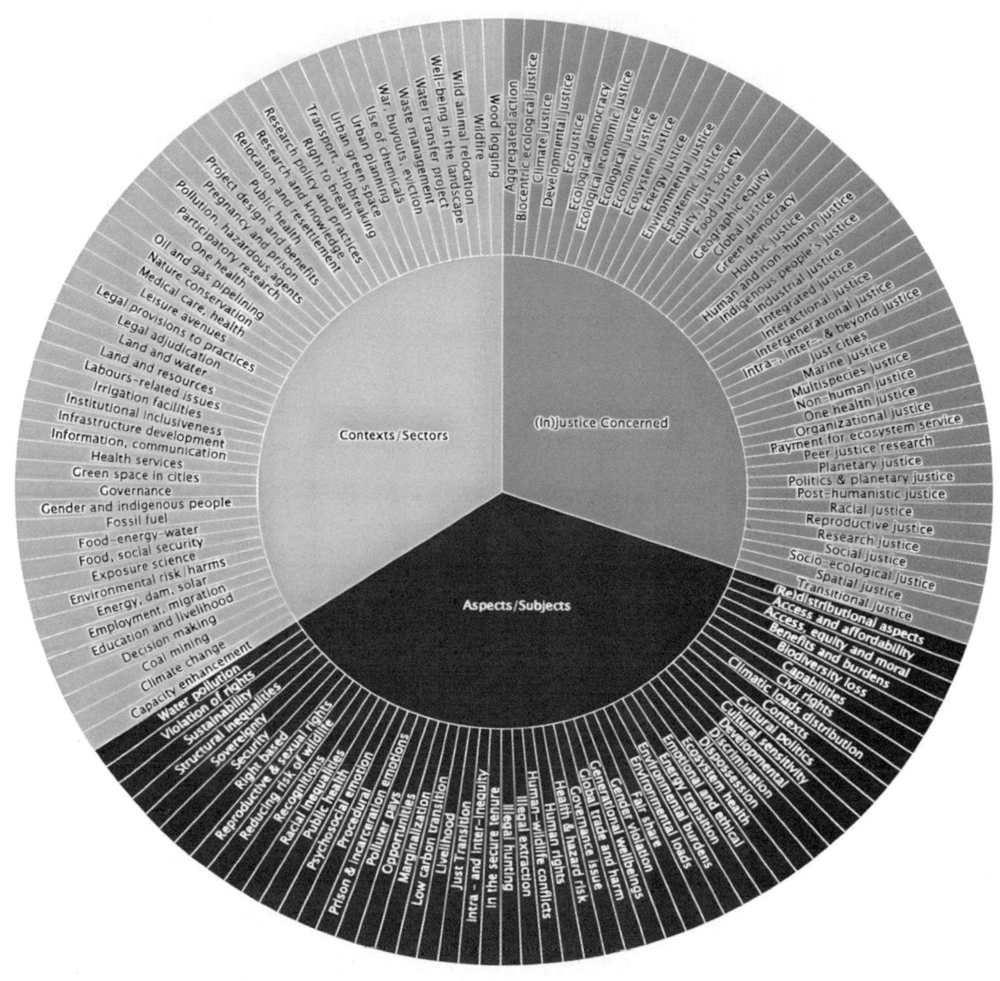

A summary of the current status of knowledge under the environmental justice framework

출처 : Pandey, Maraseni, & Apan(2024)

환경정의는 단일한 개념이 아니라, 서로 연결된 다양한 층위와 영역을 가진 정의의 생태계(ecology of justice)이다. 위 그림은 환경정의의 개념을 다차원적으로 시각화 한 개념적 프레임워크로서 환경정의와 관련된 연구 또는 모니터링 체계를 구상하는 다양한 주제들의 상호연결성을 보여준다. 그림에서 녹색의 Contexts/Sectors 영역은 정의가 적용되는 사회적, 환경적

Environmental Impact Assessment Review, 90: pp.9.

활동 영역으로서 물 및 위생, 도시계획, 석탄 채굴, 보건 서비스, 기후변화, 교육 등 정의의 문제가 발생하거나 논의 되는 현장을 나타낸다. 검은색 Aspect/Subjects 영역은 구조적 불평등(structural inequalities), 권리(Rights), 접근성 및 경제성(Access and affordability), 문화적 민감성(Cultural sensitivity), 취약성(Vulnerability), 장소 애착(Land-based attachments) 등 정의를 어떻게 이해하고 해석할 것인가에 대한 인식론적, 방법론적 기반으로 철학적, 개념적 요소를 나타낸다. 파란색 (In)justice Concerned 영역은 기후정의(climate Justice), 에너지정의(Energy Justice), 생태정의(Ecological Justice), 공간정의(Spatial Justice), 젠더 정의(Gender Justice), 종간 정의(multispecies) 등 다양한 정의의 유형을 보여주며 정의의 주제에 초점을 맞추어 무엇에 대한 부정의·불평등인지를 나타낸다.[540] 이 구조는 환경정의가 단순한 오염 및 피해의 분배 문제를 넘어 사회적 불평등, 권리, 문화, 생태계 전체를 아우르는 복합적이고 다층적인 개념임을 시사하며, 현실 세계에서 정의 또는 불평등을 탐색하기 위해서는 통합적인 고려가 필요함을 보여 준다

환경정의는 더 이상 특정 지역이나 국가에 국한된 개념이 아니다. 오늘날 그것은 전 세계 대륙을 아우르는 학제적·전체론적 철학으로 확장되었으며, 국가적·지역적·국제적 수준에서 지향해야 할 정책적 개념으로 구체화되고 있다.

글로벌 차원의 환경정의 운동이 요구되면서 정의의 성격과 범위 또한 넓어지고 있다. 예를 들어 세계 무역기구(WTO), 국제통화기금(IMF), 세계은행과 같은 국제 금융·무역기관의 정책과 조치뿐만 아니라 식량 시스템의 세계화 및 원주민 권리문제에도 환경정의가 포함되고 있다. 이는 단순히 경제적 성장만을 추구하는 것이 아니라, 민주적 식량 확보와 원주민 권리를 보장하기 위한 움직임과 연결된다. 특히 남반구 국가들의 토지 기반 생계가 박탈되고, 사회·환경적 해악이 불평등하게 분배되는 문제에 대한 비판은 환경정의 담론의 중요한 출발점이 되었다.[541] 즉, 세계 금융 및 무역 시스템, 식량 시스템의 세계화, 원주민 권리문제의 중심에는 언제나 정의의 문제가 자리하고 있으며, 이를 해결하기 위해서는 환경정의의 개념이 필수적으로 요구된다.[542]

540 Pandey, Hari Prasad, Maraseni Tek Narayan, and Apan Armando. 2024. "Assessing the Theoretical Scope of Environmental Justice in Contemporary Literature and Developing a Pragmatic Monitoring Framework," *Sustainability*, 16(24): pp.10799.

541 Schlosberg, D. 2004. "Reconceiving environmental justice: Global movements and political theories," *Environmental Politics*, 13(3): pp.517-540.

542 SSchlosberg, D. and Collins L. B. 2014. "From environmental to climate justice: climate change and the discourse of environmental justice," *Wiley Interdisciplinary Reviews-Climate Change*, 5(3): pp.359-374.

환경정의의 진화는 단순히 관심 대상의 확대만을 의미하지 않는다. 그것은 억압시스템에 대한 이해가 점점 더 깊어지고 복합적으로 확장되는 과정이기도 하다. 초기 단계의 환경정의가 유해 폐기물 처리장이 흑인이나 저소득층 지역에 집중적으로 설치되는 문제와 같은 의도적인 환경적 인종차별에 대한 집중했다면, 그 이후 환경정의는 구조적 인종차별과 인종과 계급 사이의 교차점에 대한 이해를 다루는 것으로 확장되었다. 그리고 오늘날 환경정의는 빈곤 및 결핍, 연령, 장애, 성별 등 다양한 사회적 차별성과 그 교차성(intersectionality)에 주목한다. 예를 들어 기아와 식량 불안의 식량정의 문제에서 여성이 더 크게 영향을 받는 성별적 측면이 존재하고,[543] 해양 자원의 접근성에서 원주민이나 여성, 소규모 어업이 더 취약한 상황에 놓일 수 있다.[544] 이러한 교차성은 인종, 성별, 계급, 성적 지향, 국가 등 다양한 불평등이 겹치고 상충되는 역학을 보여주며, 환경정의의 중요한 고려 요소로 자리 잡고 있다.[545]

543 Sachs, Carolyn and Patel-Campillo Anouk. 2014. "Feminist Food Justice: Crafting a New Vision," *Feminist Studies*, 40: pp.396-410.

544 Ertör, Irmak. 2021. "'We are the oceans, we are the people!': fisher people's struggles for blue justice," *The Journal of Peasant Studies*, 50: pp.1-30.

545 Lykke, Nina. 2011. "Intersectional analysis: Black box or useful critical feminist thinking technology?," pp.207-220.

제1장

에너지와 환경정의 : 에너지 정의 Energy Justice

1. 에너지 정의 담론의 등장

에너지는 인간이 생존하고 삶의 질을 유지하는데 필수적인 요소이다. 우리가 사용하는 에너지는 석유, 석탄, 천연가스, 원자력 등 다양하지만 그 생산과 분배, 소비 과정은 필연적으로 환경에 부담을 주고, 사회적 공정성과 정의 문제를 불러온다.[546] 다시 말해, 에너지는 단순한 기술적 자원이 아니라 사회적·윤리적 문제와 직결된다. 예를 들어 기후변화나 심각한 환경오염, 사회적 부담은 지나친 에너지 사용에서 비롯되지만, 그 혜택을 누리는 집단과 피해를 감당하는 집단은 동일하지 않으며, 그 분배 또한 불균형적이다. 따라서 "에너지 정의(Energy Justice)"는 에너지 전환의 일부로서 에너지 전환 과정의 모든 결정이 정의로운 결과를 낳아야 한다는 것을 강조한다.

에너지 정의가 학문적 영역에서 본격적으로 개념화하기 시작한 시점은 2013년경이다.[547] 그러나 미국에서는 이미 1999년부터, 영국에서는 2009년부터 NGO들이 이 용어를 사용해왔으며, 에너지 정의 접근법의 뿌리는 환경정의, 기후정의 활동과 긴밀히 연결되어 있고, 그 기원은 적어도 1980년대까지 거슬러 올라간다.[548] [549] 환경정의 운동은 초기에는 인종문제, 행동주의, 독성 산업에 대한 대응에서 출발했으나, 이후 식량, 삼림 관리, 에너지 공급에 대한 접근

---

546 Jones, Benjamin R, Sovacool Benjamin K, and Sidortsov Roman V. 2015. "Making the ethical and philosophical case for "energy justice"," *Environmental Ethics*, 37(2): pp.145-168.

547 Heffron, Raphael J. and McCauley Darren. 2017. "The concept of energy justice across the disciplines," *Energy Policy*, 105: pp.658-667.

548 Perez-guerrero, M.,1982, Role of Energy in the Life of Mankind: Lifestyles and Distributive Justice**The author published under a similar title in 1975 a condensed article in the first issue of the review "Energy and Development" of the institute of the same name of the University of Colorado, In A Blanc-Lapierre (Ed.),『Studies in Environmental Science』(Vol. 16, pp. 551-564): Elsevier.

549 Weinberg, Alvin M. 1985. "'Immortal' energy systems and intergenerational justice," *Energy Policy*, 13(1): pp.51-59.

등으로 확장되었다.[550] [551] 지난 40여 년간의 환경정의 활동은 개념적 정교함을 더해왔고, 이는 더 넓은 범위의 문제에 교훈을 적용하려는 노력으로 이어졌다. 에너지 정의의 부상은 이러한 환경정의와 기후정의 운동의 발전과 궤를 같이 하며, 그 진화의 일부로 이해할 수 있다.

에너지 (부)정의의 틀은 환경(부)정의와 크게 다르지 않다. 에너지 정의는 기후정의와 마찬가지로 환경정의와 같은 철학을 공유하지만 다루는 주제와 범위는 상이하다. 환경정의와 기후정의는 개념의 확장성 덕분에 에너지뿐만 아니라 비에너지원까지 포괄하여 정의(justice)와 부정의(injustice)를 논한다. 반면 에너지 정의는 에너지 시스템에 집중한다. 이러한 집중성은 에너지 정의의 개념적 경계를 명확히 하여 정의 프레임의 적용 및 활용성을 높이고, 다양한 방법론적 접근을 통해 정책적 실용성을 확보하는데 기여한다. 이는 에너지 정의가 환경정의와 기후정의보다 우월한 대안이라는 의미는 아니지만, 전략적으로 더욱 영향력 있는 개념으로 평가되는 이유이기도 하다.[552]

에너지 정의의 등장은 에너지 문제에 대한 사회과학적 인식의 변화를 반영한다. 과거 에너지 정책은 기술적·경제적 고려를 기반으로 한 비용-편익 분석에 의존하는 경우가 많았다. 그러나 에너지 정의는 이러한 접근을 넘어서 "윤리적 전환(Ethical Turn)"을 강조한다. 즉 에너지 관련 결정은 단순히 경제적 효율성만을 따질 것이 아니라, 사회적 형평성과 도덕적 책임을 고려해야 한다는 것이다.[553]

1) 저탄소 전환과 불평등

에너지 시스템은 단순한 기술적 메커니즘이 아니라, 에너지 서비스에 대한 접근성, 에너

550 Agyeman, Julian, Schlosberg David, Craven Luke, and Matthews Caitlin. 2016. "Trends and Directions in Environmental Justice: From Inequity to Everyday Life, Community, and Just Sustainabilities," *Annual Review of Environment and Resources*, 41.

551 Walker, G. 2009. "Beyond Distribution and Proximity: Exploring the Multiple Spatialities of Environmental Justice," *Antipode*, 41(4): pp.614-636.

552 Jenkins, Kirsten. 2018. "Setting energy justice apart from the crowd: Lessons from environmental and climate justice," *Energy Research & Social Science*, 39: pp.117-121.

553 McHarg, Aileen,2020, Energy Justice: Understanding the 'Ethical Turn' in Energy Law and PolicyUnderstanding the 'Ethical Turn' in Energy Law and Policy, In (pp. 15-30).

지 생산·수송·소비·폐기 과정에서 발생하는 환경적 영향, 그리고 사회적 분배 문제를 포함한다. 따라서 에너지 시스템의 혜택과 부담을 어떻게 분배할 것인가는 중요한 관심사이다.[554] 사회과학자들은 에너지 의사결정의 복잡성을 강조하며, 여기에는 기술적·경제적 고려뿐 아니라 심리적, 행동적, 윤리적, 사회정치적 측면이 포함된다고 말한다. 즉 에너지 시스템 개입은 기술과 경제개발을 넘어 정치적 권력, 사회적 결속력, 형평성, 적법 절차, 정의에 대한 윤리적·도덕적 우려를 포함한다. 에너지 시스템은 상충하는 선호도를 만족시키는 정치적 과제이며, 에너지 안보 및 기후 발전 목표와 소외된 취약 집단의 긴급한 필요가 충돌하는 사회적 딜레마로 재구성될 수 있다. 이는 곧 에너지 혜택과 부담의 분배 방식이 도덕적 문제로 이어진다는 점을 시사한다.[555]

에너지 정의의 등장과 확대를 이해하기 위해서는 저탄소 에너지 시스템으로의 세계적 전환을 살펴볼 필요가 있다. 저탄소 전환은 정부의 광범위한 개입을 필요로 하며, 이는 정치적 선택과 기준의 중요성을 강조한다. 실제로 재생에너지 시설의 입지 갈등은 대중이 인식하는 불의를 해소하는 것이 저탄소 정책 수용성 확보에 필수적임을 보여준다.

2) 재생 에너지의 공간적 특성

재생 에너지는 흔히 화석연료보다 "녹색" 또는 "친환경적"이며, "무해한" 에너지원으로 이상화된다.[556] 그러나 저탄소 에너지가 기존 시스템보다 본질적으로 더 정의롭고 민주적이라고 가정하는 것은 위험하다.[557] 재생 에너지 시스템은 공간적으로 구성되며, 특정 환경에 내장되어 있고, 에너지 시스템의 네트워크 특성상 연결, 종속, 제어의 지리적 위치를 갖는다.[558] 이러

554 Gillard, Ross, Snell Carolyn, and Bevan Mark. 2017. "Advancing an energy justice perspective of fuel poverty: Household vulnerability and domestic retrofit policy in the United Kingdom," *Energy Research & Social Science*, 29: pp.53-61.

555 Sovacool, Benjamin K., Heffron Raphael J., McCauley Darren, and Goldthau Andreas. 2016. "Energy decisions reframed as justice and ethical concerns," *Nature Energy*, 1(5): pp.16024.

556 Ottinger, G. 2013. "The Winds of Change: Environmental Justice in Energy Transitions," *Science as Culture*, 22(2): pp.222-229.

557 Newell, Peter and Mulvaney Dustin. 2013. "The Political Economy of the Just Transition," *The Geographical Journal*, 179: pp.132-140.

558 Bridge, Gavin, Bouzarovski Stefan, Bradshaw Michael, and Eyre Nick. 2013. "Geographies of energy

한 공간·지리적 특성은 재생에너지 시스템의 구조적, 지리적 불평등 문제와 관련되며,[559] 저탄소 전환과정은 새로운 부정의와 불평등 문제를 야기하거나,[560] 특정 커뮤니티 및 사회경제적 그룹에 잠재적으로 부정적인 영향을 미칠 수 있다.[561] [562]

예를 들어 특정 지역에 대규모 태양광 시설이 집중되면, 그 지역의 취약한 커뮤니티가 오랫동안 생계를 의존했던 토지 접근을 박탈당할 수 있다.[563] 이는 장소 애착(place attachment),[564] 장소 낙인(place stigma),[565] 경관 문제,[566] [567] 등의 부정적인 사회적 영향을 수반한다. 따라서 에너지 전환은 공정성과 정의에 영향을 미치며, 이점과 위험을 동시에 수반하는 다면적인 과정이다.[568] 에너지 정의 관점에서 저탄소 전환은 화석 연료 경제의 불의를 바로 잡을 수 있는 기회이기도 하지만, 이를 방치하거나 불평등을 심화시키면 새로운 부정의를 초래 할 수 있다.[569]

에너지는 부정할 수 없는 공공재이지만, 동시에 다양한 정의와 부정의 문제를 제기한다. 따라서 에너지 정의는 단순히 에너지 공급자와 소비자, 특정 기술과 같은 전환의 일부가 아니

transition: Space, place and the low-carbon economy," *Energy Policy*, 53: pp.331-340.

559 Bouzarovski, Stefan and Simcock Neil. 2017. "Spatializing energy justice," *Energy Policy*, 107: pp.640-648.

560 McCauley, Darren, Ramasar Vasna, Heffron Raphael J, Sovacool Benjamin K. 2019. "Energy justice in the transition to low carbon energy systems: Exploring key themes in interdisciplinary research," *Applied Energy*, 233-234: pp.916-921.

561 Sovacool, Benjamin K, Hook Andrew, Martiskainen Mari, and Baker Lucy. 2019. "The whole systems energy injustice of four European low carbon transitions," *Global Environmental Change*, 58: pp.101958.

562 Carley, Sanya and Konisky David M. 2020. "The justice and equity implications of the clean energy transition," *Nature Energy*, 5(8): pp.569-577.

563 Yenneti, Komali, Day Rosie, and Golubchikov Oleg. 2016. "Spatial justice and the land politics of renewables: Dispossessing vulnerable communities through solar energy mega-projects," *Geoforum*, 76: pp.90-99.

564 Devine-Wright, P. 2005. "Beyond NIMBYism: towards an integrated framework for understanding public perceptions of wind energy," *Wind Energy*, 8(2): pp.125-139.

565 Walker, G. 2009. "Beyond Distribution and Proximity: Exploring the Multiple Spatialities of Environmental Justice," *Antipode*, 41(4): pp.614-636.

566 Lennon, Mick and Scott Mark. 2017. "Opportunity or Threat: Dissecting Tensions in a Post-Carbon Rural Transition," *Sociologia Ruralis*, 57: pp.87-109.

567 Libertson, Frans, Velkova Julia, and Palm Jenny. 2021. "Data-center infrastructure and energy gentrification: perspectives from Sweden," *Sustainability: Science, Practice and Policy*, 17(1): pp.152-161.

568 Sovacool, Benjamin K., Martiskainen Mari, Hook Andrew, and Baker Lucy. 2019. "Decarbonization and its discontents: a critical energy justice perspective on four low-carbon transitions," *Climatic Change*, 155(4): pp.581-619.

569 Eisenberg, A. M. 2019. "Just transitions," *Southern California Law Review*, 92: pp.273-330.

라 전환의 "전체 에너지 시스템"에 초점을 둔다.[570] 여기에서 에너지 시스템은 에너지의 생산, 변환, 전송, 분배, 에너지 소비 및 폐기물에 이르는 전체 에너지 체인을 의미한다. 이 전체 과정에서 영향을 고려하지 않으면, 에너지 논쟁에서 정의의 범위와 다양성이 무시될 수 있다.[571] 예를 들어 생산 지역과 소비지역의 불일치, 공간적 괴리는 혜택을 받는 집단과 피해를 받는 집단 간의 불균형을 낳는다. 이는 곧 다양한 부정의의 문제로 나타난다.

이러한 이유로 에너지 정의는 "공간정의(Spatial Justice)"에 주목한다. 에너지 전환 과정에서 환경적 편익과 피해, 그리고 그 책임은 불평등하게 분배되는 경향이 있다. 더욱이 에너지 전환은 단순한 기술 교체가 아니라 사회적, 정치적, 환경적 변화를 유발하며, 그 자체가 본질적으로 공간적인 개념이기도 하다.[572] 따라서 에너지 정의는 기술적 문제를 넘어, 공간적 불평등과 사회적 갈등을 해결해야 하는 윤리적, 정치적 과제를 포함한다.

2. 에너지 정의의 개념

에너지 정의는 단순히 기술적·경제적 효율성을 따지는 개념이 아니라, "부정의가 어디서 발생하는지, 영향을 받는 사회의 어느 부분이 무시되는지, 이를 시정하기 위한 과정이 무엇인지 평가"하는 규범적 프레임워크이다.[573] 다시 말해 에너지 정의는 에너지 시스템에서 발생하는 불평등과 불균형을 드러내고 이를 줄이는 것을 목표로 한다. 에너지 정의를 "에너지 서비스의 혜택과 비용을 모두 공정하게 분배하고, 공정한 에너지 의사결정을 내리는 글로벌 에너지 시스템"이라고 정의하기도 하는데, 이는 분배적 측면과 절차적 측면을 동시에 강조하는 것

---

570 Jenkins, K, McCauley D.A, Heffron R, and Stephan H. 2014. "Energy Justice: A Whole Systems Approach," *Queen's Political Review*, 2(2): pp.74-87.

571 Jenkins, K, McCauley D.A, Heffron R, and Stephan H. 2014. "Energy Justice: A Whole Systems Approach," *Queen's Political Review*, 2(2): pp.74-87.

572 Walker, G. 2009. "Beyond Distribution and Proximity: Exploring the Multiple Spatialities of Environmental Justice," *Antipode*, 41(4): pp.614-636.

573 Jenkins, Kirsten, McCauley Darren, Heffron Raphael, Stephan Hannes. 2016. "Energy justice: A conceptual review," *Energy Research & Social Science*, 11: pp.174-182.

이다.[574]

에너지 정의에 대한 이해는 다양하다. 일반적으로는 에너지 전환 과정에서 나타나는 불평등, 불균형, 주변화, 취약성을 드러내려는 개념적 접근 방식을 광범위하게 지칭하는 규범적 분석 프레임워크로 이해된다.[575] 따라서 에너지 정의에 대한 개념은 연구자와 적용 맥락에 따라 다양하게 설명될 수 있으며, 사람들의 경험에 따라 지속적으로 (재)생산되고 절충된다.[576]

1) 에너지 정의의 원칙과 구성요소

에너지 정의는 '에너지'와 '정의'의 조합으로 이루어진 용어이지만, 핵심적으로는 정의의 관점에서 에너지를 바라보는 것이다. 따라서 정의가 다루고자 하는 범위와 내용에 대한 이해가 중요하다. "에너지 정의"의 의미와 구체적 원칙에 대한 광범위한 합의는 없지만, 에너지 정의를 설명하는 개념적 틀과 그 구성 요소는 어느 정도 알려져 있다. 예를 들어, 에너지 관련 결정을 내리는 다양한 행위자(정책입안자, 규제기관, 소비자, 기업 등)를 위한 의사결정 프레임워크는 다음과 같은 원칙을 기반으로 한다.[577]

가용성Availability

적정가격Affordability

적법절차Due process

투명성 및 책임성Transparency and Accountability

지속가능성Sustainability

세대내 형평성Intragenerational equity

---

574 Sovacool, Benjamin K. 2017. "Contestation, contingency, and justice in the Nordic low-carbon energy transition," *Energy Policy*, 102: pp.569-582.

575 Kanger, Laur and Sovacool Benjamin K. 2022. "Towards a multi-scalar and multi-horizon framework of energy injustice: A whole systems analysis of Estonian energy transition," *Political Geography*, 93: pp.102544.

576 Sovacool, BK, Burke M, Baker L, Kotikalapudi CK. 2017. "New frontiers and conceptual frameworks for energy justice," *Energy Policy*.

577 Sovacool, Benjamin K., Heffron Raphael J., McCauley Darren, and Goldthau Andreas. 2016. "Energy decisions reframed as justice and ethical concerns," *Nature Energy*, 1(5): pp.16024.

세대간 형평성Intergenerational equity

책임Responsibility,

저항Resistance

교차성Intersectionality

이러한 원칙들은 에너지 정의의 실질적 구현을 위한 기준으로 작동한다.

2) 에너지 정의의 세 가지 기본 원리

에너지 정의를 구현하는 핵심가치로 흔히 “세 가지 주요 원칙(triumvirate of tenets)”이 제시된다.[578]

분배적 정의(Distributional Justice),

절차적 정의(Procedural Justice),

인정적 정의(Recognitional Justice)

에너지 정의의 이 세 가지 기본 원리(triumvirate of tenets of energy justice)는 에너지 정의의 기본 틀을 형성하며, 최근에는 여기에 회복적 정의(Restorative Justice), 에너지 정의 문제를 국가적 규모가 아니라 세계적 규모에서 볼 것을 요구하는 세계적 정의(Global Justice),[579] 에너지 관련 활동으로 타인의 권리나 정당한 기대를 무시한 사람들의 손실을 보상하고 환경에 피해를 준 사람들이 자신들의 행동에 책임을 지도록 요구하는 시정적 정의(Remediative Justice)를 추가하여 설명하기도 한다.[580]

---

578 McCauley, Darren, Heffron Raphael, Stephan Hannes, and Jenkins Kirsten. 2013. "Advancing energy justice: the triumvirate of tenets," *International Energy Law Review*, 32(3): pp.107-110.

579 Heffron, Raphael. 2022. "Applying energy justice into the energy transition," *Renewable and Sustainable Energy Reviews*, 156: pp.111936.

580 Eisenberg, A. M. 2019. "Just transitions," *Southern California Law Review*, 92: pp.273-330.

(1) 분배적 정의

분배적 정의는 환경정의 운동담론에서 가장 기본적인 원칙이다. 에너지 정의 맥락에서 분배적 정의는 에너지 시스템 이해관계자들간의 편익, 부담 또는 비용 및 책임의 분배를 의미한다.[581] 비용과 이익은 재정적 일수 있지만, 위험과 외부 효과의 분포, 에너지 서비스의 접근성 측면에서도 분배적 측면이 표현될 수 있다.

예를 들어, 에너지 빈곤(Energy Poverty)은 저소득 가정, 노인, 장애인 등 경제적으로 취약한 집단이 직면하는 부정의의 한 형태이다.[582] 분배적 정의는 지역적 불평등(농촌과 도시) 세계적 불평등(개발도상국과 선진국) 논의를 포함하며, 에너지 생산을 위한 인프라 위치, 에너지 빈곤 문제를 모두 포함한다.[583] 따라서 분배적 정의는 공간적·시간적 문제를 포괄하며, "누구를 대상으로, 어떤 방식으로, 어떤 기반 위에서 분배가 이루어지는가"를 묻는다.[584] [585] [586]

(2) 절차적 정의

절차적 정의는 분배적 정의를 지배하는 의사결정 과정의 공정성을 의미한다. 이는 모든 이해관계자가 차별 없이 에너지 전환 과정에서 참여할 수 있도록 하는 것을 목표로 한다.[587]

의사결정 절차에서 의미 있는 참여와 투명성은 절차적 정의의 핵심이다. 시민과 소비자

581 McCauley, Darren, Heffron Raphael, Stephan Hannes, and Jenkins Kirsten. 2013. "Advancing energy justice: the triumvirate of tenets," *International Energy Law Review*, 32(3): pp.107-110.

582 Gillard, Ross, Snell Carolyn, and Bevan Mark. 2017. "Advancing an energy justice perspective of fuel poverty: Household vulnerability and domestic retrofit policy in the United Kingdom," *Energy Research & Social Science*, 29: pp.53-61.

583 Milchram, Christine, Hillerbrand Rafaela, van de Kaa Geerten, Doorn Neelke. 2018. "Energy Justice and Smart Grid Systems: Evidence from the Netherlands and the United Kingdom," *Applied Energy*, 229: pp.1244-1259.

584 McCauley, Darren, Ramasar Vasna, Heffron Raphael J, Sovacool Benjamin K. 2019. "Energy justice in the transition to low carbon energy systems: Exploring key themes in interdisciplinary research," *Applied Energy*, 233-234: pp.916-921.

585 Sovacool, Benjamin K., Kester Johannes, Noel Lance, and de Rubens Gerardo Zarazua. 2019. "Energy Injustice and Nordic Electric Mobility: Inequality, Elitism, and Externalities in the Electrification of Vehicle-to-Grid (V2G) Transport," *Ecological Economics*, 157: pp.205-217.

586 Sovacool, Benjamin K., Martiskainen Mari, Hook Andrew, and Baker Lucy. 2019. "Decarbonization and its discontents: a critical energy justice perspective on four low-carbon transitions," *Climatic Change*, 155(4): pp.581-619.

587 Walker, G. 2009. "Beyond Distribution and Proximity: Exploring the Multiple Spatialities of Environmental Justice," *Antipode*, 41(4): pp.614-636.

는 에너지 문제와 관련된 의사결정 과정에 참여할 수 있어야 하며,[588] 이의를 제기하거나 시정할 수 있는 법적 메커니즘에 접근 할 수 있어야 한다.[589] 에너지 공동체의 절차적 정의를 평가할 때 현재의 에너지 공동체의 절차가 다양한 사회 집단의 에너지 공동체 혜택 및 서비스 접근을 어떻게 가능하게 하는지를 중심으로 한다.[590] 이러한 맥락에서 에너지 민주주의(Energy Democracy)는 절차적 정의와 밀접하게 연결되어 있다.[591] 공정한 절차는 분배적 정의를 촉진하며, 참여의 질은 곧 분배의 공정성과 직결된다.[592]

(3) 인정적 정의

인정적 정의는 에너지 시스템과 전환 과정에서 사회의 특정 계층과 요구가 무시되거나 잘못 표현되는 문제를 다룬다. 이는 타당한 우려와 주장을 가진 이해관계자로 인정되는 사람이 누구인지에 대한 질문을 말한다.[593]

인정적 정의는 에너지 시스템에 참여하는 이해관계자 그룹의 공정한 평가를 수반하며 에너지 관련 결정에 영향을 받는 사람들의 다양한 요구, 권리, 경험을 인정하고 존중하는 것을 의미한다.[594] 사회적, 민족적, 인종적, 성적 차이 등 다양한 차이에도 불구하고 모든 사람의 동등한 권리를 보호하는 것과 함께 그 차이점을 이해하는데 중점을 둔다.[595] 에너지 서비스의 혜택과 비용(분배적 정의)과 에너지 의사결정 및 거버넌스(절차적 정의)의 공정성은 이러한 차이점과 제한에 대한 인식을 전제로 한다. 따라서 인정적 부정의는 인식의 부족 혹은 잘못된 인식으로 나타난다. 예를 들어 노인이나 장애인과 같은 집단은 다른 집단보다 더 많은 에너지를 필요로

588 Jenkins, Kirsten, McCauley Darren, Heffron Raphael, Stephan Hannes. 2016. "Energy justice: A conceptual review," *Energy Research & Social Science*, 11: pp.174-182.

589 McHarg, Aileen,2020, Energy Justice: Understanding the 'Ethical Turn' in Energy Law and PolicyUnderstanding the 'Ethical Turn' in Energy Law and Policy, In (pp. 15-30).

590 Hanke, F. and Guyet R. 2023. "The struggle of energy communities to enhance energy justice: insights from 113 German cases," *Energy Sustainability and Society*, 13(1).

591 Szulecki, Kacper. 2018. "Conceptualizing energy democracy," *Environmental Politics*, 27(1): pp.21-41.

592 Sovacool, Benjamin K., Martiskainen Mari, Hook Andrew, and Baker Lucy. 2019. "Decarbonization and its discontents: a critical energy justice perspective on four low-carbon transitions," *Climatic Change*, 155(4): pp.581-619.

593 Jenkins, Kirsten, McCauley Darren, Heffron Raphael, Stephan Hannes. 2016. "Energy justice: A conceptual review," *Energy Research & Social Science,* 11: pp.174-182.

594 McHarg, Aileen,2020, Energy Justice: Understanding the 'Ethical Turn' in Energy Law and PolicyUnderstanding the 'Ethical Turn' in Energy Law and Policy, In (pp. 15-30).

595 Sparks, J. L. D., Combs K. M., and Yu J. 2019. "Social work students' perspective on environmental justice: gaps and challenges for preparing students," *Journal of Community Practice*, 27(3-4): pp.476-486.

하지만 이를 인식하지 못하면 정책적 불평등이 심화된다.

(4) 회복적 정의

회복적 정의는 에너지 의사 결정과정에서 발생하는 부정의를 바로 잡을 것을 요구한다. 에너지 기업은 에너지 추출·생산·운영 과정에서 발생하는 폐기물과 온실가스 문제에 책임 있는 역할을 해야 한다. 이는 사법적 측면과도 연결되며, 피해가 발생했을 때 자금 제공이나 복원 활동을 통해 지역사회를 보상하고 사회적 관계를 회복하는 것을 목표로 한다.[596]

(5) 세계적 정의

세계적 정의는 에너지 문제를 국가적 규모가 아니라 세계적 규모에서 바라보는 것이다. 이는 "우리 모두가 세계 시민"이라는 생각에 기반 한다. 각 국가는 자국뿐 아니라 다른 국가 시민에 대한 의무가 있으며, 따라서 2015년 파리의 COP 21 협정에 따라 달성하기로 한 에너지 및 기후 목표에 동의하고 이를 이행해야 한다. 에너지 문제는 본질적으로 글로벌 문제이므로, 탄소시장, 에너지세와 같은 해결책도 글로벌 차원에서 마련되어야 한다.[597]

(6) 시정적 정의[598]

시정적 정의는 피해를 준 사람들이 자신의 행동에 대한 책임을 지도록 요구하거나, 권리나 정당한 기대가 무시된 사람들에 대한 손실 보상을 의미한다. 시정적 정의는 주로 법적인 절차를 통해 이루어지면 피해자가 입은 손해를 가해자가 금전적으로나 다른 방식으로 보상하는 법적 책임에 중점을 둔다. 피해의 회복과 보상이라는 측면에서 시정적 정의는 회복적 정의와 유사하나 회복적 정의가 사회적 관계의 회복과 치유에 중점을 둔다면 시정적 정의는 피해보상과 법적 책임을 중점으로 둔다는 점이 다르다.[599]

---

596 Heffron, Raphael J. and De Fontenelle Louis. 2023. "Implementing energy justice through a new social contract," *Journal of Energy & Natural Resources Law*, 41(2): pp.141-155.

597 Heffron, Raphael J. and De Fontenelle Louis. 2023. "Implementing energy justice through a new social contract," *Journal of Energy & Natural Resources Law*, 41(2): pp.141-155.

598 시정적 정의와 교정적 정의를 엄밀하게 구분하여 사용하기도 하지만 본 내용에서는 부정의 한 상황을 교정·시정하는 일반적 의미에서 본 용어를 사용한다.

599 Porfido, Stefano. 2021. "The Use of Restorative Justice for Environmental Crimes in the European Union's Legal Framework," *QMLJ*: pp.106-133.

에너지 정의 논리를 확장하면, 에너지 부정의란 단순히 기술적 실패나 정책적 미비를 의미하는 것이 아니라, 비용과 혜택이 불평등하게 분배되고, 접근성 또는 소유패턴에 차이가 있으며, 정당한 절차가 존중되자 않고, 사회적 취약성을 악화시키는 모든 결정·계획·기술·정책을 포괄한다.

정의의 다양한 차원이 항상 조화롭게 공존하는 것은 아니다. 때로는 서로 긴장하거나 갈등하기도 한다. 예컨대 절차적 정의는 때때로 분배적 정의, 인정적 정의와 충돌할 수 있다. 참여와 발언을 강조하는 과정에서 취약 계층의 목소리가 희생되고, 이미 강력한 권력을 가진 집단의 영향력이 더 강화될 수 있다. 또한 미래 세대나 지리적으로 먼 지역의 이해관계자처럼 시·공간적으로 멀리 떨어진 집단의 요구와 이익이 적절히 반영되지 못하는 경우도 있다.[600]

에너지 정의의 세 가지 기본 원칙(분배적·절차적·인정적 정의)은 항상 구별되는 것은 아니며, 종종 중복되거나 밀접하게 연결된다. 한 가지 원칙을 고수하지 못하면 다른 원칙의 달성도 방해될 수 있다.[601] 예를 들어 에너지 의사 결정과정에서 권리를 박탈당할 수 있는 사람들을 인식하지 못하면 참여가 비효율적으로 이루어지고, 이는 곧 에너지 서비스 혜택의 불평등한 분배로 이어질 수 있다. 실제로 영국의 연료 빈곤과 장애인 정책 변화간의 관계를 연구한 결과 영국의 연료 빈곤율이 일반적으로 장애인 가구에서 더 높게 나타났으며, 특히 노동 연령의 독신 장애인 가구에서 연료 빈곤이 심각하였다. 확인 결과 이는 장애인의 다양한 에너지 필요에 대한 이해 부족, 연료 빈곤 정책의 한계, 연료 빈곤 계산에서 장애 수당을 계산하는 방식의 문제와 같은 에너지 정책 입안자의 인식 부족, 즉 인정적 부정의가 분배 불평등을 심화시킨 결과였다.[602]

이처럼 에너지 정의 프레임워크는 에너지 시스템 맥락에서 정의, 형평성 및 공정성의 원칙이 어떻게 내재되어 있는지를 이해하는 데 도움을 준다. 동시에 이미 존재하는 에너지 생산·소비 패턴의 부정적 영향을 인식하고, 모든 개인에게 안전하고 수용 가능하며 지속가능한 에너지를 제공하기 위한 정책결정 기반을 제공한다.[603]

---

600 McHarg, Aileen,2020, Energy Justice: Understanding the 'Ethical Turn' in Energy Law and PolicyUnderstanding the 'Ethical Turn' in Energy Law and Policy, In (pp. 15-30).

601 Jenkins, K, McCauley D.A, Heffron R, and Stephan H. 2014. "Energy Justice: A Whole Systems Approach," *Queen's Political Review*, 2(2): pp.74-87.

602 Snell, Carolyn, Bevan Mark, and Thomson Harriet. 2015. "Justice, fuel poverty and disabled people in England," *Energy Research & Social Science*, 10: pp.123-132.

603 Geels, Frank W. 2002. "Technological transitions as evolutionary reconfiguration processes: a multi-

3. 에너지 정의의 과제와 한계

1) 인간 중심적 편향과 한계

에너지 정의의 분야는 인간과 인간사이의 윤리와 도덕에 대한 우려에 의해 정의되었다. 이는 에너지 정의 개념이 인간 중심적 편향을 가지고 있음을 의미한다. 즉, 소외집단의 이익·복지 증진·세대 간 영향·분배·절차, 그리고 인정적 정의를 논의할 때 일반적으로 비인간적 요소(예: 생태계, 동물, 비인간적 환경권리)는 고려되지 않는다. 이는 현재 에너지 시스템이 인간의 요구를 충족시키기 위해 구축되었다는 점을 고려할 때 어느 정도 이해될 수 있다.[604]

2) 에너지 빈곤과 기후변화

에너지 정의의 핵심 과제 중 하나는 에너지 빈곤과 기후 변화를 동시에 해결하기 위한 노력을 조화시키는 것이다.[605] 저탄소 에너지로서 원자력 에너지가 기후문제에 대한 대응으로 옹호되지만 우라늄 채굴과정에서 발생하는 환경적 부정의와 장기적인 핵폐기물 문제를 고려할 때 원자력을 "깨끗한 에너지"로 제시하는 것은 탄소 감축 주의에 의한 담론에 치우친 시각이다. 이러한 사례는 "에너지 정의를 고려하지 않고 '청정 에너지'를 추구할 경우, 저탄소 전환의 부담이 불균형하게 분배될 수 있다"는 점을 분명히 보여준다.[606]

level perspective and a case-study," *Research policy*, 31(8): pp.1257-1274.

604 Sovacool, BK, Burke M, Baker L, Kotikalapudi CK. 2017. "New frontiers and conceptual frameworks for energy justice," *Energy Policy*.

605 Newell, Peter and Mulvaney Dustin. 2013. "The Political Economy of the Just Transition," *The Geographical Journal*, 179: pp.132-140.

606 Newell, Peter and Mulvaney Dustin. 2013. "The Political Economy of the Just Transition," *The Geographical Journal*, 179: pp.132-140.

3) 디지털화와 새로운 정의 문제

최근의 에너지 정의의 주요 과제 중 하나는 에너지 부문의 디지털화 및 데이터화에 따른 정의의 문제이다. 스마트 그리드(Smart Grid)는 전력 시스템의 디지털화를 통해 보다 지속가능한 에너지 시스템으로의 전환을 촉진한다. 그러나 에너지와 정보통신기술(ICT)의 융합은 새로운 윤리적 과제를 낳는다.

에너지 정의는 이제 투명성, 통제, 프라이버시, 보안 등 과 더 광범위한 정보기술관련 가치까지 고려해야 한다.[607] 특정 알고리즘, 모델 또는 기술 선택은 에너지 정의와 관련하여 다른 집단에 상이한 영향을 미칠 수 있다. 예컨대 특정 알고리즘과 기술은 에너지가 어떻게 분배되는지 또는 누가 에너지 시스템에 대한 의사결정에 참여 할 수 있는지에 영향을 미친다.

스마트 그리드 맥락에서 분배 정의를 고려할 때는 스마트 그리드 프로젝트에서 수집된 데이터에 대한 재산권 및 접근권 또한 중요한 요소가 된다. 자발적인 스마트 미터링[608] 도입은 소비자의 자기통제와 공동결정을 강화하는 것으로 간주되며, 이는 절차적 정의와 관련된다. 그러나 특정 기술과 알고리즘 사용시 발생하는 선택 편향 (selection bias)에 대한 우려는 절차적 정의의 관점에서 반드시 연구되어야 한다.

---

607 Milchram, Christine, Hillerbrand Rafaela, van de Kaa Geerten, Doorn Neelke. 2018. "Energy Justice and Smart Grid Systems: Evidence from the Netherlands and the United Kingdom," *Applied Energy*, 229: pp.1244-1259.

608 스마트 미터는 전기 에너지 소비, 전압 수준, 전류 및 역률과 같은 정보를 기록하는 전자 장치이다. 스마트 미터는 소비 행동을 더욱 명확하게 하기 위해 소비자에게 정보를 전달하고, 시스템 모니터링 및 고객 청구를 위해 전기 공급자에게 정보를 전달한다. 스마트 미터는 일반적으로 거의 실시간으로 에너지를 기록하고 하루 종일 짧은 간격으로 정기적으로 보고한다.

[참고 1]

에너지 정의(Energy Justice)와 에너지 민주주의(Energy Democracy)

에너지 정의(Energy Justice, EJ)은 에너지 시스템의 공정성과 형평성을 강조하며, 에너지 민주주의(Energy Democracy, ED)는 에너지 시스템의 민주적 통제와 시민 참여를 강조함. 두 개념은 유사하게 이해되지만 학술적·실천적 측면에서 차이가 존재한다.

이를 확인하기 위해 Osicka et al.(2023)은 web of science에서 495개의 연구 문헌을 추출하여 "에너지 정의(EJ)"와 "에너지 민주주의(ED)"의 연구 문헌의 양, 지역, 개념, 연관 주제, 상호관계 등을 분석하였다.[609]

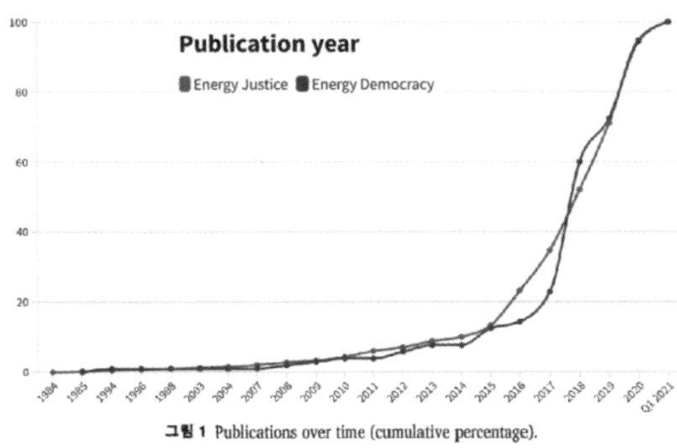

그림 1 Publications over time (cumulative percentage).

출판 동향 : EJ와 ED는 시간이 지남에 따라 연구 및 출판이 놀라울 정도로 유사한 흐름을 보인다. 출판물은 EJ 문헌이 ED에 비해 4배 가량 더 많지만, 출판 연도별 흐름은 동일게 나타나며, 두 분야 모두 2015년 이후 급격히 증가하였다(그림1).

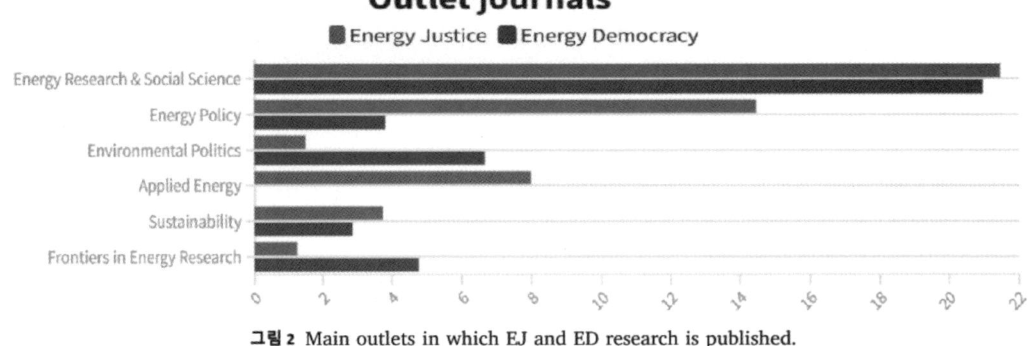

그림 2 Main outlets in which EJ and ED research is published.

609 Osicka, J., Szulecki K., and Jenkins K. E. H. 2023. "Energy justice and energy democracy: Separated twins, rival concepts or just buzzwords?," *Energy Research & Social Science,* 104.

저널 분포 : 두 분야 모두 각각 20% 이상이 Energy Research & Social Science 게재되었다. 출판량 면에서 주목할 만한 것은 Environmental Politics(7%)이며, EJ는 Energy Policy(14%)와 Applied Energy(8%)에서도 활발하게 논의된다(그림2).

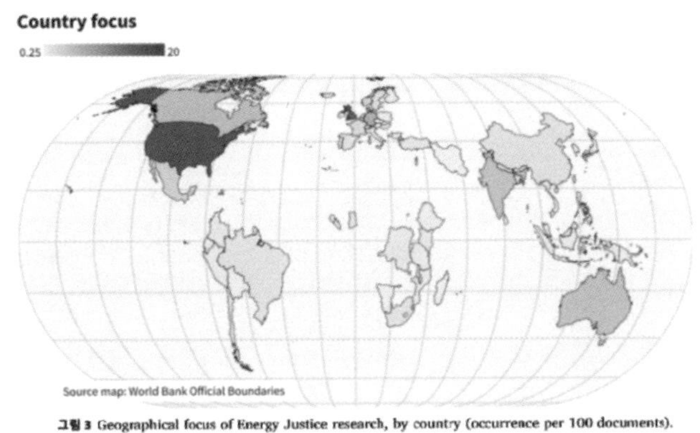

그림 3 Geographical focus of Energy Justice research, by country (occurrence per 100 documents).

지역적 분포 : EJ와 ED가 출판되는 지역은 지리적으로 유사하다. 연구 문헌의 초점은 주로 미국(17%)과 영국(15%)에 맞춰져 있으며, 그 다음으로 독일(6%), 호주·캐나다·프랑스(각 5%)순으로 나타난다. 그 외 다른 국가는 문서의 3% 이상에서 나타나지 않는다(그림3).

전체적인 분석결과, EJ는 에너지 시스템의 공정성과 형평성을 강조하며, 분배적 정의, 절차적 정의, 인정적 정의를 포함한다. 담론은 윤리적·철학적 기반에서 사회경제적 불평등에 초점을 두고 저소득 가구를 다루거나 에너지 빈곤이나 취약한 커뮤니티에 대한 영향을 다룬다. ED는 에너지 시스템의 민주적 통제와 시민 참여를 강조하며, 탈중앙화, 에너지 주권, 사회운동과의 연계가 특징이다. 특히 재생에너지 및 분산형 시스템의 민주적 거버넌스에 중점을 둔다(그림 4).

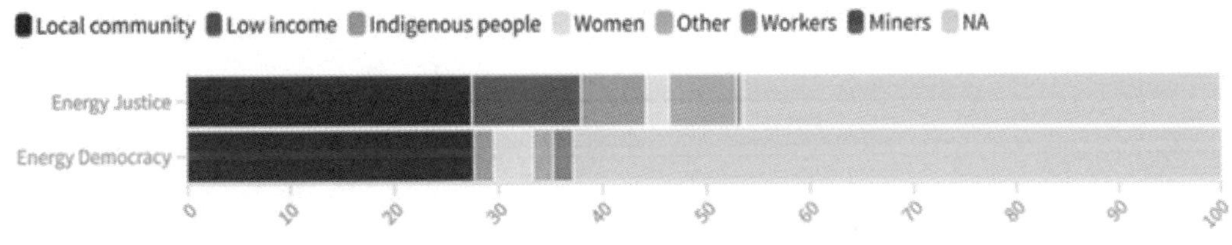

그림 4 Social groups referenced in EJ and ED research.

에너지 정의(EJ)와 에너지 민주주의(ED)는 매우 밀접하게 관련되어 있으며, 둘 다 에너지 시스템의 공정한 결과에 대한 규범적 관심을 공유한다. 또한 사회 운동의 역사를 가지고 있어 현실 변화를 목표로 하는 변혁적인 개념이라는 공통점이 있다. 그러나 EJ는 학술적 논의에서 더 널리 사용되며 정책 설계에 직접적인 영향을 미치고, 분배적 불평등 (Distributive Injustice), 특히 에너지 빈곤 (Energy Poverty) 문제에 깊이 관여한다. 반면 ED는 시민사회와 사회운동에서 더 많이 사용되며 참여와 통제 (Participation and Control), 특히 재생 에너지 및 분산형 시스템의 민주적 거버넌스에 중점을 둔다. 따라서 두 개념은 경쟁적이라기 보다는 상호보완적이다.

[참고 2]

저탄소 전환 과정의 국가간 부정의와 불평등

코발트는 휴대폰, 컴퓨터, 전기차 배터리에 필수적 원자재로서 에너지 전환 시대의 '검은 황금'이라고 불린다. 중국, 미국, 유럽 등 주요 지역에서 전기차 판매가 급증하면서 코발트 수요도 빠르게 증가하고 있다. 전 세계 코발트 공급량의 약 70%가 콩고민주공화국(Democratic Republic of Congo, DRC) 에서 채굴되며, 이 중 상당 부분은 수공업 및 소규모 광산(Artisanal and Small-scale Mining, ASM)에서 이루어져 심각한 인권 및 환경 문제를 야기하고 있다.

DRC is the world's leading source of mined cobalt

Cobalt production in 2021 and reserves (tonnes) in the largest producing countries. **The DRC is the world's top cobalt producer, accounting for about 70% of global production. Between 15 to 30% of the Congolese cobalt is produced by artisanal and small-scale mining (ASM).**

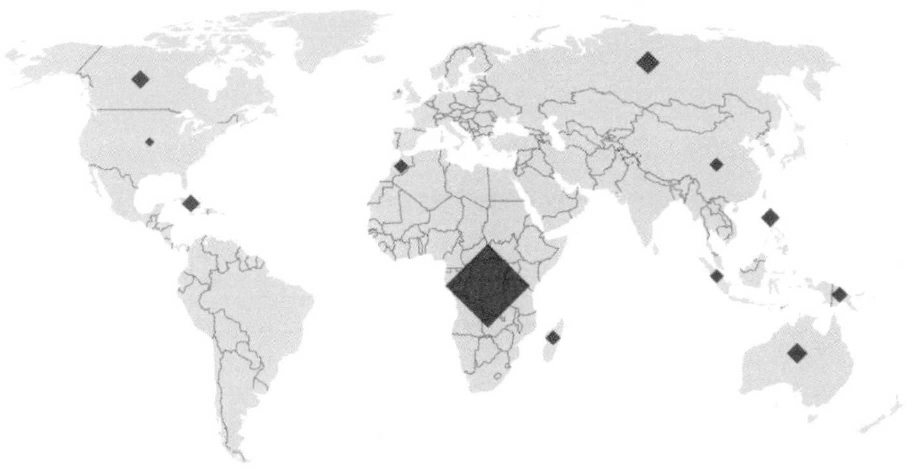

그림1. 세계의 주요 코발트 광산.

출처: SWI swissinfo.ch / Map: ptur Source: U.S. Geological Survey, Mineral Commodity Summaries

콩고 코발트 광산의 착취와 폭력

코발트는 잠비아 국경 근처 남동부 카탕가 지역의 '구리 벨트' 에 집중되어 있으며, 약 360

만톤의 추출 가능한 매장량이 있다. 대부분 구리 또는 니켈의 부산물로 채굴되며, 삽, 곡괭이, 손으로 작은 터널을 파는 "저기술" 적 방식인 ASM 방식(수공업 및 소규모 채굴)으로 이루어진다.

콩고 민주 공화국의 ASM 채굴은 두 가지 형태로 나타난다. 첫째, 젊은 남성 광부들이 삽, 끌, 망치로 30~40m 깊이까지 지하 터널을 파는 방식. 둘째, 여성과 아동이 산업용 대규모 광산 현장과 구역 근처에서 버려진 찌꺼기와 슬러지에서 코발트를 수집·판매하는 방식이다.

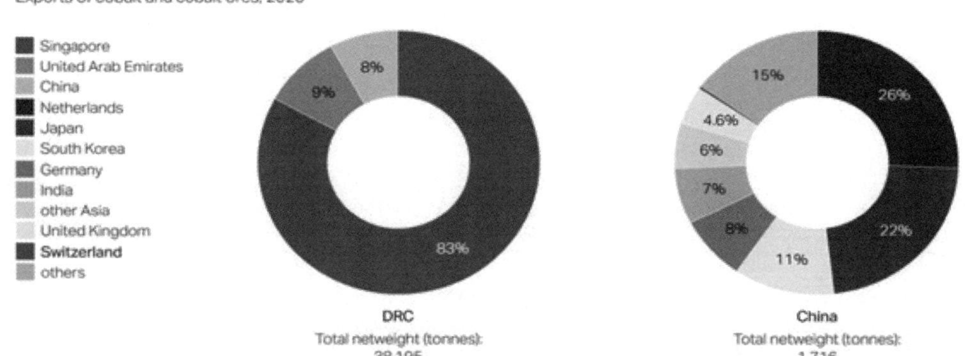

그림2. 콩고와 중국에서 수출된 코발트의 목적지.

출처 : Chart: ptur Source: UN Comtrade database / Chart: ptur Source: UN Comtrade database

이러한 작업은 안전 장비와 아동 보호 장치가 없는 불안정한 작업 환경에서 이루어진다. 세계은행 보고서에 따르면 ASM 광산 노동자 상당수는 지역적 민족 갈등과 전쟁을 피해 도망친 난민이거나 고아이며, 아동 노동이 광범위하게 동원되고 있다.[610]

ASM 광산은 제대로 된 갱도 보강 시설이나 안전 장비 없이 운영되기 때문에 갱도 붕괴 사고가 빈번하게 발생하며, 광부들은 코발트 먼지 흡입으로 인한 호흡기 질환, 니켈·코발트 중금속 중독, 우라늄 방사능 노출 위험에 직면한다. ASM 근로자 절반이 여성인데도 성차별이 만연하여, 낮은 지위와 불공정한 대우를 받는다. 코발트 채굴 과정에서 발생하는 유독성 폐기물과 중금속(코발트, 구리, 우라늄 등)이 여과 없이 토양과 수자원으로 유출되어 광산 주변 공동체

610 THE WORLD BANK. 2007. "Artisanal Mining in the DRC : Key Issues, Challenges and Opportunities."

의 식수와 농업 환경을 오염시킨다.

그림 3. 콩고민주공화국 무토시(Mutoshi) 채굴장에서 남녀 광부들이 작업하고 있다(2022.12)

출처: SWI swissinfo.ch (Dorothée Baumann-Pauly)

시사점

코발트 채굴은 저탄소 전환의 핵심 동력이지만, 그 혜택은 북반구의 선진국 소비자에게 집중되는 반면, 그 피해와 위험은 남반구의 취약 공동체에게 전가된다. 이는 전형적인 환경 부정의(Environmental Injustice) 사례이다.

분배적 부정의 : 광산 지역 주민과 영세 광부(Artisanal Miners)는 극히 낮은 임금을 받으며 빈곤에서 벗어나지 못한다. 수질 및 토양 오염으로 인한 지역 농업 및 어업 공동체 또한 위험에 노출되어 있다. 반면, 수익의 대부분은 다국적 기업, 중간 상인, 그리고 부패한 정부 관계자에게 집중된다.

절차적 부정의 : 코발트 채굴 승인 과정에서 지역 공동체, 영세 광부, 원주민 그룹은 제대로 된 사전 동의(Free, Prior and Informed Consent, FPIC) 절차를 거치지 못하고, 광산 프로젝트의 환경적 영향, 건강 위험, 그리고 토지 보상에 대한 정확한 정보도 투명하게 제공받지 못한다. 주민들은 위험에 적절하게 대응하고 자신들의 권리를 보호할 기회를 보장받지 못한다.

인정적 부정의 : 인권 유린과 아동 노동은 "개발을 위한 불가피한 희생"으로 치부되며, 피해자들은 인간으로서 받아야 할 존엄성이 무시된다. 또한 전통적 토지 이용 방식과 문화적 유산이 파괴되어 공동체 정체성이 약화된다.

[참고 3]

원자력 발전과 에너지 정의

한국은 2024년 기준으로 26기의 원자력 발전소가 가동 중이며, 미국(93), 프랑스(56), 중국(55), 러시아(37), 일본(34)에 이어 세계에서 여섯 번째로 많은 원전을 보유하고 있다.[611] 경상북도 경주시 양남면에 위치한 월성 원자력 발전소는 국내 대표적인 원전 지역 갈등 사례 중 하나로 꼽힌다.

월성 원자력 발전소

월성 1호기는 영구 정지 상태이며 해제 허가가 진행 중이다. 월성 2·3·4호기는700MW급 CANDU 중수로형으로 현재 가동 중이다. 신월성 1·2호기는 가압경수로형(1,000MW)으로 별도 운영된다.

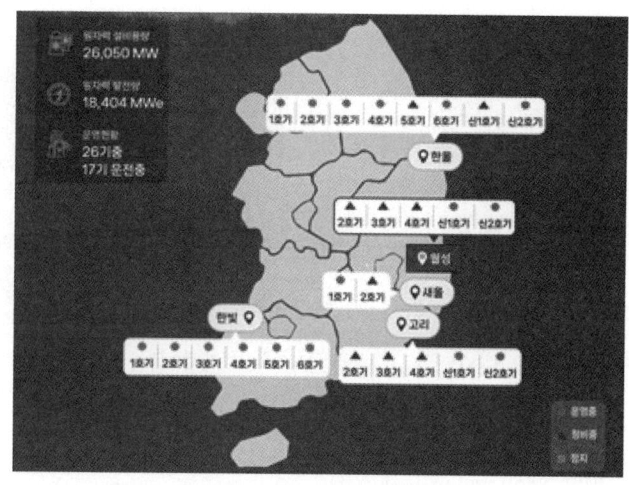

그림 1. 국내 원자력 발전소 운영 현황(2025).

출처 : 저자 작성(한국수력원자력㈜(https://npp.khnp.co.kr/) 참고)

2011년 후쿠시마 원전사고 이후 원전 기술을 인간이 안전하게 통제하는 데는 한계가 있다는 인식이 확산되었다. 월성 지역 주민들은 환경·안전 및 건강 피해에 대한 우려가 크며, 일부는 이주를 요구하고 있다. 그러나 동시에 지역 경제와 사회가 원전에 의존하는 구조적 요인으로 인해 갈등이 복합적으로 나타나고 있다.

611 WORLD NUCLEAR ASSOCIATION. 2025. "Nuclear Power in South Korea." https://world-nuclear.org/information-library/country-profiles/countries-o-s/south-korea

에너지정의 관점에서의 문제

분배적 정의 (Distributive Justice)

원전에서 생산된 전기는 수도권과 대도시, 대형 산업체 등 원거리 소비 지역이 혜택을 누리는 반면, 피해는 원전 인근 지역 주민에게 집중된다. 이는 혜택과 피해가 지리적·사회적으로 분리되는 전형적인 불평등 구조이다. 월성 원전의 전력 생산으로 인한 혜택 또한 전국으로 분배되고, 수도권, 대도시 등이 혜택을 받지만 방사능 누출(삼중수소 검출 등) 등 환경·건강 위험은 원전 지역 주민에게 집중되는 부정의가 발생한다.[612]

절차적 정의 (Procedural Justice)

월성 원전 주변 주민들은 감독기관과 사업자의 정보공개 부족, 사고 발생시 신속한 소통 부재, 사고 재발 방지대책 미흡 등으로 의사 결정과정에서 반복적으로 배제된다.

그림 2. 후쿠시마현 이이타테 마을에 있는 방사성 오염 제거 폐기물 임시 저장 시설. 후쿠시마 다이이치 원자력 발전소에서 북서쪽으로 떨어져 있다(2019.12.)

출처 : Evrard, O., Laceby, JP, and Nakao, A(2019)(https://commons.wikimedia.org/wiki/File:Decontamination_waste_-_litate,_Fukushima.png.) CC BY 4.0

예를 들어, 원자력안전위원회는 방사능 오염수 해양 누출 사고에 대해 누출 규모, 원인 조사, 해양 오염 분석 및 재발 방지대책 등을 공식적으로 약속했으나, 2024년 6월(2.45톤), 2025년 1월(29톤) 등 사고가 반복되었다. 이 과정에서 사전 예방과 사고 위험성에 대한 설명, 정보공개, 의사결정 과정의 주민참여가 충분히 보장되

612 예를 들어, 원전 주변 4개 지역에서 5년 이상 거주한 주민 다수(618명 이상)가 갑상선암에 걸려 소송을 벌인 바 있고, 월성원전 바다로 방사능 폐기물 무단 배출(2025년, 29톤 유출)되어 지역환경 및 주민 건강에 심각한 부담을 주었던 사례도 있음. 국가인권위원회, ""수도권 사람들이 전기 펑펑 쓰기 위해 희생하는 사람이 있다는 걸 알아줬으면 좋겠어요."," 국가인권위원회, https://www.humanrights.go.kr/webzine/webzineListAndDetail?issueNo=7609596&boardNo=7609603.

지 않아 절차적 공정성이 결여되었으며, 주민 건강 불안 및 신뢰 저하가 심화되었다.[613]

인정적 정의 (Recognitional Justice)

월성 원전 인근 주민들은 방사성 오염물질 누출, 암·질병 발생 우려, 심리적 고통을 호소한다. 그러나 공식 보건 통계나 정부 발표에서는 이러한 피해가 과소평가되거나 무시되는 경우가 많다. 피해지역 주민들의 생활 불안과 건강 문제는 단순히 법적 기준에 부합하지 않는다는 이유로 무시되거나 배제되어서는 안 되며, 실질적 피해를 인정하고 이에 대한 구체적 대책마련이 필요하다.

시사점

월성 원전사례는 에너지 정의 관점에서 피해지역과 혜택 받는 지역의 괴리, 정책 결정 과정에서의 주민 배제, 지역 주민 피해(건강 불안, 삶의 침해 등)의 불인정이라는 문제를 보여준다. 따라서 원전과 같은 대규모 에너지 인프라의 입지 결정, 시설의 운영, 해제 과정 등 전반에서 혜택과 부담의 공정한 분배, 실질적이고 포괄적인 주민 참여, 지역사회가 경험하는 다양한 피해와 소외의 인정이 필요하다. 에너지 정의는 이러한 갈등을 분석하고 해결하기 위한 중요한 이론적·정책적 틀을 제공하며, 지역사회의 지속가능성을 검토하는데 핵심적 함의를 가진다.

613 김형일. 2025. . 월성원전 잇따른 방사능 오염수 해양 누출.. 안전 우려. Retrieved from https://www.youtube.com/watch?v=cwHcvGF0wxQ&t=5s

참고문헌

국가인권위원회. 2023. ""수도권 사람들이 전기 펑펑 쓰기 위해 희생하는 사람이 있다는 걸 알아줬으면 좋겠어요."." https://www.humanrights.go.kr/webzine/webzineListAndDetail?issueNo=7609596&boardNo=7609603

김형일. 2025, Oct 18. 월성원전 잇따른 방사능 오염수 해양 누출.. 안전 우려. Retrieved from https://www.youtube.com/watch?v=cwHcvGF0wxQ&t=5s

한국수력원자력(주). 2025. "열린원전운영정보." https://npp.khnp.co.kr/

Agyeman, Julian, Schlosberg David, Craven Luke, and Matthews Caitlin. 2016. "Trends and Directions in Environmental Justice: From Inequity to Everyday Life, Community, and Just Sustainabilities," Annual Review of Environment and Resources, 41.

Baxter, Brian. 2004. A Theory of Ecological Justice. In Matthew Paterson & Graham Smith (Eds.). Environmental Politics (pp. 1-206): Routledge.

Blue, G., Bronson K., and Lajoie-O'Malley A. 2021. "Beyond distribution and participation: A scoping review to advance a comprehensive environmental justice framework for impact assessment," Environmental Impact Assessment Review, 90: pp.9.

Bouzarovski, Stefan and Simcock Neil. 2017. "Spatializing energy justice," Energy Policy, 107: pp.640-648.

Bridge, Gavin, Bouzarovski Stefan, Bradshaw Michael, and Eyre Nick. 2013. "Geographies of energy transition: Space, place and the low-carbon economy," Energy Policy, 53: pp.331-340.

Carley, Sanya and Konisky David M. 2020. "The justice and equity implications of the clean energy transition," Nature Energy, 5(8): pp.569-577.

Devine-Wright, P. 2005. "Beyond NIMBYism: towards an integrated framework for understanding public perceptions of wind energy," Wind Energy, 8(2): pp.125-139.

Eisenberg, A. M. 2019. "Just transitions," Southern California Law Review, 92: pp.273-330.

Ertör, Irmak. 2021. "'We are the oceans, we are the people!': fisher people's struggles for blue justice," The Journal of Peasant Studies, 50: pp.1-30.

Geels, Frank W. 2002. "Technological transitions as evolutionary reconfiguration processes: a multi-level perspective and a case-study," Research policy, 31(8): pp.1257-1274.

Gillard, Ross, Snell Carolyn, and Bevan Mark. 2017. "Advancing an energy justice perspective of fuel poverty: Household vulnerability and domestic retrofit policy in the United Kingdom," Energy Research & Social Science, 29: pp.53-61.

Hanke, F. and Guyet R. 2023. "The struggle of energy communities to enhance energy justice:

insights from 113 German cases," Energy Sustainability and Society, 13(1).

Heffron, Raphael. 2022. "Applying energy justice into the energy transition," Renewable and Sustainable Energy Reviews, 156: pp.111936.

Heffron, Raphael J. and De Fontenelle Louis. 2023. "Implementing energy justice through a new social contract," Journal of Energy & Natural Resources Law, 41(2): pp.141-155.

Heffron, Raphael J. and McCauley Darren. 2017. "The concept of energy justice across the disciplines," Energy Policy, 105: pp.658-667.

Jenkins, K, McCauley D.A, Heffron R, and Stephan H. 2014. "Energy Justice: A Whole Systems Approach," Queen's Political Review, 2(2): pp.74-87.

Jenkins, Kirsten. 2018. "Setting energy justice apart from the crowd: Lessons from environmental and climate justice," Energy Research & Social Science, 39: pp.117-121.

Jenkins, Kirsten, McCauley Darren, Heffron Raphael, Stephan Hannes. 2016. "Energy justice: A conceptual review," Energy Research & Social Science, 11: pp.174-182.

Jones, Benjamin R, Sovacool Benjamin K, and Sidortsov Roman V. 2015. "Making the ethical and philosophical case for "energy justice"," Environmental Ethics, 37(2): pp.145-168.

Kanger, Laur and Sovacool Benjamin K. 2022. "Towards a multi-scalar and multi-horizon framework of energy injustice: A whole systems analysis of Estonian energy transition," Political Geography, 93: pp.102544.

Lennon, Mick and Scott Mark. 2017. "Opportunity or Threat: Dissecting Tensions in a Post-Carbon Rural Transition," Sociologia Ruralis, 57: pp.87-109.

Libertson, Frans, Velkova Julia, and Palm Jenny. 2021. "Data-center infrastructure and energy gentrification: perspectives from Sweden," Sustainability: Science, Practice and Policy, 17(1): pp.152-161.

Lykke, Nina. 2011. "Intersectional analysis: Black box or useful critical feminist thinking technology?," pp.207-220.

McCauley, Darren, Heffron Raphael, Stephan Hannes, and Jenkins Kirsten. 2013. "Advancing energy justice: the triumvirate of tenets," International Energy Law Review, 32(3): pp.107-110.

McCauley, Darren, Ramasar Vasna, Heffron Raphael J, Sovacool Benjamin K. 2019. "Energy justice in the transition to low carbon energy systems: Exploring key themes in interdisciplinary research," Applied Energy, 233-234: pp.916-921.

McHarg, Aileen,2020, Energy Justice: Understanding the 'Ethical Turn' in Energy Law and PolicyUnderstanding the 'Ethical Turn' in Energy Law and Policy, In (pp. 15-30).

Milchram, Christine, Hillerbrand Rafaela, van de Kaa Geerten, Doorn Neelke. 2018. "Energy Justice and Smart Grid Systems: Evidence from the Netherlands and the United

Kingdom," Applied Energy, 229: pp.1244-1259.

Newell, Peter and Mulvaney Dustin. 2013. "The Political Economy of the Just Transition," The Geographical Journal, 179: pp.132-140.

Osicka, J., Szulecki K., and Jenkins K. E. H. 2023. "Energy justice and energy democracy: Separated twins, rival concepts or just buzzwords?," Energy Research & Social Science, 104.

Ottinger, G. 2013. "The Winds of Change: Environmental Justice in Energy Transitions," Science as Culture, 22(2): pp.222-229.

Pandey, Hari Prasad, Maraseni Tek Narayan, and Apan Armando. 2024. "Assessing the Theoretical Scope of Environmental Justice in Contemporary Literature and Developing a Pragmatic Monitoring Framework," Sustainability, 16(24): pp.10799.

Perez-guerrero, M.,1982, Role of Energy in the Life of Mankind: Lifestyles and Distributive Justice**The author published under a similar title in 1975 a condensed article in the first issue of the review "Energy and Development" of the institute of the same name of the University of Colorado, In A Blanc-Lapierre (Ed.), 『Studies in Environmental Science』 (Vol. 16, pp. 551-564): Elsevier.

Porfido, Stefano. 2021. "The Use of Restorative Justice for Environmental Crimes in the European Union's Legal Framework," QMLJ: pp.106-133.

Sachs, Carolyn and Patel-Campillo Anouk. 2014. "Feminist Food Justice: Crafting a New Vision," Feminist Studies, 40: pp.396-410.

Schlosberg, D. 2004. "Reconceiving environmental justice: Global movements and political theories," Environmental Politics, 13(3): pp.517-540.

Schlosberg, D. 2013. "Theorising environmental justice: the expanding sphere of a discourse," Environmental Politics, 22(1): pp.37-55.

Schlosberg, D. and Collins L. B. 2014. "From environmental to climate justice: climate change and the discourse of environmental justice," Wiley Interdisciplinary Reviews-Climate Change, 5(3): pp.359-374.

Snell, Carolyn, Bevan Mark, and Thomson Harriet. 2015. "Justice, fuel poverty and disabled people in England," Energy Research & Social Science, 10: pp.123-132.

Soguel, Dominique. 2023. "Rethinking artisanal cobalt mining in the DRC." https://www.swissinfo.ch/eng/business/rethinking-artisanal-cobalt-mining-in-the-drc/48260638

Sovacool, Benjamin K. 2017. "Contestation, contingency, and justice in the Nordic low-carbon energy transition," Energy Policy, 102: pp.569-582.

Sovacool, Benjamin K, Hook Andrew, Martiskainen Mari, and Baker Lucy. 2019. "The whole systems energy injustice of four European low-carbon transitions," Global

Environmental Change, 58: pp.101958.

Sovacool, Benjamin K., Heffron Raphael J., McCauley Darren, and Goldthau Andreas. 2016. "Energy decisions reframed as justice and ethical concerns," Nature Energy, 1(5): pp.16024.

Sovacool, Benjamin K., Kester Johannes, Noel Lance, and de Rubens Gerardo Zarazua. 2019. "Energy Injustice and Nordic Electric Mobility: Inequality, Elitism, and Externalities in the Electrification of Vehicle-to-Grid (V2G) Transport," Ecological Economics, 157: pp.205-217.

Sovacool, Benjamin K., Martiskainen Mari, Hook Andrew, and Baker Lucy. 2019. "Decarbonization and its discontents: a critical energy justice perspective on four low-carbon transitions," Climatic Change, 155(4): pp.581-619.

Sovacool, BK, Burke M, Baker L, Kotikalapudi CK. 2017. "New frontiers and conceptual frameworks for energy justice," Energy Policy.

Sparks, J. L. D., Combs K. M., and Yu J. 2019. "Social work students' perspective on environmental justice: gaps and challenges for preparing students," Journal of Community Practice, 27(3-4): pp.476-486.

Szulecki, Kacper. 2018. "Conceptualizing energy democracy," Environmental Politics, 27(1): pp.21-41.

THE WORLD BANK. 2007. "Artisanal Mining in the DRC : Key Issues, Challenges and Opportunities."

Walker, G. 2009. "Beyond Distribution and Proximity: Exploring the Multiple Spatialities of Environmental Justice," Antipode, 41(4): pp.614-636.

Weinberg, Alvin M. 1985. "'Immortal' energy systems and intergenerational justice," Energy Policy, 13(1): pp.51-59.

WORLD NUCLEAR ASSOCIATION. 2025. "Nuclear Power in South Korea." https://world-nuclear.org/information-library/country-profiles/countries-o-s/south-korea

Yaka, Özge. 2018. "Rethinking Justice: Struggles For Environmental Commons and the Notion of Socio-Ecological Justice," Antipode.

Yenneti, Komali, Day Rosie, and Golubchikov Oleg. 2016. "Spatial justice and the land politics of renewables: Dispossessing vulnerable communities through solar energy mega-projects," Geoforum, 76: pp.90-99.

제2장

기후위기와 환경정의 : 기후정의 Climate Justice

1. 기후정의 담론의 등장

전 지구적 차원에서 폭염, 폭우, 태풍, 가뭄, 홍수, 대형 화재 등 이상기후가 일상화되고 있다. 온실 가스 배출에 기인한 이상기후는 인류의 생존 문제와도 직결된다. 파리 협정은 지구 평균기온을 "산업화 이전 수준보다 2°C 이하로 유지하고 기온 상승을 1.5°C 로 제한하기 위한 노력"을 명시했으나, 현재 추세라면 2030~2052년 사이 지구 기온이 1.5°C 이상 상승할 것으로 예측된다.[614] 이미 현재 1.2°C 시점에서도 홍수 증가, 극심한 폭염, 질병 확산, 식량·물 부족, 생물종 멸종 등 다양한 피해가 나타나고 있다.[615]

유엔기후변화협약(United Nations Framework Convention on Climate Change, UNFCCC) 은 기후변화를 "인간 활동에 직접 또는 간접으로 기인하여 지구 대기 구성을 변화시키는 현상"으로 정의하며, 인간의 책임을 명확히 하고 있다. 기후변화에 관한 정부가 협의체(IPCC)는 지구 기온이 1.5°C 이상 상승할 경우 돌이킬 수 없는 영향을 초래할 것이라고 경고한다.[616] 이러한 인식은 "기후위기(climate crisis)"와 "기후 비상사태(climate emergency)"라는 용어로 표현되며. 국가적·국제적 차원의 비상한 대응을 요구하고 있다.

기후변화의 주요 요인은 인간에 의한 온실가스 배출과 탄소 흡수원(숲, 토양, 해양 등)의 파괴이다. 이는 단순한 환경 문제가 아니라 생명·건강·생계 등 인권을 위협하는 윤리적 문제로 인식된다.[617] 특히 전 세계 상위 10%인구가 전 세계 온실가스 누적 배출(1990~2015)의 52%를 차지

614 IPCC. 2023. THE IPCC SIXTH ASSESSMENT REPORT (AR6).

615 EPA. 2024. "Climate Impacts on Ecosystems." https://19january2017snapshot.epa.gov/climate-impacts/climate-impacts-ecosystems_.html.

616 IPCC. 2023. THE IPCC SIXTH ASSESSMENT REPORT (AR6).

617 Grasso, Marco and Heede Richard. 2023. "Time to pay the piper: Fossil fuel companies' reparations

하는 반면, 전 세계 하위 50% 인구는 단지 7%를 차지한다.[618] 기후변화의 원인이 되는 온실가스는 가장 부유한 국가가 자국의 국가적 부를 창출하는 과정에서 배출한 것이다. 그러나 폭염의 피해는 어린이·노약자에게 더 크고, 해수면 상승과 홍수 및 홍수 피해는 연안지역과 저지대 거주 취약계층에게 더 심각한 피해를 가져오며, 소규모 도서지역·노인·장애인·어린이와 같이 취약한 사람들에게 더 심각한 영향을 미친다. 기후변화로 인한 책임과 피해는 불균형적으로 부담된다.[619]

즉, 기후정의는 기후변화에 대한 책임이 가장 적은 사람들이 기후변화의 영향에 가장 취약하며, 극심한 기상조건·해수면 상승· 기근 및 기타 환경 재해로부터 스스로를 보호할 자원이 부족하다는 점을 전제로 한다. 이는 현재의 삶의 방식이 더 이상 지속 가능하지 않으며, 우리의 세계 사회와 경제를 근본적으로 재편해야 하는 도덕적, 정치적, 경제적 문제로 인식하는 것을 의미한다.

1) 기후정의 운동의 확산

기후정의는 환경정의운동과 지구 기후변화에 대한 문제의식이 결합한 '기후변화 행동주의(climate change activism)'로부터 등장하였다.[620] 국제사회의 체계화된 논의는 2001년 '환경정의 및 기후변화 이니셔티브(The Environmental Justice and Climate Change Initiative)' 출범으로 본격화되었다. 이는 UNFCCC 제 6차 당사국회의(the 6th Conference of Parties, COP6) 기간 중 처음으로 열린 기후정의 정상회의의 결과로 설립되었으며, 환경정의, 기후정의, 종교, 정책 옹호 단체 등 수백 개의 커뮤니티를 대표하는 다양한 그룹이 참여하였다. 환경정의 및 기후변화 이니셔티브는 취약한 커뮤니티 보호, 재생 에너지로의 공정한 전환 보장, 커뮤니티 참여, 세대 간 정의 보장, 기후 변화 문제에 대한 미국의 리더십 요구 등 '기후정의 10대 원칙'(10 Principles for Just

for climate damages," *One Earth*, 6: pp.459-463.

618 Tim Gore. 2020. Confronting carbon inequality. OXFAM International.

619 Gonzalez, C. G. 2021. "Racial capitalism, climate justice, and climate displacement," *Onati Socio-Legal Series*, 11(1): pp.108-147.

620 Jenkins, Kirsten. 2018. "Setting energy justice apart from the crowd: Lessons from environmental and climate justice," *Energy Research & Social Science*, 39: pp.117-121.

Climate Change Policies)을 발표하였다.[621]

2002년 CorpWatch, 원주민 환경네트워크 Indigenous Environmental Network 등의 단체는 발리섬에서 "기후정의에 대한 발리 원칙 (Bali Principles of Climate Justice) "을 발표하였다.[622] 여기에는 세계 열대 우림 운동(World Rainforest Movement), 지구의 벗 국제기구(Friends of the Earth International), 제3세계 네트워크(Third World Network)와 같은 국제 NGO들이 함께 참여하였다. 발리 원칙은 27개의 포괄적 항목으로 구성되어 "기후정의를 위한 모든 사람들의 국제적 운동을 구축하기 시작하는 것"을 목표로 하였고 기후정의 국제 운동의 출발점이 되었다.[623]

2004년 기후정의를 위한 더반 그룹(Durban Group for Climate Justice)은 탄소거래에 담론을 비판하며 기후정의 개념을 발전시켰고, 2007년에는 기후정의 국제 네트워크 조직인 Climate Justice Now! 네트워크가 UNFCCC COP13 회의에 참석하였다. 기후정의에 초점을 맞춘 국제 네트워킹은 기후정의 행동 네트워크 Climate Justice Action network 로 이어졌다. 이후 2009년 코펜하겐 COP15 가 구속력 있는 합의를 이 끌어내지 못하면서 기후변화에서 기후정의로 기후운동의 프레임이 바뀌었고, 기후정의 운동이 국제적으로 확산되는 계기가 되었다.[624]

2) 기후정의와 사회적 불평등

기후재난이 빈번해지고 기후변화 적응이 주요 과제로 대두되면서 기후위기 대응 격차가 쟁점으로 부상하기 시작하였다. 2005년 미국 남부 뉴올리언스 수를 강타한 허리케인 '카트리나'는 환경정의와 기후정의 문제의 교차점을 드러내고,[625] 기후위기 취약성에 대한 관심을

621 Schlosberg, D. and Collins L. B. 2014. "From environmental to climate justice: climate change and the discourse of environmental justice," *Wiley Interdisciplinary Reviews-Climate Change*, 5(3): pp.359-374.

622 발리 기후정의 원칙은 기후정의 개념에 대한 최초의 주요 운동 선언문으로 간주된다. 발리원칙에는 미국 환경정의 운동의 영향과 연관성을 볼 수 있는데, 원칙의 본문에는 환경정의 운동의 원칙을 모델로 삼았다고 명시되어 있다.

623 CorpWatch US, Friends of the Earth, InternationalGlobal Resistance, Greenpeace International et al,. 2002. "Bali Principles of Climate Justice."

624 Della Porta, Donatella and Parks Louisa, 2014, Framing Processes in the Climate Movement: From climate change to climate justice 1, In 『Routledge handbook of the climate change movement』 (pp. 19-30): Routledge.

625 Schlosberg, D. and Collins L. B. 2014. "From environmental to climate justice: climate change and the discourse of environmental justice," *Wiley Interdisciplinary Reviews-Climate Change*, 5(3): pp.359-374.

높이는 계기가 되었다.[626] 당시 카트리나로 인한 피해지역은 흑인 비율이 67.9%(미국 전체 13%)에 이르고, 빈곤율 또한 28%(미국 전체 평균 빈곤율 12%)에 이르는 저지대 빈곤지역이었다. 대부분의 흑인 빈곤지역은 저지대에 위치하고 있어 잠재적 재난 위험에 노출되어 있었다. '카트리나'는 또한 재난 이후의 대응에도 빈곤층과 소수인종에 대한 광범위한 사회적 부정의(injustice)가 있음을 드러냈다.[627] 이를 계기로 기후위기는 단순히 노출 수준의 문제가 아니라 기후재난의 전 과정에 걸쳐 개인적 차원과 사회적 차원을 아우르는 회복탄력성 격차 문제로 이해되기 시작했으며,[628] 기후위기가 원인 여부에 관계없이 본질적으로 정의의 문제임을 여실히 보여주었다.

같은 해 이누이트 족(Inuit)은 기후위기로 인해 생활공간이 파괴되고, 건강·안전, 고유문화가 위협받는 것을 인권 침해로 규정하고, 온실가스 감축을 외면하는 미국 정부가 인권 보호 의무를 위반했다고 미주 인권위원회(Inter-American Commission on Human Rights)에 청원을 제기하였다. 비록 기각되었지만, 이는 기후위기를 인권의 문제로 바라보는 국제적 논의를 촉발하였고, 기후정의 운동에서 인정적 정의에 대한 관심이 높이는 계기가 되었다.[629]

2007년 군소 도서 국가들은 말레 선언(Malé Declaration)을 통해 기후위기의 인권적 영향을 공식적으로 제기하였고, 2009년 유엔 인권고등판무관(office of the United Nations High Commissioner for Human Rights, OHCHR)은 기후위기와 인권의 관계를 검토한 보고서를 통해 기후위기가 인권을 침해한다는 사실을 다시 한번 공식화 하였다. 이 보고서는 기후위기로 인해 생명·건강·음식·물·거주권 등 삶의 필수요소들이 위협받고 있다고 보고하였다.[630]

---

626 Schlosberg, D. 2012. "Climate Justice and Capabilities: A Framework for Adaptation Policy," *Ethics & International Affairs*, 26(4): pp.445-461.

627 Bullard, Robert D and Wright Beverly. 2009. Race, place, and environmental justice after Hurricane Katrina: Struggles to reclaim, rebuild, and revitalize New Orleans and the Gulf Coast, Westview Press.

628 Walker, Gordon. 2012. Environmental Justice: Concepts, Evidence and Politics. In: Routledge.

629 Walker, Gordon. 2012. Environmental Justice: Concepts, Evidence and Politics. In: Routledge.

630 박태현. 2011. "[기후변화와 인권] 에 관한 시론: 지금까지 논의현황과 향후 과제: 지금까지 논의현황과 향후 과제," *동아법학*, (52): pp.285-315.

2. 기후정의의 개념

1) 취약성과 회복탄력성

기후정의 운동의 확산은 취약성과 인권의 문제에 대한 인식과 관련 있다. 기후정의는 취약성 개념과 결합하면서 가시화된 피해의 불평등을 넘어 잠재적 피해의 불평등 문제를 조명할 수 있게 되었다. 즉, 기후위기의 피해는 단순히 재난 노출 수준이 아니라 민감성(susceptibility)과 적응 능력(adaptive capacity)에 의해 차등화된다. 유엔 세계 경제사회조사(2016)는 기후변화 불평등이 성별·나이·민족·인종·종교·문화·서비스 접근성 등 다차원적 요인에 의해 구조적으로 고착된다고 지적하였다.[631] 따라서 기후정의는 취약성 개념과 결합하여 기후재난 전 과정에서 개인·사회적 차원의 회복 탄력성 격차를 조명할 필요가 있다.[632]

취약성을 매개하는 변수는 기후 위험에 대한 노출(exposure to a climate risk), 피해 민감성(susceptibility to damage), 적응 능력(adaptive capacity)으로 세분화 될 수 있다.[633] 환경정의는 특히 기후변화에 대한 취약성이 증가하는 지역적 경험과 변화된 기후로 인해 어려움을 겪는 삶에 적응하는 개념에 훨씬 더 구체적으로 초점을 맞춘다. 예를 들어 열로 인한 잠재적인 건강 영향, 가뭄 또는 홍수로 인한 식량 불안정, 주택 및 인프라 불안정성, 전통·문화·장소의 소멸 등이 이에 해당한다. 기후정의 담론은 점점 더 취약성과 지역사회의 기능, 회복력에 대한 문제를 다루며, 자연과 인간 공동체가 기능하는 방식 간 관계를 명확히 하고, 자연 시스템이 인간 공동체를 지원하는 방식을 이해하는 데 기여한다.

기후위기로 인해 삶의 터전을 잃고 고유문화와 정체성을 상실할 위기에 처해 있는 것은 이누이트 족만이 아니다. 태평양의 작은 섬나라, 북극권, 열대림을 비롯한 지구 곳곳의 원주민 공동체 또한 비슷한 문제를 겪고 있다. 이들에게 기후위기 대응은 곧 고유문화와 정체성을 유지하기 위한 투쟁이며 동시에 인권의 문제이다.

---

631 UN/DESA. 2016. Climate Change Resilience: An Opportunity for Reducing Inequalities.
632 UN/DESA. 2016. Climate Change Resilience: An Opportunity for Reducing Inequalities.
633 Intergovernmental Panel on Climate Change. 2014. Climate Change 2014 - Impacts, Adaptation and Vulnerability: Part A: Global and Sectoral Aspects: Working Group II Contribution to the IPCC Fifth Assessment Report: Volume 1: Global and Sectoral Aspects,(Cambridge: Cambridge University Press.

2007년 소규모 섬 국가 대표들은 말레 선언(Malé Declaration on the Human Dimension of Global Climate Change)을 통해 기후변화 의제를 기후변화와 환경적 영향에만 초점을 맞추는 것에서 나아가 기후변화의 인권적 영향도 고려해야 된다고 강조하며, 기후 총회에서 인권문제를 공식적으로 다룰 것을 요구하였다. 이 선언은 기후위기가 인권을 침해 한다는 최초의 국제 선언이었다. 기후위기에 대한 이러한 인권 접근법은 선언 참여국인 섬나라뿐만 아니라 위험에 처한 다양한 공동체에 대한 인식을 새롭게 확산하는 계기가 되었다.

기후정의 담론은 국제사회에서도 일찍 수용되었다. UNFCCC는 '당사국의 형평성에 근거하고 공통적이지만 차별화된 책임과 각자의 역량에 따라 현재와 미래 세대의 인류의 이익을 위해 기후 시스템을 보호해야 한다'고 명시하고 있으며, 이는 기후정의의 맥락에서 이해 가능하다.[634] 이는 카트리나 허리케인 이전에 국제기구가 미국 환경정의 커뮤니티의 경험을 바탕으로 기후정의의 핵심 원칙을 정의했다는 측면에서 중요하다. 이를 계기로 IPCC는 기후변화는 빈곤 수준이 높은 국가와 지역에서 특히 빈곤을 악화시킬 가능성이 있음을 지적하고, 윤리적 고려 사항, 특히 형평성의 원칙을 강조하였다.[635]

2) 기후정의의 원칙과 구성 요소

기후정의는 기후 불의를 비판하며 대안적인 전환의 방향을 모색하는 담론이자 사회운동이다. 기후정의는 환경정의 운동과 지구 기후변화에 대한 문제의식이 결합한 '기후변화 행동주의(climate change activism)'로부터 등장하였다.[636] '기후정의' 용어가 처음 사용된 것은 세대 간 정의에 관한 학술 문헌으로 알려져 있으며,[637] 기후정의 담론으로서 인정되는 첫 언급은 샌프란시스코의 Corporate Watch 그룹이 1999년에 펴낸 "기후악당 대 기후정의(Greenhouse Gansters

634 UNFCCC. 1992. UNITED NATIONS FRAMEWORK CONVENTION ON CLIMATE CHANGE
635 IPCC. 2018. Global warming of 1.5°C.
636 Jenkins, Kirsten. 2018. "Setting energy justice apart from the crowd: Lessons from environmental and climate justice," *Energy Research & Social Science*, 39: pp.117-121.
637 Schlosberg, D. and Collins L. B. 2014. "From environmental to climate justice: climate change and the discourse of environmental justice," *Wiley Interdisciplinary Reviews-Climate Change*, 5(3): pp.359-374.

vs. Climate Justice)"라는 보고서에서 나타났다.[638] [639] 이 보고서는 석유산업과 그 정치적 영향에 초점을 맞추면서 기후정의에 대한 초기 접근을 설명하였으며,[640] 이후 1990년대를 거치면서 기후정의 담론은 본격적으로 논의되기 시작하였다.

기후정의 담론을 확산하는데 NGO를 중심으로 한 기후정의 운동이 결정적인 영향을 미쳤으며, 동시에 국가를 넘어선 기후위기에 대한 윤리적 책임 분배에 대한 탐구나 기후윤리(climate ethics)에 대한 학계의 논의는 기후정의를 체계화하는데 큰 기여를 하였다.[641] 이런 배경에서 기후정의는 체계화 된 이론, 활동주의, 국가 및 국제사회의 규범이자 정책, 관행으로 기능한다. 기후정의가 다루는 주제는 기후변화 완화, 적응 정책과 조치, 그리고 그것을 둘러싼 복잡하고 다면적인 도덕적·윤리적 문제를 포괄한다.[642] [643]

기후정의 운동은 환경정의 운동에 뿌리를 두고 있지만 기후정의와 환경정의의 가장 명백한 차별점은 두 담론에서 집중하는 이슈의 시·공간적 차원이다.[644] 환경정의 운동이 미국 내 유색인종과 저소득층 등 지역사회의 사회적 취약계층에 대한 불균형적 환경 영향을 문제 삼았다면, 기후정의 운동은 온실가스 배출 책임과 기후위기 피해 사이의 간극에서 출발한다. 대기 중으로 배출 된 온실가스는 대기 순환 과정을 통해 공간적으로 이동하고 시간적으로 누적되어 인간 공동체와 비인간 모두에게 영향을 미친다. 특히 누적 배출량은 미국·유럽·러시아·중국이 압도적으로 많지만 피해는 아프리카·인도·동남아시아·군소 도서국가에 집중되는 기후부정의(Climate Injustice)로 나타난다.

따라서 기후정의 운동은 화석연료 생산이 취약한 사람들에게 미치는 불공평한 영향, 기후

638 Bruno, k., Karliner j., and Brotsky c. 1999. "Greenhouse Gansters vs. Climate Justice."

639 Tokar, Brian. 2018. On the evolution and continuing development of the climate justice movement, In 『Routledge handbook of climate justice』 (pp. 13-25): Routledge.

640 기후정의에 대한 Corporate Watch 의 초기 접근 방식을 요약하면, • 기업의 책임을 묻고 지구 온난화의 근본 원인을 해결한다. • 석유 개발의 파괴적 영향에 반대하고 기상재해로 가장 큰 피해를 입은 지역 사회를 지원한다. • 화석 연료로부터의 공정한 전환을 장려하기 위한 전략을 위해 환경정의 커뮤니티와 노동 조합을 찾는다. • 기업 주도의 세계화와 국제 금융 기관의 과도한 영향력에 도전한다는 내용을 제시하고 있다.

641 Schlosberg, D. and Collins L. B. 2014. "From environmental to climate justice: climate change and the discourse of environmental justice," *Wiley Interdisciplinary Reviews-Climate Change*, 5(3): pp.359-374.

642 Alves, Marcelo Wilson Furlan Matos and Mariano Enzo Barberio. 2018. "Climate justice and human development: A systematic literature review," *Journal of Cleaner Production*, 202: pp.360-375.

643 Schlosberg, D. and Collins L. B. 2014. "From environmental to climate justice: climate change and the discourse of environmental justice," *Wiley Interdisciplinary Reviews-Climate Change*, 5(3): pp.359-374.

644 Jenkins, Kirsten. 2018. "Setting energy justice apart from the crowd: Lessons from environmental and climate justice," *Energy Research & Social Science*, 39: pp.117-121.

관련 위협에 대한 역사적 책임, 구조적 사회·환경 불평등을 줄일 수 있는 정의로운 전환의 필요성을 포함한다.[645] 기후정의는 초기에 지구적 수준에서 '완화'(mitigation)와 '예방'(prevention)에 집중하였으나, 점차 기후 위기의 영향에 가장 취약한 지역·사회·계층의 '적응'(adaptation) 개념을 포괄하는 형태로 진화하였다.[646] 이에 따라 기후정의는 '불평등한 기여', '불평등한 취약성', '불평등한 적응 능력'이라는 '삼중의 불평등(Triple Inequality)'을 고려한다.[647]

기후정의는 환경정의론의 중심 가치인 분배적, 절차적, 인정적 정의를 확장하며, 여기에 세대 간 정의(intergenerational justice)와 회복적 정의(restorative justice)를 강조한다.[648] [649] 분배적 정의는 기후변화에 대한 책임과 영향, 완화·적응과 관련된 비용의 문제를 다룬다. 분배적 측면에서 기후변화에 대한 책임은 분배 원칙을 통해 규정되며. 책임의 분배 원칙은 일반적으로 기여 원칙(오염자 부담)과 능력 원칙(지불 능력)에 기반 한다.[650] 전자는 오염자 부담원칙이라고도 하며 기후변화의 기여에 따라 기후 책임을 분배하는 것으로 인과적 측면의 역사적 책임[651] 또는 누적적 책임의 개념에 기반 한 책임 논리이다.[652] 그러나 엄격한 오염자 부담원칙은 개발도상국에 더 많은 책임이 부과되어 기후위험에 취약한 사람들에게 불공정한 부담이 될 수 있다. 역사적 책임은 과거의 온실가스 배출 책임을 묻기 때문에 교정적 정의(또는 회복적 정의)의 성

---

645 Schlosberg, D. and Collins L. B. 2014. "From environmental to climate justice: climate change and the discourse of environmental justice," *Wiley Interdisciplinary Reviews-Climate Change*, 5(3): pp.359-374.

646 Schlosberg, D. and Collins L. B. 2014. "From environmental to climate justice: climate change and the discourse of environmental justice," *Wiley Interdisciplinary Reviews-Climate Change*, 5(3): pp.359-374.

647 Schlosberg, D. and Collins L. B. 2014. "From environmental to climate justice: climate change and the discourse of environmental justice," *Wiley Interdisciplinary Reviews-Climate Change*, 5(3): pp.359-374.

648 Newell, P., Srivastava S., Naess L. O., Contreras G. T. A. 2021. "Toward transformative climate justice: An emerging research agenda," *Wiley Interdisciplinary Reviews-Climate Change*, 12(6): pp.17.

649 Schlosberg, D. and Collins L. B. 2014. "From environmental to climate justice: climate change and the discourse of environmental justice," *Wiley Interdisciplinary Reviews-Climate Change*, 5(3): pp.359-374.

650 Gardiner, Stephen M. 2011. A Perfect Moral Storm: The Ethical Tragedy of Climate Change, Oxford University Press.

651 오염자부담원칙에 근거한 역사적 책임에 대한 요구는 두 가지 주요한 이론적 문제에 직면한다. 첫 번째는 온실가스 배출이 장기간에 걸쳐 지구물리학적 시스템을 매개하여 나타난 것으로 20세기 후반 어느 시점 까지는 온실가스 배출이 누구에게나 해를 끼칠 수 있다는 것을 알지 못했기 때문에 무지로 인한 피해에 대해서는 책임을 묻지 않는다는 '변명할 수 있는 무지'에 대한 주장이다. 두 번째 이론적 문제는 역사적 배출에 책임이 있는 개인과 기업 중 다수가 더 이상 존재하지 않는다는 '사라지는 가해자'논리이다. 이러한 논리를 반박하는 주장 중 하나가 그러한 행위의 결과로 혜택을 받는 후손, 즉 그 국가가 가장 큰 책임을 져야 한다는 수혜자 부담원칙이다. 역사적 책임원칙은 교정적 정의(corrective justice) 또는 회복적 정의(restorative justice)의 성격을 내포한다.

652 Sritharan, Elijah S. 2023. "The Ethics of Climate Change, Climate Policy and Climate Justice," *Lexonomica*.

격도 내포한다. 지불 능력 원칙은 인과적 기여도와 관계없이 그러한 부담을 감당할 수 있는 행위자의 능력에 따라 완화, 적응 및 보상 부담에 대한 책임을 분배한다.[653] 그러나 이 또한 자신이 초래하지 않은 행위에 책임을 묻는 것은 불공평하며 상대적인 역량 때문에 행위자의 인과적 책임을 면할 수 있다는 한계가 있다. 이에 따라 수혜자 부담의 원칙과 구조적 책임이 제안된다. 이러한 주장에 의하면 수혜의 개념은 과거의 행위로부터 얻은 혜택뿐만 아니라 현재적 시점의 혜택을 포괄하며, 분배의 문제가 물질적 재화와 자원의 분배에 한정하는 것은 정의의 범위를 부적절하게 제한하는 것이 될 수 있다. 또한 행위자의 책임은 인과적 기여나 능력에 따라 책임을 지는 것이 아니라 글로벌 정치 및 경제시스템을 구성하는 탄소집약적 구조, 관행, 제도에 참여하고 이로부터 이익을 얻는 구조적 부정의의 문제이기 때문에 기후정의를 위한 책임은 정치적 책임의 문제로 이해된다.[654]

절차적 정의는 모든 이해관계자의 동등한 참여를 목표로 하는 공정하고 책임감 있고 투명한 절차를 의미한다.[655] 즉, 절차적 정의는 누가 결정권을 가져야 하는지에 대한 문제이다. 기후위기 대응에서 글로벌 남반구의 목소리가 종종 배제되고, 글로벌 북반구에 기반을 둔 기관의 연구와 영향력이 우세한 것이 현실이다.[656] 기후변화에 관한 정부간 패널(IPCC)와 같은 기관에서 조차 글로벌 남반구의 대표성이 낮게 부여된다.[657] 이는 기후정의 운동이 흑인·원주민·유색인종 등이 주도하는 환경정의에 뿌리를 두고 있지만, 기후정의를 실현하는데 있어서 흑인·원주민·유색인종의 커뮤니티 및 이들의 역할이 종종 간과되거나 대표성이 무시되고 있음을 보여준다.[658] 빈곤한 약소국가에 영향을 미치는 주요한 결정조차 미국과 중국 등 강대국의 영향을 받을 수밖에 없는 국가 간 발언권의 격차가 있다.[659] 기후변화 당사국총회의 공식적인

---

653 Shue, Henry. 1999. "Global Environment and International Inequality," *International Affairs (Royal Institute of International Affairs 1944-)*, 75(3): pp.531-545.

654 Sardo, M. C. 2023. "Responsibility for climate justice: Political not moral," *European Journal of Political Theory*, 22(1): pp.26-50.

655 Sovacool, Benjamin K. and Dworkin Michael H. 2014. Global Energy Justice: Problems, Principles, and Practices, Cambridge: Cambridge University Press.

656 Parsons, M., Asena Q., Johnson D., and Nalau J. 2024. "A bibliometric and topic analysis of climate justice: Mapping trends, voices, and the way forward," *Climate Risk Management*, 44.

657 Eaves, LaToya E. 2021. "Power and the paywall: A Black feminist reflection on the socio-spatial formations of publishing," *Geoforum*, 118: pp.207-209.

658 Schlosberg, D. and Collins L. B. 2014. "From environmental to climate justice: climate change and the discourse of environmental justice," *Wiley Interdisciplinary Reviews-Climate Change*, 5(3): pp.359-374.

659 Fritze, Jess and Wiseman John. 2009. Climate justice: key debates, goals and strategies, In 『Climate change and social justice』 (pp. 187-211): Melbourne University Press Carlton, Vic.

참여 자격 또한 주권국가로 한정되어 있으며, 원주민 공동체, 환경단체, 노동조합 등 비정부 기구는 협상장 밖에서 목소리를 내거나 관객으로 참여 할 수밖에 없다.

기후정의에서 인정적 정의는 모든 사람의 동등한 권리를 보장하는 동시에 차이점을 인정하는 것으로, 기후부정의의 영향을 받는 사회·문화·경제적 약자와 소수자, 인간과 비인간(생태계), 현 세대와 미래세대 등이 모두 평등하고 동등한 정치적 권리를 가져야 함을 의미한다. 기후변화로 인한 영향은 현재 세대가 미래세대에게 영향을 주는 불공정한 과정이며,[660] 기후정의는 세대 간 정의를 강조한다. 세대 간 정의는 1987년의 "우리 공동의 미래(World Commission on Environment and Development)"에서 제시된 지속가능발전 개념과 연결된다. 이 보고서는 미래 세대가 그들의 필요를 충족시키기 위한 능력을 손상시키지 않으면서 현 세대가 자신의 필요를 충족할 수 있는 능력으로 지속가능발전을 개념화 하고 있다.[661]

회복적 정의는 과거, 현재, 미래의 손실과 피해를 포함하여 개인, 커뮤니티 및 환경에 미치는 부정적인 기후영향을 시정하는데 적용된다.[662] 많은 국가에서 건강한 환경을 누릴 권리를 헌법적 또는 법적 권리로 인정하지만 기후변화는 이러한 기본적 인권을 침해한다. 따라서 가장 취약한 계층의 추가적인 피해로부터 보호하는 데 초점을 맞춘 회복적 정의는 특히 중요하다.[663]

기후정의 접근 방식은 다양하다. 역사적 책임 접근은 오염자 부담 원칙과 연결되며, UNFCCC(1992)는 "공통적이지만 차별화된 책임과 각자의 역량(Common but Differentiated Responsibilities and Respective Capabilities)" 원칙을 합의하였다. 권리기반 접근방식은 모든 사람과 국가가 기후변화를 완화할 책임을 갖기 전에 빈곤에서 벗어날 개발 권리가 있어야 한다고 주장한다. 이런 측면에서 권리기반 접근 방식은 개발권, 접근권과 관련 있다. 환경정의적 관점에서 기후위기에 대한 우려를 명확하게 구현하는 것은 인권적 접근 방식이다. 이 접근 방식은 기후변화가 생명·건강·생존에 대한 기본적인 인권을 침해한다는 점을 강조한다.[664]

---

660 Gonzalez-Ricoy, I. and Rey F. 2019. "Enfranchising the future: Climate justice and the representation of future generations," *Wiley Interdisciplinary Reviews-Climate Change*, 10(5): pp.12.

661 Newell, P., Srivastava S., Naess L. O., Contreras G. T. A. 2021. "Toward transformative climate justice: An emerging research agenda," *Wiley Interdisciplinary Reviews-Climate Change*, 12(6): pp.17.

662 McCauley, Darren and Heffron Raphael. 2018. "Just transition: Integrating climate, energy and environmental justice," *Energy Policy*, 119: pp.1-7.

663 Bruch, Carl, Schang Scott, Pendergrass John, Fulton Scott. 2019. Environmental Rule of Law: First Global Report.

664 Caney, Simon. 2006. "Cosmopolitan justice, rights and global climate change," *Canadian Journal of Law & Jurisprudence*, 19(2): pp.255-278.

[참고 4]

청소년 기후소송(기후 헌법소원)

소송 개요

2024 년에는 226 건(미국 164 건, 미국 외 62 건)의 새로운 기후 소송이 제기되어, 2025년 6월까지 전 세계적으로 제기된 기후 소송은 총 2,967건에 달하며, 약 60여 개국에서 진행 중이다.[665] 우리나라도 청소년 19명이 국가 온실가스 감축 목표가 기본권을 지키지 못한다고 주장하며 국회와 대통령을 피청구인으로 하여 헌법 소원을 청구한바 있다(2020. 3. 13),[666]

소송 내용

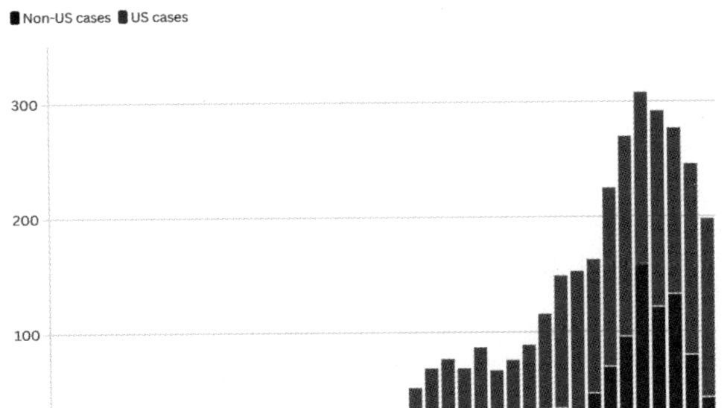

Source : Sabin Center for Climate Change Law, graph : Martina Igini.

출처 : Earth.Org(https://earth.org/climate-litigation-no-longer-a-niche-concern-as-impacts-become-increasingly-visible-report-says/)

---

665 Setzer J and Higham C. 2025 Global Trends in Climate Change Litigation: 2025 Snapshot. London: Grantham Research Institute on Climate Change and the Environment, London School of Economics and Political Science

666 김도현 외 18인. 2020. 헌법소원 심판청구서.

- 탄소녹색성장기본법(2010.1.13 제정 법률 제9931호) 제42조 제1항 1호는 헌법에 위배된다.
- 대한민국 대통령이 2016. 5. 24자 저탄소녹색성장기본법 시행령의 개정을 통해서 구 저탄소 녹색성장기본법 시행령(2010. 4. 13. 대통령령 제22124호로 신규 제정되고 2016. 5. 24. 대통령령 제27180호로 개정되기 전의 것) 제25조 제1항으로 정한 '2020년 온실가스 감축목표'를 폐지한 행위는 헌법에 위반된다.
- 저탄소녹색성장기본법 시행령(2019.12.31. 대통령령 제30303호로 개정된 것) 제25조 제1항은 헌법에 위반된다.

침해된 권리

- 차세대 청소년들의 생명권
- 행복추구권과 멸종저항권(헌법 제10조 인간의 존엄성과 기본인권 보장)
- 쾌적한 환경조건을 소비하고 있는 성년 세대와 재난적 환경조건에 직면한 차세대 청소년들 사이의 세대간 불평등(헌법 제11조 평등권)
- 재해를 예방하고 환경재난의 위험으로부터 국민을 보호할 국가의 의무(헌법 제34조 인간다운 생활을 할 권리)
- 포괄위임금지원칙 위반(헌법 제75조), 환경권의 법률적 보장(헌법 제35조 제2항)위반 등

판결(2024. 8.29, 2020헌마389)

- 결정 : 2020헌마389건에서 제기한 '탄소중립기본법 제8조 제1항'의 2031-2050년 계획이 없는 것에 대해 헌법불합치
- 개정 시한 : 2026년 2월 28일까지 탄소중립기본법 제8조 제1항은 (2030년 35%감축을 명시한 조항) 은 2031~2050년 계획을 포함하도록 법 개정 명령

시사점

- 미래세대 기본권 인정 : 2030년부터 2050년 탄소중립에 이르기까지 국가가 정량적 기준을 제시하지 않은 것은 미래 세대에 부담을 전가하는 것으로, 정부의 부실한 기후위기 대응이 국가의 국민보호 의무를 위반하고 국민의 기본권을 침해한다는 주장을 인정.
- 아시아 최초 사례 : 아시아에서는 최초로 기후변화 관련 헌법소원이 받아들여진 소송으로서 국제적 의미도 큼
- 평등권 문제 : 기후재난 및 기후위기는 지역, 세대, 소득 등 다양한 기준에 따라 차별적으로 영향을 미치므로, 기후위기를 단순히 환경권의 문제로만 접근할 것이 아니라 헌법이 보장하는 평등권의 문제라는 것을 함의하고 있음
- 사회권·정의적 접근 : 상대적으로 기후재난에 더 많이 노출되어 있고, 기후위기에 더 취약한 계층·집단에 대한 정책·제도적 지원은 헌법이 보장하는 사회권의 문제이며, 기후위기는 '정의'적 문제로서 접근할 필요가 있음[667]

667 이준일. 2022. "기후위기와 헌법 - 기후위기에 대한 기본권 관점의 접근," *공법학연구*, 23(2): pp.77-103.

[참고 5]

기후위기와 기후(부)정의 사례

기후변화에 관한 역사적 책임(온실가스 누적 배출량)은 미국(25%), 독일·영국·프랑스 등 유럽(22%), 중국(12.7%), 러시아(6%), 일본(4%), 캐나다(2%) 등의 주요 산업국가에 집중되어 있다. 그러나 기후변화에 취약한 국가는 온실가스 배출량이 매우 적은 아시아·아프리카·남아메리카에 위치한 개발도상국과 최빈국들이다.

온실가스 배출은 또한 농촌보다는 도시, 저소득층 보다는 부유한 상위계층의 책임이 크지만 기후변화로 인한 피해와 부담은 여성·아동·장애인·빈곤층·노인·원주민·소수민족·이주민 등 사회적 취약계층에게 집중되어 나타난다.

개발도상국과 기후부정의

많은 저소득 지역에서 인구의 상당 부분이 빈곤과 홍수라는 다면적 위험에 동시에 노출되어 있다. 빈곤은 자연재해에 적응하고 대응하는 능력을 저하시키며, 빈곤과 홍수 위험이 겹치는 지역이 가장 큰 위협에 직면한다.

파키스탄 : 기후변화에 가장 취약한 국가 중 하나로 2022년 대홍수로 국토의 1/3이상이 침수되고, 3천만 명 이상이 피해를 입었으며, 1,400명 이상이 사망하였다. 파키스탄은 세계 인구의 2.68%를 차지하지만 CO2 배출량은 전 세계 배출량의 0.6%에 불과하다.[668]

온두라스 : 농업 의존도가 높은 지역으로, 기후변화로 2020년에는 국가 인구의 50%이상이 건강한 음식을 제공받지 못했고, 2021년에는 330만명의 온두라스 사람들이 식량 부족 상태에 놓였다. 온두라스는 세계 인구의 0.12%를 차지하지만 CO2 배출량은 전 세계 배출량의 0.03%에 불과하다.[669]

---

668 International Rescue Committee. 2022. "기후 위기의 직격탄을 맞은 다섯 곳." https://www.rescue.org/kr/article/five-places-bearing-brunt-climate-crisis

669 International Rescue Committee. 2022. "기후 위기의 직격탄을 맞은 다섯 곳." https://www.rescue.org/

아프가니스탄 : 돌발 홍수와 가뭄으로 수백만 명이 식량 불안정에 직면하고 있으며, 기후변화 취약성이 극도로 높은 국가로 분류된다.[670]

마다가스카르 : 최근 몇 년간 평균 세 차례의 강력한 태풍을 겪으며 약 2,900만 명이 기근 위험에 처했다.[671]

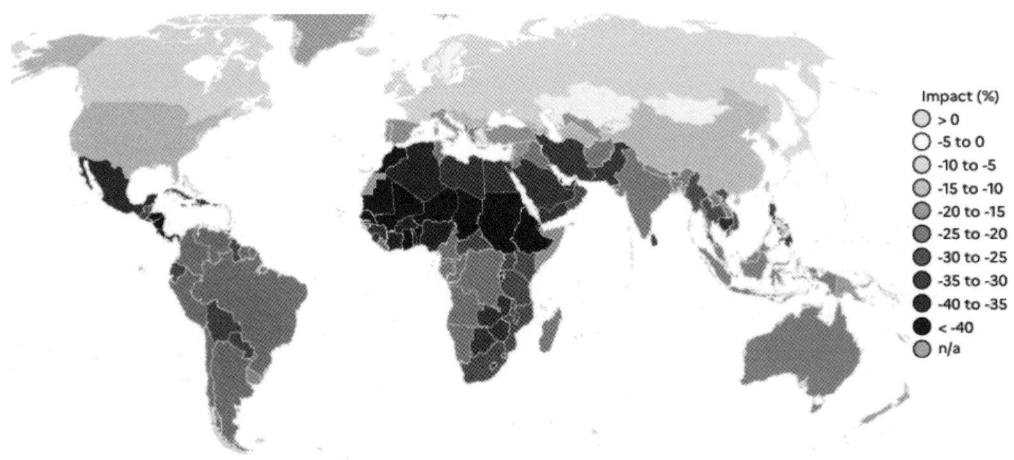

그림1. 기후 변화가 전 세계 농업 생산성에 미친 지역별 영향 (1961-2015) /
출처: Chancel, L., Bothe P. and Voituriez T(2023)

<그림 1>은 1961년 이후 기후변화로 인해 세계의 일부 지역에서 농업 생산성 손실이 이미 30% 이상 발생했음을 보여준다. 이러한 손실은 역사적 배출에 거의 기여하지 않은 지역에서 가장 심하게 나타나 기존의 불평등을 강화하고 있다.[672]

<그림 2>는 하루 5.5달러 빈곤선 기준으로 심각한 홍수 위험과 빈곤에 동시에 노출되어 있는 전 세계 인구 비율을 보여준다.

---

kr/article/five-places-bearing-brunt-climate-crisis

670 Intergovernmental Panel on Climate Change. 2023. Climate Change 2022 - Impacts, Adaptation and Vulnerability: Working Group II Contribution to the Sixth Assessment Report of the Intergovernmental Panel on Climate Change, Cambridge: Cambridge University Press.

671 International Rescue Committee. 2022. "기후 위기의 직격탄을 맞은 다섯 곳." https://www.rescue.org/kr/article/five-places-bearing-brunt-climate-crisis

672 Chancel, L., Bothe P., and Voituriez T. 2023. Climate Inequality Report 2023. World Inequality Lab.

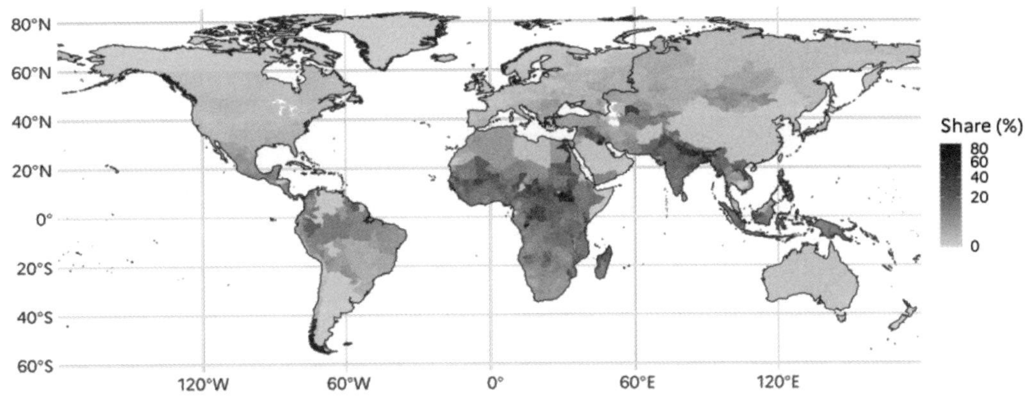

그림2. 심각한 홍수 위험과 빈곤에 동시에 노출된 인구 비율 (2020년/일일 5.5달러 사용 빈곤선)

출처: Chancel, L., Bothe P. and Voituriez T(2023)

사회적 취약계층과 기후부정의

온실가스 배출 책임은 국가간, 지역 간뿐 아니라 계층별로도 다르며, 이산화탄소 배출의 대부분은 상위 부유 계층의 책임이 크지만, 실제 피해는 가난한 취약계층에 집중된다. 이는 기후부정의 논의의 중요한 축이다.

기후위기로 인한 피해는 또한 성차별이나 장애인 차별 등 기존 사회적 불평등과 결합해 더욱 심각하게 나타난다.

예를 들어 기후변화로 인해 가뭄이 심해질 때 개발도상국 여성은 물과 식량 확보를 위한 노동 부담이 늘어나면서 교육 기회가 줄고 조혼이 증가한다. 장애인은 대피 과정에서 정보전달이나 구조 지원에서 소외 되는 경향이 있다. 저소득층 및 에너지 빈곤층 등은 폭서기 및 혹한기에 냉·난방 취약, 주거 취약, 고립 등의 이유로 피해가 집중되거나 대처할 수단이 부족하다.[673]

아래 <그림3>, <그림 4>는 전 세계 인구를 대상으로 한 탄소 배출의 분포를 보여주며

673 Intergovernmental Panel on Climate Change. 2023. Climate Change 2022 - Impacts, Adaptation and Vulnerability: Working Group II Contribution to the Sixth Assessment Report of the Intergovernmental Panel on Climate Change, Cambridge: Cambridge University Press.

온실가스 배출량 분포가 상위 계층에 집중되어 있음을 보여준다.[674]

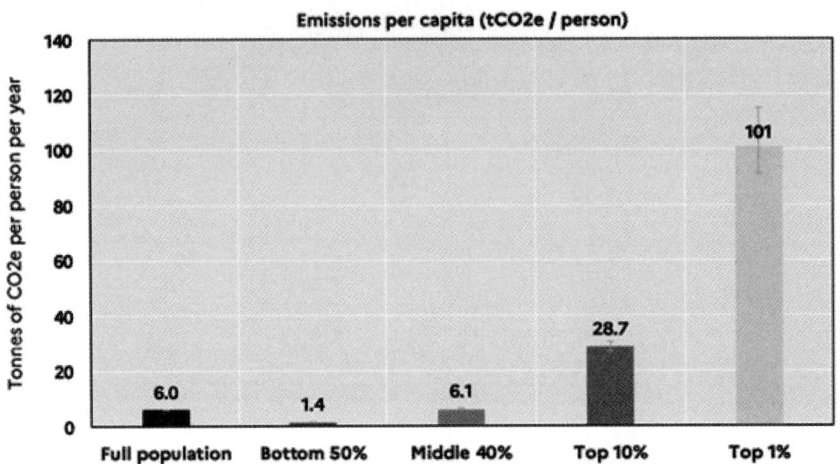

그림3. 전 세계 총배출량에서 글로벌 배출자 그룹별 배출량 및 그 비율(2019)

출처: Chancel, L., Bothe P. and Voituriez T(2023)

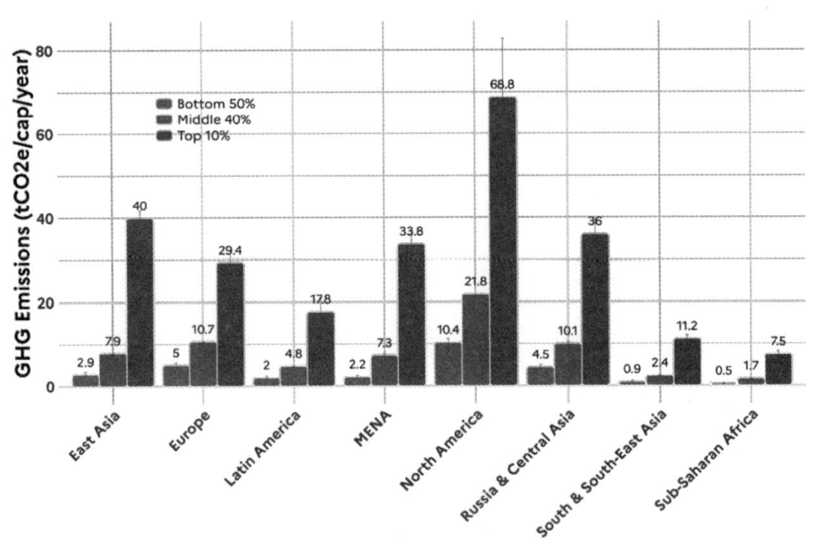

그림4. 각 국가의 그룹별 탄소 발자국(2019)

출처: Chancel, L., Bothe P. and Voituriez T(2023)

674 Chancel, L., Bothe P., and Voituriez T. 2023. Climate Inequality Report 2023. World Inequality Lab.

시사점

온실가스 배출의 책임과 기후대응의 부담을 계층, 세대, 지역별로 공정하게 분배하는 것이 기후정의의 핵심이며, 이는 2015년 파리협정 이후 기후 대응의 기본 원칙으로 반영되고 있다.[675]

초기의 기후정의가 온실가스 배출에 대한 역사적 책임과 동등한 참여에 초점을 맞추었다면, 최근에는 취약성·인권 및 역량 관점에서 피해 개념을 확장하고, 잠재된 불평등을 인식하는 방향으로 확장되고 있다.[676]

기후정의에 대한 이러한 인식은 단순히 규범적 요구나 가시적 불평등 완화를 넘어, 사회구조적 변화와 체제의 전환, 나아가 기후위기의 영향을 인간 이외의 생물종까지 포괄하여 담론의 영역에서 담아내고자 하는 다종적 기후정의 (multispecies climate justice)로 확장되어 수용되고 있음을 보여준다.[677] [678]

---

675 UNFCCC. Conference of the Parties(COP). 2015. "Paris agreement."

676 Schlosberg, D. and Collins L. B. 2014. "From environmental to climate justice: climate change and the discourse of environmental justice," *Wiley Interdisciplinary Reviews-Climate Change*, 5(3): pp.359-374.

677 홍덕화. 2020. "기후불평등에서 체제 전환으로 : 기후정의 담론의 확장과 전환 담론의 급진화," *환경사회학연구 ECO*, 24(1): pp.7-50.

678 최명애. 2023. "인간 너머의 기후정의," *대한지리학회지*, 58(4): pp.452-468.

참고문헌

김도현 외 18인. 2020. 헌법소원 심판청구서.

박태현. 2011. "[기후변화와 인권] 에 관한 시론: 지금까지 논의현황과 향후 과제: 지금까지 논의현황과 향후 과제," 동아법학, (52): pp.285-315.

이준일. 2022. "기후위기와 헌법 - 기후위기에 대한 기본권 관점의 접근," 공법학연구, 23(2): pp.77-103.

최명애. 2023. "인간 너머의 기후정의," 대한지리학회지, 58(4): pp.452-468.

홍덕화. 2020. "기후불평등에서 체제 전환으로 : 기후정의 담론의 확장과 전환 담론의 급진화," 환경사회학연구 ECO, 24(1): pp.7-50.

Alves, Marcelo Wilson Furlan Matos and Mariano Enzo Barberio. 2018. "Climate justice and human development: A systematic literature review," Journal of Cleaner Production, 202: pp.360-375.

Bruch, Carl, Schang Scott, Pendergrass John, Fulton Scott. 2019. Environmental Rule of Law: First Global Report,

Bruno, k., Karliner j., and Brotsky c. 1999. "Greenhouse Gansters vs. Climate Justice."

Bullard, Robert D and Wright Beverly. 2009. Race, place, and environmental justice after Hurricane Katrina: Struggles to reclaim, rebuild, and revitalize New Orleans and the Gulf Coast, Westview Press.

Caney, Simon. 2006. "Cosmopolitan justice, rights and global climate change," Canadian Journal of Law & Jurisprudence, 19(2): pp.255-278.

Chancel, L., P. Bothe, and T. Voituriez. 2023. Climate Inequality Report 2023. World Inequality Lab.

CorpWatch USFriends of the Earth InternationalGlobal ResistanceGreenpeace International. 2002. "Bali Principles of Climate Justice."

Della Porta, Donatella and Parks Louisa,2014, Framing Processes in the Climate Movement: From climate change to climate justice 1, In 『Routledge handbook of the climate change movement』 (pp. 19-30): Routledge.

Eaves, LaToya E. 2021. "Power and the paywall: A Black feminist reflection on the socio-spatial formations of publishing," Geoforum, 118: pp.207-209.

EPA. 2024. "Climate Impacts on Ecosystems." https://19january2017snapshot.epa.gov/climate-impacts/climate-impacts-ecosystems_.html.

Fritze, Jess and Wiseman John. 2009. Climate justice: key debates, goals and strategies, In 『Climate change and social justice』 (pp. 187-211): Melbourne University Press Carlton,

Vic.

Gardiner, Stephen M. 2011. A Perfect Moral Storm: The Ethical Tragedy of Climate Change, Oxford University Press.

Gonzalez-Ricoy, I. and Rey F. 2019. "Enfranchising the future: Climate justice and the representation of future generations," Wiley Interdisciplinary Reviews-Climate Change, 10(5): pp.12.

Gonzalez, C. G. 2021. "Racial capitalism, climate justice, and climate displacement," Onati Socio-Legal Series, 11(1): pp.108-147.

Grasso, Marco and Heede Richard. 2023. "Time to pay the piper: Fossil fuel companies' reparations for climate damages," One Earth, 6: pp.459-463.

Intergovernmental Panel on Climate Change. 2014. Climate Change 2014 - Impacts, Adaptation and Vulnerability: Part A: Global and Sectoral Aspects: Working Group II Contribution to the IPCC Fifth Assessment Report: Volume 1: Global and Sectoral Aspects, Cambridge: Cambridge University Press.

Intergovernmental Panel on Climate Change. 2023. Climate Change 2022 - Impacts, Adaptation and Vulnerability: Working Group II Contribution to the Sixth Assessment Report of the Intergovernmental Panel on Climate Change, Cambridge: Cambridge University Press.

International Rescue Committee. 2022. "기후 위기의 직격탄을 맞은 다섯 곳." https://www.rescue.org/kr/article/five-places-bearing-brunt-climate-crisis

IPCC. 2018. Global warming of 1.5°C.

IPCC. 2023. THE IPCC SIXTH ASSESSMENT REPORT (AR6).

Jenkins, Kirsten. 2018. "Setting energy justice apart from the crowd: Lessons from environmental and climate justice," Energy Research & Social Science, 39: pp.117-121.

McCauley, Darren and Heffron Raphael. 2018. "Just transition: Integrating climate, energy and environmental justice," Energy Policy, 119: pp.1-7.

Newell, P., Srivastava S., Naess L. O., Contreras G. T. A. 2021. "Toward transformative climate justice: An emerging research agenda," Wiley Interdisciplinary Reviews-Climate Change, 12(6): pp.17.

Parsons, M., Asena Q., Johnson D., and Nalau J. 2024. "A bibliometric and topic analysis of climate justice: Mapping trends, voices, and the way forward," Climate Risk Management, 44.

Sardo, M. C. 2023. "Responsibility for climate justice: Political not moral," European Journal of Political Theory, 22(1): pp.26-50.

Schlosberg, D. 2012. "Climate Justice and Capabilities: A Framework for Adaptation Policy," Ethics & International Affairs, 26(4): pp.445-461.

Schlosberg, D. and Collins L. B. 2014. "From environmental to climate justice: climate change and the discourse of environmental justice," Wiley Interdisciplinary Reviews-Climate Change, 5(3): pp.359-374.

Setzer J and Higham C. 2025 Global Trends in Climate Change Litigation: 2025 Snapshot. London: Grantham Research Institute on Climate Change and the Environment, London School of Economics and Political Science

Shue, Henry. 1999. "Global Environment and International Inequality," International Affairs (Royal Institute of International Affairs 1944-), 75(3): pp.531-545.

Sovacool, Benjamin K. and Dworkin Michael H. 2014. Global Energy Justice: Problems, Principles, and Practices, Cambridge: Cambridge University Press.

Sritharan, Elijah S. 2023. "The Ethics of Climate Change, Climate Policy and Climate Justice," Lexonomica.

Tim Gore. 2020. Confronting carbon inequality. OXFAM International.

Tokar, Brian. 2018. On the evolution and continuing development of the climate justice movement, In『Routledge handbook of climate justice』(pp. 13-25): Routledge.

UN/DESA. 2016. Climate Change Resilience: An Opportunity for Reducing Inequalities.

UNFCCC. 1992. UNITED NATIONS FRAMEWORK CONVENTION ON CLIMATE CHANGE

UNFCCC. Conference of the Parties(COP). 2015. "Paris agreement."

Walker, Gordon. 2012. Environmental Justice: Concepts, Evidence and Politics. In: Routledge.

Weiss, Brown. 1989. In Fairness to Future Generations: International Law Common Patrimony and Intergenerational Equity. In: The United Nations Press.

제3장

해양과 환경정의 : 해양정의 Blue Justice

1. 해양정의 담론의 등장

1) 해양정의 운동의 등장

바다는 지구 표면의 70%를 덮고 있으며, 인류 공동의 유산으로서 '공유지의 비극'[679] 에 취약하다. 바다는 산소와 식량을 생산하고, 탄소와 열을 저장하며, 경제 활동과 레크레이션을 위한 공간을 제공하고, 문화와 웰빙에도 기여한다. 그러나 기후변화, 어류 개체 수 감소, 해양 오염, 산업 및 항만 개발, 관광 등으로 인한 해안 환경 변화는 전 세계 해안지역과 해양 종에 심각한 영향을 미치고 있다. 이에 대한 사회적 대응은 정의에 대한 새로운 의문을 제기하고 새로운 해결책을 요구한다. 환경적 지속가능성에 대한 논의는 사회적 형평성에 대한 문제를 가리기도 한다.[680] [681]

해양 자원에 대한 접근은 공평하게 분배되지 않는다. 많은 혜택이 소수에게 집중되는 반면, 개발로 인한 피해는 취약한 계층에게 전가된다. 불평등은 현재 해양 경제의 구조적 특징이며, 이는 정치· 경제 시스템에 내재된 역사적 유산과 지배 규범의 결과이다.[682] 형평성을 뒷받침하는 제도적 틀이 존재하지만 해양 정책은 대체로 형평성과 거리기 멀고, 제대로 이행되지 않으며, 불평등을 해결하지도 못한다. 이러한 불평등은 상업용 어획량의 불공평한 분배, 소규

679 Hardin, Garrett. 1968. "The Tragedy of the Commons," *Science*, 162(3859): pp.1243-1248.

680 Bennett, NathanCisneros-Montemayor AndrésBlythe JessicaSilver Jennifer. 2019. "Towards a sustainable and equitable blue economy," *Nature Sustainability*, 2.

681 Österblom, H., C. Wabnitz, D. Tladi, E. Allison, S. Arnaud-Haond, J. Bebbington, . . . S. Selim. 2020. Towards Ocean Equity, Washington, DC, World Resources Institute.

682 Bennett, Nathan, Alava Juan José, Ferguson Caroline, Blythe Jessica. 2022. Environmental Justice in the Ocean, Institute for the Oceans and Fisheries, University of British Columbia.

모 어부(특히 여성과 소수 집단)의 정치적 힘의 제한, 개발도상국의 의사결정 참여 부족, 소수 다국적 기업의 글로벌 이해관계 독점, 낮은 투명성과 인권 침해 등에서 드러난다.[683] 강력한 이해관계자는 기존 협정에서 이익을 얻으며, 불평등에 대한 도전은 이러한 이해관계자에게 직접적인 위협이 된다.

인류는 오랫동안 바다가 광대하고 무한하다고 믿어 왔으나, 해양 자원의 감소, 해양 서식지 파괴, 해양 온도 상승, 산성화, 해수면 상승 등 기후위기로 인한 심각성은 점점 더 커지고 있다. 해양 환경은 지상의 시간 개념과는 다른 피드백 루프와 시간 지연을 갖는다. 예컨대 해수가 대기열을 흡수·분배할 때 나타나는 느린 온도 상승은 어제의 탄소 배출, 오늘의 기온 상승, 내일의 해수면 상승 사이에 시간 지연을 초래한다. 이러한 지연은 세대 간 정의 문제와도 연결되며, 자원이 불평등한 사람들에게 형평성 문제를 심화시킨다. 이러한 장기적이고 대규모 변화는 "느린 폭력(slow violence)"의 전형적 사례이다.[684]

해양 불평등 확대를 막는 것은 지속가능한 해양 경제에 필수적이다. 형평성 증진은 정의로운 개발, 정책 정당성, 사회적 안정 및 지속가능성을 확보하는데도 필수적이다. 그러나 해양 경제의 불평등은 역사적·식민지적 유산, 자원에 대한 접근성, 불안정한 영토 및 소유권, 재정·기술 역량 등 다양한 메커니즘을 통해 유지된다. 기후 변화로 인해 해양 생태계에 의존하는 개발도상국, 지역 및 지역사회가 직면한 공정성과 형평성의 문제는 더욱 악화될 가능성이 크다.

제2차 세계대전 이후 과잉 어업은 연구 및 정책의 핵심 문제로 떠올랐다. 어업의 자본화, 산업화, 세계화로 인해 많은 어족이 위기에 처했고, 이에 의존하는 인간 사회 또한 위협을 받는다. 토착 지역사회와 주민들은 오랫동안 특정 그룹이나 용도에 따라 해안과 해양공간을 분배해왔다. 그러나 무분별한 해안 건설은 해안 및 해양 생태계에 심각한 영향을 미치며 가난한 주민들을 해안선에서 밀어내고 있다.[685]

1989년 바젤 협약은 독성물질의 국가 간 이동과 처분을 중단하기 위해 채택되었지만, 바다는 여러 종류의 오염과 글로벌 폐기물의 통로이자 저장소가 되었다. 예컨대 필라델피아 도

683 Österblom, H., C. Wabnitz, D. Tladi, E. Allison, S. Arnaud-Haond, J. Bebbington, . . . S. Selim. 2020. Towards Ocean Equity, Washington, DC, World Resources Institute.

684 Nixon, Rob. 2011. Slow Violence and the Environmentalism of the Poor, Harvard University Press.

685 Martin, J., S. Gray, E. Aceves-Bueno, P. Alagona, T. Elwell, A. Garcia, ...B. Twohey. 2019. "What is marine justice?," *Journal of Environmental Studies and Sciences*, 9.

시폐기물은 Khian Sea라는 선박에 실려, 거의 2년 가까이 전 세계를 떠돌다 아이티 해변과 인도양에 불법 투기되었다. 대부분의 환경(부)정의 사례는 위험 원천과의 근접성이 문제가 되지만, 해양 환경 및 바다 자원을 소비하는 사람들은 오염 물질의 배출 장소나 바다에 근접하지 않더라도 위험한 노출을 경험 할 수 있다. 이는 해양 자원 및 바다 공간의 이용이 환경정의와 직결됨을 보여준다.

해양정의[686]는 블루 이코노미(Blue Economy)[687], 블루 그로스(Blue Growth)[688] 담론과 밀접하게 연결된다. 정부와 기업은 블루 이코노미, 블루 그로스와 같은 용어를 통해 해양을 기회의 공간으로 규정한다. 이러한 개념은 양식업, 생물 탐사, 해양 관광, 해운, 석유 및 가스, 재생에너지 및 심해 채굴을 포함한 해양기반 경제 개발을 정당화 하는데 사용된다.[689] 그러나 이러한 관점은 해양 자원을 활용하기 위한 경쟁이 심해질수록 지역 사회가 의존하는 해양 자원의 생산성과 풍요로움을 훼손하고, 해양 환경을 오염시켜 식량 자원의 안전과 주민의 건강, 레크리에이션, 웰빙을 위협할 수 있다. 예방 조치 없이 해양 경제 활동을 확대하면 이미 과부화된 해양 환경과 자원에 심각한 영향을 미칠 수 있다.[690]

블루 이코노미, 블루 그로스는 인간과 바다의 관계에서 바다를 자연 자본으로, 좋은 사업의 기회로 보는 관점과 연결된다. 그러나 해양 환경에 대한 이러한 접근은 오염 및 폐기물 문제, 환경파괴 및 생태계 서비스 감소, 해양 자원 접근성 훼손, 소규모 어부 생계 위협, 경제적 이익의 불평등 분배, 여성 소외, 인권 및 원주민 권리 침해 등 다양한 부정의를 초래할 수 있다. 따라서 경제, 개발도상국, 해안 지역사회에 이롭다고 주장하는 블루 그로스 담론은 충분

686 해양정의는 blue justice, marine justice, maritime justice, sea justice, ocean justice 등으로 표현되며 연구지에 따리 용이가 함의하는 내용이 조금씩 다르다. 본 내용에시는 일빈직이고 굉빔위한 의미를 포괼하는 “해양정의 blue justice”로 표현한다.

687 Blue Economy 는 지속가능성과 번영, 해양의 공정한 사용 및 유엔의 지속가능 개발 목표(SDGs)를 달성할 수 있는 것으로 홍보된다.

688 Blue Growth전략은 해안 및 해양관광, (집약적)해양 양식업과 같은 기존 해양 부문의 집약 및 확장과 해저 채굴, 해양 생명공학, 해양 에너지와 같은 새로운 부문의 촉진을 통해 해양지역에 대한 추가 투자를 보장하는 것을 목표로 한다. (Ertör, Irmak. 2021. "'We are the oceans, we are the people!': fisher people's struggles for blue justice," *The Journal of Peasant Studies*, 50: pp.1-30.)

689 OECD. 2016. The Ocean Economy in 2030. paris.

690 예를 들어 칠레 태평양 연안의 Mejillones, Tocopilla, Huasco, Quintero, Coronel등 5개 지역에는 단기 경제 성장과 자본 수익을 추구를 위해 에너지 생산 공장, 구리 제련소, 석유화학 단지와 같은 천연자원 추출 및 산업 가공 공장 등 의도적이고 고의적으로 집중시킨 지역이 있으며, 이러한 지역을 “희생 구역”으로 부른다(Lerner, Steve. 2010. Sacrifice Zones : The Front Lines of Toxic Chemical Exposure in the United States, The MIT Press.)

한 견제와 균형이 없다면 사회적 피해를 축소하거나 은폐할 위험이 있다.[691]

유럽 연합은 블루 이코노미가 해상 재생 에너지 개발, 해상 운송의 탈탄소화, 항구의 친환경화를 통해 기후변화 완화에 기여한다고 주장한다. 또한 해안 지역에 녹색 인프라를 개발함으로써 생물다양성과 경관을 보존하고 관광과 해안 경제에도 도움을 줄 수 있다고 본다. 이러한 맥락에서 기존 블루 그로스는 지속가능 한 블루 이코노미로 관점을 옮겨야 한다고 말하기도 한다.[692] 그러나 블루 이코노미든 블루 그로스든 해양 자원의 과도한 착취, 서식지 파괴, 인간과 바다 상호 연결성의 훼손을 외면하는 점에서는 동일하다. 해양정의는 이런 배경에서 비교적 최근에 등장한 개념이다.

해양정의는 종종 의도적으로 블루 이코노미에 대한 반대 담론이나 블루 그로스 이니셔티브에 대한 대응으로 규정된다.[693] 정부나 해양기반 산업 및 금융기관들이 "블루"경제 이니셔티브에 대한 지지를 증가시키는 것에 대한 직접 대응으로 "블루 저스티스(blue justice)"라는 용어가 등장하였다.[694] [695] 블루 성장 이니셔티브에서 경제적 이점은 부유하고 강력한 행위자들 사이에 집중되는 반면, 저소득층은 더욱 소외되는 경향이 있다.[696] 초기에는 소규모 어업의 정의에 초점을 맞추었으나, 블루 저스티스는 여성, 원주민, 저소득층 등 소외된 해안 집단이 경험한 부정의를 강조하는 방향으로 확장되었다.

---

691 Bennett, Nathan J.Katz LaureYadao-Evans WhitneyAhmadia Gabby N. 2021. "Advancing Social Equity in and Through Marine Conservation," *Frontiers in Marine Science*, 8.

692 European Commission. 2021. "COMMUNICATION FROM THE COMMISSION TO THE EUROPEAN PARLIAMENT, THE COUNCIL, THE EUROPEAN ECONOMIC AND SOCIAL COMMITTEE AND THE COMMITTEE OF THE REGIONS." https://eur-lex.europa.eu/legal-content/EN/TXT/?uri=COM:2021:240:FIN

693 Bennett, Nathan J.Katz LaureYadao-Evans WhitneyAhmadia Gabby N. 2021. "Advancing Social Equity in and Through Marine Conservation," *Frontiers in Marine Science*, 8.

694 Chuenpagdee, Ratana, Isaacs Moenieba, Bugeja-Said Alicia, and Jentoft Svein,. 2022. Collective Experiences, Lessons, and Reflections About Blue Justice, In (pp. 657-680).

695 Schutter, Marleen S., Hicks Christina C., Phelps Jacob, and Waterton Claire. 2021. "The blue economy as a boundary object for hegemony across scales," *Marine Policy*, 132: pp.104673.

696 Bennett, Nathan James, Blythe Jessica, White Carole Sandrine, and Campero Cecilia. 2021. "Blue growth and blue justice: Ten risks and solutions for the ocean economy," *Marine Policy*, 125: pp.104387.

2) 해양 자원의 이용 및 개발에 대한 국제사회의 관점

해양자원의 이용과 개발에 대한 국제사회의 관점은 지속가능발전 목표(SDGs)에서 잘 드러난다. 2015년 유엔총회(UN)는 2030년까지 달성해야 할 17개의 SDG를 채택하였으며, 그 중 SDG 14는 전적으로 해양과 관련 있다. SDG 14는 "지속가능 한 개발을 위해 해양, 바다, 해양 자원의 보존 및 지속가능 한 사용"을 목표로 하며, 7개의 세부 목표와 3개의 하위 목표를 설정하고 있다.[697]

구체적으로 SDG 14.1, 14.2 및 14.3은 해양 환경과 같이 목소리가 없는 주체와 대상에 존재와 인정을 부여함으로써 정의를 권한 부여 및 인정의 문제로 개념화 하였다. SDG 14.7, 14.a, 14.b는 분배 측면에 초점을 맞추고 있으며, SDG 14.4, 14.5, 14.6 및 14.c는 규제와 집행에 관한 내용을 포함한다. 이는 해양이라는 맥락에서 공식적으로 채택된 최초의 국제적 지속가능성 목표라 할 수 있다.

그러나 해양과 바다가 처음으로 글로벌 지속가능성 의제에 명확히 포함되었다는 사실에도 불구하고, SDG14와 관련된 목표는 해양 정의를 실현하는데 미흡하다.[698] 해양에서 발생하는 이익과 부담을 공평하게 공유하기 위한 원칙을 명시하지 않고 있으며, 해양 경제의 불평등의 근본 원인을 해결하지 못하기 때문에 실질적인 변화를 이끌어내는 데 한계가 있기 때문이다.[699] 2017년 뉴욕에서 개최된 유엔 해양 회의 또한 SDG 14의 실행을 촉구했지만, 해양 정의 문제와 인간-바다 관계에 대한 구체적 논의는 부족하다는 비판을 받았다.[700]

해양정의는 담론의 대상으로서 구체적인 공간적 특성을 전제로 하며, 따라서 해양정의 프레임워크는 공간적 정의를 강조한다. 대표적인 사례가 '해양 강탈(ocean grabbing)'이다. 이는 식량정의 및 식량주권 담론에서 사용된 토지 강탈(land grabbing) 개념을 확장한 것으로, 어업에 대한 중요한 의사결정 권한을 강력한 경제 주체가 탈취하는 과정을 의미한다.[701] 이는 '현재와

697 UN. 2015. Transforming our world: the 2030 Agenda for Sustainable Development.

698 Bercht, A. L., Hein J., and Klepp S. 2021. "Introduction to the special issue "Climate and marine justice - debates and critical perspectives"," *Geogr. Helv.*, 76(3): pp.305-314.

699 Armstrong, Chris. 2020. "Ocean justice: SDG 14 and beyond," *Journal of Global Ethics*, 16(2): pp.239-255.

700 Bercht, A. L., Hein J., and Klepp S. 2021. "Introduction to the special issue "Climate and marine justice - debates and critical perspectives"," *Geogr. Helv.*, 76(3): pp.305-314.

701 Barbesgaard, Mads. 2018. "Blue growth: savior or ocean grabbing?," *The Journal of Peasant Studies*,

미래에 해양 자원을 어떻게, 어떤 목적으로 사용하고, 보존하고, 관리할지 결정 할 수 있는 권한'과 '소규모 어업 및 밀접하게 관련된 활동에 참여하는데 따라 삶의 방식, 문화적 정체성 및 생계가 결정되는 사람과 지역사회에 대한 부정적인 영향을 미치는 과정과 역학'으로 정의된다.[702] 해양 강탈은 단순히 물리적 공간의 전유에 국한되지 않고, 해양 통제권의 강탈을 통해 구체화되며, 이러한 과정은 어부들의 비자발적 이주, 이전, 박탈을 초래한다. 이러한 불평등과 불의는 물질적 차원과 공간적 차원을 모두 가지며, 그 결과 어부들의 소외가 더욱 심화된다.

2. 해양정의의 개념

1) 해양정의의 원칙과 구성요소

해양정의는 blue justice,[703] [704] marine justice,[705] [706] maritime justice,[707] ocean justice,[708] costal justice[709] 등 다양한 용어로 표현된다. 이 용어들은 근원이 다르고 함의도 조금씩 다르다. 예를 들어 marine은 해양 공간, 해양 주체 및 대상, 해양 활동에 대한 체계적이고 일반적

45(1): pp.130-149.

702 Franco, Jennifer Conroy, Feodoroff Timothé, Kay Sylvia, Kishimoto Satoko. 2014. The global water grab: A primer,Transnational Institute Amsterdam.

703 Isaacs, Moenieba. 2019. " Is the blue justice concept a human rights agenda?," *PLAAS Policy Brief* 54.

704 Jentoft, Svein, Chuenpagdee Ratana, Bugeja Said Alicia, and Isaacs Moenieba. 2022. Blue Justice: Small-Scale Fisheries in a Sustainable Ocean Economy,(Cham: Springer International Publishing.

705 Martin, J., S. Gray, E. Aceves-Bueno, P. Alagona, T. Elwell, A. Garcia, ...B. Twohey. 2019. "What is marine justice?," *Journal of Environmental Studies and Sciences*, 9.

706 Widener, Patricia. 2018. "Coastal people dispute offshore oil exploration: toward a study of embedded seascapes, submersible knowledge, sacrifice, and marine justice," *Environmental Sociology*, 4(4): pp.405-418.

707 McLaughlin, Conor, Lothian Sarah, and Lindley Jade. 2024. "Maritime Justice, Environmental Crime Prevention, and Sustainable Development Goal 14," *2024*, 1.

708 Hein, Jonas, Klepp Silja, and Bercht Anna Lena. 2024. "Bringing a justice lens to ocean access," *Maritime Studies*, 23(4): pp.45.

709 Gutierrez-Graudins, Marcela and Macey Gregg P. 2023. "Coastal Justice: Lessons from the Frontlines," *Geo. Wash. J. Energy & Env't L.*, 14: pp.81.

인 이해에 적합한 반면, maritime은 운송, 해군 문제, 항해, 해상 무역과 관련된 인간 중심적 측면에서 바다와 관련된 활동의 규제와 집행에 중점을 둔다. 그러나 포괄적인 의미에서 이들 용어는 모두 환경정의 학문과 활동주의, 해안 및 해양 자원에 대한 평등한 접근, 채굴주의, 대규모 인프라 프로젝트, 신식민주의 및 신자유주의적 착취에 반대하는 해안·소규모 어촌 사회의 활동을 연결하려는 시도를 공유한다.[710]

해양자원 이용 과정의 부정의 문제는 오래 전부터 존재했지만 'blue justice'라는 용어는 2018년 태국에서 열린 제3차 세계 소규모 어업대회에서 Moenieba Isaacs에 의해 처음 사용되었다.[711] Isaacs는 blue justice 가 소규모 어업에 대한 사회정의 개념으로, 소규모 어부의 배제와 소외에 이의를 제기한다고 주장하였다.[712] 이러한 아이디어를 바탕으로 blue justice 에 관한 초기 학술작업은 대부분은TBTI(Too Big to Ignore) 네트워크가 주도하였다(http://toobigtoignore.net/). Isaacs가 용어를 도입한 이후 TBTI회원들은 소규모 어부들이 블루 경제에 공평하게 접근하고 참여할 수 있는 권리를 인정받도록 옹호하기 위해 blue justice 라는 용어를 사용하기 시작했고, 같은 해 말 "소규모 어업을 위한 blue justice"라는 이니셔티브를 출범시켰다. 이 이니셔티브에는 온라인 플랫폼을 통한 "blue justice 경보"활동도 포함되어, 해양 부정의(blue injustice) 사례를 수집·공유하였다.

이러한 배경에서 blue justice는 초기부터 소규모 어업과 여성, 원주민, 저소득층 등 소외된 해안 집단이 경험한 부정의를 강조한다. 대부분의 blue justice 학자들은 공통적으로 해안 주민을 위한 형평성과 정의 문제에 관심을 가지고 있으며, 정부나 해양기반 산업 및 금융기관들이 "blue economy" 이니셔티브를 지지하는 것에 대한 직접적 대응으로 blue justice라는 용어의 "blue"부분이 포함되었다고 설명한다.[713] [714] 따라서 blue justice는 종종 blue economy에 대한 반대 담론이나 blue growth 이니셔티브에 대한 대응으로 규정된다.[715]

---

710 본 내용에서는 이를 "해양정의 blue justice"라는 용어로 표현 한다.

711 Jentoft, Svein, Chuenpagdee Ratana, Bugeja Said Alicia, and Isaacs Moenieba. 2022. Blue Justice: Small-Scale Fisheries in a Sustainable Ocean Economy, Cham: Springer International Publishing.

712 Isaacs, Moenieba. 2019. " Is the blue justice concept a human rights agenda?," *PLAAS Policy Brief* 54.

713 Chuenpagdee, Ratana, Isaacs Moenieba, Bugeja-Said Alicia, and Jentoft Svein,. 2022. Collective Experiences, Lessons, and Reflections About Blue Justice, In (pp. 657-680).

714 Schutter, Marleen S., Hicks Christina C., Phelps Jacob, and Waterton Claire. 2021. "The blue economy as a boundary object for hegemony across scales," *Marine Policy*, 132: pp.104673.

715 Bennett, Nathan James, Blythe Jessica, White Carole Sandrine, and Campero Cecilia. 2021. "Blue growth and blue justice: Ten risks and solutions for the ocean economy," *Marine Policy*, 125:

해양 정의 학자들은 소규모 어부와 소외된 집단이 해안 및 해양 피해 비용에서 불평등한 부담을 지고 있으며, 해안 자원 사용 및 의사결정 혜택에서 배제된다는 것을 다양한 실증 사례를 통해 보여준다.[716] 해양과 해안지역은 과도한 어획, 해양오염, 해안 침식, 지속불가능 한 해양자원 추출, 그리고 기후변화·해양 온도 상승·해수면 상승·산성화 등 인간 활동으로 인한 위협에 직면하고 있다.[717] 즉, 해양 공간과 자원에는 복잡한 환경정의 문제가 포함되며, 환경정의 핵심 문제와 분리될 수 없다. 해양 정의는 포괄적인 환경정의 개념 내에 위치한다.[718]

해양정의는 해양자원의 과도한 착취, 서식지 파괴, 인간-바다 상호 연결성 훼손과 관련된 형평성 문제, 그리고 비민주적·임의적 의사결정 과정에 대한 비판적 입장에서 등장하였다. 환경정의와 유사하게 해양 정의는 분배적·절차적·인정적 정의를 포괄하는 광범위한 개념으로 이해될 수 있지만, 해양 공간과 그 주체·대상·활동에 초점을 맞춘다.[719] 주체 및 공간적 관점에서 해양 정의는 해양 공간으로 좁혀진 환경정의의 구성요소이며, 확장된 환경정의 개념에 내재된 분배·절차·인정적 정의 요소를 반영한다.[720] [721]

해양 경제에서 형평성의 원칙은 세대 간 형평성, 세대 내 형평성 모두에서 중요하다. 세대 간 형평성은 미래 세대가 혜택을 누릴 수 있도록 지속가능 한 방식으로 해양 환경을 보존해야 한다는 것을 의미하며, 세대 내 형평성은 현 세대 내에서 혜택과 자원의 공평한 분배를 보장해야 한다는 것을 강조한다.

환경정의 운동을 바탕으로 하는 해양 정의는 모든 사람과 지역사회가 건강하고 생산적이며 지속가능한 해양 환경을 누릴 권리를 인정한다. 이는 모든 해안 주민이 바다와 해안 자원에 대한 접근·사용· 관리·향유와 관련하여 인정, 의미 있는 참여, 공정한 대우를 받아야 함

---

pp.104387.

716 Jentoft, Svein, Chuenpagdee Ratana, Bugeja Said Alicia, and Isaacs Moenieba. 2022. Blue Justice: Small-Scale Fisheries in a Sustainable Ocean Economy, Cham: Springer International Publishing.

717 IPCC. 2023. THE IPCC SIXTH ASSESSMENT REPORT (AR6).

718 McLaughlin, Conor, Lothian Sarah, and Lindley Jade. 2024. "Maritime Justice, Environmental Crime Prevention, and Sustainable Development Goal 14," *2024*, 1.

719 McLaughlin, Conor, Lothian Sarah, and Lindley Jade. 2024. "Maritime Justice, Environmental Crime Prevention, and Sustainable Development Goal 14," *2024*, 1.

720 Bercht, A. L., Hein J., and Klepp S. 2021. "Introduction to the special issue “Climate and marine justice - debates and critical perspectives”," *Geogr. Helv.*, 76(3): pp.305-314.

721 Walker, G. 2009. "Beyond Distribution and Proximity: Exploring the Multiple Spatialities of Environmental Justice," *Antipode*, 41(4): pp.614-636.

을 의미한다.[722] [723] [724] 따라서 해양 부정의는 억압받거나 소외된 사람들이 해안 및 해양 피해에 불공평하게 노출되고, 해양 의사 결정에서 문화적·정치적으로 배제되는 현상으로 정의된다.[725] 이러한 정의는 분배적 형평성에 대한 우려를 넘어 인식적·절차적 형평성을 포함하며, 환경정의가 주장하는 인정·절차·분배의 세 가지 정의 요소를 중심으로 강조된다. 해양정의의 세 가지 정의 요소는 다음과 같이 요약된다.[726] [727]

분배적 정의: 현재와 미래세대를 포함한 어떠한 집단도 환경적 피해를 불균형하게 겪어서는 안 되며, 모든 사람이 해양 자원·활동·거버넌스의 혜택을 공평하게 나누어야 한다.

절차적 정의: 사람들이 해안 및 해양 환경에 영향을 미칠 수 있는 활동에 대한 결정에 의미있게 참여하고 영향을 미칠 수 있는 기회를 갖는다는 것을 의미한다.

인정적 정의: 권리, 문화, 정체성, 다양한 가치, 세계관, 지식 체계, 존재론, 기관 및 인간 존엄성의 정당성을 인정하고 존중해야 한다.

해양정의 패러다임을 블루 경제blue economy에 대한 반대 서사로 위치시키는 관점은 사회적·환경적 비용과 혜택의 불평등한 분배를 설명하는 정책 프레임워크가 부족하기 때문에 중요하다.[728] 또한 해양정의는 패러다임이자 환경정의·기후정의 운동과 같은 실천적 운동담론으로 기능한다.[729]

---

722 Bennett, Nathan J.Katz LaureYadao-Evans WhitneyAhmadia Gabby N. 2021. "Advancing Social Equity in and Through Marine Conservation," *Frontiers in Marine Science*, 8.

723 Blythe, J., D. Gill, J. Claudet, N. Bennett, G. Gurney, J. Baggio, . . . N. Zafra-Calvo. 2023. "Blue justice: A review of emerging scholarship and resistance movements," *Cambridge Prisms: Coastal Futures*, 1: pp.1-36.

724 Isaacs, Moenieba. 2019. " Is the blue justice concept a human rights agenda?," *PLAAS Policy Brief* 54.

725 Agyeman, Julian, Schlosberg David, Craven Luke, and Matthews Caitlin. 2016. "Trends and Directions in Environmental Justice: From Inequity to Everyday Life, Community, and Just Sustainabilities," *Annual Review of Environment and Resources*, 41.

726 Franks, Phil and Schreckenberg Kate. 2016. "Advancing equity in protected area conservation." The International Institute for Environment and Development (IIED).

727 Zafra-Calvo, NoeliaPascual UnaiBrockington DanCoolsaet Brendan. 2017. "Towards an indicator system to assess equitable management in protected areas," *Biological Conservation*, 211: pp.134-141.

728 Bennett, NathanCisneros-Montemayor AndrésBlythe JessicaSilver Jennifer. 2019. "Towards a sustainable and equitable blue economy," *Nature Sustainability*, 2.

729 Ertör, Irmak. 2021. "'We are the oceans, we are the people!': fisher people's struggles for blue justice," *The Journal of Peasant Studies*, 50: pp.1-30.

2) 해양정의 연구의 확장과 교차성

초기의 해양정의 연구가 소규모 어부들이 경험한 불의에 초점을 맞추었다면, 최근의 연구와 다양한 경험적 사례는 해양 부정의(blue injustice)에 더 취약하게 만드는 여성·원주민·저소득층 등 개인 및 집단에 대한 억압과 소외의 교차에 주목한다. 예를 들어 캐나다 북극의 원주민 여성들은 해양 기반 식단으로 인해 캐나다 일반 인구보다 혈액 내 오염물질 수치가 더 높게 나타난다.[730] 또한 2020년에 MV Wakashio라는 벌크선이 아프리카 동쪽 작은 섬 모리셔스의 산호초에 좌초되어 인도양 최악의 기름 유출사고가 발생했는데, 이 사건의 영향은 인종, 빈곤, 성별의 교차선을 따라 불평등하게 나타났다.[731] 이렇듯 해양정의 연구는 초기의 소규모 어업에 국한되지 않고, 교차하는 정체성 특성에 대한 더 광범위한 개념을 도입하여 해양 부정의를 경험하는 개인과 집단을 분석하는 방향으로 확대되고 있다.

해상의 규제 체제는 육지의 규제 체제와 다르다. 개별국가는 영해에 대한 주권을 유지하고 인접 구역, 배타적 경제수역(EEZ), 대륙붕에 대한 권리를 보유한다. 그러나 공해는 국제적 다자간 조약을 통해 규제되며, 이러한 근해 영역 너머의 광활한 바다는 규제가 상대적으로 느슨하고 집행구조 또한 국가를 초월한다. 따라서 해양 정의의 프레임은 육지와는 다른 독특한 특성을 이해 할 필요가 있다.

예를 들어 소규모 연안국과 개발도상국은 식량을 공급하기 위해 어업에 더 의존 하는 경우가 많지만, 어류 자원에 대한 접근성에서 불평등은 더 심화되고 있다.[732] 이런 맥락에서 보면 해양정의는 단순히 환경정의의 확장 개념을 넘어, 식량 주권(food sovereignty)의 문제로도 규정될 수 있다.[733]

---

730 Schæbel, L., Bonefeld-Jørgensen Eva Cecilie, Vestergaard Henrik, and Andersen Stig. 2017. "The influence of persistent organic pollutants in the traditional Inuit diet on markers of inflammation," *Plos One*, 12.

731 Naggea, Josheena, Wiehe Emilie, and Monrose Sandy. 2021. "Inequity in unregistered women's fisheries in Mauritius following an oil spill," *SPC Women in Fisheries Information Bulletin*, 33: pp.50-55.

732 Welchman, Jennifer. 2024. "Intergenerational stewardship and the New High Seas Treaty, or, how to stop worrying and learn to love polycentric marine governance," *Diálogos*: pp.17-45.

733 Barbesgaard, Mads. 2018. "Blue growth: savior or ocean grabbing?," *The Journal of Peasant Studies*, 45(1): pp.130-149.

[참고 6]

해양 희생 구역의 독성 폭력: 칠레의 해양 민주주의를 통한 해양정의 발전

칠레에서는 수십 년 동안 자본의 경제적 수익을 위해서 지역사회가 환경적으로 피해를 입는 해안지역이 존재한다. 이러한 희생 구역(sacrificial zones) 은 해양 금속오염과 대기오염에 노출되어 있으며, 결국 '죽음의 지역 (dead zones)' 으로 이어질 것이라는 우려가 확산되고 있다.[734]

칠레 태평양 연안의 희생 구역[735]

칠레 태평양 연안에는 총 5개의 희생구역이 있으며, 이들 지역에는 28개의 석탄 관련 공공시설, 에너지 생산 공장, 구리 제련소, 석유화학 단지 등이 집중되어 있다.

- The Quintero sacrificial zone

칠레에서 가장 악명 높은 희생 지대. 약32,000명의 주민이 거주하며, 해당 지역은 1987년에 위험하고 건강에 해로운 산업에 적합한 지역으로 지정되었다. 이후 공장에서 발생하는 독성 가스로 인해 대규모 학교 폐쇄와 급성 중독 사건이 빈발하였다. 현재 7개의 석탄 화력발전소, 정유소, 구리 제련소, 탄화수소 유통과 관련 3개 회사, 화학 물질 저장 회사 2개, 가스 유통 회사 3개 등 17개 이상의 기업이 오염물질을 배출하고 있다.

734 Anbleyth-Evans, JeremyPrieto ManuelBarton JonathanGarcia Cegarra Ana. 2022. "Toxic violence in marine sacrificial zones: Developing blue justice through marine democracy in Chile," *Environment and Planning C: Politics and Space*, 40(7): pp.1492-1514.

735 '희생 구역'은 주민들이 심하게 오염된 산업이나 군사 기지 바로 옆에 사는 저소득 커뮤니티를 지칭하며자본주의의 성장과 축적을 이유로 지역사회 삶의 질이 의도적으로 손상되는 장소를 의미 함(Lerner, Steve. 2010. Sacrifice Zones : The Front Lines of Toxic Chemical Exposure in the United States, The MIT Press.) . 여기서 칠레 연안 희생 구역은 주로 콜롬비아에서 수입된 석탄을 연료로 하는 연안 산업단지 지역임

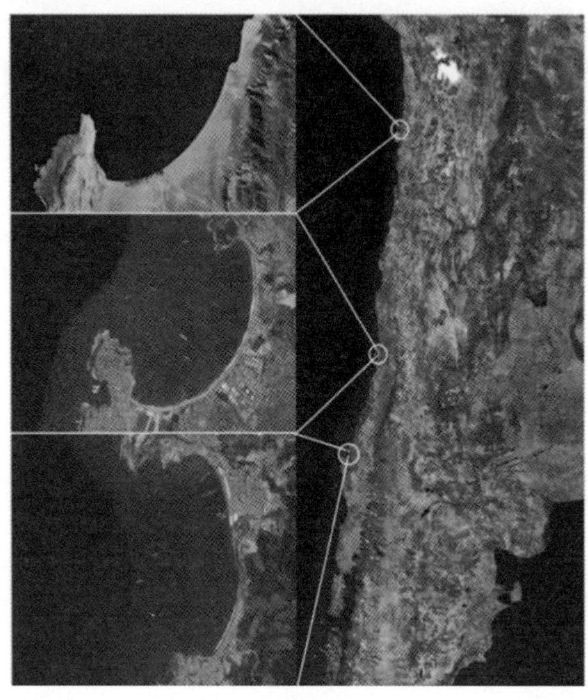

그림 1. 오염물질을 배출하는 연안 산업단지. 북쪽에서 남쪽으로 메히요네스(Mejillones), 킨테로(Quintero) 및 코로넬(Coronel). 더 작은 빨간 원은 먼 북쪽에 있는 토코피야(Tocopilla)와 메히요네스(Mejillones)남쪽에 있는 우아스코(Huasco)를 나타냄.

출처: Jeremy Anbleyth-Evans et al.(2022)

- Mejillones sacrificial zone

칠레 북부 해안에 위치하며, 다수의 화력 발전소가 밀집해 이산화황(SO_2), 이산화질소(NO_2)의 배출이 심각하다. 생태적으로 중요한 메히요네스 만은 해안 산업단지로 지정되어 있으며, 구리 제련소 7곳이 집중되어 Cu(구리), Zn(아연), Pb(납), Hg(수은) 등 중금속에 의한 해수 및 퇴적물 오염이 발생하여 해양 생태계에 심각한 영향을 미치고 있다.

- The Coronel sacrificial zone

약 109,000명의 주민이거주하는 Coronel Bay는 산업과 어업이 활발히 발달한 지역이다. Bocamina I, II 및 Santa María 등 3 개의 열전기 발전소가 있으며, La Roja의 소규모 어업 공동체는 산업단지 내 약 150개 기업과 최소 7개의 어류 가공 공장으로 둘러싸여 있다. 이들 공장은 폐수를 만으로 직접 배출하고 있다.

• Tocopilla sacrificial zone

칠레 북부의 오랜 산업 지역으로, 석탄 화력 발전소가 주 오염원이다. 석탄재와 발전소 배출가스로 인한 지역 건강 문제가 고질적으로 나타나고 있다.

• Huasco sacrificial zone

석탄 화력 발전소와 철광석 펠릿 공장이 주요 오염원이다. 철광석 펠릿 공장에서 발생하는 분진과 발전소 배출물질은 농업과 및 와인 산업에도 피해를 주며, 대기 오염 문제가 심각하다.

시사점

- 석탄 화력 발전소와 광물 제련소(특히 구리)에서 배출되는 초미세먼지, 이산화황, 질소산화물 및 중금속(비소, 납, 수은 등)으로 인해 대기가 심각하게 오염된다. 이로 인해 지역 주민, 특히 아동과 노인들 사이에서 호흡기 질환 및 암 발생률이 높으며 토양오염으로 인한 직접적 생계 위협도 심각하다. 그러나 주민들은 달리 선택의 여지가 없다.
- 산업 시설에서 배출되는 폐수, 발전소의 온배수, 항만 활동으로 인한 유출 물질은 연안 해역을 오염시켜 해양 생태계를 파괴하고 지역 어업 공동체의 생계를 위협한다.
- 칠레 연안 산업단지 사례는 해양 환경 영향을 제한할 시스템이나 지역사회의 포괄적 비전이 부재한 상황에서, 지역사회 주민을 고려하지 않는 해양 부정의로 전형을 보여준다. 해양 환경과 소규모 어업에 의존하는 주민들은 심각한 생존의 어려움에 직면한다.
- 이들 지역은 주로 서소득층이나 취약 계층이 거수하는 곳에 산업 시설이 집중되어 있으며, 경제적 혜택은 중앙 정부와 대기업이 누리는 반면, 환경적 부담은 지역 주민들이 일방적으로 떠안는다. 이는 해양 정의의 심각한 결핍을 보여주는 사례이다.
- 해양 정의를 실현하기 위해서는 질적·절차적·참여적 권리와 인식적 권리가 인정되어야 하며, 건강한 환경에 대한 권리와 같은 실질적 권리를 창출하기 위한 헌법의 원칙이 우선되어야 한다.

[참고 7]

소말리아 연안 해역의 불법 해양 폐기물 투기와 IUU어업

소말리아 연안 해역의 해양 투기와 불법 어업

소말리아 연안 해역에서는 1980년대 후반부터 2000년대 중반까지 내전과 중앙정부 기능 마비라는 지역적 특성이 악용되어 광범위한 불법 해양투기와 외국 어선들의 불법 어획이 이루어졌다.

독성 폐기물, 방사성 물질, 중금속, 의료 폐기물 등의 불법 투기는 유럽(이탈리아, 스위스), 아시아 국가(중국, 일본)의 산업·의료 폐기물 수출 기업, 국제 운송 브로커 및 해운업자, 일부 현지 군벌·관리 등이 포함된 다층적 네트워크에 의해 바레아(Baraawe)와 보사소(Bosaso)를 비롯한 소말리아 북부와 남부 연안 및 인도양 해역에서 발생하였다.[736]

유엔 보고서(UN S/2011/661)와 Sumaila, U.R., et al. (2014)의 연구에 따르면, 연안 및 해저에 수십만 톤에 달하는 폐기물이 매립되면서, 연안 어장과 해저 생태계가 심각하게 파괴되었다. 방사선 노출, 암, 신경계 질환, 피부 질환 등 심각한 건강피해가 나타났으며, 전통 어업에 의존하던 수만 명의 지역 어민과 그 가족들은 어획량 급감으로 생계를 잃고 공동체 생존 기반이 붕괴되는 장기적 악영향을 겪었다.[737] [738]

외국 어선들의 불법 조업(Illegal, Unreported, and Unregulated Fishing, IUU)도 1980년대 이후 급격히 증가하였다. 특히 1990년대 내전과 정부 붕괴 이후 소말리아 해역의 어획량은 20배 이상 증가하였으며, 2014년 기준 외국 어선의 어획량은 약 92,5000톤으로 소말리아 자국 어선 어획량의 거의 두 배에 달하는 것으로 추정된다.[739]

---

736 Sumaila, U. Rashid and Bawumia Mahamudu. 2014. "Fisheries, ecosystem justice and piracy: A case study of Somalia," *Fisheries Research*, 157: pp.154-163.

737 United Nations Security Council. 2011. Report of the Secretary-General on the protection of Somali natural resources and waters. United Nations.

738 Sumaila, U. Rashid and Bawumia Mahamudu. 2014. "Fisheries, ecosystem justice and piracy: A case study of Somalia," *Fisheries Research*, 157: pp.154-163.

739 Glaser, Sarah M, Roberts Paige M, and Hurlburt Kaija J. 2019. "Foreign illegal, unreported, and unregulated fishing in Somali waters perpetuates conflict," *Frontiers in Marine Science*, 6: pp.704.

아래 <표1>과 <그림 1>은 소말리아 배타적 경제수역(EEZ)에서 국가별 어획량과 그 추이를 보여준다. 소말리아의 정부 기능 상실(1991) 이후 외국 어선의 어획량은 소말리아 어선의 어획량을 초과하며 급격히 증가하였다(그림1). 국가별로는 이란 (Iran) 과 예멘 (Yemen) 이 장기간 압도적으로 많은 어획량을 기록했으며, 한국 어선도 이곳에서 지속적으로 조업을 하고 있음을 보여준다.

Catch (mt) of by foreign-flagged fishing vessels in Somalia's exclusive economic zone.

Flag country	1981–2014	2010–2014
China	2,430	0
France	92,943	138
Japan	1,875	0
South Korea	75,706	28,854
Portugal	363	0
Russian Federation	2,539	0
Spain	216,061	623
Taiwan	33,564	0
United Kingdom	178	0
Italy	74,306	0
Kenya	8,000	3,200
Yemen	608,374 (232,964–1,051,604)	144,851 (55,468–250,382)
Iran	1,076,526 (220,206–2,551,700)	224,265 (44,940–520,755)
Egypt	298,260	61,200
Greece	2,682	2,235
Thailand	27,510	35
Total	2,521,318	465,401

Periods show historical coverage of this study and more recent time windows for reference. Point estimates are based on reported catch and should be considered a minimum possible amount. Confidence intervals (95%) were added to Yemen and Iran because estimates were derived from simulations.

표1. 소말리아의 배타적 경제수역에서 외국 국적 어선의 어획량(단위: 톤) /
출처 : Glaser, Robert & Hurlburt(2019)

외국 어선이 있다는 것 자체가 문제는 아니지만, 표적 어종이 소말리아 어부들의 어획 대상과 중복될 경우 갈등은 심화된다. 외국 어선이 어획하는 18개 어종 중 15개 어종은 소말리아 어부들도 잡으며, 이 중 5개 어종은 이미 지속가능 하지 않은 수준으로 어획되고 있다. 외국 어선의 IUU 어업은 소말리아 어업과의 직접적인 경쟁으로 소말리아 어민들의 생계를 직접적으로 위협하며, 저인망 조업은 해저 생태계를 파괴하고 해양 생물 다양성을 크게 감소시키는 장기적인 부정적 영향을 미친다. 저인망 어선은 전체 외국 어획량의 6% 정도를 차지하지만, 2010년-2014년 사이 무려 120,000km2 이상의 해저를 훑은 것으로 추정된다.[740]

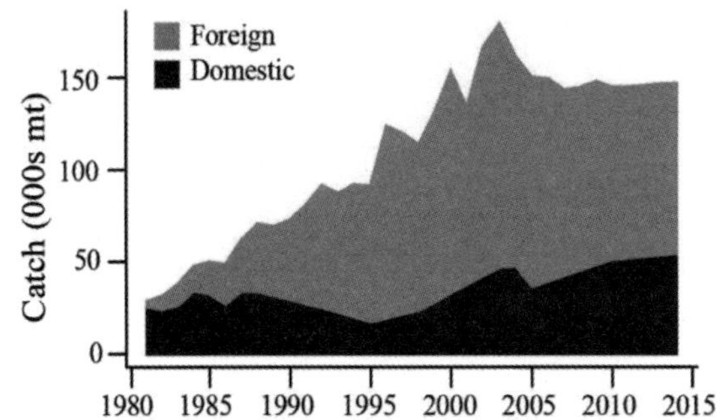

Estimated (reconstructed) catch by foreign and domestic fishing vessels in Somalia's exclusive economic zone, 1981–2014. Domestic catch reconstruction by Cashion et al. (2018).

그림 1. 소말리아 배타적 경제수역내에서 소말리아 어선과 외국 어선의 어획량 추이(1981~2015). 소말리아 중앙정부의 기능 상실 (1991) 이후 외국 어선의 어획량이 급격히 증가하고 소말리아 어선의 어획량을 지속적으로 초과하는 경향이 나타남/

출처 : Glaser, Robert & Hurlburt(2019)

아래 <그림2>는 2010년~2014년 사이 한국 선적 저인망 어선 7척이 활발히 조업 할 때 전송된 AIS(자동 선박 식별 장치) 신호의 공간적 밀도를 지도 형태로 표시한 것으로, 소말리아 EEZ 내의 특정 해역에서 저인망 조업이 집중적으로 발생했음을 보여준다.[741]

결과적으로 국제 불법 해양 투기와 외국 어선의 불법조업(IUU)은 지역 해양 생태계를 파괴하고, 어족 자원을 고갈시켜, 어업에 의존하는 지역 주민들의 생계 기반을 붕괴시켰다. 일부 어민은 불법 조업이나 어선 나포 활동으로 전환하면서 지역사회가 범죄화되고, 해적 활동이 증가하는 사회구조적 변화를 초래하였다. 외국 어선의 불법 어획은 해적 행위에 정당성을 제

740 Glaser, Sarah M, Roberts Paige M, and Hurlburt Kaija J. 2019. "Foreign illegal, unreported, and unregulated fishing in Somali waters perpetuates conflict," *Frontiers in Marine Science*, 6: pp.704.

741 Glaser, Sarah M, Roberts Paige M, and Hurlburt Kaija J. 2019. "Foreign illegal, unreported, and unregulated fishing in Somali waters perpetuates conflict," *Frontiers in Marine Science*, 6: pp.704.

공하거나 해적 행위에 가담하는 배경을 제공하였다.[742][743]

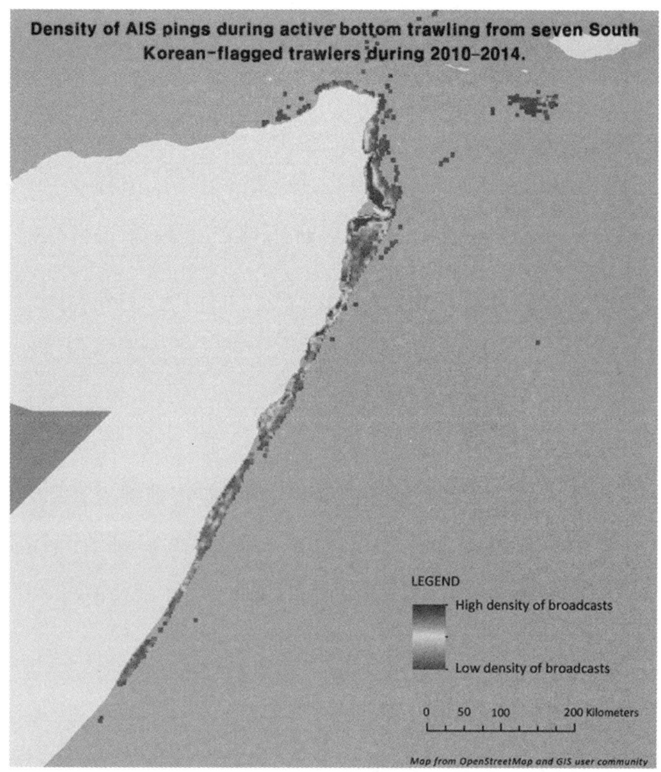

그림 2. 한국 선적 저인망 어선의 AIS 신호 밀도 (2010-2014) /

출처: Glaser, Robert & Hurlburt(2019)

해양 정의적 관점의 문제점

소말리아 해적 행위는 내전 이후 국가 기능 상실(State Failure)로 정부가 해역을 통제하지 못하는 지역적 상황을 이용하여 발생한 글로벌 환경부정의 사례이다. 해양정의적 관점에서 보

742 Sumaila, U. Rashid and Bawumia Mahamudu. 2014. "Fisheries, ecosystem justice and piracy: A case study of Somalia," *Fisheries Research*, 157: pp.154-163.

743 Glaser, Sarah M, Roberts Paige M, and Hurlburt Kaija J. 2019. "Foreign illegal, unreported, and unregulated fishing in Somali waters perpetuates conflict," *Frontiers in Marine Science*, 6: pp.704.

면 다음과 같은 문제점이 나타난다.

분배적 정의(Distributive Justice)

불법 폐기물 투기는 전형적인 전지구 불평등 구조를 드러낸다. 선진국과 국제 기업은 폐기물을 불법 처리함으로써 경제적 비용 절감과 위험 전가, 법적 책임 회피의 이익을 얻는 반면, 소말리아의 연안 공동체와 취약 계층은 유해 폐기물로 인한 위험과 피해를 집중적으로 떠안는다. 이는 해양자원의 회복력을 훼손하고, 미래 세대의 권리를 침해하여 세대 간 불평등을 심화시킨다.

절차적 정의(Procedural Justice)

연안 공동체와 주민은 폐기물 투기 여부, 환경정책 수립, 대응 및 보상 체계 등에 실질적으로 참여 하지 못했다. 지역사회는 모니터링과 복원 절차에서 배제되었으며, 국제사회는 행정력 부재와 전쟁 상황을 이유로 대응을 지연하였다. 국제 감시·통제 체계 부재, 국제사회의 실효적인 사법 구제 절차의 부재는 절차적 정의가 완전히 무시된 사례이다.

인정적 정의(Recognitional Justice)

소말리아 연안 주민들의 생계·문화·지식체계가 국가적·국제적 담론에서 배제되거나 무시되었다. 전통 어업과 공동체의 해양지식, 공동체의 삶과 가치가 정책 및 국제 협의에서 인정되지 못하면서 피해의 사회문화적 의미가 '비가시화(invisibility)' 되었다. 주민들은 피해자이자 사회적 약자임에도 권리와 주체성이 인정되지 않아 회적 '말할 권리'가 박탈되고 지속적 소외가 발생하였다.

인권 및 환경권 프레임(Human Rights and Environmental Rights Frame)

깨끗한 환경에서 살 권리, 건강권, 인간다운 삶의 권리가 침해되었다. 국제법적 근거(UNCLOS 제194조, UNDRIP, UN 인권이사회 환경권 결의)에 비추어, 본 사례는 명백한 해양환경권 침해 사안으로 간주될 수 있다.

[참고 8]

칠레 칠로에(Chiloé) 섬 적조 (red tide) 사건

2016년 초, 기후 현상(El Niño)으로 인한 해수 온도 상승 상황에서 산업적 연어 양식장에서 폐사한 연어 수천 톤이 해상에 투기되면서 칠레 남부의 칠로에 군도(Chiloé Archipelago)에 사상 최악의 적조(red tide)가 발생하였다.[744]

그림 1. 칠로에(Chiloé) 첨의 퀸치(Quenchi) 연어 양식장.

출처: Mongabay(https://news.mongabay.com/)

2016년 3월~4월, 연어 산업체는 칠레 농업·수산청 및 환경부의 승인 하에 폐사한 연어 사체를 북부 해역에 대량 투기하였다. 수 주 후 칠로에 연안 전역에서 독성 조류 Alexandrium catenella에 의한 적조가 발생하여, 홍합, 조개, 새우 등이 폐사하고 바다표범, 펭귄 등 해양 포유류 사체가 해안으로 떠밀려왔다.

이로 인해 수산 활동이 금지되고 생계가 마비된 어민과 시민들은 '칠로에의 5월(Mayo Chilote)'로 불리는 대규모 사회운동을 조직하였다. 항만과 도로를 봉쇄하여 섬 전체를 18일간 고립시키

744 Armijo, Julien, Oerder Vera, Auger Pierre-Amaël, Bravo Angela. 2020. "The 2016 red tide crisis in southern Chile: Possible influence of the mass oceanic dumping of dead salmons," *Marine Pollution Bulletin*, 150: pp.110603.

고, 정부의 보상 대책과 책임규명, 산업규제 강화를 요구하였다.[745] [746] 칠레 정부는 이를 "기상이변에 따른 자연 현상"으로 규정하며, 연어 산업과의 연관성을 부정하였다. 이후 경제지원금 지급 합의로 시위는 해제되었지만, 장기간 어획 금지는 유지되어 지역경제는 큰 타격을 입었다.[747]

해양 정의적 관점의 문제점

분배적 정의(Distributive Justice)

적조로 인한 어패류 채취 금지로 약 6,000명의 어민과 다이버가 생계를 잃었고, 지역 전체의 어획량이 90% 이상 감소하였다. 반면, 대규모 연어 양식 기업(Cooke Aquaculture, Marine Harvest 등)은 피해를 외부화하며 폐기 책임 회피하였다.[748]

그림 2. 칠로에 섬에서 한 어부가 폐사된 연어들 사이를 걸어가고 있다.

출처: Mongabay(https://news.mongabay.com/)

---

745 Thomas, Eric H. 2018. "Crisis and catastrophe on Chiloé: Collective memory and the (re)framing of an environmental disaster," *Cultural Dynamics*, 30(3): pp.199-213.

746 Arriagada, Nayadeth, Satterfield Terre, and Boyd David R. 2025. "Social-ecological uncertainty and the (in)capacity to adapt: stakeholders' perceptions post-red tide/salmon farming crisis in Chiloé Island (Chile)," *Ecology and Society*, 30(4).

747 Arriagada, Nayadeth. 2019. Adaptive capacity in social-environmental crisis : the case of the red tide/salmon farming conflict in Chiloé (Chile). Master of Arts The University of British Columbia (Vancouver).

748 Rodrigo Soberanes, and Andrés Pérez. 2016 Oct 5. "The salmon crisis in Chile's Chiloé Island", Mongabay.

폐기된 연어가 해류를 따라 지역 바다로 유입되어 생태계에 장기적인 영향을 미쳤지만, 정화 및 복구 비용은 지역 정부와 주민에게 전가되었다. 주민에 대한 정부의 보상금은 10만 페소(가구당, 약 150달러)에 불과해 실질적인 피해 규모를 전혀 반영하지 못했다. 경제적 이익은 기업이 챙기고, 비용과 생태적 피해는 지역사회와 하위계층에 집중되는 '이익의 사유화, 피해의 사회화' 현상이 발생하였다.[749] [750]

절차적 정의(Procedural Justice)

그림 3. 칠레오 섬의 주민 시위(2016. 5.8)

출처: Mongabay(https://news.mongabay.com/)

연어 폐기 결정과정에서 지역사회와 어민은 공식적으로 의견을 제시할 기회를 갖지 못하였다. 연어 폐기 승인 절차는 해양청(SHOA)과 환경부, 기업 간 비공개로 이루어졌다.[751] [752]

정부는 적조의 주요 원인을 엘니뇨 해류와 기후변화로 돌리며, 산업 폐기물의 역할을 축소

749 Rodrigo Soberanes, and Andrés Pérez. 2016 Oct 5. "The salmon crisis in Chile's Chiloé Island", Mongabay.

750 Christine Ro. 2016. "Fire, Protests, and Distrust in the Wake of Chile's Fishery Shutdown". Hakai magazine.

751 Thomas, Eric H. 2018. "Crisis and catastrophe on Chiloé: Collective memory and the (re)framing of an environmental disaster," *Cultural Dynamics*, 30(3): pp.199-213.

752 Christine Ro. 2016. "Fire, Protests, and Distrust in the Wake of Chile's Fishery Shutdown". Hakai magazine.

하였다. 그러나 이후 학술 연구에서는 연어 사체의 영양염 과잉 공급(특히 질소, 인)이 적조 강도를 증폭시켰다는 분석이 제시되었다. 정보 비대칭과 정부의 지연 대응은 주민들의 불신을 증폭시켰고, 18일간 지속된 봉쇄 시위(Chiloé en paro)로 이어졌다. 주민이 배제된 비공개 의사결정 구조는 '참여 없는 해양 관리'의 문제를 드러내며, 해양 거버넌스의 민주성을 훼손하였다.[753][754]

인정적 정의(Recognitional Justice)

칠로에 섬 공동체는 수 세대에 걸쳐 '소규모 어업과 해조류 채취'를 중심으로 경제 활동을 이어왔다. 그러나 정부는 대규모 연어 양식 중심으로 산업을 전환하면서 지역 전통 어업의 지속가능성을 무시하였다. 피해 주민들은 헌법상 환경권과 식량권 침해를 주장했지만, 초기 정부 대응은 주로 '산업 보호'와 '수출 유지'에 치중하였다. 2018년 칠레 대법원은 정부의 폐기 허가가 국민의 환경권을 침해했다고 판결하였다. 섬 주민들은 수십 년간의 관찰 경험으로 적조의 주기와 수질 변화를 직관적으로 이해하고 있었지만, 정부는 이들을 전문성이 부족한 '투쟁 집단'으로만 간주하였다. 이로 인해 '전문가-지역주민 간 지식 불평등'이 심화되었고, 주민들의 존재와 지식은 사회적으로 '인정받지 못한 상태(unrecognized)'로 남았다. 이는 해양 정의의 토대를 훼손하는 결과를 낳았다.[755]

시사점

- 칠로에(Chiloé) 섬 적조 및 연어 폐기 사건은 산업의 이익이 대형 양식 기업과 중앙 정부에 귀속되는 반면, 해양 생태계 위기와 그에 따른 경제·사회적 피해가 지역 공동체, 특히 저소득 어민 및 소규모 수산업 종사자에게 집중되었음을 보여준다. 실질적인 보상과 복구

753 Christine Ro. 2016. "Fire, Protests, and Distrust in the Wake of Chile's Fishery Shutdown". Hakai magazine.
754 Rodrigo Soberanes, and Andrés Pérez. 2016 Oct 5. "The salmon crisis in Chile's Chiloé Island", Mongabay.
755 Thomas, Eric H. 2018. "Crisis and catastrophe on Chiloé: Collective memory and the (re)framing of an environmental disaster," *Cultural Dynamics*, 30(3): pp.199-213.

도 부족하다는 점에서 분배적 부정의가 가시적으로 드러난다.

- 정부와 기업의 비공개적이고 일방적인 결정, 환경위기의 원인에 대한 정보 왜곡은 사회적 신뢰를 훼손하였다. 엘리트 중심의 의사결정은 지역민의 권리와 목소리를 배제하여 대규모 시위와 갈등으로 이어졌다. 이는 절차적 정의, 곧 '공정하게 참여하고 설명 받을 권리'가 해양자원 관리에서 매우 중요함을 보여준다.
- 지역 주민이 축적해온 전통적 지식, 사회적 가치, 공동체의 생활양식은 충분히 인정받지 못하였다. 환경권 같은 권리가 정책에 반영되지 않고, 형식적 선언에만 머물렀음을 보여준다.
- 이 사건은 해양 정의가 단지 환경 문제에 국한되지 않고, 지역사회 권리와 사회적 인정, 투명한 거버넌스, 공정한 분배가 모두 균형 있게 보장될 때 실현될 수 있음을 시사한다. 해양환경 위기를 관리하려면 피해 당사자인 지역 주민의 참여, 이익과 피해의 공정한 배분, 사회적·문화적 가치의 인정을 전제로 하는 민주적 해양정책이 반드시 필요하다.

참고문헌

Agyeman, Julian, Schlosberg David, Craven Luke, and Matthews Caitlin. 2016. "Trends and Directions in Environmental Justice: From Inequity to Everyday Life, Community, and Just Sustainabilities," Annual Review of Environment and Resources, 41.

Anbleyth-Evans, JeremyPrieto ManuelBarton JonathanGarcia Cegarra Ana. 2022. "Toxic violence in marine sacrificial zones: Developing blue justice through marine democracy in Chile," Environment and Planning C: Politics and Space, 40(7): pp.1492-1514.

Armijo, Julien, Oerder Vera, Auger Pierre-Amaël, Bravo Angela. 2020. "The 2016 red tide crisis in southern Chile: Possible influence of the mass oceanic dumping of dead salmons," Marine Pollution Bulletin, 150: pp.110603.

Armstrong, Chris. 2020. "Ocean justice: SDG 14 and beyond," Journal of Global Ethics, 16(2): pp.239-255.

Arriagada, Nayadeth. 2019. Adaptive capacity in social-environmental crisis : the case of the red tide/salmon farming conflict in Chiloé (Chile). Master of Arts The University of British Columbia (Vancouver).

Arriagada, Nayadeth, Satterfield Terre, and Boyd David R. 2025. "Social-ecological uncertainty and the (in)capacity to adapt: stakeholders' perceptions post-red tide/salmon farming crisis in Chiloé Island (Chile)," Ecology and Society, 30(4).

Barbesgaard, Mads. 2018. "Blue growth: savior or ocean grabbing?," The Journal of Peasant Studies, 45(1): pp.130-149.

Bennett, Nathan, Alava Juan José, Ferguson Caroline, Blythe Jessica. 2022. Environmental Justice in the Ocean, Institute for the Oceans and Fisheries, University of British Columbia.

Bennett, NathanCisneros-Montemayor AndrésBlythe JessicaSilver Jennifer. 2019. "Towards a sustainable and equitable blue economy," Nature Sustainability, 2.

Bennett, Nathan J.Katz LaureYadao-Evans WhitneyAhmadia Gabby N. 2021. "Advancing Social Equity in and Through Marine Conservation," Frontiers in Marine Science, 8.

Bennett, Nathan James, Blythe Jessica, White Carole Sandrine, and Campero Cecilia. 2021. "Blue growth and blue justice: Ten risks and solutions for the ocean economy," Marine Policy, 125: pp.104387.

Bercht, A. L., Hein J., and Klepp S. 2021. "Introduction to the special issue "Climate and marine justice - debates and critical perspectives"," Geogr. Helv., 76(3): pp.305-314.

Blythe, J., D. Gill, J. Claudet, N. Bennett, G. Gurney, J. Baggio, . . . N. Zafra-Calvo. 2023.

"Blue justice: A review of emerging scholarship and resistance movements," Cambridge Prisms: Coastal Futures, 1: pp.1-36.

Christine Ro. 2016."Fire, Protests, and Distrust in the Wake of Chile's Fishery Shutdown".Hakai magazine.

Chuenpagdee, Ratana, Isaacs Moenieba, Bugeja-Said Alicia, and Jentoft Svein,. 2022. Collective Experiences, Lessons, and Reflections About Blue Justice, In (pp. 657-680).

Ertör, Irmak. 2021. "'We are the oceans, we are the people!': fisher people's struggles for blue justice," The Journal of Peasant Studies, 50: pp.1-30.

European Commission. 2021. "COMMUNICATION FROM THE COMMISSION TO THE EUROPEAN PARLIAMENT, THE COUNCIL, THE EUROPEAN ECONOMIC AND SOCIAL COMMITTEE AND THE COMMITTEE OF THE REGIONS." https://eur-lex.europa.eu/legal-content/EN/TXT/?uri=COM:2021:240:FIN

Franco, Jennifer Conroy, Feodoroff Timothé, Kay Sylvia, Kishimoto Satoko. 2014. The global water grab: A primer,(Transnational Institute Amsterdam.

Franks, Phil and Schreckenberg Kate. 2016. "Advancing equity in protected area conservation." The International Institute for Environment and Development (IIED).

Glaser, Sarah M, Roberts Paige M, and Hurlburt Kaija J. 2019. "Foreign illegal, unreported, and unregulated fishing in Somali waters perpetuates conflict," Frontiers in Marine Science, 6: pp.704.

Gutierrez-Graudins, Marcela and Macey Gregg P. 2023. "Coastal Justice: Lessons from the Frontlines," Geo. Wash. J. Energy & Env't L., 14: pp.81.

Hardin, Garrett. 1968. "The Tragedy of the Commons," Science, 162(3859): pp.1243-1248.

Hein, Jonas, Klepp Silja, and Bercht Anna Lena. 2024. "Bringing a justice lens to ocean access," Maritime Studies, 23(4): pp.45.

IPCC. 2023. THE IPCC SIXTH ASSESSMENT REPORT (AR6).

Isaacs, Moenieba. 2019. " Is the blue justice concept a human rights agenda?," PLAAS Policy Brief 54.

Jentoft, Svein, Chuenpagdee Ratana, Bugeja Said Alicia, and Isaacs Moenieba. 2022. Blue Justice: Small-Scale Fisheries in a Sustainable Ocean Economy, Cham: Springer International Publishing.

Lerner, Steve. 2010. Sacrifice Zones : The Front Lines of Toxic Chemical Exposure in the United States, The MIT Press.

Martin, J., S. Gray, E. Aceves-Bueno, P. Alagona, T. Elwell, A. Garcia, ...B. Twohey. 2019. "What is marine justice?," Journal of Environmental Studies and Sciences, 9.

McLaughlin, Conor, Lothian Sarah, and Lindley Jade. 2024. "Maritime Justice, Environmental Crime Prevention, and Sustainable Development Goal 14," 2024, 1.

Naggea, Josheena, Wiehe Emilie, and Monrose Sandy. 2021. "Inequity in unregistered women's fisheries in Mauritius following an oil spill," SPC Women in Fisheries Information Bulletin, 33: pp.50-55.

Nixon, Rob. 2011. Slow Violence and the Environmentalism of the Poor, Harvard University Press.

OECD. 2016. The Ocean Economy in 2030. paris.

Österblom, H., C. Wabnitz, D. Tladi, E. Allison, S. Arnaud-Haond, J. Bebbington, . . . S. Selim. 2020. Towards Ocean Equity, Washington, DC, World Resources Institute.

Pellow, David. 2007. Resisting Global Toxics: Transnational Movements for Environmental Justice. The MIT Press.

Rodrigo Soberanes, and Andrés Pérez. 2016 Oct 5. "The salmon crisis in Chile's Chiloé Island", Mongabay. Retrieved from https://news.mongabay.com/2016/10/the-salmon-crisis-in-chiles-chiloe-island/

Schæbel, L., Bonefeld-Jørgensen Eva Cecilie, Vestergaard Henrik, and Andersen Stig. 2017. "The influence of persistent organic pollutants in the traditional Inuit diet on markers of inflammation," Plos One, 12.

Schutter, Marleen S., Hicks Christina C., Phelps Jacob, and Waterton Claire. 2021. "The blue economy as a boundary object for hegemony across scales," Marine Policy, 132: pp.104673.

Sumaila, U. Rashid and Bawumia Mahamudu. 2014. "Fisheries, ecosystem justice and piracy: A case study of Somalia," Fisheries Research, 157: pp.154-163.

Thomas, Eric H. 2018. "Crisis and catastrophe on Chiloé: Collective memory and the (re)framing of an environmental disaster," Cultural Dynamics, 30(3): pp.199-213.

UN. 2015. Transforming our world: the 2030 Agenda for Sustainable Development.

United Nations Security Council. 2011. Report of the Secretary-General on the protection of Somali natural resources and waters. United Nations.

Walker, G. 2009. "Beyond Distribution and Proximity: Exploring the Multiple Spatialities of Environmental Justice," Antipode, 41(4): pp.614-636.

Welchman, Jennifer. 2024. "Intergenerational stewardship and the New High Seas Treaty, or, how to stop worrying and learn to love polycentric marine governance," Diálogos: pp.17-45.

Widener, Patricia. 2018. "Coastal people dispute offshore oil exploration: toward a study of embedded seascapes, submersible knowledge, sacrifice, and marine justice," Environmental Sociology, 4(4): pp.405-418.

Zafra-Calvo, NoeliaPascual UnaiBrockington DanCoolsaet Brendan. 2017. "Towards an indicator system to assess equitable management in protected areas," Biological Conservation, 211: pp.134-141.

제4장

식량과 환경정의 : 식량정의 food justice

1. 식량정의 담론의 등장

식량정의는 식량권과 식량 안보(food security) 논의와 밀접하게 연관되어 있다.[756] 건강하고 영양가 있으며, 저렴한 음식에 대한 접근성은 건강한 공동체의 기초이다. 1948년 세계인권선언 제25조는 은 '모든 사람은 자신과 가족의 건강과 복지에 적합한 생활수준을 누릴 권리가 있으며, 여기에는 식량도 포함된다'라고 명시하였다. 이는 인권으로서 식량권을 강조하며, 사람들이 존엄하게 스스로 먹을 권리와 더불어 식품 생산·가공·유통 및 정책 형성 과정에 참여할 권리를 포함한다.

유엔 지속가능개발 목표(SDG) 2 'Zero Hunger'는 2030년까지 모든 형태의 영양실조를 종식하고, 안전하고 충분한 식량에 대한 접근성을 개선하며, 지속가능 한 생산 시스템과 농업 회복성을 구현하고, 공정하고 공평한 공유를 촉진하는 것을 목표로 한다.[757] 이는 식량권을 기본적인 인권적 측면에서 강조하면서 동시에 식량 보장의 중요성을 포함한다.

1) 식량인보의 4개 기둥

UN 식량농업기구(FAO)는 식량안보는 "모든 사람이 항상 충분하고 안전하며 영양가 있

756 'food justice' 는 '먹거리 정의', '식품 정의', '식량 정의' 등 다양하게 번역 될 수 있다. 본 내용에서는 '식량정의'로 번역하여 사용 한다. 'food security' 또한 '식품 보장', '식량 안보', '먹거리 보장', '식품 안정성' 등 다양하게 번역 될 수 있으나 본 내용에서는 '식량 안보'의 의미로 번역하여 사용한다.

757 UNDP. 2015. "Sustainable Development Goals." https://www.undp.org/sustainable-development-goals

는 식량에 접근할 수 있는 상태"로 정의하며 이를 가용성(availability), 접근성(access), 활용(utilization), 안정성(stability)의 네 가지 핵심 요소로 설명한다.[758] [759]

> 가용성 ; 세계적, 국가적 또는 지역적 수준에서 측정되며 국가가 사람들의 식단 요구를 충족시키기에 충분한 양의 식량을 확보할 수 있는 능력. 그 식량의 출처는 관계 없음
>
> 접근성 : 가계가 식량을 생산하고, 식량을 구매하고, 식량 지원을 받을 수 있는 충분한 자원을 가질 수 있는 능력
>
> 활용 : 개인이 자신의 특정 영양 및 식이 요구 사항을 충족할 수 있는 능력. 개인이 이러한 요구는 칼로리 섭취만으로는 적절한 식단과 영양을 보장하기에 충분하지 않으며 식품 품질, 안전, 영양 및 적절한 물과 위생 포함
>
> 안정성 : 계절 및 기타 비상 상황에서도 식량 공급과 가격의 일관성 유지. 이러한 관점에서 자유 무역과 개방 시장을 통한 시장 통합, 지적 재산권의 시행, 수출 지향 농업에 중점을 두고 연중 안정적으로 식량을 공급하며, 가격 안정은 시장 메커니즘에 의존함

2) 세계 식량 시스템의 불평등과 식량 불안정

세계 식량 생산·유통·소비는 초국적 기업 중심의 식량 시스템 속에서 이루어진다. 토지·씨앗·농업 투입물의 소유권은 집중되고, 북반구의 다국적 기업은 막대한 이익을 얻는 반면, 남반구 농촌 사회는 생계와 생태계를 파괴당한다. 전 세계 농부들은 모든 사람을 먹일 만큼 충분한 식량을 생산하지만,[760] 전 세계 남반구에 거주하는 10억 명의 사람들은 시장에서 식량을 구매하거나 필요한 식량을 재배할 자원이 부족해 만성적인 영양실조를 겪는다.[761] 이는 세계

758 Committee on World Food Security (CFS). 2021. "Global Strategic Framework for Food Security & Nutrition (GSF)." https://www.fao.org/cfs/policy-products/onlinegsf/en/

759 The Global Food Security Cluster (gFSC). 2023. "The Four Pillars of Food Security " https://handbook.fscluster.org/docs/231-the-four-pillars-of-food-security

760 Kc, K B, G M Dias, A Veeramani, C J Swanton, D Fraser, D Steinke, et al., 2018, "When too much isn't enough: Does current food production meet global nutritional needs?," Plos One, 13(10), pp.e0205683.

761 Gonzalez, Carmen G. 2002. "Institutionalizing inequality: the WTO Agreement on Agriculture, food

농업 생산량이 지구상 모든 사람이 하루에 2700칼로리를 공급할 수 있을 만큼 충분히 생산되고 있음에도 불구하고, 시장 접근성과 자원 부족으로 인해 발생한다.

도시 지역은 사회적, 정치적, 경제적 소외가 겹쳐 식량 접근성이 더욱 복잡해졌다. 식량 시스템의 세계적 통합은 기업화된 식량 체제가 다양한 지역에 유사한 영향을 미치게 했으며, 이에 대한 저항도 다양한 방식으로 나타난다.

세계 식량 시스템은 기후변화, 식량 상품투기, 금융위기, 소비패턴 변화, 바이오연료 생산 증가, 전쟁 등 다양한 압박에 노출되어 있다. 2020년 COVID-19 팬데믹이나 지정학적 맥락의 우크라이나 전쟁과 같은 경험으로 식량 불안정 문제는 크게 인식되고 있으며, 식량 가격 불안정도 심각해지고 있다. 식량 불안은 제대로 먹을 것을 구하기가 어려운 가장 불안정한 계층에게 가장 큰 영향을 미친다.[762] 식량 가격은 식량 시스템의 이해관계자와 공간 간의 상호의존성, 세계화된 구조, 대규모 유통 기업 같은 지배관계 및 중개자의 힘을 반영하며, 이러한 요소의 영향으로 식량 가격이 폭등하거나 빈곤 국가의 굶주림이 나타난다.

3) 식량 주권 운동

식량 주권 운동은 세계를 지배하는 식량 체제에 저항하고 토지와 전통 농업관행에 대한 접근성을 유지하기 위한 남반구 농민들의 투쟁에서 유래되었다. La Via Campesina는1996년 세계 식량 정상회의에서 '식량 주권'이라는 개념을 도입하여 국가 무역 정책과 세계 식량 시스템의 정치 경제로 인해 '식량 안보' 달성에 실패하고 있음을 비판하였다.[763] 식량 주권은 "모든 사람은 식량이 생산되고 분배되는 방식을 결정하는데 참여할 권리와 책임이 있으며, 정부는 적절하고, 접근가능하며, 문화적으로 수용가능한 영양가 있는 식량에 대한 권리를 존중·보호·이

---

security, and developing countries," *Colum. J. Envtl. L.*, 27: pp.433.

762 Hochedez, Camille. 2022. "Food justice: processes, practices and perspectives," Review of Agricultural, Food and Environmental Studies, 103(4): pp.305-320.

763 지속적인 강탈, 생산 및 평가절하 과정에서 농민 집단이 정치적으로 조직되었고 1993년에 La Via Campesina(농민의 길)가 탄생했다. 1990년대 중반 이래로 식량 주권 개념은 세계적 운동으로 확산되어 오늘날에는 아프리카, 아시아, 유럽, 아메리카의 70개국에 있는 약 150개의 지역 및 국가 조직이 구성 되었으며 전체적으로 약 2억 명의 농부를 대표한다.

행하여야 한다"고 주장한다.[764]

식량 안보 프레임워크는 접근성과 분배성을 강조하지만, 식량 부족의 원인이나 제도적 인종차별, 여성·저소득층·원주민 등 취약 계층에게 나타나는 형평성 문제를 중심에 두지는 않는다. 식량 생산의 정치·경제·권력 관계 및 생태적 지속가능성에 대해서도 말하지 않는다.[765] 반면, 식량 주권 운동은 국가와 국민, 지역이 자신의 식량정책을 정의하고, 식량 생산 자원을 통제할 권리를 옹호한다. 식량 주권 운동은 또한 농촌 지역의 생계와 환경을 파괴하는 기업중심의 자유 무역정책을 해체하고, 장기적인 국가·지역·국제적 네트워크와 정치적 행동을 지원한다. 그러나 지역사회내의 식량 분배 문제와 단기적 권리 촉진에는 한계가 있다.

이런 맥락에서 식량 정의(food justice)는 인종·계급 간 불평등, 식량 안보 및 주권 문제를 지역 수준과 미시적 차원에서 탐구하며, 식량 사슬 전체에 걸친 역사적 불평등과 소외를 분석하는 보다 포괄적 담론으로 자리잡고 있다.[766]

2. 식량정의의 개념

식량 정의는 미국에서 인종과 계급에 따라 사람들에게 불균형적으로 영향을 미치는 사회적 불평등에 대응하고, 식량 필요를 해결하고자 등장한 개념이다.[767] [768] [769] 식량 정의는 인권, 인정(recognition), 평등한 기회, 공정한 대우를 요구하는 참여적이고 지역사회에 특화된 사회운

764 Civil Society Organizations Forum Parrel to World Summit on Food Security. 2009. Declaration from Social Movements/NGOs/CSOs Parallel Forum to the World Food Summit on Food Security. Rome [Press release]

765 Patel, Z. 2009. "Environmental justice in South Africa: tools and trade-offs," *Social Dynamics-a Journal of the Centre for African Studies University of Cape Town*, 35(1): pp.94-110.

766 Herman, Agatha and Goodman Mike. 2018. "New spaces of food justice," *Local Environment*, 23: pp.1041-1046.

767 Alkon, Alison Hope and Agyeman Julian. 2011. Cultivating Food Justice Race, Class, and Sustainability, The MIT Press.

768 Gottlieb, Robert and Joshi Anupama. 2010. Food Justice, The MIT Press.

769 Smith, Bobby J. 2019. "Food justice, intersectional agriculture, and the triple food movement," *Agriculture and Human Values*, 36(4): pp.825-835.

동과 일련의 원칙을 설명하는 개념으로 이해된다.[770] 학술 문헌에서 '식량 정의'라는 용어의 사용은 2004년 이후 증가했으며, 2015년 이후 특히 급하게 증가하였다. 연구 주제는 광범위하지만 식품 시스템, 지역사회 참여, 환경적 지속가능성을 다루는 분야에서 특히 '식량 정의' 에 대한 연구가 두드러지게 증가하고 있다.[771]

1) 미국의 식량정의 운동

초기 식량정의 개념에서 인종과 계급의 경계를 따라 나타나는 불평등과 부정의는 미국 식량 정의 운동의 주요 촉매였다. 미국에서 식량 정의는 일반적으로 식품 시스템내에서 일어나는 인종 차별, 착취, 억압에 맞선 투쟁으로, 식품 사슬 내부와 외부 모두에서 불평등의 근본 원인을 다룬다.[772] 아프리카계 미국인과 히스패닉계는 '식량 사막(food deserts)'[773] 이라 할 수 있는 미국 도시의 많은 저소득 지역에 거주하며, 이들 지역은 신선한 음식에 대한 접근성이 제한되어 건강 불평등과 연결된다.[774] 예컨대, 저소득층과 소수 인종은 패스트푸드에 대한 접근성에 더 의존할 가능성이 높으며, 그 결과 당뇨병과 같은 식이 관련 질병 발병률이 높다.[775]

식량과 건강, 환경 사이에는 긴밀한 연결성이 존재함으로 식량 정의의 출현은 식량 시스템이 공중보건과 공생적으로 연결되어 있다는 것을 보여준다. Gottlieb, Robert et al.(2010)은 처

770 Murray, Sandra, Gale Fred, Adams David, and Dalton Lisa. 2023. "A scoping review of the conceptualizations of food justice," *Public Health Nutrition*, 26: pp.1-27.

771 Murray, Sandra, Gale Fred, Adams David, and Dalton Lisa. 2023. "A scoping review of the conceptualizations of food justice," *Public Health Nutrition*, 26: pp.1-27.

772 Alkon, Alison Hope and Agyeman Julian. 2011. Cultivating Food Justice Race, Class, and Sustainability, The MIT Press.

773 "식량 사막 food desert"이라는 용어는 1990년대 초 스코틀랜드의 공동주택 계획에 참여한 주민이 처음 사용하였다. Hendrickson, Smith and Eikenberry(2006)는 직원 20명 이상인 매장이 없고, 지역내 매장이 10개 이하인 도시지역으로 정의하였지만, 일반적으로 엄격한 기준이 있는 것은 아니며 저소득층 및 소수민족 거주지역에 저렴하고 건강한 식품을 다양하게 제공하는 슈퍼마켓과 같은 매장이 부족하거나 없는 지역을 표현한다(Hendrickson, Deja, Smith Chery, and Eikenberry Nicole. 2006. "Fruit and vegetable access in four low-income food deserts communities in Minnesota," *Agriculture and Human Values*, 23: pp.371-383.)

774 Gottlieb, Robert and Joshi Anupama. 2010. Food Justice, The MIT Press.

775 Babey, S H, A Diamant, T A Hastert, and H Goldstein, 2008, Designed for disease: the link between local food environments and obesity and diabetes: California Center for Public Health Advocacy, PolicyLink, UCLA Center for Health Policy Research.

음으로 식량 안보에 대한 환경정의 접근 방식을 설명하면서, 음식이 인간과 환경 건강에 있어 핵심적임을 강조하였다.[776] 따라서 식량 정의는 건강 정의를 달성하고, 건강 불평등을 해결하기 위한 공공 정책의 핵심 내용으로 자리 잡는다.[777]

식량정의 운동의 대표적 사례는 1969년 오클랜드에서 시작되어 미국 전역으로 확산된 '학교 어린이를 위한 무료 아침 식사 프로그램'이다.[778] 저소득 지역사회내의 식량 분배에 초점을 맞춘 미국의 식량 정의 운동은 지역사회 시장기반 전략을 중심으로 접근성을 개선하고, 지속가능한 농업과 환경정의 이론·실천을 연결한다. 지금도 '농장에서 학교로(farm-to-school, FTS)'운동이나 학교, 공공도서관 등 공공기관의 공공급식 프로그램은 공공기관 중심의 대표적인 식량정의 활동이다.[779]

2) 식량정의 개념적 프레임워크

식량정의 프레임은 환경정의에 뿌리를 두고 있지만 민주주의 시민권, 사회운동 등 더 광범위한 개념적 프레임워크와 연계된다. 주요 주제는 사회적 형평성, 식량 안보, 식량시스템 변환, 지역사회 참여, 환경 지속가능성이다. 사회적 형평성, 식량안보, 식량 시스템 변환, 지역사회 참여는 사회 정의의 핵심 원칙인 형평성, 접근성, 정의 및 권리와 일치하며, 환경적 지속가능성은 환경정의의 핵심 원칙인 모든 사람이 공정하게 대우받고 의미 있게 참여하는 것과 연결된다.[780] 식량 정의의 연구와 활동 또한 경제, 환경, 인종 및 사회정의와 상호 연결되어 있다.[781]

---

776 Gottlieb, Robert and Fisher Andrew. 1996. ""FIRST FEED THE FACE": ENVIRONMENTAL JUSTICE AND COMMUNITY FOOD SECURITY," *Antipode*, 28(2): pp.193-203.

777 Hoflund, A Bryce, Jones John C, and Pautz Michelle C. 2017. The intersection of food and public health: Current policy challenges and solutions, CRC Press.

778 Holt, Gim, xe, xe, nez Eric. 2011. "Reform or Transformation? The Pivotal Role of Food Justice in the U.S. Food Movement," *Race/Ethnicity: Multidisciplinary Global Contexts*, 5(1): pp.83-102.

779 Lenstra, Noah and D'Arpa Christine. 2019. "Food Justice in the Public Library Information, Resources, and Meals," *The International Journal of Information, Diversity, & Inclusion*, 3(4): pp.45-67.

780 Murray, Sandra, Gale Fred, Adams David, and Dalton Lisa. 2023. "A scoping review of the conceptualizations of food justice," *Public Health Nutrition*, 26: pp.1-27.

781 Alkon, Alison Hope and Agyeman Julian. 2011. Cultivating Food Justice Race, Class, and Sustainability, The MIT Press.

식량정의는 종종 도덕적 규범의 관점에서 이해된다. 일반적인 규범은 모든 사람이 국적, 경제적 지위, 사회적 정체성, 문화적 소속, 장애 여부와 관계없이 안전하고 건강하며, 문화적으로 적절한 식품에 접근할 권리를 가져야 한다는 것이다.[782] 따라서 식량정의는 건강한 음식 접근, 식단관련 건강 격차, 토지 접근성, 농업·식품가공·노동 조건 등 광범위한 이슈를 포괄한다.[783]

식량정의에 대한 이해는 식량정의가 어떤 정의를 반영하는지(혹은 반영해야 하는지), 혹은 식량정의가 요구되는 배경이 무엇인지에 따라 그 함의와 강조가 다양하게 나타날 수 있다.

Gottlieb et al.(2010)은 식량정의를 '다층적 사회 운동으로 음식이 어디에서, 무엇이, 어떻게 재배·생산되고, 운송되고, 유통되고, 접근되고, 섭취되는지에 따른 혜택과 위험이 공정하게 공유되도록 보장하는 것'으로 정의하며, 분배적 요소를 강조한다.[784] 식량정의 운동의 세 가지 영역으로 지배적인 식량 시스템에 도전하고 재구조화하려는 시도, 형평성과 불평등, 그리고 가장 취약한 사람들의 투쟁에 핵심적인 초점을 두는 것, 다른 형태의 사회 정의 활동과의 연계 및 공통 목표 수립이라고 말한다.[785]

Alkon et al.(2011)은 식품 시스템 자체를 인종적 프로젝트로 인식하며, 인종과 계급이 식품 생산·유통·소비에 미치는 영향을 분석하는 것'이라고 정의한다. 저소득·유색인종 커뮤니티는 적절한 식품 및 식품 생산 수단에 대한 접근을 거부당하기 때문에 식품정의 활동을 통해 자신의 식품 요구를 충족하는 지역 식품 시스템을 구축하려고 한다고 말한다.[786]

Holt et al.(2011)은 식량정의는 저소득층 유색인종이 산업 식품 시스템에 의해 불균형하고 부정적인 영향을 받는 방식을 다루며, 개혁주의보다 진보적인 경향이 가진다고 말한다.[787]

Loo (2014) 는 식량정의는 임금 개선, 식품 시스템에서 일하는 사람들의 노동 조건 개선,

782 Whyte, Kyle. 2015. Food Justice & Collective Food Relations for Introductory Food Ethics Textbook, Oxford University Press.

783 Glennie, Charlotte and Alkon Alison Hope. 2018. "Food justice: Cultivating the field," *Environmental Research Letters*, 13(7): pp.073003.

784 신자유주의적 자본주의, 체계적 인종주의, 이성애적 가부장제와 식품 시스템에 스며드는 억압의 복잡성을 감안할 때, 분배적 불의를 '접근성'의 관점에서만 바라보는 것은 복잡한 식품 불평등을 해결하기에 충분하지 않다고 주장하며, 억압적 구조를 반영하는 교차적 관점을 요구하기도 한다.

785 Gottlieb, Robert and Joshi Anupama. 2010. Food Justice, The MIT Press.

786 Alkon, Alison Hope and Agyeman Julian. 2011. Cultivating Food Justice Race, Class, and Sustainability, The MIT Press.

787 Holt, Gim, xe, xe, nez Eric. 2011. "Reform or Transformation? The Pivotal Role of Food Justice in the U.S. Food Movement," *Race/Ethnicity: Multidisciplinary Global Contexts*, 5(1): pp.83-102.

신선한 식품의 공정한 분배를 강조하지만, 가장 중요한 분배적 불균형의 근원에는 참여적 불균형이 있다고 강조한다. 따라서 의사결정 과정에서 취약 계층의 참여를 강화하는 전략이 필요하며, 식품 정의 학문과 식품 정의 운동은 분배적 불평등에 관한 의사 결정에서 참여의 중요성을 더 신중하게 고려해야 한다고 강조한다.[788]

식량정의를 설명하는 다양한 접근에도 불구하고 몇 가지 공통점이 있다.[789]

첫째, 인간을 최우선으로 생각하는 인본주의적 접근방식이다. 여기에는 존엄성, 자기결정, 형평성, 접근성, 공정성 및 더 나은 참여라는 사회정의 원칙에 기반을 두고 있다.

둘째, 'more-than-human' 접근방식으로서 분배, 참여, 절차, 인정, 역량 문제를 포함하기 위해 사회 및 환경정의 원칙을 결합하고 있다.

셋째, 식량정의에 대한 개념이 대체로 분배적 용어로 개념화되고 있다. 사회정의의 기본 철학은 다양한 개인과 집단 간의 편익과 부담을 분배하는 분배적 정의 개념에 기반 하여 공정성과 불편부당성에 초점을 맞춘다. 식량정의 역시 분배 정의의 중요성이 강조된다. 이는 유엔 식량기구인 FAO의 영향 때문이다.[790] FAO 분배 정의(자원의 공정한 배분)를 강조하여 식량을 접근하지 못하는 사람들의 접근성을 보장하는 메커니즘으로 사회정의 접근방식을 수용한다. 이는 긍정적 효과와 부정적 효과를 다양하게 가져온다.[791]

넷째, 절차적 측면이 점점 더 강조되고 있다. 식량 분배에 초점을 맞추면 개인과 가구에게 우선적으로 식량 안보 필요를 충족할 책임이 생기고, 그렇게 하지 못하는 경우에 식량 구호 관행과 같은 개입이 장려된다. 그러나 이는 열악한 식품 품질, 낮은 수준의 지역사회 권한과 같은 개인이나 가구가 달성할 수 없는 구조적 요인의 문제를 축소하거나 은폐할 수 있다. 절차적 정의는 참여 격차가 가장 중요한 분배적 격차의 근원임을 시사하며, 의사결정 과정이나 할당 결정을 내리는 과정, 자원을 관리하는 정책에 대한 참여에 중점을 둔다.[792]

---

788 Loo, Clement. 2014. "Towards a More Participative Definition of Food Justice," *Journal of Agricultural and Environmental Ethics*, 27(5): pp.787-809.

789 Murray, Sandra, Gale Fred, Adams David, and Dalton Lisa. 2023. "A scoping review of the conceptualizations of food justice," *Public Health Nutrition*, 26: pp.1-27.

790 FAO. 2002. The State of Food Insecurity in the World 2001. Rome, Italy: Food and Agriculture Organization of the United Nations.

791 Murray, Sandra, Gale Fred, Adams David, and Dalton Lisa. 2023. "A scoping review of the conceptualizations of food justice," *Public Health Nutrition*, 26: pp.1-27.

792 Cohen, Ronald L. 1985. "Procedural Justice and Participation," *Human Relations*, 38(7): pp.643-663.

3) 자기결정과 식량주권

절차적 접근 방식은 자기 결정(self-determination)과 연관된다. 자기 결정은 "건강한 음식을 재배, 판매, 섭취할 권리"를 의미하며, 공동체의 집단적 자기결정은 집단 구성원들이 좋은 삶을 추구하는 데 필요한 문화적, 사회적, 경제적, 정치적 관계를 제공할 수 있는 능력을 말한다.[793] 이런 맥락에서 식량 주권은 지역 식량 시스템을 지속가능 한 식량안보 해결의 핵심으로 간주하며, 지역·주·국가 정부 책임을 지고 이를 보장해야 한다고 주장한다.[794]

식량정의 개념은 식량 불안에 대응하고자 하는 초기의 제한된 의미를 넘어 확장되었다. 인종·민족 문제가 중심인 지역에서는 사회적 형평성에 더 큰 중점을 두는 것이 필요하고, 비만·당뇨병을 예방하고 식품에 의한 만성 질환을 대응하고자 하는 경우 미디어 광고, 식량 문해력 등과 관련된 식품 정책이 초점이 될 수 있다. 그럼에도 식량정의 개념을 운용하는 이해관계자는 구조적, 환경적 요인에 대한 더 광범위한 고려 사항을 인식해야 한다. 도시화, COVID-19 영향, 기후변화, 산림, 토지이용, 생물 다양성 손실 등은 식량 시스템, 공중 보건의 문제이며 식량정의와 긴밀히 연결된다.

---

793 Whyte, Kyle. 2015. Food Justice & Collective Food Relations for Introductory Food Ethics Textbook, Oxford University Press.

794 Mayer, Tamar and Anderson Molly D. 2020. Food insecurity: A matter of justice, sovereignty, and survival, Routledge.

[참고 9]

식량정의를 위한 미국 공공도서관의 활동

미국의 공공 도서관은 단순한 정보 제공 공간을 넘어 사회적 불평등 해소와 지역 복지 증진을 위한 중요한 역할을 수행한다. 특히 식량정의(food justice)를 실현하기 위해 무료 식사 제공, 영양 교육, 커뮤니티 가든 운영, 푸드 뱅크 연계 활동 등 다양한 지역사회 중심 활동을 전개하고 있다.

미국 농무부(United States Department of Agriculture)가 관리하는 학교 급식 프로그램은 학교에 초점을 맞추지만, 2010년 연방법은 빈곤 지역의 학교와 지역 교육 기관이 모든 학생에게 무료 아침과 점심을 제공하도록 지정하였다. 이로 인해 공공 도서관은 지역 사회 식량정의를 위해 협력하는 가장 중요한 기관 중 하나로 자리매김하였다.[795]

공공 도서관의 식량정의를 위한 4가지 핵심 활동

그림 1. 식품 이해력을 높이고 식품정의를 구축하기 위한 도서관의 협력 파트너.

출처 : Lenstra, Noah, and Christine D'Arpa(2025)

795 Lenstra, Noah and D'Arpa Christine. 2019. "Food Justice in the Public Library Information, Resources, and Meals," *The International Journal of Information, Diversity, & Inclusion*, 3(4): pp.45-67.

도서관에서 음식 나눠주기

오클랜드, 로스앤젤레스, 샌프란시스코 등에서 성공적으로 운영된 여름 식사 도서관 프로그램을 바탕으로, 2013년 캘리포니아 도서관 협업 시스템은 "도서관에서 점심 식사" 이니셔티브를 시작하였다.

초기에는 18세 이하 청소년에게만 식사를 제공하였으나, 이후 성인 보호자에게도 식사를 제공함으로써 효능감 및 포용성을 확대하였다.

성공 사례는 오하이오, 뉴욕, 콜로라도, 매사추세츠, 미네소타 등으로 확산되었으며, 2017년 기준 미국 42,439개의 여름 식사 제공 시설 중 1,546개(3.6%)가 공공 도서관이었다.[796]

지역 사회 기반 농업 교육 및 지원

공공도서관은 원예 수업, 도서관 지역 정원, 씨앗 교환 등의 지역 사회 기반 농업활동을 지원한다.

그림 2. 매사추세츠주 스프링필드에 있는 메이슨 스퀘어 공공도서관에서 학생들이 무료 점심을 받아가는 모습.

출처 : Governing (https://www.governing.com/now/public-libraries-step-up-to-help-as-food-insecurity-rises)

796 LLenstra, Noah and D'Arpa Christine. 2019. "Food Justice in the Public Library Information, Resources, and Meals," *The International Journal of Information, Diversity, & Inclusion*, 3(4): pp.45-67.

2017년 조사에 따르면 미국과 캐나다의 최소 475개 공공 도서관(두 나라 전체 19,564개 공공 도서관의 2%)이 이러한 프로그램에 참여하였다.[797] 도서관 정원 활동은 지역사회 정원과 커뮤니티 정원 조성으로 확대되며, 주민의 식량 자급 역량을 강화하였다.

건강한 음식을 요리하고 준비하고 먹는 방법 가르치기

필라델피아 자유 도서관은 2014년 미국 공공도서관 최초로 주방 교실(kitchen classroom)을 운영하여 음식·영양·문해력 교육을 혁신하였다. 또한 이동도서관 서비스에 이동식 요리 프로그램을 도입하고, 뉴저지 Camden County에서는 "Books and Cooks"라는 요리 문해력 프로그램을 개발하였다.

기존 식량정의 프로그램 지원

도서관은 새로운 프로그램을 제공하는 것뿐 아니라 기존 활동으로 지원하는 방식으로 식량정의에 기여한다. 예를 들어 Crandon 공공 도서관은 매년 "Iron Chef - Healthy Fruits and Vegetables competition"대회를 개최하고, Rowan County의 공공 도서관은 "Books and Bites"라는 프로그램을 운영한다.

미국 공공 도서관 활동이 갖는 식량정의 관점의 함의

공공도서관은 정보 접근을 보장하는 전통적 기능을 넘어, 식량 접근성까지 보장하는 복합적 공공 플랫폼으로 진화하였다. 이는 정보 정의와 식량정의가 연결될 수 있다는 실천적 모델을 제시한다.

도서관은 누구나 자유롭게 이용할 수 있는 공간이므로 푸드뱅크나 무료 급식소보다 심리적 장벽이 낮다. 이를 통해 빈곤이나 식량 부족에 대한 낙인을 줄이고 보다 포괄적인 복지 접근을 가능하게 한다.

797 Lenstra, Noah and D'Arpa Christine. 2019. "Food Justice in the Public Library Information, Resources, and Meals," *The International Journal of Information, Diversity, & Inclusion*, 3(4): pp.45-67.

커뮤니티 정원, 지역 농산물 활용, 요리 교육 및 영양 워크숍 등은 단순한 식사 제공을 넘어 지속가능한 식품 시스템에 대한 교육과 실천을 가능하게 한다. 이는 지역 주민의 역량 강화하여 식품 시스템의 민주화와 지역 중심의 식량 정의 실현 기반을 마련하는데 기여한다.

[참고 10]

시각 장애인의 식품 정보 접근성과 식량정의

현재 대부분의 식품에서 제공되는 제품명, 원산지, 소비기한, 영양정보 등은 시각적인 형태로만 제공된다. 이로 인해 시각장애인은 식품 구입과 섭취 과정에서 정보 접근이 제한되며, 이는 식량정의 (food justice) 맥락에서 먹거리 불평등을 야기하고, 먹거리의 사회적 공공성 확보를 저해한다.

시각 장애인의 식품정보 접근성 제한 경험[798]

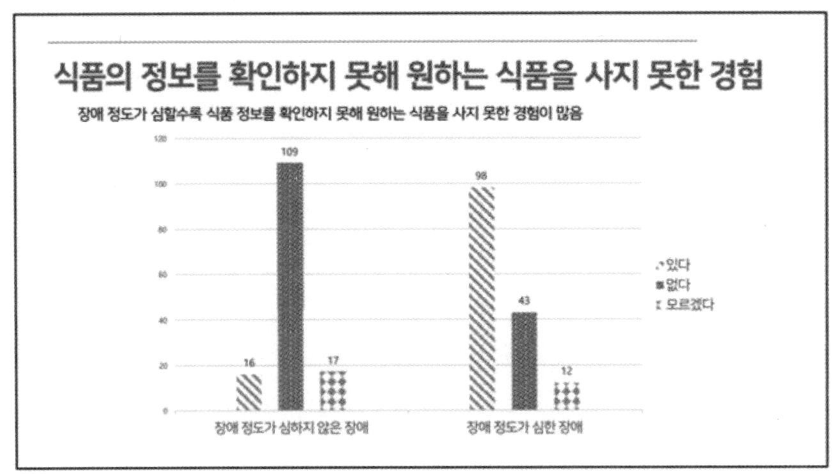

그림 1. 시각 장애인에 대한 식품정보와 구매 경험.

출처 : (사)환경정의(https://www.eco.or.kr/Data/?idx=17046749&bmode=view) CC BY-SA

798 (사)환경정의. 2023."시각장애인의 식품 정보 접근성과 개선 방안." 『시각장애인의 식품정보 접근성 개선 방향을 위한 토론회』. 서울.

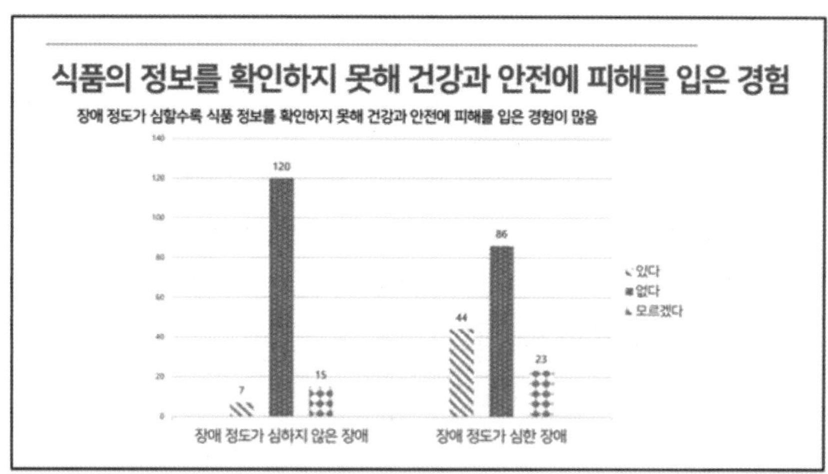

그림 2. 시각장애인에 대한 식품 정보와 안전피해 경험.

출처 : (사)환경정의(https://www.eco.or.kr/Data/?idx=17046749&bmode=view) CC BY-SA

시각장애인을 대상으로 한 조사에 의하면 식품 정보를 확인하지 못해 제품을 구매하지 못한 경험이 장애 정도가 심한 사람은 64%(98명), 장애 정도가 심하지 않은 사람은 11%(16명)로 나타났다. 이는 장애 정도가 심할수록 식품 구매가 제한됨을 보여준다. 주요 원인으로는 매장 환경, 제품 표기 문제, 포장의 문제 등이 지적되었다.

식품 정보를 확인하지 못해 건강과 안전에 피해를 입은 경험은 장애 정도가 심하지 않은 사람(7명(5%))보다 장애 정도가 심한 사람(44명(29%))이 훨씬 높게 나타났다. 소비 기한이나 제품의 알러지 정보 확인이 어려워 기본적인 안전 정보 접근이 제한된 것이다.

시각장애인이 식품 정보를 확인하기 어려운 이유로는 장애 정도가 심하지 않은 장애인의 경우에는 식품 정보가 주변과 구별이 어렵다는 점을, 장애 정도가 심한 경우에는 도움을 청할 사람이나 도구가 없고, 식품 정보가 너무 작은 글씨로 되어 있는 점을 주요 원인으로 지적하였다.

주요 해외 선진국의 식품정보 접근권 보장 정책

유럽연합(EU) : 2019년 제정된 유럽 접근성법(European Accessibility Act)은 제품 포장, 자동판매기, 전자상거래 플랫폼 등에서 장애인이 점자, 음성 안내, 대체 텍스트를 통해 정보에 접근할 수 있도록 의무화하였다. 특히 디지털 정보 접근성 측면에서 온라인 식품 쇼핑몰, 모바일 앱 등은 스크린 리더 호환, 키보드 내비게이션, 명확한 대체 텍스트를 제공해야 한다. 이는 공공뿐 아니라 민간 부문에도 접근성 기준이 강제된다.

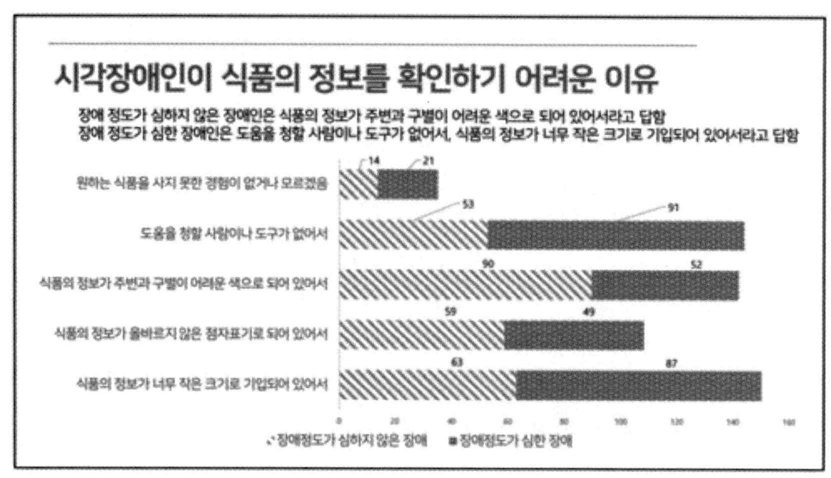

그림 3. 시각 장애인의 식품정보 확인이 어려운 이유.

출처 : (사)환경정의(https://www.eco.or.kr/Data/?idx=17046749&bmode=view) CC BY-SA

미국 : 미국 장애인법(ADA, 1990)은 식품점·식당·웹사이트도 포함하며 공공장소와 서비스에서 장애인 차별을 금지한다. FDA 지침은 식품 라벨링에 대해 점자 표기나 QR코드 기반 음성 안내를 권장하며, 일부 주에서는 이를 법제화 하였다. Walmart, Target 등 민간 기업은 장애인이 접근 가능한 앱과 점자 라벨, 음성 스캐너를 도입해 자발적으로 정보 접근성을 강화하고 있다.

일본 : 2016년 장애인차별금지법을 제정하여 공공 및 민간 부문에서 합리적 편의 제공을 의무화 하였다. 일본 식품업계는 점자 표기, 촉각 마크, 색상 대비 강화 등 유니버설 디자인 식품 포장을 통해 시각장애인의 식품 정보 접근을 지원한다. 일부 지자체는 시각장애인을 위한 식품 정보 앱과 음성 안내 키오스크를 개발·도입 하였다.

시각장애인의 식품정보 접근성과 식량정의 관점의 함의

정보 접근성 : 식품을 선택하려면 먼저 정보를 알아야 하며, 정보 접근은 식품 선택의 전제조건이다. 시각 장애인이 정보를 얻지 못하면 식품 선택권이 박탈되며, 이는 곧 식량정의의 침해문제로 이어진다.

인권적 측면 : 식품 선택은 개인의 건강, 문화, 신념과 직결된다. 정보가 없으면 타인의 도움에 의존해야 하며, 이는 개인의 자율성과 존엄을 훼손할 수 있는 인권적 문제이다.

불평등 심화 : 정보 접근 제한은 영양 불균형, 식품 안전 문제, 건강 악화로 이어지며, 불평등한 식품 시스템을 강화한다. 이는 사회적 약자를 더욱 취약하게 만들며, 식량정의 실현을 위해 반드시 개선되어야 할 구조적 문제이다.

[참고 11]

Fome Zero(Zero Hunger) 프로그램 : 브라질의 경험

2000년대 초 브라질은 세계적인 농업 대국임에도 불구하고 도시와 농촌 간, 계층 간 소득 격차가 심화되면서 저소득층의 영양 결핍과 아동 기아 문제가 심각해졌다. 당시 수천만 명이 만성적인 식량 불안정 상태에 놓여 있었다.[799]

STRUCTURAL POLICIES
Job and Income Generation
Universal Social Security
Incentives to Family Farming
Agrarian Reform Intensification
Bolsa Escola (School Grant program) and Minimum Income

SPECIFIC POLICIES
Food Card Program
Donations of Emergency Food Baskets
Food Security Stocks
Food Security and Quality
Expansion of the PAT
Actions against Child and Mother Undernutrition
Expansion of the School Meal Program
Education for Consumption and Food Education

LOCAL POLICIES

Rural Areas	Small and Medium-sized Cities	Metropolises
■ Support to family farming ■ Support to production for self-consumption	■ Food bank ■ Partnerships with retailers ■ Modernization of supply facilities ■ New relationship with supermarkets ■ Urban agriculture	■ Subsidized Restaurants for the Low-Income Population ■ Food Bank ■ Partnerships with retailers ■ Modernization of Supply Facilities ■ New relationship with supermarket chains

제로 헝거 Zero Hunger 프로젝트의 개요.

출처: Peraci et al.(2011)

2001년 대통령 후보였던 루이스 이나시우 룰라 다 실바(Luiz Inácio Lula da Silva) 는 "모든 브라질

799 Peraci, Adoniram SanchesAranha Adriana VeigaFrança Caio Galvão deMenezes Francisco. 2011. THE FOME ZERO (ZERO HUNGER) PROGRAM : THE BRAZILIAN EXPERIENCE. Food and Agriculture Organization of the United Nations (FAO).

국민이 하루 세 끼를 먹을 수 있어야 한다"는 슬로건과 함께 'Fome Zero(기아 제로)' 프로젝트를 제안하였다.

2003년 대통령 당선 이후 룰라Lula 대통령은 이를 국가적 우선 순위 정책으로 채택하여 식량 접근을 기본권으로 규정하고, 국가 주도의 식량안보 및 빈곤퇴치 프로그램을 추진하였다. 핵심 프로그램은 Fome Zero와 Bolsa Família로, 식량 접근권 보장과 사회적 불평등 해소를 목표로 하였다.[800] 이후 이들 프로그램은 통합·확장되어 2023년에는 Novo Bolsa Família로 재편되었다.

Fome Zero (Zero Hunger) 주요 프로그램 [801] [802]

A Zero Hunger health team(Teresina, Brazil, 2004).

출처: the Against Odds(Against The Odds:Community Health)

---

800 Peraci, Adoniram SanchesAranha Adriana VeigaFrança Caio Galvão deMenezes Francisco. 2011. THE FOME ZERO (ZERO HUNGER) PROGRAM : THE BRAZILIAN EXPERIENCE. Food and Agriculture Organization of the United Nations (FAO).

801 Peraci, Adoniram SanchesAranha Adriana VeigaFrança Caio Galvão deMenezes Francisco. 2011. THE FOME ZERO (ZERO HUNGER) PROGRAM : THE BRAZILIAN EXPERIENCE. Food and Agriculture Organization of the United Nations (FAO).

802 곽윤경. 2019. "The Achievement and Crisis of Brazil's Bolsa Familia Programme," *국제사회보장리뷰*, 2019(가을): pp.83-91.

Fome Zero (Zero Hunger) : 제로 헝거 프로젝트의 공식 명칭이자 핵심 전략,

구성 요소 :

식량 바우처 : 저소득층 가구에 식품 구매 쿠폰을 제공하여 식량 접근권 보장

지역 농업 지원 : 소농·가족농을 위한 기술 지원, 생산물 구매 보장, 지역 식품 유통망 구축

학교 급식 프로그램 : 공립학교 학생들에게 지역 농산물을 활용한 무료 급식 제공

영양 교육 : 식생활 개선을 위한 교육 및 캠페인 병행

Bolsa Família (가족 수당) : 저소득 가정에 조건부 현금지원 (자녀의 학교 출석, 예방 접종 등)

Fome Zero (Zero Hunger) 의 변화와 발전

2011년 : 브라질 무기아 포브레자(Brasil Sem Miséria) [803]

Dilma Rousseff 정부는 Fome Zero와 Bolsa Família를 통합하여 극빈층을 대상으로 한 다차원적 빈곤 퇴치 통합 전략으로 확대

교육, 건강, 주거, 직업 훈련 등 다양한 분야로 확장.

2021~2022년: Auxílio Brasil로 대체

Jair Bolsonaro정부는 기존 Bolsa Família를 폐지하고 Auxílio Brasil로 대체.

지원 금액 증가와 대상 확대 등의 변화가 있었으나 정책 일관성 부족과 행정 혼란으로 비판 받음.

2023년: Novo Bolsa Família로 복귀 및 재편 [804]

룰라 대통령 재집권 후, Bolsa Família 브랜드 복원.

주요 변화로는 기초 소득 보장(BPC) 대상 확대, 식량 불안정 가구 우선 지원, 데이터 기반

---

803 곽윤경. 2019. "The Achievement and Crisis of Brazil's Bolsa Familia Programme," *국제사회보장리뷰*, 2019(가을): pp.83-91.

804 외교부. 2024. 브라질 빈곤퇴치의 희망!-볼사 파밀리아(Bolsa Familia). In: 외교부.

정책 설계 및 평가를 강화함

성과 및 결과

식량 불안정성 감소: 2022년 기준 브라질 인구 중 약 3,300만 명이 식량 불안정 상태였으나, 2023년에는 2,000만 명으로 감소하였다. 이는 '노보 볼사 파밀리아(Novo Bolsa Família)'의 재개와 기초소득 확대 등의 정치적 조치에 따른 결과이다.[805]

기아 감소 : 2003년 약 4,400만 명이 식량 불안정 상태였으나, 2014년 유엔은 브라질을 기아 퇴치 성공국으로 인정하였다.[806]

영양 불균형 완화: 2022년 6,500만 명이 영양 불균형에 시달렸으나, 2023년에는 안정화 추세를 보였다.[807]

식량정의 관점에서의 의의

접근권 보장 : 단순한 식량 배급이 아니라 경제·사회적 조건을 개선하여 식량 접근을 가능하게 하였다.

구조적 불평등 해소: 식량 문제를 정치·경제적 불평등의 결과로 인식하고, 제도적 개입을 통해 해결하였다.

민주적 참여: 시민사회, 지방정부, NGO가 함께 참여하는 다층적 거버넌스 구조를 구축하였다.

---

805 계명대학교 국제학연구소. 2016. "브라질, 식량 불안정성 감소해." https://issuepress.kr/%EB%B8%8C%EB%9D%BC%EC%A7%88-%EC%8B%9D%EB%9F%89-%EB%B6%88%EC%95%88%EC%A0%95%EC%84%B1-%EA%B0%90%EC%86%8C%ED%95%B4/

806 Peraci, Adoniram SanchesAranha Adriana VeigaFrança Caio Galvão deMenezes Francisco. 2011. THE FOME ZERO (ZERO HUNGER) PROGRAM : THE BRAZILIAN EXPERIENCE. Food and Agriculture Organization of the United Nations (FAO).

807 계명대학교 국제학연구소. 2016. "브라질, 식량 불안정성 감소해." https://issuepress.kr/%EB%B8%8C%EB%9D%BC%EC%A7%88-%EC%8B%9D%EB%9F%89-%EB%B6%88%EC%95%88%EC%A0%95%EC%84%B1-%EA%B0%90%EC%86%8C%ED%95%B4/

참고문헌

계명대학교 국제학연구소. 2016. "브라질, 식량 불안정성 감소해." https://issuepress.kr/%EB%B8%8C%EB%9D%BC%EC%A7%88-%EC%8B%9D%EB%9F%89-%EB%B6%88%EC%95%88%EC%A0%95%EC%84%B1-%EA%B0%90%EC%86%8C%ED%95%B4/

곽윤경. 2019. "The Achievement and Crisis of Brazil's Bolsa Familia Programme," 국제사회보장리뷰, 2019(가을): pp.83-91.

외교부. 2024. 브라질 빈곤퇴치의 희망!-볼사 파밀리아(Bolsa Familia). In: 외교부.

(사)환경정의. 2023."시각장애인의 식품 정보 접근성과 개선 방안."『시각장애인의 식품정보 접근성 개선 방향을 위한 토론회』. 서울.

Against the Odds. 2006. "ZERO HUNGER." https://www.nlm.nih.gov/exhibition/againsttheodds/exhibit/food_for_life/zero_hunger.html

Alkon, Alison Hope and Agyeman Julian. 2011. Cultivating Food Justice Race, Class, and Sustainability, The MIT Press.

Babey, S H, A Diamant, T A Hastert, and H Goldstein, 2008, Designed for disease: the link between local food environments and obesity and diabetes: California Center for Public Health Advocacy, PolicyLink, UCLA Center for Health Policy Research.

Ccivil Society Organizations Forum Parrel to World Summit on Food Security. 2009. Declaration from Social Movements/NGOs/CSOs Parallel Forum to the World Food Summit on Food Security. Rome.

Cohen, Ronald L. 1985. "Procedural Justice and Participation," Human Relations, 38(7): pp.643-663.

Committee on World Food Security (CFS). 2021. "Global Strategic Framework for Food Security & Nutrition (GSF)." https://www.fao.org/cfs/policy-products/onlinegsf/en/

FAO. 2002. The State of Food Insecurity in the World 2001. Rome, Italy: Food and Agriculture Organization of the United Nations.

Glennie, Charlotte and Alkon Alison Hope. 2018. "Food justice: Cultivating the field," Environmental Research Letters, 13(7): pp.073003.

Gonzalez, Carmen G. 2002. "Institutionalizing inequality: the WTO Agreement on Agriculture, food security, and developing countries," Colum. J. Envtl. L., 27: pp.433.

Gottlieb, Robert and Fisher Andrew. 1996. ""FIRST FEED THE FACE": ENVIRONMENTAL JUSTICE AND COMMUNITY FOOD SECURITY," Antipode, 28(2): pp.193-203.

Gottlieb, Robert and Joshi Anupama. 2010. Food Justice, The MIT Press.

Hendrickson, Deja, Smith Chery, and Eikenberry Nicole. 2006. "Fruit and vegetable access in four low-income food deserts communities in Minnesota," Agriculture and Human Values, 23: pp.371-383.

Herman, Agatha and Goodman Mike. 2018. "New spaces of food justice," Local Environment, 23: pp.1041-1046.

Hochedez, Camille. 2022. "Food justice: processes, practices and perspectives," Review of Agricultural, Food and Environmental Studies, 103(4): pp.305-320.

Hoflund, A Bryce, Jones John C, and Pautz Michelle C. 2017. The intersection of food and public health: Current policy challenges and solutions, CRC Press.

Holt, Gim, xe, xe, nez Eric. 2011. "Reform or Transformation? The Pivotal Role of Food Justice in the U.S. Food Movement," Race/Ethnicity: Multidisciplinary Global Contexts, 5(1): pp.83-102.

Kc, K. B.Dias G. M.Veeramani A.Swanton C. J. 2018. "When too much isn't enough: Does current food production meet global nutritional needs?," Plos One, 13(10): pp.e0205683.

Lenstra, Noah and D'Arpa Christine. 2019. "Food Justice in the Public Library Information, Resources, and Meals," The International Journal of Information, Diversity, & Inclusion, 3(4): pp.45-67.

Lenstra, Noah and D'Arpa Christine. 2025. "Public Librarianship and Food Justice: Working With and Alongside Communities," 2025(Oct 18).

Loo, Clement. 2014. "Towards a More Participative Definition of Food Justice," Journal of Agricultural and Environmental Ethics, 27(5): pp.787-809.

Mayer, Tamar and Anderson Molly D. 2020. Food insecurity: A matter of justice, sovereignty, and survival, Routledge.

Murray, Sandra, Gale Fred, Adams David, and Dalton Lisa. 2023. "A scoping review of the conceptualizations of food justice," Public Health Nutrition, 26: pp.1-27.

Patel, Z. 2009. "Environmental justice in South Africa: tools and trade-offs," Social Dynamics-a Journal of the Centre for African Studies University of Cape Town, 35(1): pp.94-110.

Peraci, Adoniram SanchesAranha Adriana VeigaFrança Caio Galvão deMenezes Francisco. 2011. THE FOME ZERO (ZERO HUNGER) PROGRAM : THE BRAZILIAN EXPERIENCE. Food and Agriculture Organization of the United Nations (FAO).

Smith, Bobby J. 2019. "Food justice, intersectional agriculture, and the triple food movement," Agriculture and Human Values, 36(4): pp.825-835.

Smith, Carl. 2023. "Public Libraries Step Up Help as Food Insecurity Rises." https://www.governing.com/now/public-libraries-step-up-to-help-as-food-insecurity-rises

The Global Food Security Cluster (gFSC). 2023. "The Four Pillars of Food Security " https://handbook.fscluster.org/docs/231-the-four-pillars-of-food-security

UNDP. 2015. "Sustainable Development Goals." https://www.undp.org/sustainable-development-goals

Whyte, Kyle. 2015. Food Justice & Collective Food Relations for Introductory Food Ethics Textbook, Oxford University Press.

제5장

생태와 환경정의 : 생태정의 Ecological Justice

1. 생태정의 담론의 등장

산업화 이후 인류는 기후변화, 생물 다양성 감소, 자원 고갈 등 다양한 환경 및 생태 문제에 직면하였다. 이러한 문제는 단순히 국가적·국지적 차원을 넘어, 지구 자원의 인구 부양 능력, 생물권의 폐기물 정화 능력, 인간 활동에 의한 기후 변화의 속도와 미래 전망, 비인간 종의 멸종 속도, 동물의 산업적 이용, 현 세대와 미래 세대 간 이해관계 등 거대 질문들이 쏟아지기 시작했다. 이는 인류 공동의 대응이 필요한 지구적 차원의 문제로 인식되었다.

1987년 브룬트란트 보고서(Brundtland Report)는 환경 이슈를 정치적 안건의 전면으로 부각시키며 그간 경제 중심의 시각을 넘어 독립된 정치적 이슈로 환경을 인식할 수 있도록 하였다.[808] 이러한 인식의 변화는 인간과 환경의 관계를 도구적(instrumental)으로 보는 관점에서 벗어나 윤리적 고려 대상으로 확장해야 함을 의미한다. 비인간 중심(non-anthropocentric)의 환경윤리에 대한 주장은 다음과 같은 여러 가지 근거가 제시된다.[809]

> 종교적 근거 (Religious grounds) : 인간을 자연세계의 관리자로 보고, 초자연적 존재(예: 신, 부처, 알라 등)에 기반하여 인간이 다른 종에 대해 도덕적 책임을 진다고 본다.
>
> 도구적 근거 (Instrumental grounds) : 현재 및 미래 세대의 인간은 그들의 필요(예: 식량, 의약품 등)을 위해 자연 세계에 의존하고 있음을 강조 한다. 이러한 종들이 없다면 인간은 멸종의 위험에 처할 수 있다.

---

808 World Commission on Environment and Development (WCED). 1987. Our Common Future. World Commission on Environment and Development (WCED).

809 Byrne, Jason,2010, Ecological Justice, In B Warf (Ed.),『Encyclopedia of Geography』(Vol. 1): SAGE.

친족성 근거 (kinship) : 인간도 동물의 일종이고 생태 시민(ecological citizens)으로서 다른 종을 돌 볼 도덕적 의무가 있다는 주장이다.

이처럼 인간을 넘어 동물, 식물, 심지어 바위·강·바다와 같은 무생물까지 '도덕적 고려(moral considerability)'의 대상으로 확장하는 것은 생태적 정의의 도입을 의미한다. 이는 생물종 및 자연 세계도 형평성과 정의의 대상이 되어야 함을 의미한다. 생태정의는 '자연에 대한 정의(justice to nature)라고도 불리며,[810] 인간과 자연의 관계 재정립에 기반한 생태철학과 형평성·정의 담론이 통합된 개념이다.

1) 주요 사상가들의 생태철학

비인간적 생명 및 자연 세계에 대한 철학과 사상은 비인간 생명·자연 존재에 대한 인식, 인간과의 상호연결성 및 상호의존성을 인식하는 방법에 따라 철학과 개념의 확장이 이루어졌다. 그 중에서 일부 사상가들의 생태 철학을 간략히 살펴보면 다음과 같다.

피터 싱어(Peter Singer)는 『Animal Liberation(1995)』에서 동물도 고통을 느끼고, 가족적 유대감을 형성 할 수 있으므로 윤리적 고려의 대상이 되어야 하고, 일정한 제한을 두고 동물에게도 권리(animal rights) 개념을 확장해야 한다고 주장하였다. 그러나 지능·감정을 윤리적 고려 기준으로 삼는 것은 거부하었나. 유아나 지적 장애를 가진 사람은 포유류보다 낮은 지능을 가질 수 있기 때문이다.[811]

크리스토퍼 스톤(Christopher Stone)은 『Should Trees Have Standing?(1972)』에서 나무와 무생물까지 법적 권리를 확장해야 한다고 주장하며, 자연을 위한 법적 권리(legal rights for nature) 제도를 제안하였다. 예를 들어 법적 권리를 나무와 무생물까지 확장하려고 했다.[812] 전통적인 법적 개념에 도전하고자 하였던 그의 주장은 법리적으로는 인정받지 못했지만 후에 비인

810 Byrne, Jason,2010, Ecological Justice, In B Warf (Ed.), 『Encyclopedia of Geography』 (Vol. 1): SAGE.
811 Peter Singer. 1975. Animal Liberation: A New Ethics for Our Treatment of Animals, New York: Avon.
812 Stone, Christopher D. 1972. "Should Trees Have Standing--Toward Legal Rights for Natural Objects," *S. Cal. L. Rev.*, 45: pp.450.

간 종에 대한 법적 권리의 길을 여는데 기여하여 지구법학(Earth Jurisprudence), 생태법(Ecological Law), 자연권리헌장(Rights of Nature Charter) 등의 이론적 기반이 되었다. 에콰도르, 볼리비아 등 일부 국가에서는 실제로 자연에 법적 권리를 부여하는 헌법 조항이 생겨나기도 하였다.[813]

로더릭 내시(Roderick Nash)는 『The Rights of Nature(1989)』에서 현대 서구의 철학·종교의 자연권(natural rights)에 대한 신념을 추적하여, 자연은 권리를 갖고 있으며, 미국 자유주의가 사실상 비인간 세계로 확장되었다고 주장하였다.[814]

뤼크 페리(Luc Ferry)는 『The New Ecological Order(1992)』에서 데카르트 이후 인간과 동물·자연을 분리하는 이분법의 역사를 추적하며, 종교·철학 전통이 어떻게 생태윤리(ecological ethics) 발전을 가능하게 했는지를 탐구하였다.[815]

아른 네스(Arne Naess)는 오염 및 자원 고갈 등 인간 중심에서 문제를 해결하려는 것을 얕은 생태학(Shallow Ecology)이라고 비판하고, 심층 생태학(Deep Ecology)을 제안하였다. 인간이 유발하는 해악으로부터 '원초적 자연(pristine nature)'을 보호하기 위해 자연과의 윤리적·정신적·감정적 동일시를 추구하면서, 자연의 '내재적 가치(Intrinsic Value')와 '자연의 평등한 권리(equal rights of nature)'를 주장하였다.

발 플럼우드(Val Plumwood)는 생태정의에 페미니즘적 기반을 구축하고자 하였다.[816] 자연 지배의 근원은 남성적 자아가 합리주의를 통해 '이성'을 독점하고, 그와 대조되는 '자연'과 '여성'을 비합리적이고 종속적 타자로 규정하는데 있다고 주장하였다. 그녀와 생태 페미니스트(eco-feminists)들은 인간이 자연과 맺는 관계를 이론화하고, 이러한 관계가 계급, 가부장제, 인종주의, 종 차별(speciesism) 등 다양한 지배와 억압 구조를 어떻게 형성하는지 분석하고 해체하고자 하였다.

---

813 Pelizzon, Alessandro. 2025. Ecological Jurisprudence,(1 ed, pp. XXVI, 424): Springer Singapore.

814 Nash, Roderick Frazier. 1989. The rights of nature: a history of environmental ethics, Univ of Wisconsin press.

815 Ferry, Luc. 1995. The new ecological order, University of Chicago Press.

816 Plumwood, Val. 1993. Feminism and the Mastery of Nature.

2) 심층 생태주의와 비판

심층 생태주의는 모든 생명체의 '내재적 가치'를 인정하고, '자연의 평등한 권리'를 인정한다는 점에서 생태정의의 이론적 기반을 제공한다. 그러나 일부 학자들은 잠재적으로 전체주의적 성향을 띨 수 있다거나,[817] [818] 인간과 비인간 생명체 간 차이를 무시함으로써 권리 개념을 무의미하게 만들고, 사회적 불평등에 대한 고려가 부족하다고 비판한다.[819] 이러한 비판적 관점은 대체로 인간과 자연의 관계 재정립의 필요는 인정하지만 탈인간중심주의로 나아가기보다는 인간의 도적적 우위를 인정하는 인본주의적 기반 위에서 제한적으로 관계 재정립을 해야한다는 인식에서 나타난다.[820] [821]

그럼에도 불구하고 심층 생태주의는 모든 생명체의 '내재적 가치'를 인정하고, '자연의 평등한 권리'를 인정한다는 점에서 정의의 핵심 문제가 분배 문제가 아니라 존재론적 평등의 문제임을 강조하며, 생태정의의 권리 및 정의 담론에 이론적 기반을 제공한다.

2. 생태정의의 주요 내용

1) 환경정의와 생태정의의 연계

윤리적 행위의 대상을 비인간 및 자연세계에까지 확장하는 생태적 정의의 학문적 전거는 다양한 사상가들에게서 나타나지만 '생태정의(ecological justice)'라는 용어는 니콜라스 로우

---

817 Nash, Roderick Frazier. 1989. The rights of nature: a history of environmental ethics, Univ of Wisconsin press.
818 Ferry, Luc. 1995. The new ecological order, University of Chicago Press.
819 Watson, Richard A. 1983. "A critique of anti-anthropocentric biocentrism," *Environmental Ethics*, 5(3): pp.245-256.
820 Ferry, Luc. 1995. The new ecological order, University of Chicago Press.
821 Watson, Richard A. 1983. "A critique of anti-anthropocentric biocentrism," *Environmental Ethics*, 5(3): pp.245-256.

(Nicholas Low)와 브렌던 글리슨(Brendan Gleeson)에게서 비롯되었다.[822] Low & Gleeson(1998)은 '우리'라는 개념을 두 가지로 설명한다. 첫째, '인류라는 틀 안에서 어떤 사회와 지리적 맥락에 의해 규정되는 사람(the people)이라는 의미, 둘째, 하나의 생물 종(species)으로서 그 특성을 공유하고 비인간 세계와의 관계까지 고려해야 하는 인간(humans)이라는 의미이다. 따라서 정의(justice)를 위한 투쟁 역시 두 가지 측면을 가진다. '사람들 사이의 환경 분배의 정의'와 '인간과 나머지 자연세계 간의 관계의 정의' 이다. 전자는 환경정의(environmental justice), 후자는 생태정의(ecological justice)이며 동일한 관계의 두 가지 측면이다.[823]

이 두 측면은 분리된 개념이 아니라 동일한 '환경(environment)'이라는 공유된 대상에 대한 전체적인 정의를 구성하는 상호의존적 관계이다. 환경정의는 인간 사회 내의 불평등과 환경피해의 관계를 다루며, 사회적 정의와 환경권의 교차점에 위치한다. 반면 생태정의는 인간 외 생명체와 생태계의 권리를 포함하여, 정의의 범위를 비인간 세계 전체로 확장한다. 환경정의와 생태정의는 상호보완적이며, 때로는 긴장 관계를 가지기도 한다.[824] 이는 인간 간의 불공정한 환경분배(환경정의의 실패)가 종종 자연세계를 착취하는 방식(생태정의의 실패)에서 비롯되며, 그 역도 성립한다. 따라서 정의로운 사회를 달성하려면 두 관계적 측면이 동시에 다루어져야 한다는 것을 의미한다.[825]

2) 종간 정의(Interspecies Justice)

생태정의는 종간 정의(Interspecies Justice)를 핵심 내용으로 한다.[826] [827] 이는 자연에 대한 인

822 Low, N. and Gleeson B. 1998. Justice, Society, and Nature: An Exploration of Political Ecology, Routledge.

823 Low, N. and Gleeson B. 1998. Justice, Society, and Nature: An Exploration of Political Ecology, Routledge.

824 Agyeman, J., Bullard R.D., and Evans B. 2003. Just Sustainabilities: Development in an Unequal World, Earthscan.

825 Low, N. and Gleeson B. 1998. Justice, Society, and Nature: An Exploration of Political Ecology, Routledge.

826 Pandey, Hari Prasad, Maraseni Tek Narayan, and Apan Armando. 2024. "Assessing the Theoretical Scope of Environmental Justice in Contemporary Literature and Developing a Pragmatic Monitoring Framework," *Sustainability*, 16(24): pp.10799.

827 Agyeman, J., Bullard R.D., and Evans B. 2003. Just Sustainabilities: Development in an Unequal World,

간 우월주의나 지배적인 태도를 거부하고 '자연의 평등한 권리'를 주장한다. 종간 정의는 자연과 비인간 생명체가 인간의 필요나 효용성(도구적 가치)과 무관하게 그 자체로 고유한 가치를 지니며, 따라서 존중 받을 권리가 있음을 강조한다. 모든 생명체는 번성하고 생존할 평등한 기회와 권리를 가지며, 인간은 자신의 욕구 충족을 위해 다른 종의 서식지를 파괴하거나 그들의 생존을 위협해서는 안 된다.

피터 싱어(Peter Singer)에 의하면 종차별주의(Speciesism)는 자기가 속한 종의 이익을 옹호하면서 다른 종의 이익을 배척하는 것은 편견이나 왜곡된 태도라고 비판하였다. 인종이나 성별이 도덕적 지위를 결정하는 근거가 될 수 없듯이, 단지 종(Species)이 다르다는 이유만으로 차별하는 것은 윤리적으로 인종차별주의(Racism)나 성차별주의(Sexism)와 동일한 부당한 차별이다.[828]

3) 세대 간 정의(Intergenerational Justice)

생태정의는 또한 세대 간 정의(Intergenerational Justice)를 포함한다.[829] [830] 이는 단순한 환경보호를 넘어 지속가능 한 조건을 유지하는 것을 목표로 한다. 지속가능성은 본질적으로 미래세대가 현 세대와 동등한 삶의 기회를 가질 수 있도록 관리하는 것을 의미한다.

기후변화, 생물 다양성 감소, 자원 고갈 등 현 세대의 행동은 수십 년 후에야 영향을 미치며, 생태계에 가해지는 대부분의 손상은 되돌릴 수 없거나 회복하는데 예측할 수 없는 시간이 소요된다. 현 세대가 환경을 무분별하게 착취하면 그 부담과 손해는 고스란히 미래 세대에게 전가되는 '생태적 부채(ecological debt)가 된다. 화석연료나 광물 같은 유한한 자원의 고갈은 미래 세대의 선택을 근본적으로 제한 한다. 생태계와 지구환경은 특정 세대가 소유할 수 없는 공유 자산 또는 공공재로서 성격을 가지며, 현 세대는 지구 환경을 미래 세대를 대신하여 잠

Earthscan.

828 Peter Singer. 1975. Animal Liberation: A New Ethics for Our Treatment of Animals, New York: Avon.

829 Glotzbach, Stefanie and Baumgärtner Stefan. 2012. "The relationship between intragenerational and intergenerational ecological justice," *Environmental Values*, 21(3): pp.331-355.

830 Pandey, Hari Prasad, Maraseni Tek Narayan, and Apan Armando. 2024. "Assessing the Theoretical Scope of Environmental Justice in Contemporary Literature and Developing a Pragmatic Monitoring Framework," *Sustainability*, 16(24): pp.10799.

시 관리하는 신탁 관리자의 역할을 수행해야 한다. 현 세대 내 공정한 분배(환경정의)가 이루어지더라도, 그 과정에서 미래 세대의 환경자원을 훼손하거나 소진한다면 궁극적인 생태적 부정의가 발생한다. 따라서 세대 간 정의는 생태정의가 추구하는 지구 전체 생태계의 지속가능하고 공정한 관계라는 목표를 달성하기 위한 필수적인 시간적 전제 조건이다.

4) 지속가능 발전(Sustainable Development)과 생태정의

생태정의는 또한 지속가능발전(SDGs) 담론의 국제적 흐름에 기반하고 있으며 지속가능 발전 담론은 생태정의의 핵심 내용으로 통합된다.[831] 지속가능 발전(Sustainable Development)은 "미래 세대의 필요를 충족시킬 능력을 저해하지 않으면서 현재 세대의 필요를 충족시키는 발전"이라고 정의된다.[832] 이는 지속가능 발전의 혜택과 부담을 시간적 차원에서 공정하게 분배하는 세대 간 정의의 실현을 의미한다. 학술적 관점에서 생태정의는 정의의 범위를 인간 사회 내부(환경정의), 인간-자연관계(종간 정의)를 넘어 시간적 차원(세대 간 정의)까지 확장되어야 진정한 생태정의가 달성될 수 있다고 말한다.[833] 이런 맥락에서 지속가능 발전 담론은 생태정의를 포괄적 틀로 만드는데 기여한다. 미래 세대의 권리를 보장하는 지속가능 발전은 생태정의를 달성하기 위한 전략적 수단으로 기능한다.

---

831 Zulker Nayeen, Sekander and Islam Akramul. 2021. Environmental Justice: Emergence to Implementation and Its Relation with SDGs, In W Leal Filho, A Marisa Azul, L Brandli, A Lange Salvia, P G Özuyar, & T Wall (Eds.), 『Peace, Justice and Strong Institutions』 (pp. 242-252). Cham: Springer International Publishing.

832 World Commission on Environment and Development (WCED). 1987. Our Common Future. World Commission on Environment and Development (WCED).

833 Low, N. and Gleeson B. 1998. Justice, Society, and Nature: An Exploration of Political Ecology, Routledge.

3. 자연의 권리((Rights of Nature)운동과 생태 법률의 제정

1) 생태 법학(Ecological Jurisprudence)의 등장

기존 국가 및 국제 환경법은 대체로 인간중심적 관점에 기반해 왔다. 그러나 생태정의는 법과 정책에서도 새로운 접근을 요구한다. 생태 법학(Ecological Jurisprudence)은 법률 제정 및 사법적 결정에 생태학적 통찰력을 통합하여, 인간과 자연의 관계를 상호의존적이고 윤리적 관계로 재정립하고, 법적 패러다임의 근본적 전환을 촉구한다. 법·제도적 시스템차원에서 자연에 대한 권리를 인정하고 정의의 범위를 재정의하는 것은 자연과 관계 맺는 방식에 대한 실제적, 대안적 틀을 제공한다. 이미 세계 여러 국가는 이를 반영하여 자연 자체에 법적 인격 (legal personhood)과 법적 지위 (legal standing)를 부여하고 실질적인 권리 주체로 인정하는 법적 시스템을 운영하고 있다.

2) 주요 소송과 법률적 제도화

비인간 존재가 처음으로 법정의 원고가 된 사건은 1979년 미국의 팔릴라 소송(Palila v Hawaii Department of Land and Natural Resources)이다. 이 소송에서 시에라 클럽(Sierra Club Legal Defense Fund)과 하와이 오듀본 협회(Hawaiian Audubon Society)는 멸종위기에 처해있던 수백 마리의 팔릴라(Palila) 새를 대신하여 소송을 제기하여 승소 했고, 결국 이 새들의 서식지에서 소, 양, 염소의 방목을 중단시켰다.

20년 후, 1998년의 붉은바다거북 소송(Loggerhead Turtle v County Council of Volusia County)은 법원이 장수거북(Leatherback Sea Turtle)을 소송의 당사자로 추가하는 것을 허용한 가장 성공적인 사례로 평가된다.

그 직후인 1999년의 코호 소송(Coho Salmon v Pacific Lumber Company)과 2004년의 고래 공동체 소송(Cetacean Cmty.v Bush)에서는 법원은 비인간 존재의 소송 당사자 자격을 인정했지만, 그

근거를 '인간 공동 원고들의 주장에 명시적으로 기반한다'고 밝혔다.[834]

2011년, 동물윤리협회(People for the Ethical Treatment of Animals, PETA)는 올랜도와 샌디에이고의 씨월드(SeaWorld)를 상대로 다섯 마리 범고래를 대신해 미국 캘리포니아 남부지방 연방지방법원에 소송을 제기하며, 5마리 범고래가 미국 수정 헌법 제13조가 금지하는 노예 상태(노예제 및 비자발적 예속)에 놓여 있다고 주장하며 범고래들의 석방을 요구했다. 이 소송에 대해, 제프리 밀러 판사는 '수정 헌법 제13조는 인간에게만 적용된다'고 해석했다.

보다 중요한 사례는 2016년 말 아르헨티나에서 침팬지 세실리아(Cecilia)를 위해 제기된 소송이다. 아르헨티나 동물권 전문 변호사 협회(Argentinian Association of Professional Lawyers for Animal Rights, AFADA)의 변호사들은 세실리아를 멘도사(Mendoza) 동물원의 좁은 콘크리트 우리에서 브라질 소로카바(Sorocaba) 침팬지 보호구역으로 이송하기 위한 인신보호청구를 제기했다. 마리아 알레한드라 마우리시오(María Alejandra Mauricio) 판사는 아르헨티나 헌법과 세계 동물권 선언(Universal Declaration of Animal Rights)을 인용하며 세실리아의 석방을 명령했다. 판사는 "주 ( ) 규정이나 국가 법률이든 우리 안에 갇힌 동물의 상태를 평가하는 절차를 고려하지 않고 있다는 점을 감안할 때, 본인은 본질적 권리를 박탈당한 동물에게 인신보호청구가 적절하다고 판단한다"고 밝혔다(Tercer Juzgado de Garantías, 사건 번호 P-72.254/15, 44).[835]

개별 동물이나 멸종 위기종을 넘어 '종의 내재적 가치(Intrinsic value of species)'를 법률에 통합하는 사례도 여러 국가에서 나타난다.

코스타리카의 생물다양성법(Biodiversity Law, 1998)은 '모든 생명 형태에 대한 존중'을 장려하며, '모든 생명체는 현실적 또는 잠재적인 경제적 가치와는 무관하게 살 권리가 있다'고 명시하고 있다.

캐나다의 노스웨스트 야생동물법(Northwest Territories' Wildlife Act, 2013) 제6.2조는 '야생동물은 그 내재적 가치와 현재 및 미래 세대의 이익을 위해 보존되어야 한다'고 규정한다.

이스라엘의 국가 생물다양성 계획(National Biodiversity Plan, 2010)은 '인류에게는 생물 다양성을 존중하고 보호해야 할 책임이 있으며, 이는 또한 (또는 심지어 주로) 생물 다양성이 가지는 내재적 가치와 존재 가치 때문이다'라고 주장한다.

834 Pelizzon, Alessandro. 2025. Ecological Jurisprudence,(1 ed, pp. XXVI, 424): Springer Singapore.
835 Pelizzon, Alessandro. 2025. Ecological Jurisprudence,(1 ed, pp. XXVI, 424): Springer Singapore.

에콰도르는 2008년 국민투표를 통해 세계 최초로 자연의 권리(Rights of Nature)를 명시한 국가 헌법을 통과시켰다. 헌법은 자연을 파차마마(Pacha Mama, 대지 어머니)로 지칭하며, 인간과 마찬가지로 고유한 권리를 가지는 법적 주체로 인정한다. 이에 대한 내용은 제7장에 명시되어 있으며, 주요한 내용으로는 "자연은 헌법이 인정하는 권리의 주체가 된다(제10조).", "생명이 재생산되고 존재하는 자연, 즉 파차마마(Pacha Mama)는 그 존재에 대한 완전한 존중과 생명의 순환, 구조, 기능 및 진화 과정을 유지하고 재생할 권리를 갖는다.", "모든 사람, 공동체, 민족, 민족 집단은 공공기관에 자연의 권리 집행을 요청할 수 있다(제71조)"등 을 명시함으로써 권리 주체로서의 자연, 존재하고 유지권리 등을 명시하고 있다.

2011년, 빌카밤바 소송(Vilcabamba case)은 이러한 헌법 조항을 적용된 소송으로 세계 최초로 자연의 권리(Rights of Nature)의 판례(Wheeler et al. v Director de la Procuraduria General del Estado en Loja)로 이끌어 낸 성공적 소송이다. 에콰도르 로하(Loja) 주의 빌카밤바 강에 도로 건설 폐기물이 투기되어 지역 생태계가 훼손되고 하천이 범람하면서 피해를 입은 지역 주민 엘리너(노리) 허들(Eleanor (Norie) Huddle)과 리처드 휠러(Richard Wheeler)가 지방정부를 고소하면서 소송이 시작되었다. 두 원고는 자신들의 재산피해에 대한 손해배상을 청구하는 대신 헌법상의 자연의 권리를 인용하여 빌카밤바 강(Vilcabamba River)을 대리하여 '보호 조치 소송'(acci⊠n de tutela)을 제기하였다. 처음에는 판사가 강에 당사자 적격(standing)이 없다는 이유로 소송을 기각했지만, 항소심에서 로하 주의 법원은 빌카밤바 강으로 구현된 '자연'의 편을 들어 판결했다. 이 소송으로 '자연 전체'에 대한 중요성이 부각되었고 자연적 권리를 인정하는 상징적 소송이 되었다.

볼리비아 헌법(2009년)에는 에콰도르처럼 명시적인 '자연의 권리'조항은 없지만 헌법 전문에는 '어머니 지구(Mother Earth)'이라는 표현으로 형태로 자연을 인정하며, 헌법의 '환경 관리' 부분에서 "모든 사람은 건강하고, 보호되며, 균형 잡힌 환경에 대한 권리를 갖는다. 이 권리의 행사는 현재와 미래 세대의 개인과 집단뿐만 아니라, 다른 살아있는 생명체에게도 부여되어야 한다" (제1조).라고 명시하고 있다. 2010년에는 '어머니 지구 권리법 (Ley 071 de Derechos de la Madre Tierra)'을 제정했다. 이 법은 어머니 지구(Mother Earth)를 다음과 같이 정의한다: "어머니 지구는 모든 생명 시스템과 생명체들로 구성된 하나의 불가분의 공동체이며, 이들은 서로 연결되어 있고, 상호 의존적이며, 상호 보완적이며, 공통된 운명을 공유하는 역동적인 생명시스템이다."[836]

뉴질랜드는 특정 자연 요소를 법적 인격으로 인정한 세계 최초의 국가이다. 뉴질랜드는 2017년 최초로 자연 요소는 '황가누이강(Whanganui River)'에 법적 인격을 부여했으며, 법적 이름은 테 아와 투푸아 (Te Awa Tupua)이다. 이러한 성취는 강을 투푸나(tupuna, 조상)로 인정하고 강의 마나(마오리족 문화에서 비롯된 개념으로 단순히 물리적 특성을 넘어 생명력, 영적이고 신성한 힘, 권위와 존경 등을 의미)를 존중하는 와이카토강 및 테 아라와 호수 정착법(2010)이 마련한 선례를 바탕으로 이루어졌다.

뉴질랜드의 입법 이니셔티브에 영감을 받은 콜롬비아도 2016년 아트라도 강(Atrato River)을 법적 실체이자 권리주체로 선언했다. 이외에도 호주 빅토리아주의 Yarra River 보호법(Yarra River Protection(Wilip gin Birrarung murron) Act, 2017), 방글라데시의 투라그 강(Turag river) 법인격 인정(2019) 등 세계적으로 자연의 권리를 인정하는 다양한 사례들이 있다.

국내에서도 자연의 권리를 제도화하려는 움직임이 있다. 제주도는 사람 외에 생태적 가치가 중요한 자연환경이나 동식물에 법적 권리를 부여하는 '생태법인' 제도 도입을 추진하고 있다. 제주 연안의 '남방큰돌고래'를 비롯해 위기에 처한 동·식물을 보호하기 위해 생태법인 제도 도입이 필요하다는 주장이 제기되어 왔다.[837] 이러한 사례는 생태정의가 법적 실천으로 확장되고 있음을 보여준다.

개별 동물 및 자연에게 권리를 인정하는 다양한 사례는 기존의 인간 중심적 법체계가 가진 한계를 넘어서려는 시도이다. 생태정의는 생태계 및 자연을 대하는 인식과 태도의 근본적 변화를 전제하며, 윤리적 책임을 요구한다. 해외 국가들의 생태 법률 제정 과정은 기후변화와 생물 다양성 감소 등 현대의 생태 위기에 대응하기 위해 법적 구조 자체의 생태적 전환이 필요함을 강조한다. 한국에서도 환경권 논의는 활발하지만 자연의 권리를 법적으로 인정하는 수준에는 이르지 못하고 있다. 생태정의는 한국 법제가 인간 중심적 법률 기반을 넘어 생태적 진화 방향을 제시하는 데 중요한 이론적 기반을 제시한다.

836 Pelizzon, Alessandro. 2025. Ecological Jurisprudence,(1 ed, pp. XXVI, 424): Springer Singapore.

837 '25년 1월 현재, 국회에는 생태법인 제도 도입 내용을 담은 「제주도 설치 및 국제자유도시 조성을 위한 특별법 일부법률개정안」이 발의되어 있다. 개정안은 제주도지사가 제주의 독특한 생태적 가치를 보전하고 생태계를 지속 가능하도록 관리하기 위해 환경·생태적 가치를 지닌 특정 생물종, 생태계, 자연환경 등을 생태법인으로 지정할 수 있도록 하는 내용을 담고 있다. 법인격을 부여받으면 기업이 국가·개인 등을 대상으로 소송을 제기하듯 동식물도 후견인 또는 대리인을 통해 소송을 제기할 수 있는 법적 주체가 된다(김영헌, "제주서 국내 첫 생태법인 제도 도입 나선다," 한국일보, Jan 15 2025.)

[참고 12]

제주도의 생태적 위협과 생태법인 추진

제주도의 생태적 위협

노을 해안로에서 촬영한 남방큰돌고래(위). 갈고리에 긁힌 듯한 자국이 보이는 남방큰돌고래(아래).

출처 : 해양시민과학센터 파란(https://greenparan.org/17/?q=YToyOntzOjEyOiJrZXl3b3JkX3R5cGUiO3M6MzoiYWxsIjtzOjQ6InBhZ2UiO2k6Mjt9&bmode=view&idx=168072648&t=board).

제주 지역의 심각한 생태적 위협에 대응하기 위해 제주특별자치도는 국내 최초로 생태법인(Eco-Legal Person)제도 도입을 추진하고 있다. 이는 생태정의로의 법적 패러다임 전환을 의미한다.

제주도는 유네스코 세계자연유산, 생물권 보전지역, 세계지질공원 등 국제적으로 인정받는 자연 유산을 보유하고 있다. 그러나 제주 지역의 생태 환경은 민감하고, 현행 제도적 기반은 취약하다. 자연 유산을 지속가능하게 관리·보호하기 위해서는 기존 법규를 넘어서는 특별한 안전장치가 필요하며, 이를 위해 생태법인 도입이 시급하다.

제주의 생태법인 추진 대상은 우선적으로 제주 남방큰돌고래이다. 제주 연안에 약 100~120여 마리만 서식하는 국제적 멸종위기 보호종으로 해상풍력 발전, 선박 충돌, 관광 활동, 폐 어구 등으로 서식 환경이 심각하게 위협받고 있다. 제주도는 남방큰돌고래를 대한민국 제1호 생태법인으로 지정하여 서식지 보호와 개체수 유지를 위한 법적 구속력을 확보하고자 한다.

법적 패러다임의 근본적 전환 요구

현행 환경관련법은 자연을 인간의 재산 또는 자원으로 간주하며, 환경보호 역시 인간의 건강과 복지를 위한 수단으로 대상화하고 있다. 자연 자체의 고유 가치와 권리를 인정하지 못함으로 제주도의 고유 자연 및 생태계를 보전하는데는 한계가 있다.

국제적으로는 이미 뉴질랜드의 환가누이 강 (Whanganui River), 에콰도르 헌법(2008), 볼리비아의 어머지 지구 권리법(2010) 등에서 자연의 권리를 인정하는 법적 제도가 확산되고 있다. 제주도의 생태법인 추진은 국제적으로 확산되고 있는 '자연의 권리(Rights of Nature)' 운동과 세도화 흐름을 국내에 도입하여 기후 위기 극복이라는 인류 공통의 과제에 선도적으로 동참하려는 시도이다.

생태법인 도입을 위한 제주특별법 개정

생태법인 제도 도입을 위한 법적 근거 마련을 위해 기존 「제주특별자치도 설치 및 국제자

유도시 조성을 위한 특별법(제주특별법) 」일부개정 법률안이 국회에 발의되었다.

그림 2. 해류를 타고 섬에 쌓인 쓰레기.

출처 : 해양시민과학센터 파란(https://greenparan.org/898070451/?idx=168683164&bmode=view). CC BY-SA

생태법인 제도 도입을 위한 제주특별법 개정안의 주요 내용은 다음과 같다.

생태법인 지정 권한 : 제주도지사가 도의회 동의(3분의 2 이상)를 받아 특정 생물종, 생태계, 자연환경 등을 생태법인으로 지정할 수 있는 있도록 규정(안 제361조의 2신설).

생태법인의 권리와 의무 : 생태법인에 권리와 의무를 부여하여 법적 주체로 인정(안 제361조의 3 신설)

생태법인의 권리와 이익 보호 : 생태법인의 권리와 이익을 보호·대변하기 위해 위원회를 구성(안 제361조의 4 신설)하도록 함.[838]

838 위성곤 외 9인. 2024. 제주특별자치도 설치 및 국제자유도시 조성을 위한 특별법 일부개정법률안.

지역사회의 우려와 대응

법적 실효성 및 구체적 집행 체계 마련 : 생태법인이 법적 권리를 갖더라도, 실제로 누가 어떤 방식으로 권리를 행사하고, 법원이 이를 어떻게 해석하고 판단할지 등 구체적인 집행 체계와 실효성 확보를 위한 지속적 논의 필요

대응: 제주도는 생태법인별 지원위원회 설치 및 필요한 재원 마련 등의 내용을 조례로 구체화할 계획 제시

어업권 축소 및 어민 피해 : 남방큰돌고래 서식지 인근 어민들을 중심으로 생태법인 지정이 어업권 축소나 지역 경제 활동 위축 등 경제적 피해를 초래할 수 있다는 우려 제기

대응 : 발의된 개정안은 지역사회 갈등을 최소화하기 위해 생태법인 지정으로 인해 경제적 피해를 보는 지역 또는 개인에 대해 적절한 보상을 할 수 있도록 하는 근거 마련

[참고 13]

자연의 권리를 위한 에콰도르의 빌카밤바 소송(Vilcabamba case)

2011년 에콰도르의 빌카밤바 소송(Vilcabamba Case)은 빌카밤바 강(Vilcabamba River) 주변에서 이루어진 도로 확장 공사로 인해 촉발되었다. 이 소송은 에콰도르 헌법에 명시된 자연의 권리(Rights of Nature)를 성공적으로 적용한 세계 최초의 사례로서 역사적 중요한 사례이다.

빌카밤바-퀴나라 도로 확장 공사[839]

그림 1. 빌카밤가 강에 투기된 빌카밤바-퀴나라(Vilcabamba-Quinara 도로 확장 공사 잔해물).

출처: The Global Alliance for the Rights of Nature(GARN) & (Richard Frederick Wheeler and Eleanor Geer Huddle). CC BY-NC

839 Greene, Natalia. 2011. "The first successful case of the Rights of Nature implementation in Ecuador," *The Global Alliance for the Rights of Nature. Available: http://therightsofnature. org/first-ron-case-ecuador.*

에콰도르 로하 주정부(Provincial Government of Loja)는 빌카밤바-퀴나라(Vilcabamba-Quinara) 도로 확장 공사를 추진하였다.

공사 과정에서 발생한 엄청난 양의 암석과 굴착 잔해가 빌카밤바 강(Vilcabamba River)에 무단으로 투기되었고, 잔해물은 강바닥에 쌓여 강의 흐름을 증가시키고(유속 변화), 강둑의 형태를 변형시켰다.

공사는 환경 영향 평가(Environmental Impact Assessment) 없이 3년 동안 진행 되었으며, 강 주변 생태계를 파괴하고 강변 마을 주민들에게 심각한 피해를 초래하였다. 특히 우기(겨울철 비)에 홍수 위험이 크게 증가하여 실제로 대규모 홍수가 발생하고 지역의 토지가 침수되는 피해가 발생하였다.

에콰도르 헌법의 자연의 권리 보장 [840]

에콰도르는 2008년 개헌을 통해 세계 최초로 헌법에 '자연의 권리'를 명시하여, 권리 주체로서의 자연에게 인간과 동등한 법적 지위를 부여하고, 자연을 대신하여 개인과 공동체가 공공기관에 소송을 제기할 수 있도록 하였다.

헌법은 자연을 파차마마(Pacha Mama, 대지 어머니)로 칭하며, 다음과 같이 규정하였다.

> "자연은 헌법이 인정하는 권리의 주체가 된다(제10조)."
>
> "생명이 재생산되고 존재하는 자연, 즉 파차마마(Pacha Mama)는 그 존재에 대한 완전한 존중과 생명의 순환, 구조, 기능 및 진화 과정을 유지하고 재생할 권리를 갖는다(제71조)."
>
> "모든 사람, 공동체, 민족, 민족 집단은 공공기관에 자연의 권리 집행을 요청할 수 있다(제71조)"

840 Berros, María Valeria. 2017. "Defending rivers: Vilcabamba in the South of Ecuador," *RCC Perspectives*, (6): pp.37-44.

소송 제기

빌카밤바 강에 투기된 공사 잔해물 때문에 우기시 지역주민의 토지가 홍수로 침수된 모습.

출처: The Global Alliance for the Rights of Nature(GARN) & (Richard Frederick Wheeler and Eleanor Geer Huddle). CC BY-NC

빌카밤바 강 유역에 거주하던 리처드 프레드릭 휠러(Richard Frederick Wheeler)와 엘리너 기어 허들(Eleanor Geer Huddle)이 2011년 3월 30일, 로하 지방법원(Provincial Court of Justice of Loja)에 헌법적 보호 소송(Constitutional Injunction) 을 제기하였다. 이들은 로하 주정부의 행위가 에콰도르 헌법에 보장된 빌카밤바 강이라는 자연의 권리를 직접적으로 침해했다고 주장하였다.

소송 결과

로하 지방법원은 원고의 주장을 받아들여 주정부의 자연 권리 침해를 인정하고, 강을 복원할 계획을 제출할 것을 명령하였다.

이 판결은 자연을 단순한 재산이나 자원이 아닌, 법적 권리를 가진 실체(legal entity)로 인정한 최초의 판례가 되었다.

시사점

빌카밤바 소송은 단순한 환경 분쟁을 넘어, 자연을 법적 주체로 인정하는 생태법의 전환점을 마련하였다. 이 판례는 이후 뉴질랜드 황가누이강(2017), 인도 갠지스강·야무나강(2017), 콜롬비아 아트라도강(2016) 등 에서 유사한 판례와 입법을 촉발하는 계기가 되었다.

참고문헌

위성곤 외 9인. 2024. 제주특별자치도 설치 및 국제자유도시 조성을 위한 특별법 일부개정법률안.

Agyeman, J., Bullard R.D., and Evans B. 2003. Just Sustainabilities: Development in an Unequal World, Earthscan.

Berros, María Valeria. 2017. "Defending rivers: Vilcabamba in the South of Ecuador," RCC Perspectives, (6): pp.37-44.

Byrne, Jason,2010, Ecological Justice, In B Warf (Ed.), 『Encyclopedia of Geography』 (Vol. 1): SAGE.

Ferry, Luc. 1995. The new ecological order, University of Chicago Press.

Glotzbach, Stefanie and Baumgärtner Stefan. 2012. "The relationship between intragenerational and intergenerational ecological justice," Environmental Values, 21(3): pp.331-355.

Greene, Natalia. 2011. "The first successful case of the Rights of Nature implementation in Ecuador," The Global Alliance for the Rights of Nature. Available: http://therightsofnature. org/first-ron-case-ecuador.

Low, N. and Gleeson B. 1998. Justice, Society, and Nature: An Exploration of Political Ecology, Routledge.

Nash, Roderick Frazier. 1989. The rights of nature: a history of environmental ethics, Univ of Wisconsin press.

Pandey, Hari Prasad, Maraseni Tek Narayan, and Apan Armando. 2024. "Assessing the Theoretical Scope of Environmental Justice in Contemporary Literature and Developing a Pragmatic Monitoring Framework," Sustainability, 16(24): pp.10799.

Pelizzon, Alessandro. 2025. Ecological Jurisprudence,(1 ed, pp. XXVI, 424): Springer Singapore.

Peter Singer. 1975. Animal Liberation: A New Ethics for Our Treatment of Animals, New York: Avon.

Plumwood, Val. 1993. Feminism and the Mastery of Nature.

Stone, Christopher D. 1972. "Should Trees Have Standing--Toward Legal Rights for Natural Objects," S. Cal. L. Rev., 45: pp.450.

Watson, Richard A. 1983. "A critique of anti-anthropocentric biocentrism," Environmental Ethics, 5(3): pp.245-256.

World Commission on Environment and Development (WCED). 1987. Our Common Future. World Commission on Environment and Development (WCED).

Zulker Nayeen, Sekander and Islam Akramul. 2021. Environmental Justice: Emergence to Implementation and Its Relation with SDGs, In W Leal Filho, A Marisa Azul, L Brandli,

A Lange Salvia, P G Özuyar, & T Wall (Eds.), 『Peace, Justice and Strong Institutions』 (pp. 242-252). Cham: Springer International Publishing.

제6장

환경정의와 정의로운 전환

1. 정의로운 전환 담론의 등장

'정의로운 전환(Just Transition)'은 1970년대 미국에서 환경주의와 결합한 노동 운동 전략으로 제시된 개념이다. 초기에는 노동자를 위한 슈퍼펀드(Superfund for Workers)라는 용어로 불렸으며, 1970년대 미국 환경정책법과 연방 슈퍼펀드법이 제정된 이후 오염산업에 대한 규제가 강화되고 환경기준을 충족하지 못한 산업체의 고용이 위축되는 상황에서 등장하였다.[841]

석유·화학·원자력 노동조합(The Oil, Chemical, and Atomic Workers Union, OCAW)은 오염된 작업현장에서 정화작업에 많은 자금을 지원했음에도 불구하고 대규모 일자리 감소에 직면하였다. OCAW의 핵 근로자와 독성근로자들은 "직업의 위험성과 국가에 대한 봉사" 때문에 일자리를 잃더라도 평생 소득과 혜택을 보장받아야 한다고 주장하였다. 노동자들은 자신들의 산업이 환경 및 건강문제를 일으키고 있다는 것을 인정하면서도, 노동자와 지역사회의 협력을 통해 환경문제를 해결하고 동시에 적절한 일자리와 생계를 보장하는 공공정책이 가능하다고 믿었다. 이 과정에서 노동자 재교육, 지역사회 지원, 친환경적인 계획·설계 등을 포함하는 '노동자를 위한 슈퍼펀드'와 '지역사회를 위한 슈퍼펀드'를 요구하였다.[842]

841 Leopold, Les. 2007. The man who hated work and loved labor: The life and times of Tony Mazzocchi, Chelsea Green Publishing.

842 1997년에는 노동조합 운동과 지역 사회 중심 환경정의 그룹을 연결하는 것을 목적으로 하는 Just Transition Alliance(JTA)가 출범했다. 이 그룹은 1980년대와 1990년대에 걸쳐 생겨났으며, Superfund 사이트 지정을 중심으로 움직였다.

1) '슈퍼펀드'에서 '정의로운 전환'으로

1970년대 ~ 2000년대 초까지 노동조합은 "일자리 대 환경"이라는 대립구도를 극복하기 위해 강력한 노동-환경 연합을 만드는데 적극적이었으며, 환경정의 그룹과 동맹을 맺어나갔다. 이 과정에서 환경론자들은 "슈퍼펀드superfund"라는 용어가 부정적인 의미를 내포한다고 지적하면서 이를 "정의로운 전환just transition"으로 변경하였다.[843] 초기 정의로운 전환은 위험한 산업에 종사하는 근로자와 지역사회를 위한 사회적 보호프로그램의 개발을 강조하며, 취약한 산업의 일자리를 보호하기 위해 적절한 조치를 취하는 것을 목표로 하였다. 이 시기의 정의로운 전환에서 요구되는 환경보호는 노동자·지역사회 복지보다 우선하지 않도록 할 수 있다고 보았고, 그런 면에서 정의로운 전환을 노동중심의 개념으로서 매력적으로 보았다.[844]

2) 국제적 확산

1990년대 들어 OCAW는 미국 전역의 환경정의 그룹과 본격적으로 동맹을 맺으며 정의로운 전환 개념을 확대하였다.[845] 그 이후 북미 노동정치 의제에서는 다소 후퇴했지만 아르헨티나·호주·스페인·영국 등의 국가에서 수용되었고 국제노동조합연합(ITUC), 유럽노동조합연합(ETUC)와 같은 국제 노동조합 네트워크가 이를 확장하였다. 1990년대 초부터 노동조직이 글로벌 환경협상에 참여함으로써 정의로운 전환 원칙은 국제적으로 확산되었다.[846]

노동조합은 글로벌 환경협상에서 점점 더 중요한 이해관계자로 간주되었고, 양질의 녹색 일자리를 포함하는 정의로운 전환을 크게 옹호하였다.[847] 이후 수 십 년 동안 기후정의 활동가

---

843 Leopold, Les. 2007. The man who hated work and loved labor: The life and times of Tony Mazzocchi, Chelsea Green Publishing.

844 Kenfack, Chrislain Eric. 2018. "Changing environment, just transition and job creation: perspectives from the south."

845 Henry, Matthew S., Bazilian Morgan D., and Markuson Chris. 2020. "Just transitions: Histories and futures in a post-COVID world," *Energy Research & Social Science*, 68: pp.101668.

846 Harry, Steven J, Maltby Tomas, and Szulecki Kacper. 2024. "Contesting just transitions: climate delay and the contradictions of labour environmentalism," *Political Geography*, 112: pp.103114.

847 Stevis, Dimitris and Felli Romain. 2015. "Global labour unions and just transition to a green economy," *International Environmental Agreements: Politics, Law and Economics*, 15(1): pp.29-43.

들이 이 역할을 이어 받았으며,[848] 2010년 유엔 기후변화회의의 최종 합의에서 정의로운 전환의 필요성을 인정받는데 기여했다.[849]

2010년 칸쿤에서 열린 COP16에서 "적절한 일자리와 양질의 일자리를 창출하는 노동력의 정의로운 전환" 개념이 공식 국제 정책 문서에 처음 등장하였다.[850] 국제노동기구(ILO)는 전환과 관련된 불평등 문제를 인정하고 이를 다루는 방법을 제안하는 '정의로운 전환 프레임워크'를 제시하였다.[851] 국제사회에서 정의로운 전환의 명시화는 기후변화에 대한 대응조치의 부정적인 영향을 인식하고 사회경제적 영향을 최소화하기 위한 노력에서 비롯되었으며, 여기에는 국가가 수행하는 조치, 정책 및 프로그램이 포함 된다.[852]

2015년 파리 협정(COP21)은 정의로운 전환을 "노동력의 공정한 전환과 적절한 일자리와 양질의 일자리 창출"이라고 표현하며, 기후대응조치의 사회경제적 영향을 최소화하는 원칙을 확립하였다.[853] 동일한 표현은 협정을 위한 협상 내용, COP결정, 그리고 대응 조치의 영향에 대한 포럼에서 생산된 문서에서도 일관되게 언급되었다.[854]

COP 26(Glasgow)과 COP 27(Sharm-el-Sheikh)에서는 정의로운 전환을 "저탄소 에너지 시스템으로 전환하면서 […] 국가 상황에 맞춰 가장 가난하고 취약한 계층에 대한 타깃 지원을 제공"하는 것으로 설명하면서, 정의로운 전환을 위한 지원의 필요성 인식을 촉구하였다. 파리협정(COP21)에서 개념화한 것과 비교했을 때 정의로운 전환의 내용이 좀더 명확히 되고, 확장되었다고 볼 수 있다. 특히 이 내용은 COP 결정에서 처음으로 노동력 언급 없이 정의로운 전환을 언급하면서, 취약한 계층에 대한 지원과 분배 정의 맥락으로 확장되었다는 측면에서 중요하

---

848 Stevis, Dimitris and Felli Romain. 2020. "Planetary just transition? How inclusive and how just?," *Earth System Governance*, 6: pp.100065.

849 Stevis, Dimitris and Felli Romain. 2015. "Global labour unions and just transition to a green economy," *International Environmental Agreements: Politics, Law and Economic*s, 15(1): pp.29-43.

850 UNFCCC. Conference of the Parties(COP). 2011. Report of the Conference of the Parties on its sixteenth session, held in Cancun from 29 November to 10 December 2010. Addendum. Part two: Action taken by the Conference of the Parties at its sixteenth session.

851 ILO. 2015. Guidelines for a just transition towards environmentally sustainable economies and societies for all. In: International Labour Organization Geneva.

852 Johansson, Vilja. 2023. "Just Transition as an Evolving Concept in International Climate Law," *Journal of Environmental Law*, 35(2): pp.229-249.

853 UNFCCC. 2015. Paris agreement. In: UNITED NATIONS

854 Galanis, Giorgos, Napoletano Mauro, Popoyan Lilit, Sapio Alessandro. 2025. "Defining just transition," *Ecological Economics*, 227: pp.108370.

다.[855]

샤름엘셰이크(Sharm-el-Sheikh) 실행 계획에서는 "공정하고 공평한 전환은 에너지, 사회경제, 노동력 및 기타 차원을 포함하는 경로를 포함하며, … 전환과 관련된 잠재적 영향을 완화하기 위해 사회적 보호를 포함해야 한다"고 강조함으로써, 정의로운 전환 조치의 대상을 광범위하게 확장하고, 정의로운 전환을 형평성 개념과 명확하게 연결하였다. 같은 결정은 또한 "기후 위기에 대한 공정한 해결책은 의미 있고 효과적인 사회적 대화와 모든 이해 관계자의 참여에 기반해야 한다"고 명시함으로써 분배적 측면뿐만 아니라 절차적 정의를 강조하였다.[856]

EU는 2020년 1월, 정의로운 전환을 실현하기 위한 방법으로서 기금·민간 투자·공공 대출을 축으로 산업의 다변화, 석탄지역의 전환, 산업 전환 지역에 대한 시범 활동 등을 지원하는 정의로운 전환 메커니즘(Just Transition Mechanism)을 발표하였다. EU의 정의로운 전환 메커니즘은 화석연료에 의존하고 온실가스가 집중적인 지역을 우선 대상으로 초점을 맞추어, 기후중립의 목표와 전환의 부정적인 영향 완화를 위해 노동 및 산업 전환 지원을 목적으로 한다.

오늘날 정의로운 전환은 저탄소 전환 맥락에서 특히 강조된다. 저탄소 전환 과정은 구조적 불평등과 부정의적 요소를 내재하고 있으며, 전환의 비용과 혜택은 불균등하게 분배된다. 따라서 전환에 대한 이해와 비전은 다를 수 있지만, 정의로운 전환은 다음과 같은 접근을 필요로 한다.

첫째, 정의로운 전환은 변혁적이어야 한다. 초기 정의로운 전환은 화석연료 의존 산업에서 전환 과정의 저항을 조정하고, 일자리 대 환경(기후)의 대립을 무너뜨리는 긍정적 역할을 하였다. 그러나 기후위기 시대의 저탄소 전환은 산업과 일자리 문제를 넘어 빈곤, 식량 불안, 생태계 파괴, 기후재난 등 다양한 영역에서 정의와 형평성 문제를 제기한다. 피해와 부담은 사회적·경제적·생물학적 취약 집단에게 집중되며, 복합적 취약성은 불평등을 심화시킨다. 국제노동기구(ILO)는 정의로운 전환을 "환경적으로 지속가능한 경제로의 전환 과정에서 사회적 보호와 포용적 정책을 통해 불평등을 줄이고 취약 집단을 보호하는 과정"으로 정의한다. 이는 정의로운 전환이 단순한 산업 구조조정이 아니라, 사회 전체의 가치와 제도를 변혁하는 과정임

855 Johansson, Vilja. 2023. "Just Transition as an Evolving Concept in International Climate Law," *Journal of Environmental Law*, 35(2): pp.229-249.

856 Johansson, Vilja. 2023. "Just Transition as an Evolving Concept in International Climate Law," *Journal of Environmental Law*, 35(2): pp.229-249.

을 강조한다. 따라서 오늘날 정의로운 전환은 변혁적이어야 한다. 지속적인 성장에 기반한 지배적인 경제시스템을 넘어, 환경 및 사회적 위기에 책임이 있는 기존의 정치·경제 구조를 재편하고, 근본적으로 다른 인간-환경관계를 구축하는 대안적 개발 경로를 모색하는 것이다.[857] 변혁적 접근은 인종차별, 가부장제, 계급주의, 성차별과 같은 억압 구조를 해체하며, 여성·토착민·유색인종·성소수자 등 소외된 집단의 불평등 개선 또한 포함한다. 정의로운 전환이 변혁적이지 않다면, 기후위기 대응은 기술적 조치에 머물고, 사회적 불평등을 재생산할 위험이 크다.

둘째, 정의로운 전환은 부정의·불평등을 교정하는 기회와 과정이다. 저탄소 전환 과정은 필연적으로 새로운 불평등과 취약성을 발생시킨다. 정의로운 전환 요구는 저탄소 전환 과정에 내재한 특성에 기인한다. 재생에너지 시스템은 특정 환경에 의존하는 구조적, 지리적 불평등 특성이 있기 때문에,[858] 재생에너지로의 전환 과정은 새로운 부정의·취약성이 생기거나,[859] 특정 커뮤니티 및 사회경제적 그룹에 대한 잠재적인 부정적인 영향이 나타날 수 있다.[860] 그러므로 저탄소 전환은 정의적 관점이 요구되며,[861] 전환의 과정은 정의로운 전환이 되어야 한다.[862] 저탄소 전환은 또한 화석 연료 경제의 불의를 바로잡을 기회이며 그렇게 하지 않거나 불평등이 악화되도록 내버려 주는 것은 그 자체로 불의를 허용하는 것이다.[863] 정의와 형평성이 전환의 필수적인 부분이 되어야 한다는 요구는 점점 확대되고 있다.

셋째, 정의로운 전환은 지역사회 중심이어야 한다. 정의로운 전환은 지역사회(커뮤니티)의 역할 및 영향에 집중할 필요가 있다. 지역사회는 개인적 영역과 정치적 영역이 교차하는 곳으로, 전환의 과정과 결과는 주민 인식과 일상 생활, 지역 경제, 커뮤니티의 정체성에 직접적인 영

---

857 Morena, Edouard, Stevis Dimitris, Krause Dunja, Mertins-Kirkwood Hadrian. 2018. Mapping Just Transition(s) to a Low-Carbon World. the United Nations Research Institute for Social Development (UNRISD), the University of London Institute in Paris (ULIP), the Rosa Luxemburg-Stiftung (RLS).

858 Bouzarovski, Stefan and Simcock Neil. 2017. "Spatializing energy justice," *Energy Policy*, 107: pp.640-648.

859 Sovacool, Benjamin K., Martiskainen Mari, Hook Andrew, and Baker Lucy. 2019. "Decarbonization and its discontents: a critical energy justice perspective on four low-carbon transitions," *Climatic Change*, 155(4): pp.581-619.

860 Carley, Sanya and Konisky David M. 2020. "The justice and equity implications of the clean energy transition," *Nature Energy*, 5(8): pp.569-577.

861 Bouzarovski, Stefan and Simcock Neil. 2017. "Spatializing energy justice," *Energy Policy*, 107: pp.640-648.

862 McCauley, Darren and Heffron Raphael. 2018. "Just transition: Integrating climate, energy and environmental justice," *Energy Policy*, 119: pp.1-7.

863 Eisenberg, A. M. 2019. "Just transitions," *Southern California Law Review*, 92: pp.273-330.

향을 미친다. 저탄소 전환은 재생에너지 시설의 입지, 석탄화력 및 화석 연료기반 산업의 폐쇄, 노동력·일자리 전환 등 지역 차원에서 구체적으로 나타난다. 기후정의 연합(Climate Justice Alliance), 풀뿌리 글로벌 정의 연합(Grassroots Global Justice Alliance), 운동 세대(Movement Generation)와 같은 그룹은 정의로운 전환의 핵심은 '지역 사회가 일상 생활에 영향을 미치는 결정을 통제할 수 있는 심층적 민주주의'라고 이해한다. 오리건 정의 전환 연합(Oregon Just Transition Alliance) 역시 정의로운 전환의 과정은 지역 사회가 주도해야 한다고 말한다.[864] 따라서 정의로운 전환은 지역사회의 지리·공간적 특성을 인정하고, 가장 취약한 사람들의 요구를 반영해야 하며, 공간적으로 정의로운 전환이 되어야 한다.

2. 정의로운 전환의 개념

정의로운 전환은 상대적으로 저탄소 전환 과정의 노동 및 산업분야를 강조하고 있으나, 노동 ·산업 분야나 기술의 전환(technology transition)만을 의미하지 않는다. 정의로운 전환은 기술적, 경제적, 생태적, 사회문화적, 제도적 발전 등 다양한 영역간 상호작용을 통해 광범위한 변화를 촉진하며, 노동자 보호를 넘어 에너지 접근성, 빈곤 문제. 기후정의 목표를 포함하는 방향으로 발전하고 있다. 정의로운 전환이 에너지 및 기후문제를 해결하기 위한 과정의 형평성 및 정의 문제에 주목하며, 저탄소 전환의 공정성을 보장하기 위한 필수적인 요소로 인식되기 때문이다.[865] [866] [867] [868]

---

864 Morena, Edouard, Stevis Dimitris, Krause Dunja, Mertins-Kirkwood Hadrian. 2018. Mapping Just Transition(s) to a Low-Carbon World. the United Nations Research Institute for Social Development (UNRISD), the University of London Institute in Paris (ULIP), the Rosa Luxemburg-Stiftung (RLS).

865 Newell, Peter and Mulvaney Dustin. 2013. "The Political Economy of the Just Transition," *The Geographical Journal*, 179: pp.132-140.

866 Snell, D. 2018. ""Just transition'? Conceptual challenges meet stark reality in a "transitioning' coal region in Australia," *Globalizations*, 15(4): pp.550-564.

867 Stevis, Dimitris and Felli Romain. 2015. "Global labour unions and just transition to a green economy," *International Environmental Agreements: Politics, Law and Economics*, 15(1): pp.29-43.

868 Stevis, Dimitris and Felli Romain. 2020. "Planetary just transition? How inclusive and how just?," *Earth*

1) 실천적 측면의 정의로운 전환

미국의 캘리포니아네 기반을 둔 '정의로운 전환 연대(Just Transition Alliance, JTA)'는 오염산업과 함께 살아가는 노동자와 지역사회 구성원들이 건강한 직장과 지역사회를 만들 수 있도록 노력한다. JTA 는 "건강한 환경과 강력한 경제의 공존을 강조하는 정의로운 전환"을 주장하며, 이러한 목표를 달성하기 위한 과정과 실천은 "포용적이고, 공정하며, 지역사회 주도적"이어야 한다고 말한다.

기후정의 동맹(The Climate Just Alliance, CJA) [869] 은 정의로운 전환을 "추출경제에서 재생 경제로 전환하기 위한 경제적·정치적 힘을 구축하는 일련의 원칙"으로 정의하며, 구조적 불평등에 대응하는 사회 정의 중심의 접근을 취한다.[870]

원주민 환경네트워크(Indigenous Environmental Network, IEN)는 "민주적이고 분산적인 접근 방식, 토착민 기반 녹색 경제, 에너지 정의, 지역사회 기반 계획, 지역화된 지역 사회 역량 강화"를 정의로운 전환의 원칙으로 제시한다.

2) 학문적 영역의 정의로운 전환

학문적 영역에서 환경 학자 Caroline Farrell은 정의로운 전환을 "화석 연료 경제의 문제를 피하고.., 진성으로 정의로운 경제를 만드는 것을 목표로 하는 전환" 또는 "불균형한 환경적 영향을 초래하지 않는 경제로의 전환"이라고 정의한다.[871]

농촌 사회학자 Linda Lobao는 정의로운 전환을 "석탄 지역 사회를 더 나은 미래를 제공하

System Governance, 6: pp.100065.

869 CJA 는 에너지 정의 네트워크(Energy Justice Network)와 애팔래치아 동맹(Alliance for Appalachia)에서 토착 환경네트워크(Indigenous Environmental Network) 및 전국 가족 농장 연합(National Family Farm Coalition)에 이르기까지 다양한 조직이 참여하고 있다.

870 Henry, Matthew S., Bazilian Morgan D., and Markuson Chris. 2020. "Just transitions: Histories and futures in a post-COVID world," *Energy Research & Social Science*, 68: pp.101668.

871 Farrell, Caroline. 2012. "A just transition: Lessons learned from the environmental justice movement," *Duke FL & Soc. Change*, 4: pp.45.

는 경제 부문으로 이동시키는 것"이라고 해석한다.[872]

법률 분야에서 David Doorey는 "경제가 저탄소 경제 활동으로 전환해야 할 필요성을 인식하는 동시에 적절한 일자리를 촉진하고 이 전환과 관련된 위험과 보상의 공정한 분배를 존중하는 법적, 정책적 대응 및 계획을 옹호하는 정책 플랫폼"이라고 설명한다.[873]

이처럼 정의로운 전환은 기후위기 대응 및 저탄소 전환 과정에서 나타나는 변화에 대응 운동 전략이면서 정책 개념으로 보편적으로 합의된 정의는 없다.[874] 일반적으로 가장 광범위하게 받아들여지는 전환의 의미는 "화석 기반 경제에서 저탄소 또는 탈탄소화 된 세계로의 전환"을 의미한다.

3) 정의로운 전환의 원칙과 구성요소

에너지 정의 학자들은 정의로운 전환이 기후, 에너지, 환경 연구 및 실천에서 다양한 정의 지향적 접근을 단일하고 포괄적이며 횡단적인 프레임워크로 결합할 수 있는 수단을 제공한다고 주장한다. Abram, S. et al.(2022)은 정의로운 전환이 "정의에 대한 통합적이고 전체 시스템적인 관점(절차적, 분배적, 인식적, 복원적)을 제공하며, 이는 환경 및 사회 경제적 문제를 해결하는 체계적인 해결책을 식별하는데 도움이 될 수 있다고 설명한다.[875]

따라서 정의로운 전환은 기후·에너지·환경정의를 통합하는 포괄적 프레임워크이며, 전환 전반에 걸쳐 공정성과 형평성을 분석·촉진하기 위한 수단이다.[876] [877] 세 가지 정의 담론은 서

---

872 Lobao, Linda, Zhou Minyu, Partridge Mark, and Betz Michael. 2016. "Poverty, place, and coal employment across Appalachia and the United States in a new economic era," *Rural Sociology*, 81(3): pp.343-386.

873 Doorey, David J. 2017. "Just transitions law: Putting labour law to work on climate change," *Journal of Environmental Law and Practice* 201, 30(2).

874 Henry, Matthew S., Bazilian Morgan D., and Markuson Chris. 2020. "Just transitions: Histories and futures in a post-COVID world," *Energy Research & Social Science*, 68: pp.101668.

875 Abram, S.Atkins E.Dietzel A.Jenkins K. 2022. "Just Transition: A whole-systems approach to decarbonisation," *Climate Policy*, 22(8): pp.1033-1049.

876 Jasanoff, Sheila. 2018. "Just transitions: A humble approach to global energy futures," *Energy Research & Social Science*, 35: pp.11-14.

877 McCauley, Darren and Heffron Raphael. 2018. "Just transition: Integrating climate, energy and environmental justice," *Energy Policy*, 119: pp.1-7.

로 연결되어 있으며, 정의로운 전환을 구현하는데 반드시 해결해야 할 과제이기도 하다. 이를 통합하는 정의로운 전환은 에너지와 일자리에 대한 문제뿐만 아니라 지속가능성과 형평성에 대한 우려까지 포함되도록 확장된 개념이다.

기후·에너지·환경정의 담론을 통합하는 정의로운 전환 원칙은 분배적 정의, 절차적 정의, 회복적 정의가 언급되지만 기후위기 시대의 취약성을 고려하면 인정적 정의 또한 강조된다.[878 879]

분배적 정의는 저탄소 전환의 혜택과 부담이 사회와 공간 전체에 균등하게 할당되는지 여부를 의미한다.[880] 환경정의에서 분배적 정의는 위험 및 오염시설의 분포와 공간적 근접성이 강조된다.[881] 기후정의는 위험과 책임의 불평등한 분배를 강조하며, 북반구와 남반구 간의 이중 불평등을 지적한다. 전화의 비용과 이점이 반드시 사회와 공간에 걸쳐서 균등하게 분배되지는 않기 때문이다.[882] 예를 들어 북반구 국가는 기후변화의 부정적 결과에 대부분의 책임이 있지만 가장 영향을 덜 받는 반면, 남반구 국가는 기후변화 결과에 책임은 덜하지만 생계, 자산, 안보에 미치는 영향은 더 크게 받는다.[883] 에너지 정의는 취약성 측면에서 분배 정의를 강조한다. 취약성은 특정 지역사회의 접근성이나 경제적 소득뿐만 아니라 소수 민족, 인종, 장애인, 여성(성별) 취약성을 아우른다.[884] 취약성은 인정적 정의와도 연관되며, 분배적 정의는 인정적 정의를 전제로 한다. 영국의 연료 빈곤율은 일반적으로 장애인 가구에서 더 높게 나타나고, 특히 노동 연령의 독신 장애인이 있는 가구에서 높은 수준의 연료빈곤이 나타난다. 이는 장애인이 필요로 하는 에너지에 대한 이해부족, 정부의 연료 빈곤계산에서 장애 수당을 이해하는 방식, 에너지 정책 입안자의 인식 부족 때문이며, '인정으로서의 정의'의 문제가 분배적

---

878 Huttunen, Suvi, Tykkyläinen Riina, Kaljonen Minna, Kortetmäki Teea. 2024. "Framing just transition: The case of sustainable food system transition in Finland," *Environmental Policy and Governance*, 34.

879 McCauley, Darren and Heffron Raphael. 2018. "Just transition: Integrating climate, energy and environmental justice," *Energy Policy*, 119: pp.1-7.

880 McCauley, Darren, Heffron Raphael, Stephan Hannes, and Jenkins Kirsten. 2013. "Advancing energy justice: the triumvirate of tenets," *International Energy Law Review*, 32(3): pp.107-110.

881 물론 환경정의 운동은 공간적, 지리적 측면의 근접성을 넘어선 불평등, 불의의 문제로 확장되고 있으며 이를 지적하고 있다.

882 While, Aidan and Eadson Will. 2019. "Households in place: socio-spatial (dis) advantage in energy-carbon restructuring," *European planning studies*, 27(8): pp.1626-1645.

883 Schlosberg, D. 2017. "Climate justice and disaster law," *Environmental Politics*, 26(6): pp.1162-1164.

884 McCauley, Darren, Heffron Raphael, Stephan Hannes, and Jenkins Kirsten. 2013. "Advancing energy justice: the triumvirate of tenets," *International Energy Law Review*, 32(3): pp.107-110.

정의에 영향을 미치기 때문이다.[885]

절차적 정의는 신재생 에너지 개발과 관련된 협의와 의사결정 과정에 참여할 수 있는 기회의 공정성을 의미한다.[886] 이는 환경재(environmental "goods")의 확보뿐만 아니라 환경악(environmental "bads")에 대응하기 위한 기회의 공정성이다.[887] 환경정의에서 절차적 정의는 위험 및 오염시설의 입지 결정 과정의 주민 참여 중심으로 설명한다. 환경정의의 절차적 정의 접근 방식은 지역 정체성에 대한 인식을 기반으로 하며, 잠재적 갈등 해결을 위한 지역 사회와의 상호작용을 의미한다. 기후 및 에너지 정의에서 절차적 정의는 회복력과 적응력, 수용성, 인식 개선과 행동과 관련된다. 중요한 것은 지역사회의 참여 프로세스라는 측면에서 현장과 지역에 초점을 맞추어야 하며, 특정 단계의 일회적 과정이 아니라 전체 과정, 예컨대 에너지 시설의 계획·입지·생산·소비·폐기에 이르는 전체 단계에서 재개념화 되어야 한다.[888] 지역사회의 적절한 참여가 보장되지 못하는 전환 과정의 절차적 부정의는 지역사회 반대가 일어날 수 있는 일반적인 이유이다.[889] 절차적 정의를 위해서는 인정적 정의가 보장되어야 한다. 모든 집단이 의사결정 과정에 참여 할 수 있기 위해서는 참여 주체들이 갖는 사회·문화·민족·인종·성별 등 다양한 차이에 뿌리를 둔 정체성 먼저 인정되어야 하며, 참여 주체들의 고유 정체성이 인정되어야 그에 대한 전환의 영향을 인식할 수 있기 때문이다.[890]

인정적 정의는 지역과 사람들의 고유한 정체성과 역사를 인정하는 것으로,[891] 저탄소 전환 과정에서 제안되는 것과 상호작용하며 전환 조치의 수용성을 형성한다.[892] 인정으로서의 정의

885 Snell, Carolyn, Bevan Mark, and Thomson Harriet. 2015. "Justice, fuel poverty and disabled people in England," *Energy Research & Social Science*, 10: pp.123-132.

886 Martiskainen, Mari, Jenkins Kirsten EH, Bouzarovski Stefan, Hopkins Debbie. 2021. "A spatial whole systems justice approach to sustainability transitions," *Environmental Innovation and Societal Transitions*, 41: pp.110 112.

887 Garvey, Alice, Norman Jonathan B, Büchs Milena, and Barrett John. 2022. "A "spatially just" transition? A critical review of regional equity in decarbonisation pathways," *Energy Research & Social Science*, 88: pp.102630.

888 McCauley, Darren and Heffron Raphael. 2018. "Just transition: Integrating climate, energy and environmental justice," *Energy Policy*, 119: pp.1-7.

889 Devine-Wright, P. and Howes Y. 2010. "Disruption to place attachment and the protection of restorative environments: A wind energy case study," *Journal of Environmental Psychology*, 30(3): pp.271-280.

890 McCauley, Darren, Heffron Raphael, Stephan Hannes, and Jenkins Kirsten. 2013. "Advancing energy justice: the triumvirate of tenets," *International Energy Law Review*, 32(3): pp.107-110.

891 Jenkins, K, McCauley D.A, Heffron R, and Stephan H. 2014. "Energy Justice: A Whole Systems Approach," *Queen's Political Review*, 2(2): pp.74-87.

892 Garvey, Alice, Norman Jonathan B, Büchs Milena, and Barrett John. 2022. "A "spatially just" transition?

는 어떤 사람과 어떤 장소의 정체성을 평가절하 하는 것과 관련 있으며,[893] 인정의 부족은 다양한 형태의 모욕, 비하, 평가 절하로 나타나 공동체와 공동체의 이미지에 손상을 입힌다.[894] 인정적 정의의 요구에는 사회적, 문화적, 민족적, 인종적, 성별 차이에 뿌리를 둔 다양한 관점을 인정하라는 요청이 포함된다.[895] 정의로운 전환에서 인정적 정의가 특히 중요한 이유는 인정의 대상으로서 개인 혹은 집단과 같은 인간만이 아니라 지역 및 장소정체성이 강조되기 때문이다. 이는 공간적인 측면에서 지역사회의 정의로운 전환과 연관된다. 지역의 고유한 정체성으로서 장소 정체성은 재생 에너지 확대 및 전환조치의 수용성 측면에서 또한 중요하며 장소 애착,[896] 장소 낙인,[897] 경관 문제[898] [899] 등으로 나타날 수 있다. 예를 들어 인정적 정의 관점에서 보면 기존 님비(NIMBY)반응이라고 표현되는 것은 장소 애착을 방해하고 장소 정체성을 위협하는 것에 대한 반응이다.[900] 도시보다는 농촌에 태양광 시설이 집중되어 농촌 경관을 훼손하는 것 역시 위협으로 여겨질 수 있으며,[901] 기후변화 대응을 위해 재생에너지 시설의 필요를 강조하는 것 또한 장소 정체성을 무시하는 '장소 희생'담론 일 수 있다.[902]

회복적 정의의 주된 목표는 가해자를 처벌하는 것이 아니라 피해를 복구하는 것이다. 전

A critical review of regional equity in decarbonisation pathways," *Energy Research & Social Science*, 88: pp.102630.

893 Fraser, N. 1997. Justice Interruptus: Critical Reflections on the "postsocialist" Condition, Routledge.

894 Young, Iris Marion. 1990. Justice and the Politics of Difference,(pp. 398-400): Princeton University Press.

895 Schlosberg, David. 2003. "The justice of environmental justice: Reconciling equity, recognition, and participation in a political movement," *Moral and Political Reasoning in Environmental Practice*: pp.125-156.

896 Devine-Wright, P. 2005. "Beyond NIMBYism: towards an integrated framework for understanding public perceptions of wind energy," *Wind Energy*, 8(2): pp.125-139.

897 Walker, G. 2009. "Beyond Distribution and Proximity: Exploring the Multiple Spatialities of Environmental Justice," *Antipode*, 41(4): pp.614-636.

898 Lennon, Mick and Scott Mark. 2017. "Opportunity or Threat: Dissecting Tensions in a Post-Carbon Rural Transition," *Sociologia Ruralis*, 57: pp.87-109.

899 Libertson, Frans, Velkova Julia, and Palm Jenny. 2021. "Data-center infrastructure and energy gentrification: perspectives from Sweden," *Sustainability: Science, Practice and Policy*, 17(1): pp.152-161.

900 Devine-Wright, Patrick. 2009. "Rethinking NIMBYism: The role of place attachment and place identity in explaining place-protective action," *Journal of Community and Applied Social Psychology*, 19: pp.426-441.

901 Lennon, Mick and Scott Mark. 2017. "Opportunity or Threat: Dissecting Tensions in a Post-Carbon Rural Transition," *Sociologia Ruralis*, 57: pp.87-109.

902 Devine-Wright, Patrick. 2011. "Public engagement with large-scale renewable energy technologies: breaking the cycle of NIMBYism," *WIREs Climate Change*, 2(1): pp.19-26.

환과정에서는 일자리 상실뿐만 아니라 탈탄소화 과정에서 발생하는 예측치 못한 피해에 대한 해결책이 필요하다. 환경정의는 환경피해에 대한 회복적 정의를 명시적으로 밝히고 있다. 대표적으로 슈퍼펀드는 회복적 정의를 위한 사후 복원 프로그램 중의 하나이다. 기후정의는 기후변화 적응 및 완화 조치에서 더 많은 비용을 지불해야 하는 미국의 의무를 재구성할 때 회복적 정의를 명시적으로 강조한다. 기후정의는 환경정의보다 더 세계적이고 역사적인 관점에서 회복적 정의를 강조한다. 에너지 정의는 환경·기후정의의 오염자 부담 원칙을 기반으로 회복적 정의를 설명한다.

정의로운 전환 프레임워크의 정의 규범은 상호 연결되어 있다. 절차적 정의가 이루어지기 위해서는 인정적 정의가 먼저 보장되어야 하고, 인정적 정의는 공정한 절차에 의해 확보된다. 분배적 정의와 회복적 정의는 절차적·인정적 정의를 전제로 한다. 따라서 정의로운 전환을 위해서는 분배, 절차, 인정, 회복의 네 가지 정의가 충실하게 확보되어야 한다.

정의로운 전환은 사회 전체의 가치와 제도적 틀을 변혁하고, 사회적 형평성과 정의를 시정하는 과정이다. 정책적 맥락에서 정의로운 전환에 대한 요구는 종종 국가를 향한다. 정의 요소를 정책에 통합함으로써 정부는 사회적 수용성을 확보하고 저탄소 전환의 목표를 성공적으로 추진할 수 있다. 반대로 정의를 고려하지 않는 저탄소 전환은 의도하지 않은 새로운 부정의·불평등을 초래하거나 전환의 정당성을 약화시킬 위험이 있다. 따라서 정의로운 전환은 기후위기 시대의 핵심적 대응 전략으로서, 국가 정책과 국제협력의 중심에 놓여야 한다. 이는 미래 세대와 현 세대 모두에게 공정한 기회를 보장하는 길이다.

[참고 14]

인도 구자라트(Gujarat)의 태양광 프로젝트와 정의로운 전환

기후위기 대응 및 저탄소 전환을 위해서는 태양광, 풍력 등 재생에너지로의 전환이 필수적이다. 그러나 이러한 전환 과정은 기존 화석 연료 체제에 의존하는 지역사회의 경제·사회·환경에 직접적인 영향을 미친다. 그 결과 지역사회는 정체성 변화, 경관 훼손, 생태계 파괴 및 전환의 혜택과 부담의 불평등 문제 등 다양한 갈등을 경험한다. 따라서 저탄소 전환은 정의로운 전환이 되어야 하며, 이를 위한 의도적인 노력이 필요하다.

인도 구자라트Gujarat의 태양광 프로젝트 사례 [903]

Gujsrat 주 Charankr 마을의 대규모 태양광 발전 시설.

출처 : Yenneti, Komali., et al.,(2016)

903 Yenneti, Komali, Day Rosie, and Golubchikov Oleg. 2016. "Spatial justice and the land politics of renewables: Dispossessing vulnerable communities through solar energy mega-projects," *Geoforum*, 76: pp.90-99.

인도의 국가 태양광 정책Jawaharlal Nehru National Solar Mission (JNNSM)에 따라 인도 서부 구자라트Gujarat 주에 대규모 태양광 시설 Gujarat Solar Power Policy (GSPP 2009) 추진하였다.

Gujarat주의 첫 번째 태양광 발전소는 파키스탄 국경에 가까운 외딴 마을 Charanka에 216MW 규모로 건설되어(2010~2012) 가장 혁신적이고 친환경적인 프로젝트 성공 사례로 알려졌다.

Charanka 마을은 인구 약 1,300-1,500명 정도이며, 카스트 제도하에서 유목민과 농민 등이 다수를 차지하며, 상대적으로 토지 의존도가 높으나 토지 소유권이 부족하고, 문맹률이 높다. 태양광 부지를 마련하기 위해 이전에 주민의 방목지와 농지로 사용하던 마을 주변 2,000ha 이상의 토지를 주정부가 직접 및 중개인을 통해 인수하였다.

전환 과정의 부정의 요인

공공토지와 토지 사용권

태양광 부지의 토지 소유권은 정부가 갖고 있었으나, 그 토지는 이전 수십 년 동안 마을 주민들이 방목과 농사를 지어오던 마을 공유지였다. 그러나 정부는 이를 황무지로 간주하고, 주민들이 전통적으로 방목지와 농지로 사용되어 왔다는 것을 부정하였다.

그림 2. 이동하는 라바리 Rabari 유목민 가족.

출처 : Yenneti, Komali., et al.,(2016)

절차적 공정성

주민들은 "이곳은 황무지고 우리는 권리가 없습니다"라는 서류에 서명했으나, 문맹률이 높은 주민들에게 이에 대한 내용을 정확히 알리지 않았다.

고용과 생계 문제

태양광 발전을 통해 새로운 일자리와 고용기회 제공을 약속하고 토지를 폐쇄하였으나, 새로운 일자리는 단순 일자리에 불과하였고, 토지 접근권 박탈로 인해 생계는 더욱 불안정해졌다.

법적 권리와 보호 문제 :

인도의 2006년 '예정된 부족 및 기타 전통적인 숲 거주자 (산림 권리 인정) 법'은 숲, 보호구역, 국립공원 내에서 공동체가 전통적으로 이용해 온 자원들에 대한 접근 권리를 보장하고 있다. 이법은 전통적으로 숲과 공존해온 지역 사회와 개인들의 권리를 보호하고 유지하는 데 중요한 역할을 한다. 그러나 Charanka 사례에서는 주민들의 전통적 권리가 충분히 인정되지 않았으며, 이는 법적 보호 장치가 현장에서 제대로 작동하지 못한 대표적 사례이다.

결론 : 정의로운 전환의 필요성

재생에너지 개발은 저탄소 전환을 가능하게 하지만, 지역사회는 그들의 전통적인 생계 수단과 생활 방식을 잃거나, 토지이용 및 경관 훼손 문제에 직면할 수 있다.

Charanka 사례는 저탄소 전환 과정에서 분배적 정의(토지와 혜택의 공정한 분배), 절차적 정의(의사결정 참여), 인정적 정의(지역 정체성 존중)가 결여될 경우, 전환이 새로운 불평등과 갈등을 초래할 수 있음을 보여준다.

따라서 정의로운 전환은 단순히 경제적·일자리 문제를 넘어, 이해관계자 참여, 공간·지리적 특성, 공동체의 권리와 정체성을 포괄적으로 고려해야 한다. 이는 기후위기 시대의 저탄소 전환이 사회적으로 수용 가능하고, 지속가능한 방향으로 나아가기 위한 핵심 조건이다

[참고 15]

호주 라트로브 밸리의 얄론(Yallourn) 석탄발전소 폐쇄와 정의로운 전환

태양광·풍력 등 재생에너지의 발전 단가가 석탄보다 낮아지고 석탄의 경제적 경쟁력 또한 약화되는 상황에서, 호주 연방 및 주정부는 2050년 탄소중립 목표를 설정하였다. 이를 달성하기 위해 에너지 전환을 가속화하고 석탄발전소 조기 폐쇄를 유도하고 있다.

그림 1. Latrobe 강가의 Yallourn 발전소.

출처 : The Next Economy(https://nexteconomy.com.au)

2024년 기준, 호주 빅토리아(Victoria)주 라트로브 밸리Latrobe Valley 에는 Loy Yang A(약 2,200 MW), Loy Yang B(약 1,000 MW), Yallourn(약1,480 MW) 3개의 석탄 화력발전소가 가동 중이다.

빅토리아 주는 온실가스 감축을 위해 석탄 화력발전소 단계적 폐쇄를 결정하였다. 그 중 얄론(Yallourn) 발전소는 1970~80년대에 건설된 노후 설비로 지난 수 년 동안 잦은 고장과 예기치 못한 정지가 반복되어 빅토리아주 석탄발전소 중 가장 높은 고장률을 기록하였고, 이에 따

라 2028년 폐쇄 예정이다.[904]

얄론 발전소 및 라트로브 밸리 지역의 석탄 화력 발전소 폐지는 지역 전체의 에너지 구조 전환을 의미하며 정의로운 전환을 위한 사회적, 경제적 대응이 필요하다.

석탄화력 발전소 폐쇄로 인한 지역사회 영향

석탄 산업 종사자 : 노동자들은 기술 이전이 어려운 중장년층이 많아 재취업 가능성이 낮다. 직업 정체성과 공동체 소속감 상실로 인한 정신적 고립과 우울감이 증가하며, 노동조합의 협상력 약화로 인해 전환 과정에서 충분한 보상이나 재교육 기회 확보도 어렵다.[905]

지역 경제 : 고용 기회 감소로 인한 인구 유출과 청년층의 도시 이탈이 발생한다. 인프라 부족으로 새로운 산업에 대한 접근성이 낮아지고 지역사회가 미래 비전 없이 쇠퇴할 것이라는 불안감이 확산된다.[906] 발전소 폐쇄는 지역 소비 감소, 상권침체, 부동산 가치 하락과 지역 이미지 악화로 이어진다.

지역 정체성 변화 : 석탄 발전소는 지역의 역사와 문화의 일부였기에 폐쇄는 지역 정체성 상실과 혼란을 초래한다.[907]

원주민 공동체(Gunaikurnai Nation) 영향 : 원주민 공동체는 에너지 전환과정에서 전통적인 토지와 문화적 권리가 배제되고, 의사결정 과정에서 소외되며, 자원 접근권 등이 제한 될 수 있다는 우려를 제기한다.[908]

---

904 Kutchel, Danielle. 2025 May 16. Analysis reveals Victoria's coal-fired power stations are 'unreliable' as closures near. ABC NEWS.

905 Blackshaw, Skye. 2025. LATROBE'S COAL-FIRED LEGACY: ADDRESSING THE SOCIO-ECONOMIC IMPACTS OF THE VICTORIAN ENERGY TRANSITION.

906 Lumsden, Lisa, Bell Jacqui, Webb Lizzie, Bailey Olivia. 2023. What next? Community perspectives on the energy transition in the Latrobe Valley. The Next Economy.

907 Kutchel, Danielle. 2025 May 16. Analysis reveals Victoria's coal-fired power stations are 'unreliable' as closures near. ABC NEWS.

908 Lumsden, Lisa, Bell Jacqui, Webb Lizzie, Bailey Olivia. 2023. What next? Community perspectives on the energy transition in the Latrobe Valley. The Next Economy.

정의로운 전환을 위한 지역사회의 대응

정부, 기업, 시민사회 협력 : Yallourn 폐쇄 결정은 EnergyAustralia와 빅토리아 주정부 간 공식 협약을 통해 이루어졌다. 시민단체 Environment Victoria는 지역 요구를 반영한 정책을 촉구하였다.[909] 석탄 화력발전소 폐쇄로 인한 지역사회의 영향을 극복하기 위해 지역 주민, 지방정부, 기업이 함께 참여하는 Latrobe Valley Authority(LVA) 가 설립되어 전환 계획을 수립하였다. LVA 는 지역사회 협의, 장기적 계획, 고용안정 대책 등을 수립하고 일자리 보호 및 재교육의 중요성을 확인하였다.

그림 2. Latrobe Valley' government and industry forum에 참석하고 있는 정부와 기업의 대표들.
출처 : The Next Economy(https://nexteconomy.com.au)

노동자 보호 및 전환을 위한 재교육의 중요성 : EnergyAustralia 는 발전소 폐쇄 7년 전에 관련 노동자와 지역사회에 계획을 통보하였다. 또한 노동자들이 새로운 산업으로 전환 할 수 있도록 전환 과정에서 나타날 수 있는 심리적, 사회적 충격 완화를 위한 정신건강 및 복지 서비스 제공 및 직업 훈련 프로그램(Yallourn Transition Program, 1000만 달러 규모)을 운영하였다.[910] 이

---

909 victoria, environment. 2016. "A Just Transition for the Latrobe Valley." https://environmentvictoria.org.au/just-transition-latrobe-valley/

910 오스트레일리아 동부 지역을 중심으로 다양한 발전소(주로 석탄, 가스, 일부 재생에너지)를 직접 소유·운영하면서 전기와 가스를 판매하는 대표적인 에너지 기업 https://www.energyaustralia.com.au/about-us/energy-generation/yallourn-power-station/energy-transition.

는 조기 안내와 체계적 준비가 정의로운 전환의 핵심 요소임을 보여준다.

지역사회 중심의 재생에너지 전환 전략 : 에너지 기업과 정부는 복구계획을 공개하고, 대형 인공호수·생태복원·신산업 유치 등 지역 발전과 환경 개선의 장기 청사진을 제시하였다. Yallourn 폐쇄와 함께 350MW 규모의 배터리 저장 시설 건설 계획이 발표되었으며, 석탄 중심 산업에서 벗어나 재생에너지, 배터리 제조, 지역 관광 산업 등으로 경제기반을 다변화하려는 노력이 진행되고 있다.

공정한 절차와 지역사회 참여 보장 : 지역주민, 지방정부, 전통 소유자(Aboriginal Community)가 폐쇄·복구·신재생에너지 개발 과정에서 의사결정권을 갖고, 투명한 소통·참여가 이루어질 때 공동체(특히 '소외된 집단')가 전환의 수혜자가 될 수 있음을 강조한다. 발전소 폐쇄 일정, 대체 산업계획 등에 대한 정보를 투명하게 공개·전달하는 것은 지역사회의 실질적 참여를 보장하는 핵심 조건이다.[911]

정의로운 전환의 함의

Yallourn 사례는 "환경적 책임 이행"과 "일자리·지역사회 보호"가 동시에 이루어져야 정의로운 전환이 가능함을 보여준다. 투명한 거버넌스, 충분한 준비 기간, 재정 지원, 상담·교육 프로그램이 반드시 필요하다는 실증적 시사점을 제공한다.

라트로브 밸리 사례는 또한 기후위기 대응을 위한 저탄소 전환이 단순히 석탄발전소 폐쇄에 그치지 않고, 지역사회 중심의 재설계가 필요함을 보여준다. 정부 주도의 계획과 지역사회, 노동자, 기업의 참여가 결합될 때 정의로운 전환은 실현 가능하며, 이는 기후정책의 정당성과 지속가능성을 보장하는 핵심 조건이다.

911 Lumsden, Lisa, Bell Jacqui, Webb Lizzie, Bailey Olivia. 2023. What next? Community perspectives on the energy transition in the Latrobe Valley. The Next Economy.

참고문헌

Abram, S.Atkins E.Dietzel A.Jenkins K. 2022. "Just Transition: A whole-systems approach to decarbonisation," Climate Policy, 22(8): pp.1033-1049.

Blackshaw, Skye. 2025. LATROBE'S COAL-FIRED LEGACY: ADDRESSING THE SOCIO-ECONOMIC IMPACTS OF THE VICTORIAN ENERGY TRANSITION.

Bouzarovski, Stefan and Simcock Neil. 2017. "Spatializing energy justice," Energy Policy, 107: pp.640-648.

Carley, Sanya and Konisky David M. 2020. "The justice and equity implications of the clean energy transition," Nature Energy, 5(8): pp.569-577.

Devine-Wright, P. 2005. "Beyond NIMBYism: towards an integrated framework for understanding public perceptions of wind energy," Wind Energy, 8(2): pp.125-139.

Devine-Wright, P. and Howes Y. 2010. "Disruption to place attachment and the protection of restorative environments: A wind energy case study," Journal of Environmental Psychology, 30(3): pp.271-280.

Devine-Wright, Patrick. 2011. "Public engagement with large-scale renewable energy technologies: breaking the cycle of NIMBYism," WIREs Climate Change, 2(1): pp.19-26.

Devine-Wright, Patrick. 2009. "Rethinking NIMBYism: The role of place attachment and place identity in explaining place-protective action," Journal of Community and Applied Social Psychology, 19: pp.426-441.

Doorey, David J. 2017. "Just transitions law: Putting labour law to work on climate change," Journal of Environmental Law and Practice 201, 30(2).

EnergyAustralia. 2020. "EnergyAustralia powers ahead with energy transition." https://www.energyaustralia.com.au/about-us/energy-generation/yallourn-power-station/energy-transition

Farrell, Caroline. 2012. "A just transition: Lessons learned from the environmental justice movement," Duke FL & Soc. Change, 4: pp.45.

Fraser, N. 1997. Justice Interruptus: Critical Reflections on the "postsocialist" Condition, Routledge.

Galanis, Giorgos, Napoletano Mauro, Popoyan Lilit, Sapio Alessandro. 2025. "Defining just transition," Ecological Economics, 227: pp.108370.

Garvey, Alice, Norman Jonathan B, Büchs Milena, and Barrett John. 2022. "A "spatially just" transition? A critical review of regional equity in decarbonisation pathways," Energy Research & Social Science, 88: pp.102630.

Harry, Steven J, Maltby Tomas, and Szulecki Kacper. 2024. "Contesting just transitions: climate delay and the contradictions of labour environmentalism," Political Geography, 112: pp.103114.

Henry, Matthew S., Bazilian Morgan D., and Markuson Chris. 2020. "Just transitions: Histories and futures in a post-COVID world," Energy Research & Social Science, 68: pp.101668.

Huttunen, Suvi, Tykkyläinen Riina, Kaljonen Minna, Kortetmäki Teea. 2024. "Framing just transition: The case of sustainable food system transition in Finland," Environmental Policy and Governance, 34.

ILO. 2015. Guidelines for a just transition towards environmentally sustainable economies and societies for all. In: International Labour Organization Geneva.

Jasanoff, Sheila. 2018. "Just transitions: A humble approach to global energy futures," Energy Research & Social Science, 35: pp.11-14.

Jenkins, K, McCauley D.A, Heffron R, and Stephan H. 2014. "Energy Justice: A Whole Systems Approach," Queen's Political Review, 2(2): pp.74-87.

Johansson, Vilja. 2023. "Just Transition as an Evolving Concept in International Climate Law," Journal of Environmental Law, 35(2): pp.229-249.

Kenfack, Chrislain Eric. 2018. "Changing environment, just transition and job creation: perspectives from the south."

Kutchel, Danielle. 2024 Nov 25. Coal nostalgia remains as Latrobe Valley looks to future beyond power generation. ABC News. https://www.abc.net.au/news/2024-11-25/after-the-energy-century-latrobe-valleys-future-uncertain/104572772

Kutchel, Danielle. 2025 May 16. Analysis reveals Victoria's coal-fired power stations are 'unreliable' as closures near. ABC NEWS. https://www.abc.net.au/news/2025-05-16/coal-reliability-report-outages-loy-yang-yallourn-latrobe-valley/105296552

Lennon, Mick and Scott Mark. 2017. "Opportunity or Threat: Dissecting Tensions in a Post-Carbon Rural Transition," Sociologia Ruralis, 57: pp.87-109.

Leopold, Les. 2007. The man who hated work and loved labor: The life and times of Tony Mazzocchi, Chelsea Green Publishing.

Libertson, Frans, Velkova Julia, and Palm Jenny. 2021. "Data-center infrastructure and energy gentrification: perspectives from Sweden," Sustainability: Science, Practice and Policy, 17(1): pp.152-161.

Lobao, Linda, Zhou Minyu, Partridge Mark, and Betz Michael. 2016. "Poverty, place, and coal employment across Appalachia and the United States in a new economic era," Rural Sociology, 81(3): pp.343-386.

Lumsden, Lisa, Bell Jacqui, Webb Lizzie, Bailey Olivia. 2023. What next? Community perspectives on the energy transition in the Latrobe Valley. The Next Economy.

Martiskainen, Mari, Jenkins Kirsten EH, Bouzarovski Stefan, Hopkins Debbie. 2021. "A spatial whole systems justice approach to sustainability transitions," Environmental Innovation and Societal Transitions, 41: pp.110-112.

McCauley, Darren and Heffron Raphael. 2018. "Just transition: Integrating climate, energy and environmental justice," Energy Policy, 119: pp.1-7.

McCauley, Darren, Heffron Raphael, Stephan Hannes, and Jenkins Kirsten. 2013. "Advancing energy justice: the triumvirate of tenets," International Energy Law Review, 32(3): pp.107-110.

Morena, Edouard, Stevis Dimitris, Krause Dunja, Mertins-Kirkwood Hadrian. 2018. Mapping Just Transition(s) to a Low-Carbon World. the United Nations Research Institute for Social Development (UNRISD), the University of London Institute in Paris (ULIP), the Rosa Luxemburg-Stiftung (RLS).

Newell, Peter and Mulvaney Dustin. 2013. "The Political Economy of the Just Transition," The Geographical Journal, 179: pp.132-140.

Schlosberg, D. 2017. "Climate justice and disaster law," Environmental Politics, 26(6): pp.1162-1164.

Schlosberg, David. 2003. "The justice of environmental justice: Reconciling equity, recognition, and participation in a political movement," Moral and Political Reasoning in Environmental Practice: pp.125-156.

Snell, Carolyn, Bevan Mark, and Thomson Harriet. 2015. "Justice, fuel poverty and disabled people in England," Energy Research & Social Science, 10: pp.123-132.

Snell, D. 2018. ""Just transition'? Conceptual challenges meet stark reality in a "transitioning' coal region in Australia," Globalizations, 15(4): pp.550-564.

Sovacool, Benjamin K., Martiskainen Mari, Hook Andrew, and Baker Lucy. 2019. "Decarbonization and its discontents: a critical energy justice perspective on four low-carbon transitions," Climatic Change, 155(4): pp.581-619.

Stevis, Dimitris and Felli Romain. 2015. "Global labour unions and just transition to a green economy," International Environmental Agreements: Politics, Law and Economics, 15(1): pp.29-43.

Stevis, Dimitris and Felli Romain. 2020. "Planetary just transition? How inclusive and how just?," Earth System Governance, 6: pp.100065.

UNFCCC. Conference of the Parties(COP). 2011. Report of the Conference of the Parties on its sixteenth session, held in Cancun from 29 November to 10 December 2010. Addendum. Part two: Action taken by the Conference of the Parties at its sixteenth session.

UNFCCC. 2015. Paris agreement. In: UNITED NATIONS

victoria, environment. 2016. "A Just Transition for the Latrobe Valley." https://environmentvictoria.org.au/just-transition-latrobe-valley/

Walker, G. 2009. "Beyond Distribution and Proximity: Exploring the Multiple Spatialities of Environmental Justice," Antipode, 41(4): pp.614-636.

While, Aidan and Eadson Will. 2019. "Households in place: socio-spatial (dis) advantage in energy-carbon restructuring," European planning studies, 27(8): pp.1626-1645.

Yenneti, Komali, Day Rosie, and Golubchikov Oleg. 2016. "Spatial justice and the land politics of renewables: Dispossessing vulnerable communities through solar energy mega-projects," Geoforum, 76: pp.90-99.

Young, Iris Marion. 1990. Justice and the Politics of Difference,(pp. 398-400): Princeton University Press.

IV부

환경정의 실현을 위한 과제

1장

2017년 '환경정의 실현 정책 방안 마련 연구'

2장

2019년 '환경정의 종합계획'

3장

2020년 '제5차 국가환경종합계획(2020~2040)'

4장

한국 환경정의 정책의 현재와 미래

IV부

환경정의 실현을 위한 과제

한국에서 환경정의가 본격적으로 논의된 것은 1990년대 후반이다. 시민단체인 경실련에서 '환경정의시민연대'가 분리 독립되면서 환경정의에 대한 사회적 관심이 높아지기 시작했다. 이후 다양한 환경문제가 생길 때 환경정의적인 측면에서 문제를 해결하기 위해 시민단체를 중심으로 노력하기 시작했다. 원전 입지, 소각장 입지, 유해 화학물질 배출 시설 입지 및 배출물질 처리, 기후변화 대응 등 다양한 분야의 문제가 사회적으로 취약한 계층이나 지역에 집중되는 것을 확인하고 이를 근본적으로 해결하기 위해 한국 사회가 관심을 갖기 시작했다.

환경정의(Environmental Justice)는 환경적 혜택과 부담의 공평한 배분, 정책 결정 과정에서의 실질적인 참여, 그리고 환경오염으로 인한 피해의 공정한 구제를 포괄하는 개념으로 정의된다.[912] 2017년 한국 환경 정책의 역사에서 중대한 분기점이 된 것 중의 하나는 경제협력개발기구(OECD)가 실시한 제3차 한국 환경성과평가(Environmental Performance Review, EPR)에서 OECD 국가 중 최초로 '환경정의'가 심층 평가 분야로 선정된 것이다. 이는 한국의 환경 관리 역량이 국제적 기준에서 성숙했음을 의미하는 동시에, 고도성장 과정에서 누적된 환경 불평등 문제가 더 이상 묵과할 수 없는 사회적 과제가 되었음을 시사한다.

한국은 1997년과 2006년에 이어 세 번째로 평가를 받았으며, 이번 평가에서는 특히 환경

912 추장민, 반영운, 김미선, 김태현, 심수은, 이상윤, 백종인, & 이지예. 2017. 환경정의 실현을 위한 정책방안 마련 연구. 환경부.

거버넌스, 녹색성장, 순환경제와 더불어 환경정의를 집중적으로 조명하였다. OECD가 한국을 회원국 중 최초로 환경정의 심층 평가 대상국으로 선정한 배경에는 가습기 살균제 참사, 4대강 사업, 핵발전소 부지 선정 갈등 등 한국 사회가 겪어온 치열한 환경 분쟁과 그 과정에서 제기된 절차적, 교정적 정의에 대한 요구가 반영되어 있다.[913 914]

제4부에서는 그 동안 한국사회에서 진행되어 온 환경정의 관련 논의를 정리하고 환경정의 실현를 과제를 찾아보려고 한다. 따라서 국내에서 환경정의 관련 논의를 심화시킨 계기가 된 2017년 OECD 환경정의 심층평가 내용을 다룬 '환경정의 실현 정책 방안 마련 연구'를 집중적으로 조명한 후, 후속 정책 연구인 '환경정의 종합계획 연구(2019)'와 '제5차 국가환경종합계획(2020)'을 살펴보고 상호 비교 분석한다.

제1장

2017년 '환경정의 실현 정책 방안 마련 연구'[915]

본 장은 2017년 환경부가 수행한 '환경정의 실현을 위한 정책방안 마련 연구'를 기반으로 하여, OECD EPR의 권고사항을 체계적으로 요약하고 이에 대응하기 위해 제시된 구체적인 정책 방안을 정리하고 소개한다. 이는 단순히 외부 기관의 권고를 수용하는 차원을 넘어, 한국의 국토 환경과 사회 경제적 특성에 부합하는 '한국형 환경정의'의 프레임워크를 구축하는 과정이라고 말할 수 있다.

---

913 조명래. 2017, "한국에서 환경부정의의 현실과 정책과제", 한국환경정책·평가연구원 포럼 발표문.

914 조명래. 2013. 환경정의: 한국적 환경정의론의 모색. 환경법연구, 35(3), 70-105.

915 추장민, 반영운, 김미선, 김태현, 심수은, 이상윤, 백종인, & 이지예. 2017. 환경정의 실현을 위한 정책방안 마련 연구. 환경부.

1. OECD 환경성과평가(EPR) 환경정의 심층 평가 배경 및 주요 내용

1) 심층 평가의 배경 및 목적

OECD 환경성과평가는 회원국의 환경 정책 목표 달성 정도를 정기적으로 검토하여 정책 개선을 권고하는 제도로, 약 10년 주기로 시행된다.[916] 2017년 제3차 평가에서 환경정의가 심층 분야로 선정된 것은 한국의 환경 정책이 그동안의 매체 중심적 오염 관리를 넘어, 수용체인 인간과 지역 사회의 형평성을 고려하는 패러다임 전환이 필요하다는 국제적 공감대에 기인한다. OECD는 한국의 환경 정책이 외형적으로는 발전했으나, 소득 수준이나 지역에 따라 환경 위험 노출 정도가 상이하고, 취약계층의 환경 서비스 접근성이 떨어지며, 대규모 개발 프로젝트 추진 시 주민 참여가 형식화되는 등의 문제를 인지하였다. 따라서 이번 평가는 한국의 법적, 제도적 장치가 환경정의의 세 가지 핵심 영역인 분배적(Distributive), 절차적(Procedural), 교정적(Corrective) 정의를 얼마나 충실히 반영하고 있는지를 진단하는 데 목적을 두었다.

2) 평가의 주요 영역과 내용

OECD의 심층 평가는 한국의 환경권 보장 실태를 다각도로 분석하였다. 첫째, 분배적 정의 측면에서는 상하수도 보급률의 지역적 격차, 대기 오염 물질 및 유해 화학물질 배출 시설의 지리적 편중을 조사하였다. 둘째, 절차적 정의 부문에서는 환경영향평가 과정에서의 정보 공개 수준과 NGO 및 일반 시민의 의사 결정 참여 보장 정도를 검토하였다. 셋째, 교정적 정의 측면에서는 환경 오염 피해를 입은 시민들이 신속하고 공정하게 배상을 받을 수 있는 사법적, 행정적 구제 시스템의 실효성을 평가하였다.

특히 OECD는 한국이 2006년 제2차 평가 이후 상하수도 인프라 확대에 많은 노력을 기울였으나, 농촌 지역의 누수율이 도시의 6배에 달하고 수질 기준 미달 사례가 발생하는 등 서비

---

916 이소라. 2017, "OECD가 본 한국의 환경정책: 10년의 성과와 새정부를 향한 메시지", 『KEI 포커스』, p.4.

스 품질의 불평등이 여전함을 지적하였다. 또한 환경 분쟁 조정 제도가 개별 분쟁 해결에는 성과를 냈으나, 국가적 수준의 대규모 환경 갈등을 예방하고 해결하기에는 한계가 있다는 점을 명시하였다.

3) OECD 환경정의 15개 권고사항

환경정의 심층평가 결과, OECD는 한국 정부가 환경정의를 정책 전반에 내재화하기 위해 이행해야 15개 권고사항을 제시하였다. 이는 법적 기반 구축부터 구체적인 서비스 품질 개선까지 폭넓은 영역을 아우른다(<표 1> 참조).

<표 1> OECD 환경정의 15개 권고사항

구분	주요 권고사항 내용
정책 프레임워크	관련 법과 정책에 환경정의 목표를 명시하고 법 간 일관성을 유지하여 책임 소재를 분명히 할 것
사회적 형평성	환경적 불평등을 줄여 사회적 불평등을 개선하고, 공공 사회지출 확대를 통해 사회안전망을 강화할 것
상하수도 서비스	소규모 농어촌 상수도 품질을 개선하고, 서비스 요금 정책이 재정 안정성과 공평한 접근성에 미치는 영향을 평가할 것
도시 녹지 접근성	취약계층의 녹지 접근성 정보를 수집하고 도시 계획 시 녹지 문제를 전면적으로 고려할 것
위험 노출 데이터	취약 가구의 환경 위험 노출 데이터를 수집하고 입지 선정 시 분배적 정의 향상을 모색할 것
세대 간 정의	정책 의사 결정 시 미래 세대의 환경적 이익을 실질적으로 고려할 것
환경 배상 책임	수생태계 훼손에 대한 엄격한 책임 세노를 노입하고 오염 부지 정화를 위한 재정 메커니즘을 개발할 것
환경 민주주의 (1)	환경 정보 접근권을 강화하기 위해 배출권 신청 및 모니터링 기록 공개를 확대할 것
환경 민주주의 (2)	환경영향평가와 전략환경영향평가 시 일반 대중과 NGO의 참여를 향상시킬 것
사법적 접근 (1)	ADR(대체적 분쟁 해결) 제도의 실효성을 보장하고 법관 및 법률 전문가의 환경 역량을 강화할 것
사법적 접근 (2)	오르후스 협약(Aarhus Convention) 가입을 고려하고 리우 선언 제10조를 체계적으로 법제화할 것

출처: 저자 재작성

2. 한국의 환경 부정의 실태 진단 및 정책적 시사점

1) 공간적·통계적 분석을 통한 실태 진단

본 절은 OECD 권고에 대응하기 위해 한국의 환경 부정의 실태를 조사하고 분석한 결과를 정리한 것이다. 대기질, 녹지, 상하수도, 유해 화학물질이라는 3대 범주(환경질, 환경서비스, 환경안전)를 중심으로 분석하였다.

대기질 분석 결과, 미세먼지(PM_{10}) 농도가 높은 지역과 14세 미만 인구 비율 간에는 밀접한 연관성이 발견되었다. 수도권과 충청권 등 대기 오염이 심각한 지역에 영유아 및 어린이 인구가 집중되어 있어, 생물학적 취약계층이 더 큰 건강 위험에 노출되어 있음을 알 수 있다. 반면 오존(O_3) 농도는 남해안과 화력발전소 주변 지역에서 높게 나타나 지역적 편중성을 보였다.

환경 서비스 부문 분석 결과, 상하수도 품질의 격차가 두드러졌다. 유수율을 기준으로 지자체를 분류했을 때, 유수율이 평균 이하인 집단은 평균 이상의 집단보다 하수도 보급률이 현저히 낮고 상수도 총괄 원가는 약 2배 가까이 비싼 것으로 나타났다. 이는 인구가 적은 낙후 지역일수록 더 낮은 품질의 서비스를 더 비싼 비용으로 이용해야 하는 분배적 부정의의 실태를 극명하게 보여준다.

화학물질 배출 시설의 경우, 전국 배출량의 70%가 특정 23개 시·군·구에 집중되어 있었다. 이렇게 화학물질 배출 시설이 집중된 지역은 비배출 지역에 비해 기초생활수급자 비율과 14세 미만 인구 비율이 유의미하게 높았는데, 이는 산업 입지 정책이 사회 경제적 약자들의 거주지와 맞물려 작동하고 있음을 시사한다.

2) 주요 사례를 통한 질적 진단

정량적 데이터 외에도 김포 거물대리·초원지리 난개발 사례와 영덕 핵발전소 부지 선정 갈

등은 한국의 환경 부정의를 상징하는 사례로 분석되었다.[917 918 919]

김포 사례는 관리지역 내 공장 입지 규제 완화가 어떻게 주민들의 건강권 침해로 이어지는지를 보여주며, 환경 오염 피해를 입증해야 하는 주민들이 법적 구제 과정에서 겪는 '교정적 부정의'를 드러냈다.

영덕 사례는 국가 사무라는 명분 하에 지역 주민의 자기 결정권을 제한하고, 불충분한 정보 공개와 형식적인 의견 수렴 절차를 거치는 '절차적 부정의'의 단면을 보여주었다. 이러한 사례들은 OECD가 권고한 절차적 참여 강화와 공정한 피해 구제 제도의 필요성을 뒷받침하는 강력한 증거가 된다.

3. 환경정의 실현을 위한 정책방안(OECD 권고 및 이행전략)

본 연구는 OECD EPR의 15개 권고사항을 5대 핵심 분야로 재구성하여 실질적인 이행 방안을 제시하였다. 이는 환경정의를 단순히 추상적인 가치로 두지 않고, 구체적인 법률 개정과 제도 도입으로 연결하는 전략이다.

1) 정책 프레임워크 구축 (권고: 법·정책 목표 명시 및 일관성)

OECD는 환경정의의 목표를 법적으로 명확히 규정할 것을 최우선으로 권고하였다. 한국은 헌법과 「환경정책기본법」에 환경권을 규정하고 있으나, 대법원 판례상 이는 구체적인 권리성을 인정받지 못하는 선언적 규정에 그치고 있다.[920]

---

917 김홍철. 2015. 김포 비도시 계획관리 지역의 환경부정의 사례와 해소방안. 공익과 인권, 15, 365-395.
918 유정민. 2013. "송전시설 입지 과정에서 발생하는 절차적 환경부정의 문제", 환경정의 포럼.
919 윤순진. 2006. 사회정의와 환경의 연계, 환경정의: 원자력 발전소의 입지와 운용을 중심으로 들여다보기. 한국사회, 7(1), 93-143.
920 석인선. 2007. 환경권론. 이화여자대학교 출판부.

이에 대한 대응 방안으로 첫째, 헌법 개정 시 환경권 조항을 강화하여 환경권의 주체, 내용, 행사 방법을 명확히 하고 미래 세대의 권리를 명시해야 한다. 둘째, 「환경정책기본법」 제3조에 '환경정의'에 대한 정의 규정을 신설하고, 국가 및 지자체의 책무 조항을 강화해야 한다. 셋째, 『국가환경종합계획』과 『지속가능발전 기본전략』 내에 환경정의 실현을 위한 구체적인 목표와 지표를 도입하여 정책 간 정합성을 확보해야 한다.

2) 사회적 형평성과의 연계성 강화 (권고: 환경 불평등 해소 및 안전망)

환경적 피해가 특정 계층에 집중되는 현상을 막기 위해 보건·복지 정책과 연계된 '넥서스(Nexus)'형 정책이 필요하다. OECD는 환경 정책을 통해 사회적 불평등을 개선할 것을 권고하였다. 구체적 방안으로 취약계층의 상하수도 요금 및 쓰레기 종량제 수수료 감면 제도를 확대하고, 에너지 빈곤층을 위한 에너지 복지 사업을 단순 보조금 지급에서 노후 주택 단열 개선 등 효율 향상 사업으로 전환해야 한다. 또한 '환경보건 취약지역 우선 관리 제도'를 도입하여 산업단지나 폐광산 인근 주민들을 위한 정기적인 역학조사와 건강관리 체계를 구축하는 것이 필수적이다. 이는 환경 정책이 사회안전망의 한 축으로 작동하게 하는 과정이다.

3) 3대 범주별 환경정의 실현 (권고: 녹지, 수질, 입지 선정 형평성)

환경질, 환경서비스, 환경안전이라는 세 가지 측면에서 OECD의 권고를 이행하는 실질적인 사업들이 제안되었다.

첫째, 환경 서비스(물, 녹지) 부문에서는 소규모 농어촌 지역의 식수원 관리 강화를 위해 분산형 용수 공급 체계를 도입하고, 도시 계획 수립 시 '생활권 녹지 공급 형평성 지표'를 반영하여 낙후 지역에 공원을 우선 배치해야 한다. 둘째, 환경질(대기) 부문에서는 지역 간 대기 오염 불평등 해소를 위해 오염 총량제를 엄격히 적용하고, 기후변화 취약계층을 위한 냉난방 지원 시설을 확충해야 한다. 셋째, 환경안전(화학물질) 측면에서는 화학물질 배출 사고 시 주민들에게 실시간 정보를 전달하는 체계를 구축하고, 환경영향평가 시 특정 계층에게 오염 부담이 집중되는지를 검토하는 '환경정의 영향평가' 기법을 도입해야 한다.

4) 환경 배상 책임 및 사법적 접근성 강화 (권고: 수생태계 책임 및 사법 역량)

OECD는 수생태계 훼손에 대한 책임 강화와 피해 구제의 실효성을 강조하였다. 현재 한국의 「환경오염피해구제법」은 인과관계 입증 책임이 여전히 피해자에게 무겁게 지워져 있다는 한계가 있다.

이에 대응하여 첫째, 환경 오염 피해 인과관계 추정 요건을 완화하는 법 개정이 추진되어야 한다. 둘째, 수생태계 및 토양 오염을 정화하기 위한 공공 기금을 마련하고, 오염 원인자가 불분명한 경우에도 국가가 우선 구제하고 추후 구상권을 행사하는 시스템을 내실화해야 한다. 셋째, 법관 및 환경분쟁조정위원회 위원들의 환경정의 전문성을 강화하고, 소수자나 취약계층을 위한 환경 법률 구조 서비스를 확대하여 사법적 접근 문턱을 낮추어야 한다.

5) 환경 민주주의 실현 (권고: 시민 참여 및 오르후스 협약 가입)

환경 정보의 투명한 공개와 실질적인 참여는 절차적 정의의 핵심이다. OECD는 오르후스 협약 가입 고려와 정보 공개 확대를 강력히 권고하였다.

주요 대응 방안으로 국민의 '알 권리' 보장을 위해 기업의 배출 정보와 정기 모니터링 보고서의 공개 범위를 대폭 확대하고, 이를 주민들이 알기 쉬운 언어로 변환하여 제공하는 시스템이 필요하다. 또한 환경영향평가 초기 단계부터 NGO와 지역 주민이 참여하는 '사전 거버넌스'를 제도화하고, 환경 정책의 구안부터 집행까지 시민이 주체가 되는 '환경정의 센터'를 지자체별로 설치·운영하는 방안이 제시되었다. 최종적으로는 국제 표준인 오르후스 협약에 가입하여 한국의 환경 권리 수준을 세계적 수준으로 격상시켜야 한다.

4. 환경정의 실현을 위한 단계별 추진 과제

1) 단계별 추진 로드맵 및 추진과제

환경부는 2018년부터 2028년까지 10년간의 정책 추진 로드맵을 제시하여 OECD 권고사항에 체계적으로 대응방안을 제시하였다.

A. 단기 추진 과제 (1~2년): 기반 구축 및 법제 정비

단기에는 환경정의 실현을 위한 법적 근거를 확보하고 실태 조사를 통해 정책의 과학적 기반을 마련한다.

(A) 정책 프레임워크: 「환경정책기본법」에 '환경정의' 정의 규정을 신설하고 국가 및 지자체의 책무 조항을 강화한다. 또한 「지속가능발전법」과 「국토기본법」 등 기본법 5법의 개정을 추진한다. 다음은 환경정의 관련 5법에 대해 제시된 개정안을 구체적으로 정리한 것이다. 그 외의 정책은 간략하게 살펴본다.

(a) 「환경정책기본법」

현행 「환경정책기본법」은 제1장 총칙, 제2장 환경보전계획의 수립 등, 제3장 법제상 및 재정상의조치, 제4장 환경정책위원회, 제5장 보칙으로 구성되어 있다. 「환경정책기본법」은 환경정책 이외의 환경에 대한 기본적인 사항을 모두 포괄하는 기본법 성격을 지닌다.[921] 현행법은 환경오염과 환경훼손 예방 및 관리에 초점을 주고 있으나 단순한 환경보전 뿐 아니라 얼마나 환경적 혜택과 부담을 공정하게 배분되는가에 대한 관심이 증대되고 있다. 그러나 계층, 소득, 연령, 지역 등 사회적 불평등에 기원하고 있는 '환경정의'에 대한 법률적 규정이 마련되어 있지 않다. 따라서 현재 「환경정책기본법」 제3조(정의), 제4조(국가 및 지방자치단체의 책무), 제6조(국민의 권리와 의무) 개정을 통해 환경정의 이념과 가치를 반영한 정의를 명시함으로써 환경정의 실현의 법적 근거를 강하게 제시할 수 있다. 더불어 현재 「환경정책기본법」 제4장 환경정책위원회와 제5장 보칙 시이에 "환경정의 기본계획등"의 장을 따로 신설하는 방안이 고려될 수 있다. 자세한 개정 제안 내용은 <표 2>와 같다.

921 한상운. 2009. "환경정의의 규범적 의미", 『환경법연구』 31(1).

<표 2> 「환경정책기본법」 개정안

현행	개정안
제3조(정의) 이 법에서 사용하는 용어의 뜻은 다음과 같다. 1. ~ 8. 생략	제3조(정의) 이 법에서 사용하는 용어의 뜻은 다음과 같다. <신설> 9. "환경정의"란 환경 관련 법령을 제정·개정하거나 정책을 수립·시행함에 있어 모든 사람들이 실질적인 참여를 보장 받고, 환경적 혜택과 부담의 배분에 있어 공평하게 대우받으며, 환경오염 또는 환경훼손으로 인한 피해를 공정하게 구제받는 것을 말한다.
제4조(국가 및 지방자치단체의 책무) ① 국가는 환경오염 및 환경훼손과그 위해를 예방하고 환경을 적정하게 관리·보전하기 위하여 환경보전계획을 수립하여 신행할 책무를 지닌다.	제4조(국가 및 지방자치단체의 책무) ① 국가는 환경오염 및 환경훼손과 그 위해를 예방하고 환경정의를 실현하며, 환경을 적정하게 관리·보전하기 위하여 환경보전계획을 수립하여 신행할 책무를 지닌다. ② ~ ④ 현행과 같음
제6조(국민의 권리와 의무) ①②③ 생략	제6조(국민의 권리와 의무) ① 현행과 같음 <신설> ② 모든 국민은 환경적 혜택과 부담에 있어 지역간, 계층 간, 집단 간의 형평성을 보장받을 권리를 가진다. <신설> ③ 모든 국민은 환경에 관한 정보에 접근할 수 있는 권리와 환경에 영향을 주는 정책결정과정에 참여할 권리를 가진다. ④, ⑤ 현행 제2항 및 제3항과 같음 <신설> 제6조의2(다른 법률과의 관계) 환경에 관한 다른 법령 등을 제정하거나 개정하는 경우에는 이 법의 취지에 부합하도록 하여야 한다

자료: 저자 작성.

제3조 제9항을 신설하여 분배적, 교정적, 절차적 정의 이념을 반영한 "환경정의"의 개념정의를 통해 법과 정책 문서 간 일관된 정의를 유지한다.

제4조는 국가 및 지방자치단체도 환경정의 실현을 위해 국민의 권리를 보장해야 하며 국가의 포괄적인 책무 규정을 통해 환경계획 수립과 시행을 해야 한다. 또한 제6조를 통해 국민의 권리와 의무에 정보 접근 권한 및 정책 결정 과정에 참여할 권한을 법률에 명시하는 것은

정보공개 청구권보다 광범위한 알 권리를 보장한다.

더불어 기존의 현행 조항의 개정과 함께 제4장 환경정책위원회와 제5장 보칙 사이에 "환경정의 기본계획 등"의 장을 신설한다(<표3> 참조).

<표3> 기본법 개정 방향 1(안)-환경정의 기본계획

<신설> 제5장 환경정의 기본계획 등

제60조(환경정의 실현을 위한 기본계획 수립 등)
① 환경부장관은 관계 중앙행정기관의 장과 협의하여 환경정의 실현을 위한 종합계획(이하 "기본계획"이라한다)을 10년마다 수립하여야 한다.
② 제1항에 따른 기본계획에서는 다음 각 호의 사항이 포함되어야 한다.
환경정의 실태 분석 및 향후 전망
환경혜택 및 환경오염 부담 배분의 공정성 분석 및 공정성 강화 방안
환경관련 정책결정 과정에 국민 참여 보장 방안
환경 관련 정보접근성 강화 및 정보전달 강화 방안
환경오염 원인자 책임 부담과 피해자 권리 구제의 공정성 강화 방안
그 밖에 환경정의 실현을 위한 사항으로서 대통령령으로 정하는 사항
③ 환경부장관은 기본계획을 수립한 후 5년이 지나면 그 타당성을 검토하여야한다.
④ 환경부장관은 제3항에 따른 검토 결과 기본계획을 변경 할 필요가 있거나 그 밖의 여건 변화에 따라 기본계획을 변경할 필요가 있는 경우에는 기본계획을 변경할 수 있다. 이 경우 제1항의 절차를 준용한다.
⑤ 환경부장관, 관계 중앙 행정기관의 장, 시·도지사는 기본계획 수립 등을 위하여 환경적 부정의 실태 등에 대한 기초조사·연구에 필요한 경우에는 관계 행정기관의 장 및 관련 기관·단체에 필요한 자료 및 정보의 제공을 요청할 수 있다. 이 경우 요청을 받은 자는 특별한 사유가 없으면 이에 따라야 한다.

제61조(환경정의 지표 개발 및 평가)
① 국가는 환경정의 지표를 개발하고 보급하여야 한다.
② 국가는 제1항에 따라 2년 마다 국가의 환경정의 실태를 평가하여아 한다.
③ 제1항 및 제2항에 따른 환경정의지표의 작성·보급 및 환경정의 상태 평가에 필요한 사항은 대통령령으로 정한다.

제62조(환경정의 보고서)
① 환경부는 2년마다 제61조 제2항에 따른 환경정의 평가결과를 종합하는 환경정의보고서를 작성하여 대통령에게 보고한 후 공표하여야 한다.
② 제1항에 따른 환경정의보고서 작성 등에 필요한 사항은 대통령령으로 정한다.

제63조(환경정의센터의 설립 및 운영)
① 환경부는 환경정의 실현을 위한 기본계획의 집행을 지원하기 위하여 환경저의센터를 둘 수 있다
② 제1항에 따른 환경정의센터의 설치 및 운영 등에 필요한 사항은 대통령령으로 정한다.

자료: 저자 작성.

〈표3〉과 같이 '환경정의 기본계획' 장에는 환경정의 실현을 위한 구체적인 기본계획과 이

행방향을 제시한다. 제60조와 제61조는 환경정의의 분배적 정의를 고려한 조항으로, 환경부정의 실태에 관한 기초 데이터 수집과 분석을 통해 10년마다 종합계획을 수립한다.

두 번째 고려할 수 있는 안은 『국가환경종합계획』 제15조 제3호와 4호 사이에 "환경정의 실현 현황 및 전망"이라는 호를 신설한다. 자세한 내용은 〈표 4〉와 같다.

<표 4> 기본법 개정 방향 2(안)-국가환경종합계획 내용 보완

제15조(국가환경종합계획의 내용) 국가환경종합계획에는 다음 각 호의 사항이 포함되어야 한다. 1. 인구 · 산업 · 경제 · 토지 및 해양의 이용 등 환경변화 여건에 관한 사항 2. 환경오염원 · 환경오염도 및 오염물질 배출량의 예측과 환경오염 및 환경훼손으로 인한 환경의 질(질)의 변화 전망 3. 환경의 현황 및 전망 4. (신설) 환경정의 실현 형황 및 전망 가. 환경정의 실현을 위한 기본계획 수립 나. 환경정의 지표 개발 및 평가 다. 환경정의 보고서 라. 환경정의센터의 설립 및 운영 5. 환경보전 목표의 설정과 이의 달성을 위한 다음 각 목의 사항에 관한 단계별 대책 및 사업계획 가. 생물다양성 · 생태계 · 경관 등 자연환경의 보전에 관한 사항 나. 토양환경 및 지하수 수질의 보전에 관한 사항 다. 해양환경의 보전에 관한 사항 라. 국토환경의 보전에 관한 사항 마. 대기환경의 보전에 관한 사항 바. 수질환경의 보전에 관한 사항 사. 상하수도의 보급에 관한 사항 아. 폐기물의 관리 및 재활용에 관한 사항 자. 유해화학물질의 관리에 관한 사항 차. 방사능오염물질의 관리 카. 그 밖에 환경의 관리에 관한 사항 6. 사업의 시행에 드는 비용의 산정 및 재원 조달 방법 7. 직전 종합계획에 대한 평가 8. 제1호부터 제6호까지의 사항에 부대되는 사항

자료: 저자 작성.

(b) 「지속가능발전법」

현행 「지속가능발전법」은 제1장 총칙, 제2장 지속가능발전 기본전략등, 제3장 지속가능성 평가, 제4장 지속가능발전위원회, 제5장 보칙으로 구성되어 있다. 「지속가능발전법」은 "지속가능발전을 위한 국제사회 노역에 동참하여 현재 세대와 미래 세대가 보다 나은 삶의 질을 누릴 수 있도록 함"을 그 목적으로 하고 있으나 환경 민감 계층과 사회적 소외계층을 보호하거

나 환경적 혜택과 부담을배분하는 시스템에 대한 국가와 지방자치단체의 책무규정은 없다.[922] 따라서「지속가능발전법」개정안 〈표 5〉와 같이 고려해 볼 수 있다.

<표 5>「지속가능발전법」개정안

현행	개정안
<신설>	<신설> 제3조(기본원칙) 지속가능발전은 다음 각 호의 기본원칙에 따라 추진되어야 한다. 1. 국가와 지방자치단체는 국민이 정책결정에 효과적으로 참여할 수 있도록 관련 제도를 정비하고 국민의 참여를 장려한다. 2. 국가와 지방자치단체는 경제성장을 도모하고 새로운 기술지식을 계속 생산할 수 있도록 경제제도를 정비하고 기업경영의 혁신을 강화하도록 함으로써 지속가능한 경제발전을 촉진한다. 3. 국가와 지방자치단체는 경제성장 과정에서 발생할 수 있는 사회적 불평등을 해소할 수 있도록 사회제도를 정비하고 사회의 정의·안전과 통합을 촉진한다. 4. 국가·지방자치단체 및 기업은 생태계 및 지구환경의 보전에 협력하고 환경 친화적 경제·사회 구조로의 전환을 위해 노력하며 환경취약계층 우선 보호 등 환경정의 실현을 추구한다. 5. 국가·지방자치단체 및 기업은 기술혁신 능력을 향상시키고, 그 잠재적인 영향을 체계적으로 평가하여 기술발전을 추진한다. 6. 국가와 지방자치단체는 새로운 문제 상황에 대처하기 위하여 행정제도를 지속적으로 정비하고, 혁신을 촉진한다. 7. 국가는 공정한 국제무역이 지속될 수 있는 국제경제체제를 구축하기 위하여 노력한다. 8. 국민은 국가의 지속가능성을 향상시키기 위하여 정책결정에 적극적으로 참여하고 협력한다.

자료: 저자 작성.

〈표 5〉와 같이 위 개정안의 핵심은「지속가능발전법」에 제3조 기본원칙을 바탕으로 환경정의 이념과 내용을 반영한다.

922 국가법령정보센터, "지속가능발전법", 검색일: 2017.9.20

(c) 「국토기본법」

「국토기본법」 개정안의 핵심은 국토관리의 기본 이념에 환경정의 개념을 반영하는 것이다. 국토계획에 따른 혜택과 부담이 형평성 있게 유지될 수 있는 방향을 <표5>와 같이 제안한다.

<표 6> 「국토기본법」 개정안

현행	개정안
제2조(국토관리의 기본 이념) 국토는 모든 국민의 삶의 터전이며 후세에 물려줄 민족의 자산이므로, 국토에 관한 계획 및 정책은 개발과 환경의 조화를 바탕으로 국토를 균형 있게 발전시키고 국가의 경쟁력을 높이며 국민의 삶의 질을 개선함으로써 국토의 지속가능한 발전을 도모할 수 있도록 수립·집행하여야 한다.	제2조(국토관리의 기본 이념) -- 환경정책기본법 제3조에서 정한 환경정책의 기본이념을 존중하여 개발과 ---.

자료: 저자 작성

(d) 환경오염피해구제법

현 「환경오염피해구제법」에서 나타나는 환경오염피해 여부, 인과관계 추정, 정보공개 등의 문제점을 개선하고, 환경오염피해 제도의 실효성 제고를 위해 공익 활동을 하는 환경 NGO에게 구제급여를 신청할 수 있도록 개선되어야 한다. 2016년 1월 시행된 후 이 법에 의해 피해구제를 받은 사례는 없다.

김포 거물대리, 초원지리 주민들이 유해물질배출시설로 인한 건강피해를 주장하며[923 924] 처음으로 구제급여를 신청(1차 21명(2016.12), 2차 9명(2017.1))하였으나 환경오염피해구제심의회에서는 주민들의 신청을 기각하였다. 이 사례를 통해 환경오염피해구제법이 현실의 환경피해를 구제하는 데는 여러 가지 한계가 있다는 것이 확인되었다. 예를 들어, 환경피해여부에 대해 법은 상당한 개연성이 있을 때에는 인과관계를 추정하도록 했지만 현실에서는 환경피해여

923 김포 거물대리,초원지리에 대한 환경역학조사에서 조사대상지역의 식도, 위, 결장,직장 및 항문 표준화 사망비는 2.43, 초원지리의 폐암 표준화 발생비는 2.08로 나왔다.(임종한. (2016). *김포시 환경피해지역 역학조사 최종보고* 김포시 환경피해지역 역학조사 최종보고, 김포시. https://www.joongboo.com/news/articleView.html?idxno=1040416)

924 이종현, 김현주, 김찬구, 김수현, 설휘수, 김명희, & 임지애. 2018. *김포시 환경오염 정밀조사 및 피해구제 방안 연구*. 한국환경산업기술원.

부에 대해 엄격한 인과관계 입증을 요구하고 있다. 또한 환경문제가 있는 지역 내 다수의 업체가 있는 경우 원인업체를 특정할 수 없고, 그 책임 비중을 확인 할 수 없음에도 이 법의 적용에 있어서는 지역주민이 지목하는 업체가 있다는 이유만으로 구제급여 지급을 회피하고 오히려 소송을 통해 피해 보상을 받으라는 결정을 하고 있다.

환경피해 여부, 인과관계 확인 등을 확인하기 위한 예비조사가 형식적으로 진행되고 있음에도 이에 근거하여 구제급여지급 여부가 결정되는 것도 문제다. 지역 주민들의 경우, 이러한 환경오염피해구제급여 지급 제도가 있다는 것을 알고 있지 못하는 현실, 일상적으로 환경 피해를 당해도 이를 피해라고 인식하지 못하는 상황, 신청과정에서 요구하는 서류를 준비하고 행정 절차 어려움 등 이 모든 것들이 현 피해구제제도의 실효성을 재검토해야하는 이유다. 따라서 현행「환경오염피해구제법」은 현재의 이와 같은 법규의 내용 중 일부를 <표 7>과 같이 개정함으로써 환경오염피해구제의 실효성을 제고하고자 한다.

<표 7>「환경오염피해구제법」 개정안

현행	개정안
제9조(인과관계의 추정) ① 시설이 환경오염피해 발생의 원인을 제공한 것으로 볼 만한 상당한 개연성이 있는 때에는 그 시설로 인하여 환경오염피해가 발생한 것으로 추정한다. ② 제1항에 따른 상당한 개연성이 있는지 여부는 시설의 가동과정, 사용된 설비, 투입되거나 배출된 물질의 종류와 농도, 기상조건, 피해발생의 시간과 장소, 피해의 양상과 그 밖에 피해발생에 영향을 준 사정 등을 고려하여 판단한다. ③ 환경오염피해가 다른 원인으로 인하여 발생하였거나, 사업자가 대통령령으로 정하는 환경오염피해 발생의 원인과 관련된 환경·안전 관계 법령 및 인허가조건을 모두 준수하고 환경오염피해를 예방하기 위하여 노력하는 등 제4조제3항에 따른 사업자의 책무를 다하였다는 사실을 증명하는 경우에는 제1항에 따른 추정은 배제된다.	제9조(인과관계의 추정) ① 사업자로부터 유해한 원인물질이 배출되어 피해자에게 도달하며 피해자에게 손해가 발생하였다면 그 시설로 인하여 환경오염피해가 발생한 것으로 추정한다. ② 제1항에 따른 손해의 발생 유무는 피해의 양상과 그 밖에 피해발생에 영향을 준 사정 등을 고려하여 판단한다. ③ 환경오염피해가 ----------------- 추정은 배제된다. 단, 다수의 사업자로 인하여 환경·안전 관계 법령의 기준을 초과할 가능성이 있는 경우는 환경오염피해가 다른 원인으로 인하여 발생하였다는 사실을 증명하는 경우에만 제1항에 따른 추정이 배체된다.

第23조(환경오염피해 구제) ① 환경부장관은 피해자가 다음 각 호의 어느 하나에 해당하는 사유로 환경오염피해의 전부 또는 일부를 배상받지 못하는 경우에는 피해자 또는 그 유족(이하 "피해자등"이라 한다)에게 환경오염피해의 구제를 위한 급여(이하 "구제급여"라 한다)를 지급할 수 있다. 1. 환경오염피해의 원인을 제공한 자를 알 수 없거나 그 존부(存否)가 분명하지 아니하거나 무자력인 경우 2. 제7조에 따른 배상책임한도를 초과한 경우 ② 제1항에도 불구하고 환경부장관은 다음 각 호의 어느 하나에 해당하는 경우에는 피해자등의 신청에 따라 구제급여를 선지급할 수 있다. 1. 환경오염피해에 대하여 제17조제1항에 따른 환경책임보험 계약 또는 보장계약이 성립되지 아니하거나 실효된 경우 2. 제20조제2항에도 불구하고 보험자가 보험금 일부를 선지급하지 아니할 경우 3. 그 밖에 환경부장관이 필요하다고 인정하는 경우	第23조(환경오염피해 구제) ① 환경부장관은 피해자가 다음 각 호의 어느 하나에 해당하는 사유로 환경오염피해의 전부 또는 일부를 배상받지 못하는 경우(급여가 신청된 사건에 대한 소송이 진행 중인지 여부는 영향을 미치지 아니한다)에는 피해자 또는 그 유족(이하 "피해자등"이라 한다)에게 환경오염피해의 구제를 위한 급여(이하 "구제급여"라 한다)를 지급할 수 있다. 1. 환경오염피해의 원인을 제공한 자를 알 수 없거나(법 제10조에 따른 환경오염피해를 발생시킨 사업자가 둘 이상인 경우에 어느 사업자에 의하여 그 피해가 발생한 것인지를 알 수 없을 때를 포함한다)그 존부(存否)가 분명하지 아니하거나 무자력인 경우 ② 현행과 같음 <신설> 피해의 정도가 크고 긴급한 조치가 요구되는 경우 <신설> 그 밖에 환경부장관이 필요하다고 인정하는 경우
第24조(환경오염피해구제심의회 등) ① 구제급여 지급에 관한 사항을 심의·결정하기 위하여 운영기관에 환경오염피해구제심의회(이하 "심의회"라 한다)를 둔다. ② 제1항에 따른 구제급여의 지급에 관한 사항을 심의·결정하는 데 필요한 사항을 조사·연구하기 위하여 운영기관에 환경오염피해조사단(이하 "조사단"이라 한다)을 설치할 수 있다. ③ 심의회 및 조사단의 구성·운영 등에 필요한 사항은 대통령령으로 정한다.	第24조(환경오염피해구제심의회 등) ① ~ ③ 현행과 같음 ④ <신설> 운영기관은 구제급여의 지급에 관한 사항을 심의·결정하는 데 필요한 사항에 대한 조사·연구 업무를 환경분쟁조정위원회에 위탁할 수 있다. ⑤ <신설> 제25조 제2항의 기간을 제외한 나머지 위 제4항과 관련한 위탁 업무는 환경분쟁조정법에서 규정한 바에 따른다. ⑥ <신설> 환경분쟁조정법 제26조의 요건을 갖춘 경우 환경단체가 제1항에 따흔 신청을 할 수 있다. 단, 환경분쟁조정위워회의 허가가 아니라 운영기관의 허가를 득하는 것으로 한다.
第34조(손해 배상 및 다른 구제와의 관계) ③ 운영기관은 구제계정 운용에 필요하다고 인정하는 경우에는 구제계정의 부담으로 금융기관으로부터 자금을 차입할 수 있다.	③ 삭제

자료: 저자 작성.

(e) 환경영향평가법

환경영향평가가 개발사업의 부정적 요인을 최소화하기 위한 제도로 자리잡고 있으나 환경정의에 대한 고려는 아직 부족하다. 한정된 기간과 평가기법으로 환경정의를 고려한 환경영향평가를 수행하기 위해서는 환경영향평가에 대한 기법과 법 및 제도 개선과 더불어 효율적이 도구 마련이 필요하다. 따라서 환경영향평가 시 환경정의 평가에 대한 부담을 줄이고 평가 신뢰도를 향상시킬 수 있는 평가 시스템을 개발해야 한다.

먼저, 환경정의를 고려한 환경영향평가제도의 수행 체계를 개선해야 한다. 환경정의를 고려하여 환경영향평가의 목표와 수행 절차, 세부 협의사항 등에 대한 사항을 보완할 필요가 있다. 둘째, 환경정의를 고려한 환경영향평가제도 관련 법률 및 정책 개선이 필요하다. 환경영향평가법과 더불어 개발과 관련한 법률, 예를 들어 국토의계획및이용에관한법률, 산업입지및개발에관한법률, 에너지법 등을 개선해야 한다. 그리고 국토, 환경, 보건, 산업 등의 정부부처 등의 환경영향평가 관련 정책 발굴 및 기존 정책의 보완이 필요하다. 셋째, 수용체 및 지역 중심 환경영향평가 체계를 개발해야 한다. 기존 개발중심의 환경영향평가 체계를, 사업 수행으로 인한 부담을 받는 수용체 및 지역 중심으로 전환하는 체계가 필요하다. 넷째, 환경정의 평가도구를 개발해야 한다. 객관성, 전문성, 공정성을 담보한 환경영향평가 내 환경정의 평가기법을 개발하고, 나아가 기존 환경영향평가제도와 연계한 환경정의 평가도구(소프트웨어)를 마련하여 환경정의의 빠른 확산 및 적용을 도모해야 한다. 앞에서 제시한 「환경영향평가법」의 개정과 관련하여 〈표 8〉과 같이 「환경영향평가법」 개정안은 환경정책 집행시 취약계층 및 지역을 우선적으로 고려하여 분배적 정의 향상을 위해 제4조 개정안을 제안한다.

<표 8> 「환경영향평가법」 개정안

현행	개정안
제4조(환경영향평가등의 기본원칙) 환경영향평가등은 다음 각 호의 기본원칙에 따라 실시되어야 한다. 1. ~ 5.생 략 6. <신설>	제4조(환경영향평가등의 기본원칙) 환경영향평가등은 다음 각 호의 기본원칙에 따라 실시되어야 한다. 1. ~ 5. 현행과 같음 6. <신설> 환경적 위해가 특정계층에 사회·경제적 불평등을 유발할 요소가 있는지 검토하여야 한다.
제13조(주민 등의 의견 수렴) ① 생략 ② 개발기본계획을 수립하려는 행정기관의 장은 개발기본계획이 생태계의 보전가치가 큰 지역으로서 대통령령으로 정하는 지역을 포함하는 경우에는 관계 전문가 등 평가 대상지역의 주민이 아닌 자의 의견도 들어야 한다 ③ ~ ⑤ 생략	제13조(주민 등의 의견 수렴) ① 현행과 같음 ② --지역 등으로서--. ③ ~ ⑤ 현행과 같음

第36조(사후환경영향조사) ①·② 생략 ③ 환경부장관은 제1항에 따른 사후환경영향조사의 결과 및 제2항에 따라 통보받은 사후환경영향조사의 결과 및 조치의 내용 등을 검토하여야 한다. ④·⑤ 생략	第36조(사후환경영향조사) ①·② 현행과 같음 ③ --검토하고 그 내용을 대통령령으로 정하는 방법에 따라 공개하여야 한다. ④·⑤ 현행과 같음
第37조(사업 착공 등의 통보) ① 생략 ② <신설>	第37조(사업 착공 등의 통보) ① 현행과 같음 ② <신설> 제1항에 따라 사업 착공 등을 통보받은 승인기관의 장은 해당 내용을 지역 주민에게 대통령령으로 정하는 방법에 따라 공개하여야 한다.

자료: 저자작성

- 사회적 불평등: 국민기초생활수급자의 상하수도 요금 및 쓰레기 종량제 수수료 감면 제도를 통합 정비하고, 에너지 복지 전달 체계를 일원화하여 사각지대를 해소한다.
- 3대 범주: 전국 단위의 환경부정의 실태 조사를 실시하여 '환경정의 백서'를 발간하고, 상수도 질과 접근성에 대한 도농 격차 해소 사업을 조기에 착수한다.
- 피해 구제: 「환경오염피해구제법」상 피해자 입증 책임을 완화하고 생태계 훼손에 대한 책임배상 제도를 도입한다.
- 민주 주의: 환경정의 전문 인력을 양성하고 국가·지자체 내 환경정의 전담 부서(국가 환경정의국 및 지자체 환경정의과)와 지원센터(국가 환경정의 센터, 지역 환경정의지원센터)를 시범적으로 설치한다.

B. 중기 추진 과제 (3~5년): 제도 확산 및 시범 운영 :

중기에는 마련된 법제적 기반을 실제 행정 절차에 적용하고, 시범 사업을 통해 전국적으로 확산시킨다.

- 영향 평가: 「환경영향평가법」 내에 정책 및 개발 계획의 '환경정의 영향평가' 항목과 구체적인 기법을 도입하여 시행한다.
- 격차 해소: 상하수도 요금의 지역 간 격차 해소를 위해 권역별 요금 단일화 및 교차 지원 정책을 본격 추진하며, 생활권 녹지 공급의 형평성 지표를 도시 계획에 반영한다.
- 시범 도시: 환경정의 시범도시를 지정하여 '리빙랩(Living Lab)' 형태의 주민 주도형 환

경 개선 사업을 운영한다.

- 권리 확대: 환경 공익 소송 시 환경 NGO의 원고 적격(소송 자격)을 확대하고, 오염 부지 복원을 위한 공공 기금을 조성한다.
- 국제 협력: 오르후스 협약(Aarhus Convention) 가입을 완료하고 관련 정보 공개 시스템을 국제 수준으로 고도화한다.

C. 장기 추진 과제 (6~10년):

가치 내재화 및 전 부처 확산 장기에는 환경정의가 국가 운영의 핵심 가치로 정착되어 모든 부처의 정책에 내재화한다.

- 최상위 법제: 헌법 개정을 통해 실질적인 '환경권' 조항을 명시하고, 미래 세대의 환경적 권리를 헌법적 수준에서 보장한다.
- 불평등 종결: 지역 간 대기 오염 불평등 해소를 위한 오염 총량제를 전면 강화하고, 화력발전소 등 특정 오염원 인근 주민을 위한 상설 건강 보호 체계를 완성한다.
- 안전 대응: 살생물제 피해 예방 시스템 및 실시간 화학 안전 사고 대응 체계를 지능화하여 운영한다.
- 거버넌스 정착: '환경권보장위원회'를 설치하여 사법적·행정적 구제의 전문성을 극대화하고, UN 지속가능발전목표(SDGs) 내 환경정의 항목을 완전히 이행한다.
- 정보 민주주의: 주민 눈높이에 맞춘 맞춤형 환경 정보 전달 시스템(SMS 등)을 통해 국민의 알 권리와 정보 접근성을 보장한다.

5. 결론 및 향후 과제

2017년 OECD의 환경정의 심층 평가는 한국의 환경 정책이 그간의 효율성 중심에서 '공정성'과 '정의' 중심으로 전환되어야 함을 확인하는 계기가 되었다. 본 연구가 제시한 정책 방안들은 분배적 부정의를 해결하기 위한 환경 서비스의 균형적 공급, 절차적 부정의를 극복하기 위한 환경 민주주의 확립, 그리고 교정적 부정의를 치유하기 위한 실효적 피해 구제 체계 구축을 목표로 한다.

환경정의는 단순히 취약계층을 배려하는 시혜적 복지가 아니라, 모든 국민이 쾌적한 환경에서 생활할 수 있도록 하는 헌법적 기본권의 구현이다. 따라서 향후 환경부는 국토교통부, 보건복지부, 산업통상자원부 등 관계 부처와 긴밀히 협력하여 환경정의를 국가 운영의 핵심 가치로 정착시켜야 한다. 이러한 노력이 결실을 맺을 때, 한국은 국제 사회에 환경 정책의 성과뿐만 아니라 '환경적 정의'의 실현 모델을 제시하는 선도국으로 거듭날 수 있을 것이다.

제2장

2019년 '환경정의 종합계획'[925]

대한민국은 지난 수십 년간 급격한 경제 성장을 이루었으나, 그 과정에서 발생한 환경 오염의 비용과 혜택이 사회 구성원 간에 공평하게 배분되지 못하는 구조적 한계를 노출해 왔다. 특히 인구 고령화, 저성장 기조의 고착화, 그리고 전 지구적인 기후 위기는 이러한 환경적 불평등을 더욱 심화시키고 있으며, 특정 계층이나 지역이 환경 위험에 집중적으로 노출되는 '환경 부정의' 문제는 이제 단순한 환경 보건 문제를 넘어 사회적 정의와 민주주의의 가치를 위협하는 핵심 과제로 부상하였다. 이에 환경부는 2017년 '환경정책기본법'의 개정을 통해 환경정의를 국가 환경 정책의 기본 이념으로 도입하였으며, 이를 실질적으로 구현하기 위한 국가 차원의 마스터플랜으로서 '환경정의 종합계획' 수립을 추진하게 되었다. 본 절은 2019년 한국환경정책평가연구원(KEI)이 수행한 연구 결과를 바탕으로, 환경정의의 추진 배경과 개념적 토대

925 추장민, 반영운, 박창석, 채여라, 고정근, 심수은, 배현주, & 조을생. 2019. 환경정의 종합계획 마련 연구. 한국환경정책·평가연구원.

를 정립하고 이를 실천하기 위한 전략적 과제들을 상세히 분석한다.

1. 환경정의 종합계획의 추진 배경 및 필요성

환경정의 정책의 필요성은 한국 사회가 직면한 거시적인 환경 변화와 제도적 요구가 결합하며 도출되었다.

1) 사회·경제·환경적 여건 변화 대응

대한민국 사회는 인구 고령화, 저성장 기조, 기후변화라는 세 가지 거대한 흐름 속에 놓여 있다. 인구 고령화는 미세먼지나 폭염 등 환경 유해 인자에 민감한 인구 집단이 급증하고 있음을 의미하며, 이들을 보호하기 위한 정책 수요를 발생시킨다. 저성장 기조는 경제적 기반이 약한 저소득층이 주거비가 저렴한 환경오염 우심 지역으로 밀려나는 현상을 가속화한다. 기후변화는 자연재해의 빈도를 높이고 있으며, 이러한 피해는 대응 자원이 부족한 취약 계층에게 집중되는 경향을 보인다.

2) 환경 민주주의 실현 및 기술 혁신 대응

ICT 기술의 발전과 초연결 사회의 도래로 국민의 정보 접근 욕구가 극대화되었다. 빅데이터와 기술을 활용하여 국민이 환경 정책에 직접 참여하고 실시간 환경 정보를 획득하고자 하는 요구에 부응할 필요가 있으며, 지역 주민이 직접 결정하는 자치 제도와 결합된 새로운 환경 행정 시스템 구축이 요구된다.

3) 국민 안전 확보 및 공정한 구제 체계 확립

미세먼지, 화학물질 사고, 무분별한 국토 훼손 등은 국민의 건강과 안전을 위협하는 요소로 자리 잡았다. 환경 오염 물질의 원인자에게 엄격한 사전 예방 및 사후 책임 의무를 부과하고, 피해를 입은 사회적 약자들이 신속하고 공정하게 구제받을 수 있는 법적·제도적 장치 강화가 절실한 시점이다.

4) 법적 근거의 확립과 국제적 권고 이행

2019년 1월 '환경정책기본법' 제2조 제2항에 환경정의가 기본 이념으로 도입됨에 따라 이를 실질적으로 실현하기 위한 종합계획 수립이 국가적 책무로 부여되었다. 또한 2017년 제3차 OECD 환경성과평가(EPR)에서 제시된 환경정의 강화 권고안을 이행하기 위해 도시-농촌 간 데이터 수집 개선, 분배적 영향 고려, 절차적 권리 강화 등의 추진 계획 마련이 필요하게 되었다.

2. 환경정의의 개념적 정의 및 분야별 체계

본 절에서는 환경정책기본법에 근거하여 환경정의를 정의하고, 이를 실질적으로 구현하기 위해 세 가지 핵심 분야로 구분하였다.

1) 환경정의의 총괄적 정의

환경정의란 "환경 관련 법령이나 조례·규칙을 제정·개정하거나 정책을 수립·시행할 때 모든 사람들에게 실질적인 참여를 보장하고, 환경에 관한 정보에 접근하도록 보장하며, 환경적 혜택과 부담을 공평하게 나누고, 환경 오염 또는 환경 훼손으로 인한 피해에 대하여 공정한 구제를 보장하는 것"을 의미한다.

2) 분야별 체계 (3대 분야)

분배적 환경정의 (Distributive Justice): 환경적 혜택(쾌적한 환경질, 상수도, 공원 등)과 환경적 부담(오염물질 노출, 자연재해, 부담금 등)을 공평하게 나누는 것이다. 이는 현세대 내의 불균형 해소뿐만 아니라 미래 세대와의 '세대 간 정의'를 포함한다.

절차적 환경정의 (Procedural Justice): 모든 사람에게 실질적인 참여 기회를 제공하고 정보 접근을 보장하는 것이다. 의사 결정 과정에서 개진된 의견이 정책에 실질적으로 반영되고 결과가 피드백되는 시스템 구축을 의미한다.

교정적 환경정의 (Corrective Justice): 환경 오염 또는 훼손으로 인한 피해에 대해 공정한 구제를 보장하는 것이다. 원인 제공자에게 엄격한 책임을 묻고, 피해자가 인과관계를 입증하기 어려운 상황에서도 국가 차원의 선제적 구제 체계를 통해 공정한 보상을 받도록 하는 것이다.

3. 환경정의 종합계획의 비전과 추진 전략

본 절에서는 보고서의 실태 분석을 통해 도출된 문제점을 해결하기 위해 다음과 같은 비전과 목표 체계를 정리하였다.

1) 비전 및 목표

비전: "국민과 함께 공평하고 정의로운 환경권 실현"

3대 목표:

환경 안전과 서비스의 차별 없는 보장
환경 민주주의의 실질적 구현
빈틈없는 환경 책임 사회 구축

2) 4대 추진 전략 개요

[1]공평한 분배 기반 구축, [2]환경 정보 접근성 제고 및 참여 확대, [3]환경 오염 책임 및 피해 구제 강화, [4]환경 불평등 해소 등의 4대 전략과 추진과제를 살펴본다.

(1) 전략별 세부 추진 과제 분석

A) 전략 1: 공평한 분배 기반 구축

분배적 정의의 실현을 위해 객관적인 데이터 확보와 평가 체계를 마련한다.

과제 1-1. 환경 불평등 분석 도구 마련: 소득, 연령 등 사회경제적 요소와 오염도 등 환경 요소를 통합 분석하는 '환경보건 통합 정보 시스템'을 구축하고, 미국 EJSCREEN과 유사한 센서스 블록 단위의 주제도를 작성한다.

과제 1-2. 체계적인 유해 환경 부담 실태 조사: 임산부·어린이 코호트 운영 및 노령 인구의 건강 영향 장기 조사를 추진하고, 산단·폐광·발전소 주변 지역 등 위험 노출 우심 지역의 건강 영향을 지속적으로 모니터링한다.

과제 1-3. 환경정의 평가 및 개선 체계 구축: 국가 정책 및 개발 사업 시 환경정의 영향을 사전 검토하는 '환경정의 영향 평가 제도'를 도입하고, 지역별 비교·평가를 위한 '환경정의 상태 지수'를 개발한다.

과제 1-4. 환경 불평등 개선 지원 및 관리 강화: 어린이 활동 공간 관리 대상 확대, 여성 위생 용품 안전성 조사 등 신체 약자 보호 대책을 강화하고 환경 복지 서비스를 확대한다.

B) 전략 2: 환경 정보 접근성 제고 및 환경 개선 참여 확대

절차적 정의 실현을 위해 정보 격차 해소 및 국민 참여의 실효성을 높인다.

과제 2-1. 정보 습득 편의성 개선: 분산된 환경 정보를 통합한 '환경 정보 융합 빅데이터 플

랫폼'을 구축하고, 도서·산간 지역 및 다문화 가정 등 정보 소외 계층을 위한 맞춤형 상담 서비스를 제공한다.

과제 2-2. 알고 싶은 환경 정보의 적극 제공: 오염 물질 불법 배출 시 해당 업체의 명칭과 처리 상황을 실시간 공개하고, 화학 사고 위험 시설의 경우 지역 사회 고지 의무를 강화한다.

과제 2-3. 실질적인 국민 참여 기회 확대: 주민이 스스로 문제를 발굴·해결하는 '환경 리빙랩' 프로그램을 지원하고, 환경 행정 전 과정에 지역 전문가와 시민 사회의 참여를 보장하는 '환경영향평가 위원회'를 내실화한다.

과제 2-4. 참여를 통한 환경 관련 갈등의 예방·조정: 중립적인 조정인이 참여하는 '갈등 조정 협의회'를 운영하고, 폐기물 처리 시설 등 민감 시설 입지 시 '입지 선정·관리 위원회'를 통해 주민 합의를 이끌어낸다.

C) 전략 3: 환경 오염 책임 및 피해 구제 강화

교정적 정의 실현을 위해 오염 원인자의 책임 및 피해자 보호를 강화한다.

과제 3-1. 불법 행위 단속·수사 실효성 제고: 드론 및 이동 측정 차량 등 첨단 장비를 활용한 단속을 상시화하고, 환경 특별 사법 경찰의 수사 범위를 모든 환경 법령으로 확대하도록 법 개정을 추진한다.

과제 3-2. 환경 오염 원인자 책임 공고화: 과징금 부과 기준을 불법 이익 중심에서 '매출액 기준'으로 개편하여 처벌의 실효성을 높이고, 훼손된 생태계에 대한 원인자 복원 의무를 강화하는 '생태 손해법' 제정을 검토한다.

과제 3-3. 환경 오염 피해 구제 강화: 원인 사업자가 의심되나 시급한 구제가 필요한 경우 국가가 먼저 급여를 지급하고 나중에 구상권을 행사하는 '선지급 제도'를 도입하고, 구제 항목에 교통비와 간병비 등을 추가한다.

D) 전략 4: 환경 불평등 해소

가장 시급한 현장의 환경 개선과 격차 해소에 집중한다.

과제 4-1. 환경 오염 취약 지역 개선: 주거-공장 혼재 지역(김포 거물대리 등)에 대해 '환경 피해 위험도' 등급을 산출하여 관리하고, IoT 기술을 활용한 소규모 배출 시설 상시 감시 센서를 설치한다.

과제 4-2. 상수도 요금의 지역 간 격차 완화: 시·군 단위 수도 사업의 권역별 통합 및 유역 기금을 활용한 농어촌 수도 사업 투자를 통해 지역 간 물 서비스 격차를 해소한다.

과제 4-3. 이상 기후로부터의 취약 계층 보호 강화: 에너지 빈곤층을 위한 주택 에너지 효율 개선 사업(그린 리모델링)을 확대하고, 야외·외국인 노동자 등 폭염 고위험군을 위한 보호 체계를 '그린 뉴딜' 정책과 연계하여 추진한다.

제3장

2020년 '제5차 국가환경종합계획(2020~2040)'[926]

1. 계획 수립 배경

1) 시대적 전환과 새로운 환경 패러다임의 도래

대한민국 정부가 수립한 제5차 국가환경종합계획(2020-2040)은 향후 20년간의 국가 환경 정책 방향을 결정짓는 최상위 법정 계획으로, '국민과 함께 여는 지속가능한 생태국가'라는 비전을 제시하고 있다. 이 계획은 단순히 오염 물질을 규제하거나 매체별로 환경을 관리하던 과거의 방식에서 탈피하여, 사회·경제 시스템 전반의 녹색 전환을 도모하고 모든 국민이 차별 없이 환경 혜택을 누리는 '환경정의(Environmental Justice)' 실현을 핵심 가치로 삼고 있다. 이러한 변화의 배경에는 인구 감소, 초고령화 사회 진입, 저성장 경제 기조 등 우리 사회가 직면한 구

926 관계부처합동. 2020. 제5차 국가환경종합계획(2020-2040). 환경부

조적 전환기가 존재한다. 통계청의 분석에 따르면 국내 총인구는 2028년을 정점으로 감소하기 시작하여 2040년에는 본격적인 인구 감소 시대에 접어들 전망이며, 2025년에는 고령 인구가 20%를 넘어서는 초고령사회에 진입할 것으로 예상된다. 이러한 인구 구조의 변화는 환경정책의 수용체인 국민의 특성을 변화시키며, 특히 어린이와 노인 등 환경 오염에 민감한 계층의 비중을 높여 이들에 대한 특화된 보건 및 안전 서비스의 수요를 증대시킨다.

또한, 4차 산업혁명으로 대변되는 ICT 기술의 비약적 발전과 빅데이터, AI, 센서 기술의 고도화는 과거에는 측정하거나 예측하기 어려웠던 세밀한 지역 단위의 환경 정보를 실시간으로 파악할 수 있는 토대를 마련해주었다. 이는 데이터 기반의 정밀한 환경 행정을 가능케 함으로써, 특정 지역이나 계층에 집중되는 환경적 부담을 가시화하고 이를 교정하기 위한 환경정의 구현의 실무적 기반이 된다.

2) 법적 근거 및 환경정의의 제도화

본 계획은 「헌법」 제35조가 보장하는 모든 국민의 건강하고 쾌적한 환경에서 생활할 권리를 구체화하고, 「환경정책기본법」 제14조에 따라 국가 차원의 종합적인 환경 보전을 위해 20년마다 수립되는 법정 계획이다. 특히 2019년 1월 「환경정책기본법」이 개정되면서 환경정의의 기본 이념이 법제화되었다는 점은 본 계획에서 환경정의가 핵심 전략으로 부각된 결정적 이유이다. 개정법 제2조 제2항은 환경 정책 추진 시 환경적 혜택과 부담의 공평한 배분, 의사결정 과정의 실질적 참여, 환경오염 피해의 공정한 구제를 고려하도록 명시하고 있다.[927]

이러한 법적 토대로 인해 환경 정책의 패러다임을 '효율성' 중심에서 '형평성'과 '민주주의' 중심으로 전환하는 이정표가 세워졌다. 제5차 국가환경종합계획은 이러한 법적 원칙을 현실의 정책 과제로 변환하기 위해 제4편 핵심 전략별 추진계획 중 제5장에 '모두를 포용하는 환경정책으로 환경정의 실현'을 독자적인 장으로 구성하여 구체적인 로드맵을 제시하고 있다.

927 「환경정책기본법」(법률 제16301호, 2019. 1. 15. 개정).

2. 국내 환경정의 현황 분석 및 시사점

1) 환경 불평등의 공간적·계층적 실태

대한민국의 환경 질은 거시적으로는 개선되는 추세를 보였으나, 미세먼지나 화학 물질 등 특정 환경 위해 요소에 대해서는 지역적·계층적 격차가 심화되는 양상을 띠고 있다. OECD의 삶의 질 지표(Better Life Index, BLI) 분석에 따르면 우리나라의 환경 질 점수는 2.4점에 불과하여 OECD 국가 중 최하위 수준에 머물고 있으며, 특히 초미세먼지(PM2.5) 농도는 가장 나쁜 수준으로 평가되었다.[928]

이러한 환경적 악조건은 사회적 약자에게 더욱 가혹하게 작용한다. 저소득층 밀집 지역이나 인구 밀도가 높은 도시의 취약 계층은 미세먼지나 오존으로 인한 건강 피해에 더 많이 노출되는 것으로 나타났다. 또한, 산업화 과정에서 형성된 주거-공장 혼재 지역(난개발 지역)이나 대규모 오염 시설 인근 지역의 주민들은 장기간에 걸쳐 환경 부정의 상황에 처해왔다(<표 9> 참조).

익산 장점마을이나 인천 사월마을의 사례는 특정 지역에 오염 부담이 집중됨으로써 발생하는 주민 건강 피해의 심각성을 보여주는 대표적인 환경 부정의 사례로 지적된다.

<표 9> 국내 환경 불평등 현황 및 시사점

구분	주요 현황 및 불평등 양상	시사점
자연생태	도시 확장으로 인한 녹지축 단절 및 생활권별 공원 접근성 격차 상존	그린인프라 확충 시 접근성 지표 도입 필요
대기질	수도권 및 산업단지 인근 고농도 미세먼지 노출 및 저소득층 호흡기 질환 위험 증가	환경질 관리구역 설정을 통한 집중 관리 체계 마련

928 OECD (2017), OECD Environmental Performance Reviews: Korea 2017, OECD Environmental Performance Reviews, OECD Publishing, Paris.

구분	주요 현황 및 불평등 양상	시사점
물환경	상·하수도 보급률은 높으나 농어촌 및 도서 지역 인프라 노후화 및 서비스 격차 존재	환경자산 관리체계 도입 및 취약 지역 인프라 개선
보건안전	화학사고 및 유해물질 노출 위험이 산업시설 주변 거주민에게 집중	수용체 중심의 전과정 위해성 관리 강화

2) 정책적 한계와 미래 전망에 따른 과제

과거의 환경 정책은 전국적인 환경 기준 달성과 기술적 오염 저감에 집중한 결과, 개별 수용체가 체감하는 환경 질의 차이나 의사결정 참여의 불균형 문제를 해결하는 데는 한계가 있었다. 환경 정보의 공개 수준은 양적으로 확대되었으나, 정작 국민이 알고 싶어 하는 실질적인 위해 정보나 이해하기 쉬운 형태의 가공된 정보 제공은 미흡한 실정이다.

미래 사회 전망을 고려할 때, 1인 가구의 증가와 개인화된 소비 패턴의 확산은 고품질 환경 서비스에 대한 개별적인 요구를 증대시킬 것이다. 또한, 지방분권의 진전은 중앙 정부 주도의 획일적 환경 행정에서 탈피하여 지역 주민이 직접 참여하는 환경 자치와 거버넌스 체계의 확립을 요구하고 있다. 따라서 향후 20년간의 정책은 '분절된 매체 관리'에서 '수용체 중심의 통합 관리'로, '양적 정보 공개'에서 '질적 정보 소통'으로 진화해야 한다는 시사점을 제공한다.

3. 환경정의의 개념적 프레임워크와 전략 체계

제5차 국가환경종합계획은 환경정의를 실현하기 위해 세 가지 정의의 축(분배적, 절차적, 교정적 정의)을 중심으로 전략적 프레임워크를 구축하였다.

1) 분배적 정의 (Distributive Justice)

분배적 정의는 환경적 혜택(공원, 녹지, 깨끗한 공기 등)과 부담(오염 시설, 위해 물질 노출 등)이 인종, 소득, 지역과 관계없이 공평하게 나누어지는 상태를 의미한다. 본 계획은 공간적·계층적 환경 불평등을 평가하고 진단하는 체계를 구축하여, 환경 부정의가 발생하는 지역을 우선적으로 관리하고 개선하는 데 집중한다.

2) 절차적 정의 (Procedural Justice)

절차적 정의는 환경과 관련된 정책 수립 및 의사결정 과정에 모든 이해관계자가 공정하고 의미 있게 참여할 기회를 보장받는 것을 뜻한다. 이는 단순히 정보에 접근하는 수준을 넘어, 정책의 기획 단계부터 타당성 조사, 이행 과정에 이르기까지 실질적인 목소리를 낼 수 있는 환경 민주주의의 실현을 목표로 한다.

3) 교정적 정의 (Corrective Justice)

교정적 정의는 환경 오염이나 위해로 인해 실제 피해가 발생했을 때, 이를 신속하게 보상하고 피해 이전의 상태로 회복시키는 사후적 조치를 의미한다. 본 계획은 피해자의 입증 책임을 완화하고 국가의 구제 기능을 강화하여, 환경권 침해에 대한 실효적인 권리 구제 체계를 확립하고자 한다.

4. 환경정의 실현을 위한 추진 과제

1) 환경정의 구현과 녹색사회로의 전환

(1) 환경정의 제도화 및 정책 기반 강화

환경 정책 전반에 환경정의의 가치를 내재화하기 위해 관련 법령과 규칙을 개정한다. 구체적으로는 분배·절차·교정적 정의에 관한 각 분야별 환경법상의 환경권 보장 실효성을 검토하고 필요한 입법 조치를 추진한다. 또한, 정책 및 대규모 개발 사업이 환경 불평등을 유발할 가능성이 있는지 사전에 분석하는 '환경·사회 영향평가' 제도의 도입을 모색하여, 이주나 생계 문제 등 사회적 영향까지 포괄적으로 관리한다.

(2) 녹색 사회 전환을 위한 포괄적 전략 및 녹색기본소득

정치, 경제, 사회 전반에서 녹색 가치가 주류화 되도록 포괄적 전환 전략을 수립한다. 특히 눈에 띄는 과제는 '녹색기본소득(Green Basic Income)' 제도의 검토이다. 이는 걷기, 자전거 이용, 대중교통 활용 등 친환경적 시민 행동에 비례하여 인센티브나 기본소득을 지급함으로써, 시민의 실천을 유도하고 동시에 계층 간 소득 격차를 완화하는 환경-복지 융합형 모델이다. 또한 부처 간 정책 정합성을 확보하기 위해 국토, 산업, 에너지 등 주요 계획 수립 시 지속가능발전위원회의 지속가능성 검토를 의무화한다.

2) 수용체 관점의 환경 개선 및 불평등 해소

(1) 공간적·계층적 환경 불평등 진단 및 빅데이터 확보

사회적 취약 계층과 지역에 대한 대기, 물, 화학 물질 노출 등 주요 환경 질 측면에서의 불평등 실태를 정밀하게 진단한다. 이를 위해 환경부정의(Environmental Injustice) 빅데이터를 구축하고, 공간 환경 단위별로 취약 지표를 선정하여 모니터링한다. 분석 결과에 따라 환경 부담이 높은 지역을 대상으로 맞춤형 개선 사업을 추진하며, 상·하수도나 자연 생태 서비스와 같은 환경 서비스의 접근성 및 경제적 부담 측면에서의 불평등 여부도 함께 추적한다.

(2) 환경 오염 취약 지역 개선 및 환경 약자 보호 강화

주거-공장 혼재 지역, 노후 산업단지, 고배출 사업장 인근 등 환경적 위해가 높은 관심 지역을 선정하여 집중 관리한다. 지자체의 대처 역량을 강화하기 위해 공장 입지 규제, 배출 감시, 환경 민원 대응 체계에 대한 종합적인 점검과 지원 대책을 마련한다. 특히 폭염, 한파 등 기후 재난에 대응하기 위해 에너지 빈곤층의 냉난방 환경 개선과 어린이 활동 공간의 환경 안전 관리를 최우선 순위로 둔다.

(3) 미래 세대 및 생태적 정의의 확장

환경정의의 범위를 현세대를 넘어 미래 세대와 동식물까지 확장한다. 청소년 등 미래 세대가 환경 정책 과정에 실질적으로 참여할 수 있는 통로를 확대하고, 인간 외의 생명체와 생태계 전체의 권리를 보호하기 위한 사회적 논의와 제도를 검토한다. 이는 인간 중심의 정의 개념에서 한 단계 나아가 '생태적 지속가능성'을 담보하는 확장된 정의를 지향하는 것이다.

3) 환경 정보의 알권리와 피해자 구제 강화

(1) 환경 정보 제공의 혁신적 확대 및 알권리 보장

국민이 실제 환경 상황을 정확히 인지할 수 있도록 정보 공개 시스템을 획기적으로 개선한다. 오염 배출원 정보, 화학 물질 유통 정보 등을 국가 및 지역 단위에서 상세하게 공개하고, 데이터 전문가가 아닌 일반 국민도 쉽게 이해할 수 있도록 인공지능이나 증강현실(AR) 등 스마트 기술을 활용한 맞춤형 정보를 제공한다. 정보 소외 계층인 노인 등에게도 접근성이 높은 전달 방식을 개발하여 환경 정보의 민주화를 도모한다.

(2) 국민의 실질적 참여 기회 강화 및 공론화 활성화

정책의 기획 및 타당성 조사 단계부터 국민이 참여할 수 있는 구조를 마련한다. 공청회, 에코톤, 타운홀 미팅 등 참여형 의사결정 기법을 제도화하고, 일정 조건을 갖춘 시민 참여단의 결정 사항에 대해서는 구속력을 부여하는 방안도 검토한다. 정책 현장에서 지역 전문가와 주민이 협업하여 문제를 해결하는 국민 참여형 사업 모델을 개발하고 이를 전국적으로 확산시킨다.

(3) 교정적 환경정의 강화를 위한 피해 구제 제도 개선

환경 피해 발생 시 입증 책임을 완화하고 국가의 선제적 구제 기능을 극대화한다. 가해자가 불분명하거나 배상 능력이 없는 경우 국가가 우선 구제 급여를 지급하고 사후에 책임자에게 구상권을 행사하는 체계를 내실화한다. 환경 오염 피해를 단순히 경제적 보상으로 해결하는 것을 넘어, 훼손된 자연을 원상 복구하고 환경권을 실질적으로 회복시키는 실질적 교정 조치를 강화한다. 또한 법률 지식이 부족한 약자를 위해 환경 법률 지원 서비스를 확대하고, 환경 분쟁 조정 제도의 접근성을 높여 환경 소송 이전에 공정한 해결이 이루어지도록 돕는다.

5. 권역별 공간 환경 전략과 환경정의의 결합

환경정의는 추상적인 개념이 아니라 구체적인 생활공간에서 실현되어야 한다. 제5차 국가환경종합계획은 전국을 6개 권역으로 나누어 각 지역의 특성에 맞는 환경정의 실현 방안을 공간 환경 전략에 포함하였다.

1) 한강 수도권 전략

수도권은 인구와 산업이 밀집되어 있어 대기 오염과 소음, 폐기물 관리가 가장 큰 이슈이다. 특히 과밀화된 도시 환경 속에서 미세먼지 고농도 지역에 위치한 취약 계층 이용 시설을 중심으로 '미세먼지 집중관리구역'을 지정하고, 그린 인프라를 확충하여 열섬 현상을 완화하는 등 분배적 정의를 실천한다. 또한 광역적 대기 문제 해결을 위해 지자체 간 협의 기구를 강화하여 절차적 공정성을 확보한다.

2) 태백 강원권 및 금강 충청권 전략

강원권은 폐광 및 산림 보전 이슈가 크며, 충청권은 신도시 개발과 축산 악취 등 난개발 문제가 대두된다. 강원권은 폐광산 등 유해 오염 물질 배출 시설 밀집 지역에 대한 환경 정화와 생태 복원을 통해 주민들의 건강권을 회복한다. 충청권은 대산 석유화학단지 등 대규모 배출원으로부터 발생하는 복합 환경 영향에 대응하기 위해 데이터 기반의 통합 관리 체계를 구축하고, 주민 참여 거버넌스를 통해 환경 갈등을 사전에 예방한다.

3) 낙동강 영남권 및 영산강 호남권 전략

영남권은 낙동강 수질 관리와 중화학 공업 단지의 대기 질 개선이 시급하며, 호남권은 노후 인프라 및 도농 격차 해소가 관건이다. 영남권은 상·하류 주민 간의 물 이용 이해관계를 조정하기 위한 유역 거버넌스를 정착시켜 절차적 정의를 강화한다. 호남권은 인구 감소 지역의 노후 환경 기초 시설을 정비하고 농촌 폐기물의 체계적 처리를 지원함으로써 지역 간 환경 서비스 격차를 해소한다.

4) 한라 제주권 전략

제주는 급증하는 관광객으로 인한 환경 용량 초과 문제가 핵심이다. 상주 인구뿐만 아니라 방문객을 고려한 환경 인프라 수요를 예측하고, '자연자원총량제'와 같은 선진 관리 기법을 도입하여 환경 자산의 공평한 보전과 이용을 도모한다. 지역 주민이 직접 참여하는 생태 관광 이익 환원 체계를 마련하여 환경 보전의 혜택이 지역 사회에 골고루 돌아가도록 한다.

6. 계획 이행 기반 및 관리 체계

1) 모니터링 및 통합 관리 시스템 구축

계획의 실효성을 담보하기 위해 국가 환경 모니터링 체계를 강화한다. 장소 기반 모니터링(Place-based Monitoring)을 통해 지역별 환경 정의 지표의 달성도를 주기적으로 갱신하고, 이를 '국가 환경 리포트' 형태로 국민에게 공개한다. 특히 국토 계획과 환경 계획의 통합 관리를 위해 국토 모니터링 정보와 환경 모니터링 정보를 상호 공유하는 환류 체계를 마련한다.

2) 지방분권과 지역 중심 환경 거버넌스 정착

중앙 정부 주도의 하향식 행정에서 벗어나, 지자체가 지역의 수요에 맞는 다양한 환경 서비스를 개발할 수 있도록 자율성과 책임을 강화한다. 지자체의 환경 행정 역량을 높이기 위해 행정적·재정적 지원을 아끼지 않으며, 우수 지자체에 대해서는 인센티브를 확대한다. 주민이 직접 감시자로 참여하는 '국민참여감시단' 등을 운영하여 현장의 목소리가 정책에 반영되도록 한다.

3) 환경 교육 및 정책 커뮤니케이션의 내실화

환경정의에 대한 시민들의 이해와 공감을 얻기 위해 생애주기별 맞춤형 환경 교육을 실시한다. 특히 미세먼지나 기후 위기와 같은 환경 재난 대응 교육을 신설하고, 일상생활 속에서 문제를 해결하는 '리빙랩' 형태의 교육 콘텐츠를 보급한다. 국가 환경 교육 센터의 기능을 강화하고 모든 광역 지자체에 지역 환경 교육 센터를 설치하여 교육의 균형적 발전을 도모한다.

7. 결론

제5차 국가환경종합계획에 명시된 환경정의 계획은 대한민국 환경 정책의 질적 도약을 선언하고 있다. 이는 단순히 환경 오염 수치를 낮추는 것을 넘어, '누가 환경 오염으로 고통받는가'와 '누가 환경 정책의 과정에서 소외되는가'라는 질문에 답하는 인권 지향적 정책이다.

이 계획은 다음의 정책을 제언하고 있다.

첫째, 환경정의는 데이터의 정밀도와 비례한다. 격자 단위의 세밀한 환경 지도와 사회경제적 지표의 결합은 정책 사각지대를 발굴하는 가장 강력한 무기이다.

둘째, 환경정의는 공간 계획과의 통합 없이는 구호에 그치기 쉽다. 국토-환경 계획의 통합 관리를 통해 개발 사업의 기획 단계부터 정의의 관점을 주입해야 한다.

셋째, 시민 참여는 정의 실현의 수단이자 목적이다. 투명한 정보 공개와 실질적 권한 부여를 통해 환경 민주주의가 뿌리내릴 때 진정한 의미의 정의가 완성된다.

향후 20년은 탄소 문명에서 녹색 문명으로 전환하는 결정적인 시기이다. 이 과정에서 발생하는 전환 비용과 혜택이 우리 사회 구성원 모두에게 공평하게 돌아가도록 관리하는 것이 환경정의의 최종적 임무이다. 제5차 국가환경종합계획이 제시한 촘촘한 정책 과제들이 현장에서 실질적으로 작동할 때, 대한민국은 진정으로 '단 한 사람도 소외되지 않는' 지속가능한 생태국가로 거듭날 수 있을 것이다.

제4장

한국 환경정의 정책의 현재와 미래

대한민국의 환경 정책은 단순한 오염 통제와 매체별 관리의 시대를 지나, 모든 시민이 공평하게 환경적 혜택을 누리고 부담을 분담하며 환경권 침해로부터 보호받는 '환경정의

(Environmental Justice)'의 시대로 진입하고 있다. 이러한 변화의 기점이 된 것은 2017년 제3차 OECD 환경성과평가(EPR)에서 한국이 회원국 최초로 환경정의 심층평가 공식적인 권고를 받은 일이다. 이에 따라 2017년 '환경정의 실현을 위한 정책방안 마련 연구'가 수행되었으며, 이는 이후 2019년 '환경정의 종합계획'과 2020년 '제5차 국가환경종합계획'으로 이어지는 정책적 로드맵의 기초 설계도가 되었다.

본 절은 2017년 연구에서 제안된 26개 추진 과제가 2019년과 2020년의 국가 차원 계획에서 어떻게 구체화되고 추진되었는지 상세히 분석한다. 또한, 당시 제안되었으나 아직 실질적인 이행 단계에 이르지 못한 과제들이 차후 계획에 어떠한 방식으로 반영되었는지 확인하고, 급변하는 사회·경제적 여건 속에서 새롭게 도출된 정책 과제들을 정리하여 한국 환경정의 정책의 현재와 미래를 조망하고자 한다.

1. 2017년 환경정의 실현을 위한 정책방안 마련 연구의 핵심 내용

2017년 연구는 OECD의 권고를 바탕으로 한국 고유의 환경 부정의 실태를 진단하고 이를 해결하기 위한 전략적 과제를 도출하는 데 집중하였다. 이 연구의 의의는 환경정의를 분배적(Distributive), 절차적(Procedural), 교정적(Corrective) 정의의 세 가지 차원에서 정의하고, 이를 실현하기 위한 5대 정책 분야를 설정한 데 있다.

1) 환경 부정의 실태 진단과 시사점

2017년 연구는 공간 분석을 통해 국내 환경 불평등의 심각성을 드러냈다. 즉, 분석 대상인 대기질, 상하수도, 녹지, 화학물질 배출 등 주요 환경 매체가 지역과 계층에 따라 다음과 같이 뚜렷한 격차를 보였다.

첫째, 대기 오염물질 노출과 인구 특성 간의 관계에서, 노후 산업단지나 교통량이 집중된 지역의 대기질은 저소득층과 노인 인구가 밀집한 지역에서 상대적으로 더 악화되어 있음이 확인되었다. 둘째, 녹지 서비스의 경우 도시 지역 내에서도 취약 계층의 접근성이 현저히 낮았으며, 특히 14세 미만 인구 비율이 높은 지역에서 생활권 녹지가 부족한 양상이 나타났다. 셋째, 상하수도 서비스는 도시와 농어촌 간의 보급률 격차뿐만 아니라, 유수율과 총괄원가의 차이로 인해 저소득 지역이 상대적으로 더 높은 비용을 지불하거나 낮은 품질의 서비스를 받는 소득 역진 현상이 목격되었다. 넷째, 화학물질 배출 시설은 지가가 낮은 계획관리지역이나 비도시 지역으로 난개발되는 경향을 보였으며, 이는 김포 거물대리와 같은 심각한 환경·보건 피해 사례를 낳았다.

이러한 실태 진단을 통해 환경 정책이 단순히 전국적인 평균치를 높이는 것이 아니라, 환경적 부담이 집중된 '핫스팟(Hot-spot)'을 찾아내고 취약 인구 집단을 우선적으로 보호해야 한다는 정책적 시사점을 도출하였다.

2) 2017년 제안된 26개 주요 정책 과제의 구조

2017년 연구는 OECD EPR 권고안을 재구성하여 5대 분야 26개 추진 과제를 제시하였다. 이 과제들은 단기(2년), 중기(3~5년), 장기(6~10년) 로드맵에 따라 배치되었으며, 법제화와 실무적 사업을 병행하는 구조를 가졌다(<표 10> 참조).

<표 10> 2017년 연구 제안 5대 분야 및 26개 주요 과제 요약

분야	주요 추진 과제 내용
1 정책 프레임워크	헌법 및 환경정책기본법 개정, 환경정의 종합계획 수립, 지표 개발 및 평가 체계 구축, 전담 부서 및 지원 센터 설치 등
2. 사회 불평등 연계	취약계층 환경 비용 부담 감면(종량제, 수도 요금), 에너지 빈곤 해소 및 에너지 복지 실현, 환경-보전-안전-소득 통합형 넥서스 정책 추진 등
3. 3대 범주(질·서비스·안전)	도시-농촌 간 상수도 격차 해소, 녹지 접근 형평성을 고려한 도시 계획, 미세먼지 취약 지역 건강 보호, 화학 사고 안전 대응 체계 구축 등
4. 배상 및 사법적 접근	환경 오염 피해 구제 제도 개선, 생태계 훼손 책임 배상 제도 도입, 환경 공익 소송 원고적격 확대, 환경권 보장 위원회 설치 등
5. 환경 민주주의	주민 알 권리 범위 확대, 전문 인력 양성 및 주민 역량 강화, 오르후스 협약 가입 및 관련 제도 도입, 환경 정보 전달 방식 개선 등

2. 2017년 제안 과제 추진 현황

2017년의 제안은 2019년 '환경정의 종합계획 마련 연구'를 통해 세부 실행 계획으로 구체화되었고, 2020년 '제5차 국가환경종합계획(2020-2040)'에서 국가 환경 정책의 핵심 전략으로 통합되었다.

1) 정책 프레임워크의 법제화와 계획 수립

2017년 연구에서 가장 시급한 과제로 꼽혔던 「환경정책기본법」 개정은 2019년 1월 실현되었다. 기존 보고서에서 제안했던 제3조의 정의 부분에 환경정의를 신설하는 것이 법 제2조 제2항에 기본개념으로 환경정의 개념이 정의되었다. 그리고 국가와 지자체가 정책 수립 시 모든 사람에게 실질적 참여를 보장하고 정보를 공개하며, 환경적 혜택과 부담을 공평하게 배분하고 피해를 공정하게 구제해야 한다는 책무가 명시되었다.

또한, 2017년에 제안된 '환경정의 종합계획 수립' 과제는 「환경정책기본법」 제15조에 따라 국가환경종합계획의 필수 포함 사항으로 규정되었다. 이에 따라 '제5차 국가환경종합계획'의 제5장 '모두를 포용하는 환경정책으로 환경정의 실현'이라는 독립된 전략이 마련되었으며, 이는 2017년의 연구가 국가의 최상위 법정 계획에 완벽히 안착했음을 보여준다(<표 11> 참조).

<표 11> 환경정의 정책 프레임워크의 변화: 2017년 제안 vs 2019·2020년 반영

2017년 제안 과제	2019년 종합계획 반영	2020년 국가환경종합계획 반영
환경정책기본법 내 정의 도입	법 개정 완료(2019.1)	환경정의 가치를 정책 전반에 주류화
10년 단위 기본계획 수립	5년 주기 세부 이행계획 수립	국가환경종합계획 내 핵심 전략으로 통합
환경정의 지표 및 평가체계	환경 형평성 평가지수 개발 추진	인구집단·지역별 환경질/서비스 평가 체계 구축
전담 부서 및 센터 설치	환경정의 빅데이터 센터 지정(2019.5)	국가환경정의센터 설립 검토 및 전문 인력 양성

2) 취약계층 보호와 환경 복지의 구체적 실현

사회적 불평등을 환경 정책으로 해결하려 했던 2017년의 제안은 2019년과 2020년 계획에서 '수용체 중심의 환경 개선'이라는 패러다임으로 진화하였다.

2017년에 제안된 '기초생활수급자 환경 비용 감면'과 '에너지 복지' 과제는 다음과 같이 구체적으로 추진되었다.

환경 보건 관리 지역 지정: 노후 산단, 난개발 지역 등 오염 노출이 높은 곳을 '환경 보건 관리 지역'으로 지정하고 정화 및 건강 관리를 집중 지원하는 체계가 마련되었다.

민감 계층 맞춤형 보호: 어린이집, 노인 요양 시설 등에 공기 정화 장치 설치를 지원하고, 임신부 및 영유아 대상의 '어린이 환경 보건 출생 코호트' 조사를 통해 장기적인 건강 영향을 추적하는 사업이 강화되었다.

이상기후 대응 강화: 고령자, 저소득층, 야외 노동자 등 기후 취약 계층별 맞춤형 보호 대책이 수립되었으며, 폭염 시 무더위 쉼터 운영 및 폭염 도우미 서비스 등의 지원이 확대되었다.

3) 환경 서비스의 지역 간 격차 해소

환경 서비스 접근성 형평성을 높이기 위한 2017년의 제안은 2020년 국가환경종합계획에서 매우 구체적인 수치와 지표로 나타났다.

10분 거리 녹지 확보: 2017년의 '도시 녹지 접근성 정보 수집' 제안은 '모든 국민이 집 근처 10분 거리에서 쾌적한 녹색 공간을 향유'한다는 목표로 구체화되었으며, 장애인과 노약자도 차별 없이 이용할 수 있는 녹지 접근성 지표가 개발되었다.

상하수도 보편적 공급: 농어촌 및 도서 지역의 안전한 먹는 물 공급 확대를 위해 소규모 분산형 인프라를 구축하고, 시·군 단위로 분절된 수도 사업을 권역별로 통합하여 지역 간 수도 요금 격차를 완화하는 방안이 추진 과제에 포함되었다.

4) 환경 배상 책임 및 피해 구제 제도의 내실화

2017년 연구에서 제기된 '환경 오염 피해 구제 제도의 실효성 부족' 문제는 2019년 종합계획에서 핵심적인 개선 과제로 다루어졌다.

피해 인정 요건 및 인과관계 입증 완화: 김포 거물대리 사례에서 드러난 수기 신청의 어려움과 복잡한 인과관계 입증 책임을 피해자에게만 지우는 문제를 해결하기 위해, 상당한 개연성만으로도 구제받을 수 있도록 법적 문턱을 낮추는 방안이 도입되었다.

구제 급여의 현실화: 비급여 항목을 포함한 의료비 지원 확대와 구제 급여 종류의 다양화가 검토되었으며, 원인자 규명이 어려운 대규모 환경 피해의 경우 국가가 우선적으로 구제하고 차후에 구상권을 행사하는 체계가 제안되었다.

5) 환경 민주주의와 정보 공개의 혁신

정보 접근성 강화와 주민 참여 확대에 관한 2017년의 과제들은 ICT 기술과 결합하여 '환경 민주주의'의 수준을 한 단계 높이는 방향으로 추진되었다.

통합 환경 정보 시스템 구축: 2017년의 '정보 진달 방식 개선' 제안은 '화학물질·제품 통합 정보 시스템' 및 '생활환경 안전 정보 대국민 포털' 구축으로 이어졌다. 이를 통해 오염물질 배출 사업장의 GIS 정보가 대중에 공개되었으며, 환경 사고 발생 시 SMS 등을 활용해 신속히 전파하는 체계가 수립되었다.

주민 참여의 실무화: 2017년의 '주민 역량 강화' 제안은 2019년 '환경 정의 주민 리더 양성' 및 '리빙랩(Living Lab)' 프로그램 개발로 구체화되었다. 이는 주민이 직접 지역의 환경 문제를 발굴하고 전문가와 협력하여 해결책을 도출하는 주민 주도형 참여 모델이다.

3. 환경정의 실현을 위한 중장기 검토 과제

2017년 연구에서 제안된 과제 중 일부는 법적 복잡성, 타 부처와의 이해관계, 혹은 사회적 합의 부족으로 인해 아직 전면적으로 추진되지 못하였다. 그러나 이들은 사라진 것이 아니라 차기 계획들에서 '장기 과제' 혹은 '검토 과제'의 형태로 보완되어 반영되어 있다.

1) 헌법 개정을 통한 환경권 구체화 및 국가 기본원리 명기

2017년 연구는 환경권의 실질적인 권리성을 확보하기 위해 헌법 전문과 총강에 생명 존중 및 환경 보전 원리를 명기하고, 환경권의 구체적 행사 방법을 법률로 정하도록 헌법을 개정할 것을 제안하였다.

> 현재 반영 상태: 헌법 개정은 환경부 단독으로 추진할 수 없는 국가적 사안이므로 현재까지 실현되지 않았다.
>
> 계획 내 반영 방식: 2020년 제5차 국가환경종합계획에서는 헌법 개정 전이라도 실질적인 환경권 보장을 위해 「환경정책기본법」 및 분야별 환경법(대기, 수질, 토양 등)에서 환경권 보장의 실효성에 필요한 사항을 도출하고 이를 입법화하는 우회 전략을 채택하였다. 즉, 헌법 개정이라는 거대 담론을 유지하면서도 하위 법령 정비를 통해 실질적인 권리 구제를 강화하려는 접근이다.

1) 환경 공익 소송에서 환경 NGO 등 원고적격 확대

2017년 과제 중 하나인 '환경 NGO 등의 소송 주체성 확보'는 생태계 서비스나 생물 다양성처럼 사적 이익과 직접 연결되지 않는 공익적 가치를 지키기 위해 필수적인 과제로 제안되었다.

현재 반영 상태: 여전히 민사·행정 소송법상의 '법률상 이익' 원칙에 가로막혀 전면적으로 도입되지 못한 상태이다.

계획 내 반영 방식: 제5차 국가환경종합계획은 이를 '환경 사법 접근성 제고' 부문의 장기 목표로 설정하였다. 구체적으로는 환경 피해에 대한 주민의 권리 구제를 돕는 '환경 법률 지원 서비스'를 연간 100건 이상으로 확대하고, '환경권 보장 위원회'를 설치하여 사법적 판결 이전에 환경 NGO와 주민의 목소리가 행정적으로 강력히 대변될 수 있는 구조를 마련하는 것으로 보완되었다.

2) 오르후스 협약(Aarhus Convention) 가입 및 제도 정착

환경 정보 접근, 공공 참여, 사법 접근의 세 기둥을 보장하는 오르후스 협약에 가입하자는 2017년의 제안은 환경 민주주의의 최종 지향점으로 제시되었다.

현재 반영 상태: 공식적인 협약 가입 단계에는 이르지 못했으나 가입을 위한 국내법 정비 단계에 있다.

계획 내 반영 방식: 2019년 종합계획과 2020년 국가계획은 오르후스 협약의 핵심 가치를 국내 제도에 미리 이식하는 방식을 취하고 있다. 예를 들어, 전략환경영향평가 단계에서의 주민 참여 절차를 대폭 강화하고, 정보 공개 비공개 사유 중 '영업 비밀'보다 '공공의 환경·건강권'을 우선하는 기준을 마련하는 등의 조치가 이에 해당한다.

3) 생태계 훼손에 대한 책임 배상 및 환경 복원 기금 조성

2017년에 제안된 '생태 손해에 대한 엄격한 책임 제도'는 기업이 환경을 훼손했을 때 복원 비용뿐만 아니라 생태계 서비스 가치 상실분까지 배상하게 하려는 의도였다.

현재 반영 상태: 현재는 생태계 보전 협력금 제도가 운영되고 있으나, 부과 요율이 현실적으로 너무 낮아 원인자 책임 원칙을 충분히 구현하지 못하고 있다.

계획 내 반영 방식: 2019년 종합계획 연구에서는 '(가칭)생태손해법' 제정을 검토하고, 생태계 보전 협력금의 상한액 조정 및 부과·징수 기관을 시·도에서 (유역)환경청으로 변경하여 징수율을 제고하는 방안을 제시하였다. 또한, 녹지 훼손 시 훼손된 면적만큼 원인자가 다른 곳에 녹지를 조성하게 하는 '자연 자원 총량제'를 환경 영향 평가와 연계하여 도입하는 장기 로드맵으로 반영하였다.

4. 2019·2020년 계획에서 제안된 새로운 추진 과제

사회가 고령화되고 인구가 감소하며, 기술적으로는 빅데이터와 AI가 대두됨에 따라 2017년 당시에는 구체화되지 않았던 혁신적인 과제들이 2019년과 2020년 계획에서 대거 등장하였다.

1) 환경 정의 평가지수 개발 및 국가 환경정의 보고서 발간

2017년의 막연한 '실태 조사' 개념이 2019년 계획에서는 과학적 진단 도구로 진화하였다.

환경 정의 평가지수: 미국 EPA의 EJScreen과 캘리포니아의 CalEnviroScreen 모델을 국내 실정에 맞게 벤치마킹한 지표이다. 대기 오염, 유해 시설 인접성 등 20여 종의 환경 지표와 저소득층, 고령화율 등 8종의 사회·보건 지표를 결합하여 '오염 부담 과중 지역'을 1~4등급으로 도출한다.

국가 환경정의 보고서: 2년마다 국가 전체의 환경정의 실태를 평가하여 대통령에게 보고하고 대외적으로 공표하는 체계를 구축하자는 제안이 신설되었다. 이는 환경정의를 정기적인 국가 모니터링 대상으로 승격시키는 조치이다.

2) 환경 복지 바우처(Voucher) 제도 도입

기존의 시범 사업 형태였던 환경 보건 지원을 체계화하기 위해 '바우처' 개념이 새롭게 도입되었다.

주요 내용: 어린이, 노인, 저소득층 등 환경 오염 민감 계층이 실내 공기질 무료 진단, 친환경 벽지 교체, 환경성 질환 예방 진단 등의 서비스를 선택해서 이용할 수 있는 이용권을 지급하는 제도이다. 이는 공급자 중심의 환경 서비스에서 수혜자 권리 중심의 서비스로 전환함을 의미한다.

3) 스마트 축소(Smart Decline)와 재자연화 전략

인구 소멸 위험과 도시 쇠퇴라는 한국 사회의 거대한 인구 변화를 환경 정책에 반영한 신규 과제이다.

스마트 축소: 무분별한 도시 확장을 억제하고, 인구가 줄어든 지역의 기반 시설을 무리하게 유지하기보다 폐시설과 유휴 부지를 재자연화하여 생태 환경 기능을 회복시키는 전략이다.

사례: 폐교를 활용한 습지 숲 조성, 농촌 유휴지의 작은 생태계 복원 등을 통해 해당 지역을 생태 관광 자원으로 활용하여 지역 경제 활성화와 환경 보전을 동시에 달성하는 모델을 제시하였다.

4) 환경정리 시범 도시 및 리빙랩(Living Lab) 운영

환경정의 정책의 현장 적용성을 높이기 위해 환경정의 시범도시 및 리빙랩, 주민 주도 환경 자치 등과 같은 실험적 과제들이 추가되었다.

환경정의 시범 도시: 환경 부정의 실태가 심각하거나 개선 의지가 강한 지자체를 지정하여, 행정적·재정적 지원을 집중하고 혁신적인 환경정의 정책을 먼저 테스트하는 '리빙랩' 거점으로 운영하는 방안이다.

주민 주도 환경 자치: 주민이 직접 지역의 환경 위험을 감시하고, 오염 물질 배출 업체와 상생 협약을 체결하거나 환경 교육 프로그램의 주제를 직접 제안하는 참여형 환경 주민 자치 활성화 과제가 강조되었다.

5) 기후 탄력성 개선 구역(Climate Resilience Zones) 설정

폭염, 홍수 등 기후 재난이 사회적 약자에게 더 가혹하게 작용하는 '기후 불평등'을 해소하기 위한 공간 관리 전략으로 기후 탄력성 개선 구역을 설정하고 관리하기 위한 정책이다.

주요 내용: 기후 변화 취약성이 높은 지역을 '기후 탄력성 개선 구역'으로 설정하고, 이곳에 쿨링 센터, 방재 시설, 그린 인프라(그린 월, 옥상 녹화 등)를 우선적으로 배치하는 등 정책 지원의 우선순위를 기후 정의 관점에서 재정립하는 과제이다.

5. 환경정의 정책 추진 로드맵

2017년 연구에서 제안된 로드맵은 2018년부터 2028년까지 10년의 기간을 설정하고 있었으며, 이는 2020년 제5차 국가환경종합계획의 2040년 장기 전망에 반영되어 정합성을 이루고 있다(<표 12> 참조).

<표 12> 환경정의 정책 추진 로드맵 (2018-2028 및 2040 전망)

단계	주요 추진 과제 및 목표
단기 (1~2년)	「환경정책기본법」 개정, 환경정의 빅데이터 센터 지정, 취약계층 환경 비용 감면 확대, 환경 오염 피해 위험도 지도 구축 시작

단계	주요 추진 과제 및 목표
중기 (3~5년)	환경정의 종합계획 본격 이행, 환경 형평성 평가지수 개발 완료, 환경 복지 바우처 시범 도입, 환경정의 시범 도시 운영 및 센터 설립
장기 (6~10년)	헌법 개정 논의 지속, 환경 공익 소송 원고적격 확대 추진, 오르후스 협약 가입 완료, 전국 단위의 스마트 축소 및 재자연화 사업 안착

1) 성공적인 이행을 위한 정책 제언

지나온 정책 전개 과정을 분석해 볼 때, 향후 환경정의 실현을 위해서는 세 가지 차원의 심화 노력이 요구된다.

첫째, 데이터의 정밀화와 미시화이다. 2017년 연구는 시·군·구 단위의 거시적 경향을 확인하는 데 그쳤으나, 실제 환경 부정의는 읍·면·동 혹은 마을 단위의 미시적인 수준에서 발생한다. 따라서 향후 구축될 환경정의 빅데이터 시스템을 통해 격자 단위의 세밀한 환경 오염 정보와 거주 인구의 사회경제적 특성을 정밀하게 결합함으로써 정책 사각지대를 실질적으로 해소할 수 있다.

둘째, 부처 간 협력의 실질화(Nexus Policy)이다. 에너지 빈곤, 난개발 지역 정비, 기후 취약계층 보호는 환경부만의 힘으로는 불가능하다. 국토교통부(공간 계획), 산업통상자원부(에너지 공급), 보건복지부(사회 안전망)와의 긴밀한 협력이 필수적이며, 이를 조율할 수 있는 '환경-보전-안전-소득 통합형 거버넌스'의 구축이 시급하다.

셋째, 절차적 정의의 내실화이다. 형식적인 공청회나 설명회를 넘어, 정보 비대칭을 해결하기 위해 주민의 눈높이에 맞춘 '해설된 환경 정보'를 제공하고, 주민이 정책 결정 과정에 실질적인 거부권이나 수정권을 행사할 수 있는 숙의 민주주의 기법의 법제화가 뒷받침되어야 한다.

6. 결론: 포용적 녹색 사회로의 전환을 위한 환경정의의 가치

대한민국의 환경정의 정책은 2017년의 학술적 제안과 실태 진단을 토대로, 2019년의 법제화와 2020년의 국가 전략 통합이라는 비약적인 발전을 이루어냈다. 초기에는 환경 부정의 사례를 고발하고 개념을 정립하는 수준이었다면, 이제는 빅데이터와 지능형 기술을 활용해 과학적으로 불평등을 측정하고 수용체 중심의 정밀한 복지 서비스를 제공하는 단계로 진화하고 있다.

아직 헌법 개정이나 소송권 확대와 같은 난제들이 남아 있으나, 이는 정책의 연속성을 유지하며 사회적 합의를 이끌어내야 할 장기적인 과제들이다. 환경정의는 단순한 환경오염의 해결을 넘어, 우리 사회의 불평등 구조를 환경이라는 창을 통해 들여다보고 치유하려는 노력이다. 2017년 연구에서 시작된 이 여정은 대한민국이 모든 시민에게 건강하고 공평한 환경권을 보장하는 진정한 생태 국가로 나아가는 중요한 나침반이 될 것이다.

참고문헌

국가법령정보센터, "지속가능발전법", 검색일: 2017.9.20.

관계부처합동. 2020. 제5차 국가환경종합계획 (2020-2040). 대한민국 정부.

김현준. 2018. 오르후스협약의 주요내용, 환경정의와의 관계, 국내 적용 가능성. 환경정의포럼, 9-21.

김홍철. 2015. 김포 비도시 계획관리 지역의 환경부정의 사례와 해소방안. 공익과 인권, 15, 365-395.

석인선. 2007,『환경권론』, 이화여자대학교 출판부, p.172.

유정민. 2013, "송전시설 입지 과정에서 발생하는 절차적 환경부정의 문제", 환경정의 포럼.

윤순진. 2006. 사회정의와 환경의 연계, 환경정의: 원자력 발전소의 입지와 운용을 중심으로 들여다보기. 한국사회, 7(1), 93-143.

이소라. 2017. OECD가 본 한국의 환경정책: 10년의 성과와 새정부를 향한 메시지. KEI 포커스, 5(3).

이종현, 김현주, 김찬구, 김수현, 설휘수, 김명희, & 임지애. 2018. 김포시 환경오염 정밀조사 및 피해구제 방안 연구. 한국환경산업기술원.

임종한. 2016. 김포시 환경피해지역 역학조사 최종보고 김포시 환경피해지역 역학조사 최종보고, 김포시. https://www.joongboo.com/news/articleView.html?idxno=1040416

조명래. 2017, "한국에서 환경부정의의 현실과 정책과제", 한국환경정책·평가연구원 포럼 발표문.

조명래. 2013. 환경정의: 한국적 환경정의론의 모색. 환경법연구, 35(3), 70-105.

추장민, 반영운, 김미선, 김태현, 심수은, 이상윤, 백종인, & 이지예. 2017. 환경정의 실현을 위한 정책방안 마련 연구. 환경부.

추장민, 반영운, 박창석, 채여라, 고정근, 심수은, 배현주, & 조을생. 2019. 환경정의 종합계획 마련 연구. 한국환경정책·평가연구원.

행정안전부. (2019). 2018 정보공개 연차보고서. 대한민국 정부.

OECD. (2017). OECD Environmental Performance Reviews: Korea 2017. Paris: OECD Publishing.